刘纯鹏教授

刘纯鹏教授与夫人任宝书女士合影（2000年）

刘纯鹏教授夫妇与学生合影（2002年）

从左至右：陆跃华、彭金辉、刘中华、华一新、任宝书、刘纯鹏、宋宁、兰尧中、苏永庆

刘纯鹏教授与学生合影（1987年）

后排从左至右：刘中华、李　成、刘纯鹏、兰尧中、华一新
前排从左至右：聂宪生、郭先建、丁健君、彭金辉、陆跃华

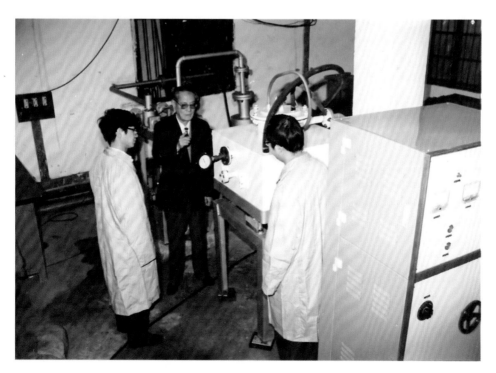

刘纯鹏教授在实验室指导博士研究生（1986年）

刘纯鹏教授与冶金系教师一起讨论学科建设问题（1985年）

从左至右：杨文梁、曾崇泗、戴永年、刘纯鹏、杨显万、丁朝模

刘纯鹏教授和冶金系教师与加拿大著名冶金学家 Fathi Habashi 教授合影（1983年）

前排从左至右：刘纯鹏、Habashi、Habashi 夫人、戴永年

后排从左至右：曾崇泗、杨显万、罗庆文、马克毅

刘纯鹏论文集
——纪念刘纯鹏教授诞辰 100 周年

马克毅　刘中华　华一新　兰尧中
彭金辉　宋宁　苏永庆　编

北　京
冶金工业出版社
2017

内容提要

本书为纪念刘纯鹏教授诞辰 100 周年而编写。书中选编了他在国内外期刊上发表的 65 篇论文，内容涉及铜、镍、钴、铁、锡、铅、钛、稀贵金属的冶金基础理论和冶金新工艺以及微波冶金和其他技术冶金等。

本书可供从事冶金和相关领域工作的教师、科技工作者和学生参考。

图书在版编目（CIP）数据

刘纯鹏论文集：纪念刘纯鹏教授诞辰 100 周年／马克毅等编.
—北京：冶金工业出版社，2017.5
ISBN 978-7-5024-7507-9

Ⅰ.①刘… Ⅱ.①马… Ⅲ.①冶金工业—文集 Ⅳ.①TF-53

中国版本图书馆 CIP 数据核字（2017）第 073564 号

出 版 人　谭学余
地　　　址　北京市东城区嵩祝院北巷 39 号　邮编　100009　电话　（010）64027926
网　　　址　www.cnmip.com.cn　电子信箱　yjcbs@cnmip.com.cn
责任编辑　唐晶晶　张熙莹　美术编辑　彭子赫　版式设计　孙跃红
责任校对　王永欣　责任印制　牛晓波
ISBN 978-7-5024-7507-9
冶金工业出版社出版发行；各地新华书店经销；固安华明印业有限公司印刷
2017 年 5 月第 1 版，2017 年 5 月第 1 次印刷
787mm×1092mm　1/16；29.75 印张；2 彩页；727 千字；466 页
100.00 元

冶金工业出版社　投稿电话　（010）64027932　投稿信箱　tougao@cnmip.com.cn
冶金工业出版社营销中心　电话　（010）64044283　传真　（010）64027893
冶金书店　地址　北京市东四西大街 46 号（100010）　电话　（010）65289081（兼传真）
冶金工业出版社天猫旗舰店　yjgycbs.tmall.com

（本书如有印装质量问题，本社营销中心负责退换）

序

刘纯鹏先生是我国著名的冶金学家和教育家，昆明理工大学冶金系元老，冶金高温熔体实验研究的奠基人，微波冶金和等离子体冶金的开拓者。

刘先生1917年6月出生于四川省成都市，1941年重庆大学矿冶系本科毕业后留校任教，在重庆大学开办有色冶金专业后，于1952年调到云南大学工学院矿冶系。1954年昆明工学院（现昆明理工大学）成立时，先生随云南大学矿冶系并入该院，历任讲师、副教授、教授。1984年经国务院学位委员会批准，成为昆明工学院第一位博士研究生导师。先生曾担任国家科委冶金学科组成员，中国金属学会冶金物理化学学术委员会委员、重有色金属冶金学术委员会委员，云南省科委专家顾问组副组长，曾获得国家技术发明二等奖和全国优秀教授奖章。

先生以"炼天下可用之金，育世上有益之才"为己任，励精图治，不断创新，联系实际，特色鲜明，硕果累累。为国家培养冶金工程专业人才近六十载，桃李满天下，其中有中国工程院院士，俄罗斯科学院外籍院士，一流大学的校长，在冶金科研、设计、生产领域的高级工程技术人员，在政府任职的高级管理人员，更不乏博导、专家和教授。我有幸聆听过先生授课，深感先生知识广博，学术精深，治学严谨，善于启发，让学生获益匪浅。

时值先生诞辰100周年，我们将刘先生的部分论文结集出版，谨以此表达对先生的缅怀和敬意。

中国工程院院士 戴永年

2017年2月

前　言

　　刘纯鹏先生1917年6月生，四川成都人，中国民主同盟盟员，著名冶金学家和教育家，教授，博士研究生导师，中国微波冶金学科的开拓者与倡导者，享受国务院政府特殊津贴专家，云南省有突出贡献的专家，美国著名学术团体TMS会员。1941年毕业于重庆大学矿冶系并留校任教，1952年调入云南大学矿冶系，1954年调入昆明工学院（现昆明理工大学）。历任国家科学技术委员会冶金学科组成员，中国金属学会冶金物理化学学术委员会委员，重有色金属冶金学术委员会委员，云南省科委专家顾问组副组长，昆明工学院科研处处长，有色金属冶金教研室主任，冶金高温熔体研究室主任等职。曾任中国民主同盟云南省第七届委员会常委，云南省第四、第五、第六届政协委员。

　　刘纯鹏先生是昆明理工大学冶金工程学科的奠基人之一，是我校第一位经国务院学位委员会批准的博士研究生导师。他于1965年开始招收硕士研究生，1984年开始招收博士研究生，1988年在云南省培养出了第一批工学博士，为我校的研究生教育和冶金工程学科建设作出了杰出贡献。早在20世纪50年代，他就开始带领我校冶金系的教师开展科学研究，在有色金属冶金、熔锍（熔渣）物理化学、冶金过程动力学、等离子体冶金、冶金新工艺和新技术等领域造诣很深，并在20世纪80年代开拓了微波冶金学科，做出了很多具有重要理论意义和应用价值的研究成果。他研究的"铜镍硫化矿WB-热等离子体直接提取高冰镍"和"铁质硫化矿微波脱硫新工艺"项目在1988年分别获得北京首届国际发明博览会金奖和铜奖，"有色金属矿物在微波场中的化学反应性"获1996年中国有色金属工业总公司科学技术三等奖，"微波加热在湿法冶金中的应用及反应机理"获1997年云南省高校科技成果二等奖，"新型微波冶金反应器及其应用的关键技术"获2010年国家技术发明二等奖。曾获授权国家发明专利4件，出版《铜冶金物理化学》《铜的湿法冶金物理化学》和

《Kinetics and New Technology in Nonferrous Metallurgy》3 部学术专著。

刘纯鹏先生知识渊博、才思敏捷、教书育人、为人师表、爱岗敬业、治学严谨，在近 60 年的高等教育工作中，为我国冶金行业培养了大批高层次人才，在冶金工程领域为我国的高等教育作出了突出贡献。1978 年作为云南省优秀科学家代表到北京出席第一次全国科学技术大会，1981 年出席第一届中美双边冶金学术会议，1989 年被评为"全国优秀教师"，1991 年被邀请到美国密西根州立大学讲学，1993 年获美国（国际）名录传银质奖。曾获"云南省有突出贡献的优秀专业技术人才"一等奖。

本论文集是刘纯鹏先生近六十载潜心研究的结晶。在刘纯鹏先生诞辰 100 周年之际，我们特编辑出版此论文集，以资纪念。

编　者

2017 年 2 月

目 录

铜 冶 金

某些金属及其氧化物在氨水溶液中高压浸出的机理 3

高压氧氨水浸溶法对废渣中铜之提取及机理研究 20

连续炼铜的渣含铜问题 32

火法炼铜物理化学的探讨 48

熔锍 Cu_2S 与氢反应的物理化学 73

熔锍 Cu_2S 与氢反应的物理化学（二） 89

熔锍 Cu_2S 与氢反应的动力学 99

熔锍的比电导及其与温度的关系 108

熔锍 Cu_2S 吹炼动力学 115

Cu_2S-Cu 系熔体与氢反应的动力学 125

高硅含硫氧化铜矿用 H_2+CaO 还原动力学的研究 135

用 SO_2-B-τ 法控制冰铜转炉吹炼进程和终点的数学模型 145

氧化铜矿物硫化速率及其硫化矿相的研究 150

炉气-碱性炉渣-铜合金平衡体系的研究 159

Fe_3O_4-$(xFeS \cdot yCu_2S)$-FeO-SiO_2 体系的反应动力学 167

高品位锍吹炼动力学的研究 170

硫化亚铜与氧化亚铜交互反应动力学 177

连续炼铜多相体系的平衡研究 181

Cu_2S 氧化机理研究 186

Kinetics of Interaction between Cu_2S and Cu_2O in Solid State under Nonisothermal Ondition 190

黄铜矿加硫焙烧提铜新工艺 196

镍、钴、铁冶金

铜镍硫化矿及高冰镍新工艺流程的研究 203

铜镍硫化矿的冶炼新工艺研究 …… 219

高硅镁低铁硫铜镍矿冶炼工艺研究（二）…… 228

铜镍铁与硫蒸气在 600℃以下的硫化动力学 …… 233

Reduction Kinetics of Nickel Sulphide …… 242

FeS 的水蒸气高温氧化动力学 …… 247

从镍转炉渣中富集钴机理探讨 …… 252

锡、铅冶金

低品位锡精矿直接烟化新工艺 …… 259

炉渣中 SnS 的挥发速率 …… 264

Volatilization Rate of SnS from Sn-Fe Mattes …… 268

Evaporation Kinetics of SnS from SnS-Cu$_2$S Melts …… 277

Kinetics of Tin Sulphide Fuming from Slags …… 284

Evaporation Kinetics of SnS From SnS-Cu$_2$S-FeS Melts …… 294

PbS 与 PbO 及硅酸铅反应的动力学和 PbO 的活度 …… 301

PbS 和 PbO 反应动力学及其机理 …… 306

PbS 和 PbO·SiO$_2$ 交互反应动力学 …… 311

方铅矿的直接还原研究 …… 315

硫化铅锌锑矿一步获取金属新工艺的研究 …… 319

钛、稀贵金属冶金

关于含钛钴土矿综合提取有价金属的讨论 …… 329

LUDA 钛铁矿等离子熔炼研究 …… 343

钛磁铁矿还原动力学 …… 346

催化还原碳钛磁铁矿反应动力学 …… 352

铜置换回收贵金属的动力学 …… 354

选择氯化分离贵金属的动力学研究 …… 363

硫化银氢还原的动力学研究 …… 373

微波冶金和其他技术冶金

激光相变热处理工艺参数的研究 …… 381

Application of Microwave Radiation to Extractive Metallurgy …… 384

微波场中 $FeCl_3$ 溶液浸出闪锌矿动力学 …………………………………………… 389
Kinetics of Oxidative Dearsenication of Niccolite Ore with Microwave Rediation …………… 395
碱式碳酸镍在微波辐射下的热分解动力学 ………………………………………… 400
微波辐照下 PbS 和 PbO 的升温速率及其反应动力学 …………………………… 405
微波辐照下硫化铅矿常压溶解动力学 ……………………………………………… 410
微波辐照下镍磁黄铁矿空气氧化动力学 …………………………………………… 416
Heating Rate of Minerals and Compounds in Microwave Field ……………………………… 421
Microwave-Assisted Carbothermic Reduction of Ilmenite ……………………………………… 429
微波场中矿物及其化合物的升温特性 ……………………………………………… 436
微波场中水蒸气焙烧镍磁黄铁矿获得元素硫 ……………………………………… 439
微波促进 MnO_2 分解的动力学 ……………………………………………………… 442
微波加热下硫酸浸溶黄铜矿动力学 ………………………………………………… 449
In Situ Measurements of Solution Conductivity in Microwave Field ………………………… 456
热等离子加热技术在提取冶金中的应用 …………………………………………… 461

铜冶金

某些金属及其氧化物在氨水溶液中高压浸出的机理[1]

刘纯鹏

近来采用高温高压的浸溶法来处理某些低成分的矿石及某些冶金产品,以达到综合提取金属并提高回收率,已成为必然的趋势。为此,我们不成熟地来谈一谈某些金属及其氧化物在氨水中高压浸出的机理。

采用高压法,在氨水中进行浸溶某些矿石和冶金产品,有下列的优点:

(1) 含金属铜、镍、钴的炉渣,采用高压氧在氨水中进行浸溶,可以获得很好的效果,尤其是这种炉渣用酸处理发生分解的硅酸,使溶液呈现胶质时特别有效。

(2) 避免铁氧的溶解,采用氨水浸溶是其最大的优点。当然氨和铵盐的浓度要控制恰当,以免局部的铁氧形成 $Fe(OH)_3$ 薄膜,影响铜、镍、钴等氧化物的溶解。

(3) 从镍、钴氧化性矿石或吹炉渣中回收铜、镍、钴(在渣中的状态主要为氧化物及夹带金属铜)采用高压氧及高压氨进行浸溶,可以获得较高的回收率;而且浸溶液中含铁、锰杂质极少,可节省或略去浸溶液净化处理步骤(铁锰经常是大量地含于镍钴氧化性矿石中,而炉渣中经常是有大量的硅碱铁存在)。

1 金属铜及其氧化物（CuO、Cu_2O）在高压氧及高压氨的水溶液中浸出的机理

1.1 氧在铜表面进行的反应机理

由于氧对于铜表面进行着化学的吸附作用,所以可以把它们的反应机理表示如下:

$$O_{2(气)} \rightleftharpoons 2O_{(溶解)} \tag{1}$$

$$2Cu+2O \rightleftharpoons [2Cu^+]\oplus+2O^- \tag{2}$$

$$[2Cu^+]\oplus+2O^- \rightleftharpoons [2Cu^{2+}]+2O^- \tag{3}$$

反应(2)代表原子状态的氧,对于铜表面进行了化学的吸附作用发生了电子的移动,生产了亚铜离子并在晶格上形成了正空位(positive hole),但这个反应随即为反应(3)的进行而加速。反应(3)表示在这个阶段内,一方面亚铜离子再度与氧离子发生电子的交换,产生二价铜并形成空位;另一方面也说明氧逐渐进入到铜的晶格上,形成氧化物的晶格,也可以说在这个反应进行的阶段,产生了"氧化态"的铜。

由于反应: $O \rightarrow O^-$ 系放热反应($\Delta H^\ominus = -13.2$ kcal[2]),而亚铜离子是不稳定的,所以

---

[1] 本文发表于《有色金属》,1957:42~52。
[2] 1cal = 4.1868J。

反应（2）及反应（3）的速度均很快，尤其是在高压氧的情况下为甚。在上列的反应机理中，很显然决定反应速率的是反应（1），因为促使反应（1）进行需要较多的能量，其反应的自由能 $\Delta F^\ominus$ 系正值为117kcal/mol，按 Stone 及 Tilev 二氏的意见认为在铜表面上建立起下列平衡反应：

即
$$O_2 \rightleftharpoons 2O \tag{4}$$

显然上列反应的平衡常数，是受着氧压的增加而变更的，换言之增加氧压必然使

$$\frac{[O]^2}{p_{O_2}} < K$$

因 $\Delta F^\ominus = 17\text{kcal/mol} = -RT\ln K = -2.3RT\lg\frac{[O]^2}{p_{O_2}}$

所以 $\lg[O] = \frac{p_{O_2}}{2} - 42.6$

从上式可知，当 p_{O_2} 增大时 [O] 增加，因此在高压氧的情况下，氧原子在铜氧表面上的吸附作用会大大增加，这样的结果下列反应将更剧烈向右进行：

$$O \longrightarrow O^- \quad \Delta H^\ominus = -13.2\text{kcal/mol}$$

$$K = \frac{[O^-]}{[O]}$$

$$\Delta F^\ominus_{O^-} = -2.3RT\lg\frac{[O^-]}{[O]}$$

显然当 p_{O_2} 增大时，$\Delta F^\ominus_{O^-}$ 之值将愈行降低，这是有利于反应（2）及反应（3）迅速进行的。

现在假定吸附在铜表面上的氧原子的分数为 θ，则按等温吸附原理：

$$\theta = \frac{kp}{kp + k'}$$

式中　p——氧压；

k, k'——常数。

故形成氧化状铜的反应速率应为：

$$\frac{dx}{dt} = K\theta = \frac{k_1'' p}{kp + k'} = \frac{k_1 p}{k_2 p + 1}$$

在高压氧下，可以省略1。

故
$$\frac{dx}{dt} = \frac{k_1}{k_2} = 常数 \tag{5}$$

上式说明在任意一定的温度下，当氧压达某一定的值时，金属铜表面上几乎经常吸附着氧原子，而此时反应速率已不再取决于氧压了，也就是在此种情况下，成为动力学的零阶反应。

从上面的讨论，既然铜的表面在某一定的氧压，经常吸附着氧原子，使得反应（2）及反应（3）能继续产生，因此上列反应（2）及反应（3）可合并为下列机理：

$$Cu + O \rightleftharpoons [Cu^{2+}] \oplus + O^{2-} \tag{6}$$

假定在上述情况下，有某种溶剂（如氨水）能溶解氧化铜，则此时铜的溶解量在一定

的氨水浓度下，仅与时间有关而与氧压无关。因为由式（5）

$$\int_{x_0}^{x} \mathrm{d}x = \mathrm{Const.} \int_{t_0}^{t} \mathrm{d}t$$

$$x - x_0 = A(t - t_0) + C$$

式中 A，C——常数。

当 $t_0 = 0$，$x_0 = 0$ 时，

$$x = C + At$$

斜率 $A = \dfrac{\mathrm{d}x}{\mathrm{d}t} =$ 常数。

故此时铜的溶解量仅与时间成直线关系，可由图1示出（按 J. Halporn 的数据）。由图中可知，氧压达 3.7atm❶ 与 7.7atm 时，在一定情况下，铜溶解量仅与时间成直线函数关系。

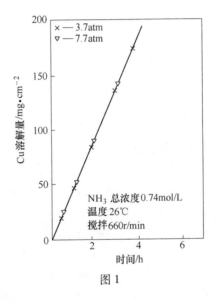

图 1

1.2 氧化铜在氨水中的反应机理

当铜的表面经常覆盖着一层氧化铜膜时，或者含氧化铜的物质在氨水中浸溶时，反应是如何进行的，是很值得研究的。现在分成下列数点来做一些推测：

（1）氧化铜在溶液中受着氨水或铵盐的作用，首先是在表面上进行反应的。不难知道，当氨水（$NH_3 \cdot H_2O$）及铵盐（NH_4）$_2R$ 在溶液中作为溶解铜氧的溶剂，其蒸气压随其在溶液中的物质的量的值而增加。设 p 代表 $NH_3 \cdot H_2O$ 及铵盐在溶液中的蒸气压，p^0 代表溶液总的蒸气压，x_1 及 x_1' 分别代表它们的摩尔分数，则在稀溶液中

$$p = x_1 p^0 + x_1' p^0 = (x_1 + x_1') p^0 \tag{7}$$

由此可知，当 $NH_3 \cdot H_2O$ 及铵盐在溶液中的浓度增大时，则 $x_1 + x_1'$ 也愈增大，故蒸气压的值 p 也愈大。按吸附过程我们可以写出下列的表达式：

---

❶ 1atm = 101325Pa。

$$\text{主体溶液（蒸气压 } p\text{）+ 固体表面 = 吸附薄膜（蒸气压 } p\text{）}$$

在吸附过程中，因为没有电子的移动，所以应该是属于物理的吸附。此种吸附在固体表面上与被吸附的分子之间的吸附力是很弱的，它随着吸附的气膜层的增加而逐渐减弱。吸附的产生是在每次分子撞击固体表面时形成的，当分子在溶液中的蒸气压增大时，则分子撞击数次也就增多，因而有利于表面的吸附。

设 C_v 代表单位质量固体吸附的溶质分子体积，则

$$C_v = kp^n$$

或即

$$\lg C_v = \lg k + n\lg p = \lg k + n\lg p^0(x_1 + x_1')$$

式中 k, n——常数，表示在定温下，视吸附分子及固体表面特性而定。

由上式可知，在一定情况下，吸附量的对数与氨水及铵盐摩尔分数的对数成直线关系，若将 $\lg C_v$ 与 $\lg(x_1+x_1')$ 的关系绘成曲线，其斜率为 n。

如果按分子撞击的次数来讨论，我们认为吸附在铜氧表面上的氨分子及铵盐分子的速度 v 有下列关系式：

$$v = \frac{p}{(2\pi mRT)^{1/2}} e^{E_1/(kT)} \tag{8_1}$$

式中 p——氨及铵盐在溶液中的蒸气压（近似理想溶液时）；

$\dfrac{p}{(2\pi mRT)^{1/2}}$——单位时间（秒）氨及铵盐撞击在单位面积铜氧表面上的分子数；

E_1——每个分子撞击在铜氧表面上被吸附时至少应具有的能量；

k——玻耳兹曼常数。

显然从上式同样可知，当温度一定时，增加溶液中氨和铵盐的摩尔分数，可使吸附在铜表面上的氨及铵盐的速度增大。

（2）按季布氏公式来看氨及铵盐在铜氧表面上的吸附。由公式

$$\Gamma = -\frac{\mathrm{d}r}{RT\ln a}$$

式中 Γ——单位面积氧化铜上存在的 NH_3 或 $(NH_4)_2R$ 的过量浓度（过量是指与主体溶液比较）；

r——溶液与固体表面的界面张力；

a——溶剂的活度。

在稀溶液中可近似地用浓度代表活度，故

$$\Gamma = -\frac{c}{RT} \cdot \frac{\mathrm{d}r}{\mathrm{d}c} \tag{8_2}$$

式中 $\dfrac{\mathrm{d}r}{\mathrm{d}c}$——溶液浓度改变时，界面力的改变。

由于水溶液中有 NH_3 或 $(NH_4)_2R$ 的存在，因而降低了水溶液固体表面的界面张力，致使

$$\Gamma = +\text{常数}$$

而在固体表面上，单位面积上的吸附量可由下式看出其关系：

$$S = kC^n$$

式中 k, n——常数，视固体表面及溶质特性而定。

所有上面引用的公式，仅仅说明溶质分子吸附在固体表面上的必然性，也说明随着溶质浓度的增加而吸附增速。

（3）氨分子在吸附过程中的反应。在吸附过程中，氨分子在铜氧表面上，进行着活化复合物的产生，所生成的活化复合物，随即迅速分解形成一氨络合物（以后说明）

$$CuO + NH_3 \rightleftharpoons \left[Cu^{2+} \begin{matrix} NH_3 \\ \\ O^- \end{matrix} \right] \rightleftharpoons Cu(NH_3)^{2+} + O^{2-}$$

设生成活化复合物的速率为 v_2，亦即生成一氨络合物的速率（因后一反应是迅速的）。则

$$v_2 = C_{NH_3} C_S \frac{kT}{h} \frac{f^{\neq}}{F_{NH_3} f_S} e^{-E_1/(kT)} \tag{8_3}$$

式中 C_{NH_3}——单位面积吸附的氨分子数；

C_S——单位面积铜氧上的空位；

F_{NH_3}——单位体积氨气的分子能位函数（相当于 f_{NH_3}/V）；

E_1——吸附活化能；

k——玻耳兹曼常数；

h——布朗克常数。

当活化复合物分解为一氨络合物的反应迅速时，如果在溶液中具有一定的氨浓度，则我们可以不考虑逆反应（于下节讨论），决定性反应取决活化复合物的产生。

因此按式（8_3）可知，生成活化复合物的速率随着单位面积上吸附的 NH_3 分子数的增多而增大。显然如果增加溶液中 NH_3 的浓度，则活化复合物生成的速率将会增加，因而铜氧溶解的速率也就随之增加。

在一定的氨浓度下，吸附活化能的值愈小，则 v_2 将愈增大。

（4）铵盐与铜氧进行反应的机理问题。铵盐在氨水溶液中对铜氧的作用有两种可能的情况：

1）铵盐在水溶液中离解后，氨离子吸附在铜氧自由表面上，进行活化复合物的产生：

$$CuO + NH_4^+ \rightleftharpoons \underbrace{\left[Cu^{2+} \begin{matrix} NH_3 \\ H \\ O^- \end{matrix} \right]}_{\text{活化复合物}} \rightleftharpoons Cu(NH_3)^{2+} + OH^-$$

2）铵盐以分子状态，吸附在铜表面上，进行活化复合物的产生：

$$(NH_4)_2 R + 2CuO \rightleftharpoons 2 \left[Cu^{2+} \begin{matrix} NH_3 \\ H \\ O^- \end{matrix} \right] + R^{2-}$$

故无论哪一种状态的吸附，首要的条件必须是在溶液中，因有铵盐的存在而降低了水溶液与铜氧的界面张力。这在前已谈过，按季布氏公式可以解释。

从上面的讨论，我们认为铜氧在氨水及铵盐的水溶液中进行的反应机理，可以设想如下：

$$CuO + NH_3 \underset{慢}{\rightleftharpoons} \left[Cu \begin{matrix} NH_3 \\ O^- \end{matrix} \right] \tag{9}$$

$$CuO + NH_4^+ \underset{慢}{\rightleftharpoons} \left[Cu \begin{matrix} NH_3 \\ H \\ O^- \end{matrix} \right] \tag{10}$$

$$\left[Cu \begin{matrix} NH_3 \\ O^- \end{matrix} \right] + HOH \underset{快}{\rightleftharpoons} Cu(NH_3) + 2OH^- \tag{9_1}$$

$$\left[Cu \begin{matrix} NH_3 \\ H \\ O^- \end{matrix} \right] + OH^- \underset{快}{\rightleftharpoons} Cu(NH_3) + 2OH^- \tag{10_1}$$

由于在溶液中，$Cu(NH_3)$ 再与一个分子的 NH_3 撞击的机会，比同时与两个或两个以上的 NH_3 分子撞击的机会多，故反应进行的机理为：

$$\begin{aligned}
Cu(NH_3)^{2+} + NH_3 &\underset{快}{\rightleftharpoons} Cu(NH_3)_2^{2+} \\
Cu(NH_3)_2^{2+} + NH_3 &\underset{快}{\rightleftharpoons} Cu(NH_3)_3^{2+} \\
Cu(NH_3)_3^{2+} + NH_3 &\underset{快}{\rightleftharpoons} Cu(NH_3)_4^{2+} \\
Cu(NH_3)^{2+} + 3NH_3 &\underset{快}{\rightleftharpoons} Cu(NH_3)_4^{2+}
\end{aligned} \tag{11}$$

1.3 从反应进行的自由能来讨论反应进行的情况

现在我们从反应进行的自由能来分析上列反应，分别讨论如下。

1.3.1 按反应（11）来讨论

$$\begin{aligned}
Cu(NH_3)^{2+} + NH_3 &\underset{快}{\rightleftharpoons} Cu(NH_3)_2^{2+} \\
Cu(NH_3)_2^{2+} + NH_3 &\underset{快}{\rightleftharpoons} Cu(NH_3)_3^{2+} \\
Cu(NH_3)_3^{2+} + NH_3 &\underset{快}{\rightleftharpoons} Cu(NH_3)_4^{2+}
\end{aligned}$$

上列三反应在一定的氨浓度下，进行得非常迅速，而 4 氨络合物最为稳定。由反应的标准电位来计算它们的离解常数，可以看出它们生成的情况。

（1）各络合物离解一分子氨的常数计算

$$Cu(NH_3)_n^{2+} \rightleftharpoons Cu(NH_3)_{n-1}^{2+} + NH_3 \tag{I}$$

由 Nernst 公式可推出下列计算式：

$$\varphi_n - \varphi_{n-1} = \frac{0.060}{2}\lg K_n \qquad (\text{II})$$

$$K_n = \frac{[\text{Cu}(\text{NH}_3)_{n-1}^{2+}] \cdot [\text{NH}_3]}{[\text{Cu}(\text{NH}_3)_n^{2+}]}$$

（2）络合离子全部离解的常数计算

$$\text{Cu}(\text{NH}_3)_n^{2+} \rightleftharpoons \text{Cu}^{2+} + n\text{NH}_3 \qquad (\text{III})$$

$$\varphi_n - \varphi_{n-n} = \frac{0.060}{2}\lg K_n^0$$

$$K_n^0 = \frac{[\text{Cu}^{2+}] \cdot [\text{NH}_3]^n}{[\text{Cu}(\text{NH}_3)_n^{2+}]} \qquad (\text{IV})$$

式中　φ_n——n-氨络合离子的标准电位。由于溶液比较稀释，故近似地可以不考虑活度系数，即 $f_\alpha = 1$。

兹将各络合物的标准电位示如表 1，以便计算（此表数据系按 W. C. Latimer）。

表 1　铜金属的氨络离子标准电位（25℃）

金属	络合物含 NH$_3$ 数目				
	0	1	2	3	4
Cu^{2+}	0.337	0.215	0.112	0.027	−0.036

兹用 K_1、K_2、K_3 及 K_4 分别代表式（I）的离解常数；K_1^0、K_2^0、K_3^0 及 K_4^0 分别代表式（II）的离解常数。

按表 1 及式（II）和式（IV）分别计算各常数见表 2。

表 2　各络合物离解的平衡常数

离解反应	离解平衡常数			
Cu(NH$_3$)$_n^{2+}$ $\rightleftharpoons$ Cu(NH$_3$)$_{n-1}^{2+}$ + NH$_3$	K_1	K_2	K_3	K_4
	7.1×10^{-5}	3.2×10^{-4}	1.26×10^{-3}	7.4×10^{-3}
Cu(NH$_3$)$_n^{2+}$ $\rightleftharpoons$ Cu^{2+} + nNH$_3$	K_1^0	K_2^0	K_3^0	K_4^0
	7.1×10^{-5}	3.2×10^{-8}	5.0×10^{-11}	2.24×10^{-13}

从上列的计算数据可知，络合离子的离解是比较小的，尤其式（II）的解离常数更小，从表 2 可知，它们的生成自由能均是负值。上列反应（II）均能自动进行，而且是很彻底的。

1.3.2　按反应（9$_1$）及反应（10$_1$）来讨论

按反应（9$_1$）和反应（10$_1$）进行的自由能计算见表 3（其中活化复合物的自由能数据是由式（9）及式（10）求得 $\Delta F^{\neq}$ 后，再按该反应式求得），计算时采用的各种铜氨络离子的生成自由能见表 4（详见下节讨论）。根据表 5 的热力学数据，可以计算出反应式（9$_1$）及式（10$_1$）的反应自由能数据（见表 6）。

表3 各络合物反应的自由能

生成的反应	标准自由能/cal·mol^{-1}			
	ΔF_1	ΔF_2	ΔF_3	ΔF_4
$Cu(NH_3)_{n-1}^{2+} + NH_3 \rightleftharpoons Cu(NH_3)_n^{2+}$	−5660	−4800	−3950	−2920
	ΔF_1^0	ΔF_2^0	ΔF_3^0	ΔF_4^0
$Cu^{2+} + nNH_3 \rightleftharpoons Cu(NH_3)_n^{2+}$	−5660	−8900	−14100	−17400

表4 各铜氨络合物的生成自由能

络合物	$Cu(NH_3)^{2+}$	$Cu(NH_3)_2^{2+}$	$Cu(NH_3)_3^{2+}$	$Cu(NH_3)_4^{2+}$
自由能/kJ·mol^{-1}	−9.530	−20.630	−31.48	−40.800

表5 各生成物的自由能(25℃)

生成物	H$_2$O	$\begin{bmatrix} Cu^{2+} \cdots NH_3 \\ \cdots H \\ O^- \end{bmatrix}$	$\begin{bmatrix} Cu^{2+} \cdots NH_3 \\ O^- \end{bmatrix}$	$Cu(NH_3)^{2+}$	OH$^-$
自由能/kJ·mol^{-1}	−56.7	−52.07	−10.9	−9.53	−37.60

表6 按表5数据计得反应(9$_1$)及反应(10$_1$)的自由能

反应	反应自由能/kJ·mol^{-1}
$\begin{bmatrix} Cu^{2+} \cdots NH_3 \\ O^- \end{bmatrix} + HOH \rightleftharpoons Cu(NH_3)^{2+} + 2OH^-$	−17.130
$\begin{bmatrix} Cu^{2+} \cdots NH_3 \\ \cdots H \\ O^- \end{bmatrix} + OH^- \rightleftharpoons Cu(NH_3)^{2+} + 2OH^-$	−21.900

由上表可知,反应进行是彻底的。

1.3.3 按反应(9)及反应(10)来讨论

当我们将上列反应进行分析时,尚应将反应(9)及反应(10)的活化自由能加以计算,亦即下列反应的活化自由能:

$$CuO + NH_3 \rightleftharpoons \begin{bmatrix} Cu^{2+} \cdots NH_3 \\ O^- \end{bmatrix}$$

$$CuO + NH_4^+ \rightleftharpoons \begin{bmatrix} Cu^{2+} \cdots NH_3 \\ \cdots H \\ O^- \end{bmatrix}$$

现在，我们按 J. Halern 实验数据（见图 2）计算活化自由能，$\Delta F^{\neq}$ 之值（实验数据参看 J. of the Electrochemical Society, 1953, 100 (10): 421)。

按其资料 $T_a = 300K$, $\lg k_a = 1.51$, $k_a = 3.2 \times 10$; $T_b = 290K$, $\lg k_b = 1.36$, $k_b = 2.3 \times 10$。

因此
$$\lg \frac{3.20 \times 10}{2.3 \times 10} = \frac{E}{2.303R}\left(\frac{300 - 290}{300 \times 290}\right)$$

且 $E = 5600$cal/mol（原资料为 5540cal/mol，系因照曲线图所定的坐标稍不够准确所引起的，因此以后仍按 5540cal/mol 作标准）。

再按下式：
$$\lg k_1 = \lg \frac{RT}{Nh} + \frac{\Delta S^{\neq}}{2.3R} - \frac{E}{2.3RT}$$

此时 k_1 即代表铜氧与 NH_3 作用的反应速率常数，也就是形成活化复合物的速度。当 $T = 299K$ 时，由原图查得：$k_1 = 160$mmol·L/h。因该溶液体积为 1L 故换算后，k_1 的值如下：
$$k_1 = 7.0 \times 10^{-7} \text{s}^{-1}$$

所以 $\lg 7.0 \times 10^{-7} = \lg(2 \times 10^{10} \times 299) + \dfrac{\Delta S^{\neq}}{4.6} - \dfrac{5540}{4.6 \times 299}$

$$\Delta S^{\neq} = -68.4 \text{cal/(mol·K)}$$
$$\Delta F^{\neq} = 5540 - 299 \times (-684) = 25940 \text{cal/mol}$$

由按该资料：

$k_2 = 18.5 k_1$（式中 k_2 为 NH_4^+ 与铜氧作用的速度常数），依同理求得：

$$\lg 1.3 \times 10^{-5} = 10.3 + \frac{\Delta S^{\neq}}{4.6} - 4.0$$

$$\Delta S^{\neq} = -63.0 \text{cal/(mol·K)}$$
$$\Delta F^{\neq} = 5500 - 299 \times (-63.0) = 24340 \text{cal/mol}$$

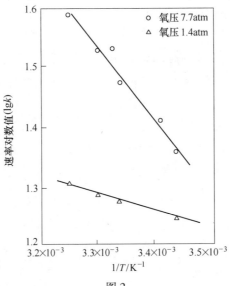

图 2

（总 NH_3 0.5mol/L，搅拌 600r/min）

从以上各节计算的结果得出各反应的自由能及活化自由能见表7。从该表显然可以看出下列情况：

（1）铜氧与氨及铵盐形成的活化复合物，其反应在整个浸溶过程的反应中是最慢的，因此它们是过程的决定反应速率的反应。

（2）由表中反应1、2活化自由能的数据，可以求得活化复合的生成自由能。

表7　自由能比较

反　应　式	ΔF^0/kcal·mol^{-1}	$\Delta F^{\neq}$/kcal·mol^{-1}
$CuO+NH_3 \rightleftharpoons \left[\begin{array}{c}Cu^{2+}\cdots NH_3\\ \cdots O^-\end{array}\right]$	—	25.940
$CuO+NH_4^+ \rightleftharpoons \left[\begin{array}{c}Cu^{2+}\cdots NH_3\\ \cdots H\\ \cdots O^-\end{array}\right]$	—	24.340
$\left[\begin{array}{c}Cu^{2+}\cdots NH_3\\ \cdots O^-\end{array}\right]+HOH \rightleftharpoons Cu(NH_3)^{2+}+2OH^-$	−17.900	
$\left[\begin{array}{c}Cu^{2+}\cdots NH_3\\ \cdots H\\ \cdots O^-\end{array}\right]+OH^- \rightleftharpoons Cu(NH_3)^{2+}+2OH^-$	−21.900	
$Cu(NH_3)^{2+}+3NH_3 \rightleftharpoons Cu(NH_3)_4^{2+}$	−12.070	

即 $\Delta F_{活}^1 = -(30.4+6.4)+25.90 = -10.900$ kcal/$\left[\begin{array}{c}Cu^{2+}\cdots NH_3\\ \cdots O^-\end{array}\right]$

$\Delta F_{活}^2 = -(30.4+19)+24.340 = -25.070$ kcal/$\left[\begin{array}{c}Cu^{2+}\cdots NH_3\\ \cdots H\\ \cdots O^-\end{array}\right]$

（3）在氨水中铜氧形成的活化复合物，以 $\left[\begin{array}{c}Cu^{2+}\cdots NH_3\\ \cdots H\\ \cdots O^-\end{array}\right]$ 最为可能，一方面由于

其生成自由能较 $\begin{bmatrix} & NH_3 \\ Cu^{2+} & \\ & O^- \end{bmatrix}$ 为小，前者为-25.07kcal/mol，后者为-10.90kcal/mol；另

一方面在氨水溶液中，OH^- 与活化复合物 $\begin{bmatrix} & NH_3 \\ Cu^{2+} & H \\ & O^- \end{bmatrix}$ 较易于进行些。

(4) 从活化复合物反应的速率来看，由表7反应1、2可以看出两者区别是不大的，换言之，它们的生成速度都很慢。

故整个反应的速率应为：

$$\frac{dx}{dt}=k_1[NH_3]+k_2[NH_4^+] \tag{12}$$

由上式得出下列结论：

(1) 铜氧在铁水中的溶解速率，等于一阶反应。
(2) 铜氧在氨水中溶解速率，取决于 NH_3 及 NH_4^+ 的浓度，但二者浓度的影响相加。

上列的结论，可用 J. Halpern 的实验资料予以证实（见图3和图4）。

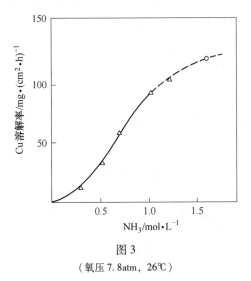

图 3
（氧压 7.8atm，26℃）

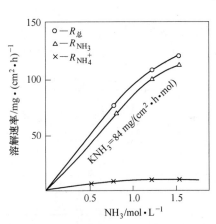

图 4　NH_3 及 NH_4^+ 对总溶解率的影响
（氧压 7.8atm，温度 26℃，0.03mol/L Na_2SO_4）

2　金属氧化物（CuO、NiO 及 CoO）在高压氨的水溶液中浸出

2.1　氧化物与氨作用的反应自由能及平衡常数的计算

在 NH_3 的水溶液中，正如众所周知的反应如下：

$$CuO+NH_3+H_2O \rightleftharpoons Cu(NH_3)^{2+}+2OH^- \tag{13}$$

$$NiO+NH_3+H_2O \rightleftharpoons Ni(NH_3)^{2+}+2OH^- \tag{14}$$

$$CoO+NH_3+H_2O \rightleftharpoons Co(NH_3)^{2+}+2OH^- \tag{15}$$

上列反应，对于铜氨前已讨论，现在仅按镍氨与钴氨来做一些讨论。

对于镍氨，钴氨进行的反应机理，我们仍然可以类似铜氨一样，写出下列反应式：

$$MeO + NH_3 \underset{}{\overset{慢}{\rightleftharpoons}} \left[Me^{2+} \begin{matrix} NH_3 \\ O^- \end{matrix} \right] \tag{16_1}$$

$$MeO + NH_4^+ \underset{}{\overset{慢}{\rightleftharpoons}} \left[Me^{2+} \begin{matrix} NH_3 \\ H \\ O^- \end{matrix} \right] \tag{16_2}$$

$$\left[Me^{2+} \begin{matrix} NH_3 \\ O^- \end{matrix} \right] + HOH \underset{}{\overset{快}{\rightleftharpoons}} Me(NH_3) + 2OH^- \tag{17_1}$$

$$\left[Me^{2+} \begin{matrix} NH_3 \\ H \\ O^- \end{matrix} \right] + OH^- \underset{}{\overset{快}{\rightleftharpoons}} Me(NH_3) + 2OH^- \tag{17_2}$$

$$Me(NH_3)^{2+} + (n-1)NH_3 \underset{}{\overset{快}{\rightleftharpoons}} Me(NH_3)_n^{2+} \tag{18}$$

对于镍钴在氨水溶液中，生成络合物反应自由能，离解常数以及各络合物的生存自由能是按 W. Mlatimer 数据（见表8）计算出来的，见表9~表13。

表8　镍钴氨络合物标准电位（W. M. Latimer）（25℃）

金属	含氨数目						
	0	1	2	3	4	5	6
Ni^{2+}	−0.250	−0.333	−0.399	−0.450	−0.485	−0.507	−0.508
Co^{2+}	−0.277	−0.339	−0.387	−0.417	−0.440	−0.445	−0.427

表9

离解反应	离解常数（25℃）					
	K_1	K_2	K_3	K_4	K_5	K_6
$Co(NH_3)_n^{2+} \rightleftharpoons Co(NH_3)_{n-1}^{2+} + NH_3$	7.5×10^{-3}	36×10^{-2}	9.6×10^{-2}	1.7×10^{-1}	6.6×10^{-1}	4.15
$Ni(NH_3)_n^{2+} \rightleftharpoons Ni(NH_3)_{n-1}^{2+} + NH_3$	1.6×10^{-3}	4.6×10^{-3}	1.85×10^{-3}	6.5×10^{-1}	1.4×10^{-1}	2.4×10^{-1}

表10

离解反应	离解常数（25℃）					
	K_1^0	K_2^0	K_3^0	K_4^0	K_5^0	K_6^0
$Co(NH_3)_n^{2+} \rightleftharpoons Co(NH_3)_{n-1}^{2+} + NH_3$	7.5×10^{-3}	36×10^{-2}	9.6×10^{-2}	1.7×10^{-1}	6.6×10^{-1}	4.15
$Ni(NH_3)_n^{2+} \rightleftharpoons Ni(NH_3)_{n-1}^{2+} + NH_3$	1.6×10^{-3}	4.6×10^{-3}	1.85×10^{-3}	6.5×10^{-1}	1.4×10^{-1}	2.4×10^{-1}

根据上表计算络合物的数据,如表 11~表 13 所示。

表 11　镍钴络合物反应生成自由能　　(cal/mol)

反 应 式	K_1^0	K_2^0	K_3^0	K_4^0	K_5^0	K_6^0
$Co^{2+}+nNH_3 \rightleftharpoons Co(NH_3)_n^{2+}$	-2850	-5000	-6450	-7450	-7700	-6900
$Ni^{2+}+nNH_3 \rightleftharpoons Ni(NH_3)_n^{2+}$	-3860	-6515	-9200	-10080	-11800	-11860

表 12　各络合物反应自由能　　(cal/mol)

反 应 式	生成反应自由能					
	ΔF_1^0	ΔF_2^0	ΔF_3^0	ΔF_4^0	ΔF_5^0	ΔF_6^0
$Co^{2+}+nNH_3 \rightleftharpoons Co(NH_3)_n^{2+}$	-2850	-1970	-1450	-1020	-207	+855
$Ni^{2+}+nNH_3 \rightleftharpoons Ni(NH_3)_n^{2+}$	-3860	-3210	-2230	-1640	-1175	-415

表 13　各络合物生成自由能　　(kcal/mol)

络合物	$Co(NH_3)^{2+}$	$Co(NH_3)_2^{2+}$	$Co(NH_3)_3^{2+}$	$Co(NH_3)_4^{2+}$	$Co(NH_3)_5^{2+}$	$Co(NH_3)_6^{2+}$
自由能	-21.94	-30.31	-38.16	-45.6	-52.2	-57.7
络合物	$Ni(NH_3)^{2+}$	$Ni(NH_3)_2^{2+}$	$Ni(NH_3)_3^{2+}$	$Ni(NH_3)_4^{2+}$	$Ni(NH_3)_5^{2+}$	$Ni(NH_3)_6^{2+}$
自由能	-19.44	-29.05	-37.72	-45.76	-53.28	-60.10

按上列各表计算的数据可知,镍、钴络合离子是稳定的,而且一般有镍、钴离子出现,则生成更稳定的高氨络离子,由表 9 及表 10 的解离常数可以看出。

现在将反应(14)及反应(15)的反应自由能计算见表 14。

表 14

反 应 式	生成自由能 ΔF^0/kcal
$NiO+NH_3+H_2O \rightleftharpoons Ni(NH_3)^{2+}+2OH^-$	+20.14
$CoO+NH_3+H_2O \rightleftharpoons Co(NH_3)^{2+}+2OH^-$	+15.00

显然从上表计算的数据,可知反应不能自动进行,但如果氨的浓度增加,则可使反应逐渐向右进行,因:

$$\Delta F = \Delta F^0 + RT\ln k$$

$$K_{Ni} = \frac{[Ni(NH_3)^{2+}][OH^-]^2}{[NiO][NH_3]}$$

或

$$K_{Co} = \frac{[Co(NH_3)^{2+}][OH^-]^2}{[CoO][NH_3]}$$

或即

$$\Delta F_{Ni} = 20140+1380\times\lg K_{Ni}$$

$$\Delta F_{Co} = 20140+1380\times\lg K_{Co}$$

由此可知,当氨的浓度(或分压)增大时,ΔF 的值将愈小,反应的可能性愈大,达某一浓度时,必然促使反应向右进行。

如果我们能由实验求得镍氧及钴氧在氨水及铵盐中的溶解速度常数,则不难由计算

（应用上列数表中的数据）证明决定反应速率的反应仍为式（16_1）及式（16_2）。

假定镍氧及钴氧反应速度取决于式（16_1）及式（16_2），则首先它们的浸溶反应机理是属于一阶反应，设 x 代表两者氧化物被 NH_3 起作用的量，按上反应式：

$$\frac{dx}{dt} = k_{NH_3}[NH_3] = k_{NH_3} p_{NH_3}$$

因之，溶解速度在一定时间及一定之温度下，与氨压成正比。

当氨压增大时，则溶液中氨的含量即行增加，参看表 15。

表 15 氨在水中的溶解度

氨压/cmHg	NH_3 在水中的克数/g·g^{-1}				氨压/cmHg	NH_3 在水中的克数/g·g^{-1}			
	0℃	20℃	40℃	100℃		0℃	20℃	40℃	100℃
304	0.606	0.353	0.211	—	988	1.442	0.722	0.463	0.125
380	0.692	0.403	0.251	—	1064	1.519	0.761	0.479	0.135
456	0.760	0.447	0.287	—	1140	1.658	0.801	0.493	—
532	0.850	0.492	0.320	0.068	1216	1.758	0.842	0.511	—
608	0.937	0.535	0.349	0.078	1292	1.861	0.881	0.530	—
684	1.029	0.574	0.378	0.088	1368	2.070	0.919	0.547	—
760	1.126	0.613	0.404	0.096	1444	—	0.955	0.565	—
836	1.230	0.651	0.425	0.106	1520		0.992	0.579	—
912	1.336	0.685	0.442	0.115					

注：1cmHg = 1333.224Pa。

如氨含量增加，则促使下列反应继续增向右方：

$$NH_3 + H_2O \rightleftharpoons NH_4OH \qquad \Delta F^0 = 0$$

$$NH_4OH \rightleftharpoons NH_4^+ + OH^- \qquad K_c = 1.8 \times 10^{-5}$$

$$K_\alpha = \frac{[NH_4^+][OH^-]}{[NH_4OH]} \cdot \frac{f_\pm^2}{f_{NH_4OH}} = 1.8 \times 10^{-5} \times \frac{f_\pm^2}{f_{NH_4OH}}$$

在浓溶液中，活度系数计算可按下列公式：

$$\lg f_\pm = -AZ_+ Z_- \sqrt{I} + BI$$

式中 A——常数，在水溶液中，温度为 298.16K 时为 0.509；

Z_+, Z_-——正负离子价数；

I——离子化强度，系衡量溶液中由于离子所引起的电离强度，其值可由浓度 m（mol/1000g 水）及离子价数计算：

$$I = \frac{1}{2}(m_1 Z_1^2 + m_2 Z_2^2 + m_3 Z_3^2 + \cdots)$$

对于有两种离子的溶液 $I = \frac{1}{2}(m_+ Z_+^2 + m_- Z_-^2)$

B——另一常数，因电解质而不同，只有用实验来确定。

当在稀溶液时，式中右边第一项占主要，随着溶液浓度的增加，第二项变为主要。在某一浓度以后，活度系数逐渐超过 1。由于缺乏具体数据，不能对 NH_4OH 稀溶液中的离解加以计算，我们可由该计算式看出，当 NH_4OH 达某种浓度以后，随着浓度再行增加而使活度系数也超过 1，结果促使 $K_\alpha > 1.8 \times 10^{-6}$，或即 $K_\alpha > K_c$。换言之，在此情况下，溶液中 NH_4^+ 的浓度必然增加，这样将有利于氧化物浸溶的溶解速度，亦即由

$$V_\text{总} = k_{NH_3}[NH_3] + k_{NH_4^+}[NH_4^+]$$

而 $k_{NH_4^+} = 18.5 k_{NH_3}$，同时 $[NH_3]$ 亦增大，由此可知，当 NH_3 及 NH_4^+ 增多时，$V_\text{总}$ 即行增大。

毫无疑义地，处理此类氧化物时，适当地增高氨压，在水溶液进行浸出，会获得很好的效果，这就是所谓高压氨浸溶某些氧化物的理论基础。

2.2 在一定的氨水及铵盐浓度下影响反应速率的因素

无疑的从式（12）可知，氧化物在某一定的氨水和铵盐的作用下，将要继续受到浸溶，并且随着两者浓度之增加而加速。但达到一定的浓度后，溶解速度不再随溶液浓度而增加。不难想象，在此种情况下，反应的速率要取决于铜氨络合物在铜氧周围的扩散速度。换言之，此时铜氧溶解的速度已不取决于化学的作用，而取决于物理的扩散作用。如果能使反应产物迅速地由铜氧周围远去，则将大有助于铜氧的溶解。现在我们来谈谈扩散的问题：

（1）在常温及常压下，扩散速度取决于扩散系数及浓度梯度：

$$\frac{dS}{dt} = DF \frac{C_1 - C_2}{\delta} \tag{19}$$

式中 $\dfrac{dS}{dt}$ ——单位时间物质扩散的量；

F ——溶剂与被溶物质的接触面；

δ ——扩散边界层厚度；

C_1 ——溶液中含该物质的浓度；

C_2 ——在铜氧周围一层薄膜含溶解物质的溶液浓度。

显然上式的扩散速度，受着温度和搅拌的影响，若能增大扩散系数 D，则大有助于溶解速度。

（2）温度对扩散系数的影响——按扩散系数与温度的关系，可由下式示出：

$$D = A e^{-\frac{E_D}{RT}} \tag{20_1}$$

式中 E_D ——扩散活化能；

A ——常数，可在不同的测定 D 值后消去。

显然，由上式可以得出下列曲线关系（曲线中 $T_3 > T_2 > T_1$），如图 5 所示。

因此，增高温度会增加溶解速率。

（3）搅拌对溶解速率的影响——按 Poul's Roller:

$$D_t = A S_t^{0.8}$$

式中 D_t ——分子移动系数，L/s；

A ——常数，可由测定不同的 D_t 值消去；

S_t ——搅拌速度，r/min。

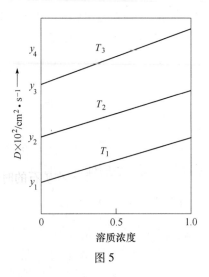

图 5

$$K = D_t(1 - \theta k/D_t)$$

式中　K——溶解速率常数；
　　　k——化学反应速度常数；
　　　D_t——移动系数（相当于 D/L）为速度的单位。

将二式合并，则

$$K = AS_t^{0.8}(1 - \theta k/AS_t^{0.8}) \tag{20_2}$$

上式表示速率常数 K 与搅拌及化学反应速度常数的关系（参阅 J. of phy. chem. Soci.，1935，39：221），示例见表 16。

表 16　氧溶解于水中（$k = 2.06$，$A = 0.00177$）

$S_t/\mathrm{r\cdot min^{-1}}$	$\dfrac{K_{测}}{S_t^{0.8}}\times 10^3$	$K_{测}$	$K_{计}$	相差/%
60	1.82	0.0480	0.0462	+3.7
95	1.64	0.0624	0.0639	-2.9
120	1.63	0.0749	0.0749	0
145	1.55	0.0835	0.0844	-1.1
180	1.54	0.0977	0.0942	+3.6

注：$K_{测}$ 为实测的数值；$K_{计}$ 为由公式计算得到。

3　结论

（1）高压氧对某些金属（如 Cu、Ni、Co）的氧化机理，是属于动力学的零阶反应，即氧压达某一程度时，金属表面的氧化速率不再取决于氧压了。

（2）金属氧化物（CuO、NiO、CoO）在高压氨的水溶液浸溶时溶解速率在定温、定时下，仅与氨压（或氨浓度）及铵盐浓度成直线函数关系，即

$$R_{总} = f([NH_3]) + f([NH_4^+])$$

换言之，该类氧化物在氨水中的浸溶，决定反应速率的反应是一阶反应。

(3) 氧化物在浸溶时,很可能首先是氨分子或铵盐在表面上发生吸附,进行活化复合物的反应。此活化复合物的产生,是整个浸溶速率的决定性反应,且活化复合物的生成速率在定温下取决于活化自由能 $\Delta F^{\neq}$。

(4) 铵盐对该类氧化物的作用是增加反应速率常数,因此在水溶液中适当增加氨压(或铵盐浓度),将会显著地增加浸溶效果。

(5) 由公式 $\lg K = \lg A - \dfrac{E}{2.3RT}$ 及图 3,可知增高温度将显著地增大反应速度常数,因此适当地提高浸溶液的温度,将大大提高浸溶效果。

(6) 从上述讨论中,我们认为在处理此类氧化物矿石的时候,为了提高回收金属的效果,应该注意下列各点:

1) 增大溶剂浓度时,必相应地加强溶液的搅拌;
2) 增大溶剂浓度或相应地适当增高温度;
3) 增大溶剂浓度,同时加强溶液的搅拌及适当地增高溶液温度(以不影响液剂的分压过多为原则)。

整个讨论的内容,由于水平很低,错误在所难免,尚望专家学者予以指教。

参 考 文 献(略)

高压氧氨水浸溶法对废渣中铜之提取及机理研究[①]

刘纯鹏　周月华　谢宁涛

(中国科学院冶金陶瓷研究所昆明工作站)

1 引言

东川铜矿开采已有数百年的历史，过去用火法冶炼所得的炉渣藏量甚富，而渣中含铜则较一般炉渣高出很多，某区铜渣经工业取样分析结果，渣含铜平均品位为1.2%。

2 试样的筛分分析、化学分析及物相分析

2.1 试样的筛分分析

取两份试样各粉碎至通过100目及50目筛，分析结果如下：

通过筛目	>100目	>120目	>132目	>150目	<150目	—	—
100目	0.015%	0.015%	8.99%	11.52%	19.55%	—	—
通过筛目	>50目	>60目	>70目	>80目	>90目	>100目	>132目
50目	19.95%	2.135%	16.12%	12.64%	2.028%	15.85%	12.62%

2.2 试样的化学分析

通过筛目	Cu	Fe	S	SiO_2	Al_2O_3	CaO	MgO
50目	1.05%	13.87%	0.087%	44.92%	4.46%	18.54%	9.61%
100目	0.955%	13.89%	0.048%	45.12%	4.54%	18.42%	9.63%

2.3 试样的物相分析

(1) 化学物相分析。根据化验室及本题目组分析100目的炉渣的结果，初步确定为：硫化状铜35%；氧化状铜30%；金属铜35%。

(2) 显微镜观察。在反光显微镜下明显地可看到有较多的金属铜及冰铜存在，其他为溶解于渣的Cu_2S及微量的孔雀石。金属铜及冰铜多以圆形存在（如照片1，2），金属铜的最大直径为0.144mm，一般为0.007mm；冰铜一般为0.002mm，少数金属铜及冰铜以不规则状出现（如照片4，5）；极少数冰铜与金属铜同时存在，铜居中央，冰铜包在外围

[①] 本文发表于《金属学报》，1958，3（2）：99~110。

（如照片3）（因无彩色照片，两者颜色无法区别）。个别渣中发现有蜂窝状组织的以辉铜矿形式存在的冰铜（如照片5），这是由于高温下溶解于渣中的Cu_2S[1,2]，因温度下降，熔渣对Cu_2S的溶解度亦随之而降，因而Cu_2S沿炉渣的结晶边缘析出所致。孔雀石的存在应为炉渣长期置于空气中，使渣中的铜及硫化铜氧化而成。

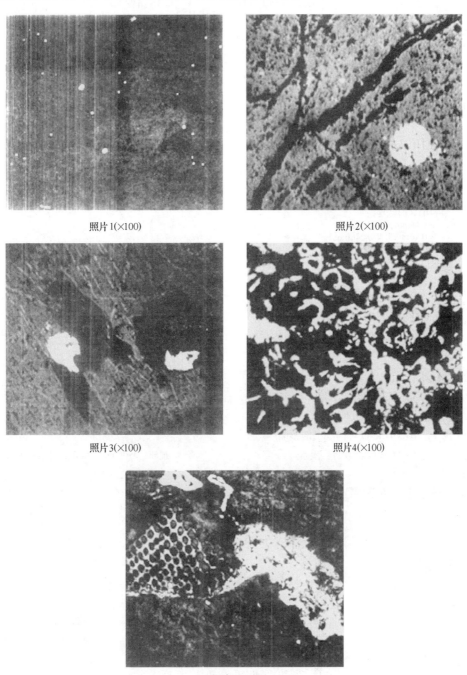

照片1(×100)

照片2(×100)

照片3(×100)

照片4(×100)

照片5(×100)

显微镜观察中，金属铜及冰铜含量差不多。又据熔炼的特点，所得产品为冰铜及粗铜，可见冰铜品位极高，这与所观察到冰铜多以辉铜矿（Cu_2S）存在的结果一致。又结合其冶炼原料及过程来看,原料中含硫铁低,以氧化矿为主,故铜于渣中应有相当部分呈氧化状溶解于渣,但在显微镜下不能直接观察,故设渣中的硫全部与铜形成 Cu_2S 存在,则成硫化状铜为:

$$\frac{128}{32} \times 0.087 = 0.348; \quad \frac{0.348}{0.955} = 36.4\%$$

又于观察中金属铜及冰铜含量差不多,故氧化状态的铜应为:

$$\frac{0.995 - 2 \times 0.348}{0.995} = 27.2\%$$

3 实验结果

3.1 不加氧压氨水浸溶

(1) 铵的浓度及时间对铜浸出的影响见图 1 和图 2。

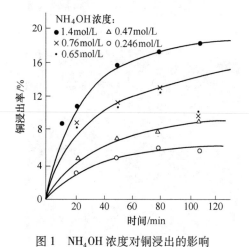

图 1 NH_4OH 浓度对铜浸出的影响

(搅速:360r/min,温度:室温)

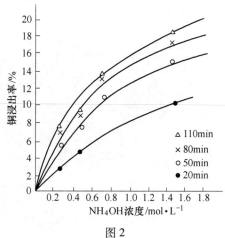

图 2

(搅速:390r/min,温度:室温)

(2) 铵盐浓度对铜浸出率的影响见图 3。

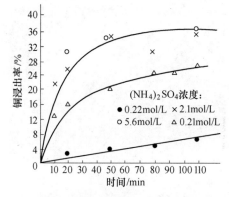

图 3 铵盐浓度与浸溶的关系

(搅速:390r/min,温度:室温)

(3) 0.24mol/L 的 NH_4OH 中铵盐对铜浸出的影响见图 4。

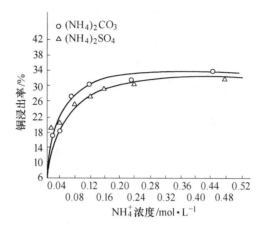

图 4　在 0.24mol/L NH_4OH 溶液中铵盐对浸出的影响

(搅速：300r/min，时间：110min，温度：室温)

3.2　高压氧与铜浸出率的关系

(1) 氧压与铜浸出率的关系见图 5。

(2) 在一定氧压下 NH_4OH 浓度对铜浸出的影响见图 6。

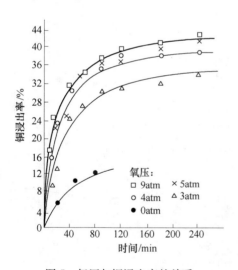

图 5　氧压与铜浸出率的关系　　图 6　在一定氧压下 NH_4OH 的浓度对铜浸出的影响

(搅速：360r/min，温度：室温，0.65mol/L NH_4OH)　　(搅速：360r/min，温度：室温，氧压：5atm)

(3) 在一定氧压下及一定 NH_4OH 浓度下铵盐对铜浸出的影响见图 7。

(4) 在一定情况下，温度对浸出率的影响见图 8。

(5) 在一定其他情况下，搅拌速度对铜浸出率的影响见图 9。

(6) 8h 浸出的效果（浸出条件与图 9 所示曲线同）见图 10。

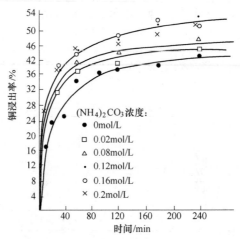

图 7 在一定氧压及一定的 NH₄OH 溶液中，铵盐对铜浸出的影响

（搅速：360r/min，温度：室温，氧压：5atm）

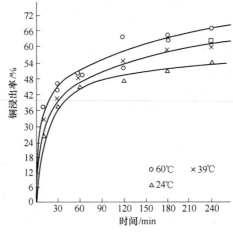

图 8 在一定的氧压下一定的 NH₄OH 及铵盐的浓度、温度对铜浸出的影响

（搅速：360r/min，氧压：5atm，NH₄OH 0.65mol/L，(NH₄)₂CO₃ 0.12mol/L）

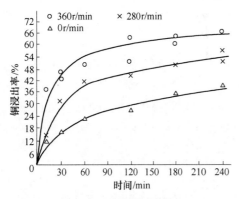

图 9 搅拌与浸出的关系

（温度：60℃；NH₄OH：0.65mol/L，
(NH₄)₂CO₃：0.12mol/L，氧压：5atm）

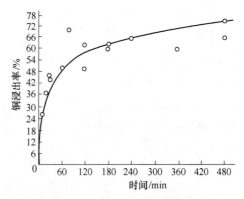

图 10 延长时间浸溶的效果

（温度：60℃，NH₄OH：0.65mol/L，搅速：
360r/min，(NH₄)₂CO₃：0.12mol/L，氧压：5atm）

4 实验结果讨论

4.1 在非均匀系中浸溶速率的决定性因素的问题

氨溶液对此炉渣的浸溶是一个比较复杂的反应机理，首先在此炉渣中含有至少 3 种不同状态的含铜物相。按我们的物相分析，主要者为金属状态的铜、硫化状态的铜（Cu_2S）以及氧化状态的铜（CuO 及 Cu_2O）。后者易溶于氨水中，前两者必须通过氧化才能溶于氨水中，因此同时在高压氧并加高温度的情况下，显然整个浸溶的过程对铜而言，仅是氧化铜与氨水或铵盐作用的问题。虽然硫化铜及金属铜的氧化速率与氧压及温度有密切的关系，但是在某一定的高压氧下，氧化速率必然趋向于某一定的极限值，也就是说，在这样的情况下，浸溶速率并不取决于氧压的增加，而取决于其他因素。在我们一系列的实验数据中可以看出，浸溶速率的决定性因素，在一定的条件下，既不取决于氧压，也不取决于铜氨活化复合物的生成；在整个浸溶过程中，浸溶速率均与时间成抛物线函数关系（可参考图 1~图 10）。这说明整个浸溶速率的决定性因素是相界面间扩散的问题。换言之，在我们的实验情况下，经常是化学反应的速率大于产物的扩散速度，亦即 $v_{化} \gg v_{扩}$。既然相界面间的反应过程取决于扩散，那我们不难推出此过程状态曲线的方程如下。

设以相界面间反应速度的倒数定义为"反应阻抗"，用 C_R 表示，过程的扩散速度的倒数以 D_R 表示（扩散阻抗），则反应速率可以用下列关系示出：

因为
$$v_{扩} = v_{测}$$

所以
$$\frac{dx_{Cu}}{dt} = k \frac{\Delta C}{D_R + C'_R}$$

式中 k——常数；

ΔC——反应物浓度的变化值。

当 $D_R \gg C'_R$ 时，即反应速率取决于扩散过程时，则

$$\frac{dx_{Cu}}{dt} = k \frac{\Delta C}{D_R}$$

由于扩散阻抗与产物厚度成正比，与扩散系数及扩散断面成反比，因此

$$D_R = \frac{1}{D} \int_{II相}^{I相} \frac{d\delta}{A} = \frac{\delta}{AD}$$

$$\frac{dx_{Cu}}{dt} = kDA \frac{\Delta C}{\delta}$$

式中，A，D（扩散系数）可视为常数，而反应物浓度变化为一定：

$$\frac{dx_{Cu}}{dt} = \frac{k}{\delta}$$

产物厚度在此处实际上即为铜溶解产物的量，因此

$$(x_{Cu})^2 = 2kt + a = K_p t + a \tag{1}$$

式中 a——积分常数（$a=0$）。

显然我们实验的曲线是符合这个方程的，即铜的溶解量与时间成抛物线函数关系：

$$K_p = \frac{x_{Cu}^2}{t} \tag{2}$$

式中 K_p——抛物线速率常数,抛物线的斜率由式(1)得:

$$斜率 = \frac{dx_{Cu}}{dt} = \frac{K_p}{2x_{Cu}} \tag{3}$$

有关实验中的 K_p 及曲线斜率与各因素的关系,可参看表1~表4。显然,当在一定情况下增加搅拌速度,将会增加浸溶速度(因为增加了扩散速度,也就是增加了溶解的速度,$v_{扩} = v_{溶}$),在表1中浸溶率与搅拌速度的关系说明此一事实。

表1 改变搅速对铜浸出时的 K_p 及其斜率的计算

搅速/r·min^{-1}	铜浸出率/%	100g渣中铜浸出的克数/g	$K_p = \frac{(\Delta Cu)^2}{t}/g^2 \cdot h^{-1}$	斜率 $= \frac{K_p}{2\Delta Cu}$
0	38.92	0.276311	3.45×10^{-2}	4.65×10^{-2}
208	51.74	0.488323	6.10×10^{-2}	6.18×10^{-2}
360	65.46	0.78164	9.77×10^{-2}	7.81×10^{-2}

注:氧压:5atm,NH_4OH:0.65mol/L,$(NH_4)_2CO_3$:0.12mol/L。

表2 改变氧压时铜浸出的 K_p 及其斜率的计算

氧压/atm	铜浸出率/%	100g渣中铜浸出的克数/g	$K_p = \frac{(\Delta Cu)^2}{t}/g^2 \cdot h^{-1}$	斜率 $= \frac{K_p}{2\Delta Cu}$
0	9.40	0.08977	0.44×10^{-2}	2.15×10^{-2}
3	34.04	0.32508	2.64×10^{-2}	4.06×10^{-2}
4	39.30	0.37532	3.52×10^{-2}	4.09×10^{-2}
5	42.05	0.40158	4.03×10^{-2}	5.02×10^{-2}
7	34.55	0.32995	2.72×10^{-2}	4.12×10^{-2}
9	43.20	0.41256	4.25×10^{-2}	5.16×10^{-2}

注:NH_4OH 浓度为0.65mol/L。

表3 改变 NH_4OH 的浓度对铜浸出的 K_p 及其斜率的计算

氧压/atm	铜浸出率/%	100g渣中铜浸出的克数/g	$K_p = \frac{(\Delta Cu)^2}{t}/g^2 \cdot h^{-1}$	斜率 $= \frac{K_p}{2\Delta Cu}$
0.244	31.17	0.29767	2.22×10^{-2}	3.72×10^{-2}
0.47	35.18	0.33597	2.82×10^{-2}	4.20×10^{-2}
0.65	42.05	0.40158	4.03×10^{-2}	5.02×10^{-2}
1.00	42.10	0.40206	4.04×10^{-2}	5.02×10^{-2}

注:氧压为5atm。

表4 改变 $(NH_4)_2CO_3$ 浓度对铜浸出的 K_p 及其斜率的计算

$(NH_4)_2CO_3$/mol·L^{-1}	铜浸出率/%	100g渣中铜浸出的克数/g	$K_p = \frac{(\Delta Cu)^2}{t}/g^2 \cdot h^{-1}$	斜率 $= \frac{K_p}{2\Delta Cu}$
0	42.05	0.40158	4.03×10^{-2}	5.02×10^{-2}
0.02	42.55	0.40635	4.13×10^{-2}	5.08×10^{-2}

续表4

$(NH_4)_2CO_3$ /mol·L^{-1}	铜浸出率/%	100g渣中铜浸出的克数/g	$K_p = \frac{(\Delta Cu)^2}{t}$/g^2·h^{-1}	斜率 = $\frac{K_p}{2\Delta Cu}$
0.08	47.53	0.45391	5015×10^{-2}	5.07×10^{-2}
0.12	53.71	0.51293	6.58×10^{-2}	6.41×10^{-2}
0.155	50.6	0.48323	5.84×10^{-2}	6.04×10^{-2}
0.20	50.25	0.47989	5.76×10^{-2}	6.00×10^{-2}

注：氧压：5atm，NH_4OH：0.65mol/L。

4.2 因素影响的局限性

根据实验的数据，我们认为影响浸溶率的因素有下列各项：(1) 氧气压力，(2) 氨水及铵盐浓度，(3) 搅拌速度，(4) 溶液浓度，(5) 溶液 pH 值，(6) 时间。

这些因素的影响，在一定的其他条件下，变动某一个因素时，浸溶速率将随变动因素的增长而增长。但每一个因素的变动都有一个最大极限值，换言之，在一定的条件下，某个因素的影响不是无限制的。这个道理很简单，因为在由开始至某段时间，某个因素是过程的决定性反应，因而在这段时间，无疑地变动它的量会按比例地影响浸溶速率。但达某一定值以后，另外的某个因素成为过程的决定性反应，于是它的影响变为次要，以致不存在。因此，纵然再变动它的量，也不会产生作用，这在我们的实验中充分说明了这一点。例如氧压的影响，在一定的其他条件下，氧在溶液中被渣中的金属铜及硫化铜进行化学吸附，按 Langmuir 等温吸附原则[1]，氧化反应的速度与氧压有下列关系：

$$v = \frac{k_2 K k' p_{O_2}}{1 + K k' p_{O_2}}$$

式中　v——氧化反应速度；
　　　K——吸附平衡常数；
　　　k'——亨利定律比例常数；
　　　p_{O_2}——氧气压力；
　　　k_2——比例常数。

显然，当吸附为浸溶过程的速率决定性反应时，则实测的浸溶速率 $v_{测}$ 应有下列关系[2,10]：

$$v_{测} = v = \frac{k_2 K k' p_{O_2}}{1 + K k' p_{O_2}}$$

当 p_{O_2} 较小时，则

$$v_{测} = k_2 K k' p_{O_2} = K' p_{O_2}$$

由此可知浸溶率将与氧压成直线函数关系，常数 K' 即为直线斜率。当氧压较大时，则

$$v_{测} = k_2$$

上式说明当氧压增大达某一数值时，浸溶率将达一极限值而与氧压无关，成为动力学上的零阶反应。这可由我们的实验数据充分证明，如图11所示，也可以由参考文献[3]予以证明。

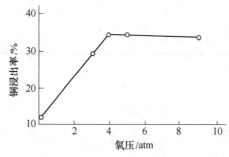

图 11 氧压对浸出率的影响

(NH_4OH：0.65mol/L；温度：23℃；搅速：360r/min）

它如在 5atm 以及其他条件一定的情况下，改变 NH_4OH 浓度时，在 0.65mol/L 的氨水浓度溶液中达一极限值，如图 12 所示。

同理，在变动铵盐浓度时，在 0.12mol/L 的 $(NH_4)_2CO_3$ 情况下为一极限值，如图 13 的实验资料所示。

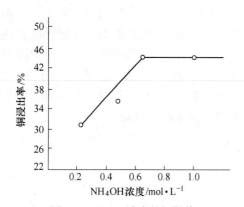
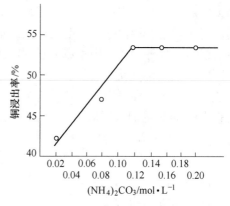

图 12　NH_4OH 浓度的极限值

（氧压：5atm；温度：23℃；搅速：360r/min）

图 13　$(NH_4)_2CO_3$ 对浸出率的极限值

（NH_4OH：0.65mol/L；氧压：5atm；温度：23℃；搅速：360r/min）

4.3　pH 值的影响

溶液 pH 值的变更可由两个原因所引起，即

（1）随着反应进行引起 pH 值的变更：

$$Cu+4NH_{3(水)}+\frac{1}{2}O_2+H_2O \longrightarrow Cu(NH_3)_4^{2+}+2OH^{-[11]}$$

（2）加入铵盐引起 $[H^+]$ 的增加，可由下列推导式看出：

因为　　　　　　　$$\frac{[NH_4^+][OH^-]}{[NH_3]_水}=1.8\times10^{-5}\ (25℃ 时)$$

所以　　　　　　　$$pH=9.3+\lg[NH_3]-\lg[NH_4^+]^{[3]}$$

或　　　　　　　$$pH=pK_w pK_{NH_4OH}-\lg 2\gamma\pm[(NH_4)_2CO_3]^{[5]}$$

式中　　pK_w——水的离解常数倒数的对数值；

pK_{NH_4OH}——NH_4OH 离解常数倒数的对数值；

γ——铵盐的平均活度系数；

$[(NH_4)_2CO_3]$——碳酸铵的浓度。

由此可知，$[H^+]$ 的增加（即 pH 值减小）随铵盐而增加，显然 $[H^+]$ 的增加对于上列铜氨的反应是有利的，促使 $OH^- + H^+ \rightarrow H_2O$。由实验资料已知，在一定条件下铵盐浓度的增加，与浸溶速率成直线关系（见图 13），因此我们认为溶液 pH 值的降低，将与浸溶率成直线函数关系，如图 14 和图 15 的实验资料中所示。

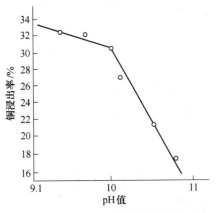
图 14　常压时 pH 值与铜浸出关系

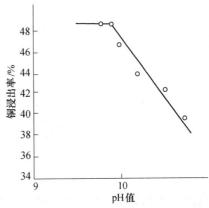
图 15　5atm 下 pH 值与铜浸出关系

4.4　反应阶次问题

按图 12 和图 13 的资料，可知在极限浓度下以及其他一定条件下浸溶速率与氨及铵盐浓度有下列关系[3]：

$$v_{NH_3} = K_{NH_3}[NH_3]$$

$$v_{NH_4^+} = K_{NH_4^+}[NH_4^+]$$

$$v_{总} = K_{NH_3}[NH_3] + K_{NH_4^+}[NH_4^+]$$

显然上式充分证明浸溶反应在一定条件下将属于一阶反应。换言之，浸溶速率与铵盐及氨浓度为一直线函数关系，式中的 K_{NH_3} 及 $K_{NH_4^+}$ 分别代表它们的反应速率常数。按实验资料，我们分别求之如下（按表 3 及表 4）：

$$K_{NH_3} = \frac{0.40158}{0.65 \times 2} = 0.31 \text{g/h}$$

$$K_{NH_4^+} = \frac{0.5129 - 0.40158}{2 \times 0.12} = 0.464 \text{g/h}$$

因此

$$\frac{K_{NH_4^+}}{K_{NH_3}} = \frac{0.464}{0.31} = 1.5$$

铵盐的反应速率常数为氨的反应速率常数的 1.5 倍。由此可知，增加铵盐将显著地增加浸溶速率。

4.5 温度的影响及活化能的计算

温度影响反应速度常数的关系也可用抛物线速率常数示出，即

$$K_p = A \cdot e^{-\frac{E}{RT}}$$

$\lg K_p$ 与 $\frac{1}{T}$ 应成直线函数关系，如表 5 所示。

表 5　改变温度对铜浸出的 K_p 及其斜率计算

温度/℃	铜浸出率/%	100g 渣中铜浸出的克数/g	$K_p = \frac{(\Delta Cu)^2}{t}/g^2 \cdot h^{-1}$	斜率 $= \frac{K_p}{2\Delta Cu}$
24	53.71	0.51239	6.58×10^{-2}	6.41×10^{-2}
39	61.19	0.58436	8.54×10^{-2}	7.31×10^{-2}
60	65.64	0.62514	9.77×10^{-2}	7.81×10^{-2}

注：氧压：5atm，NH$_4$OH：0.65mol/L，(NH$_4$)$_2$CO$_3$：0.12mol/L。

在两个不同温度下求得 E 值如下：

$$\lg \frac{K_{p2}}{K_{p1}} = \frac{E}{2.3R}\left(\frac{T_2 - T_1}{T_1 T_2}\right) \qquad E = \lg \frac{K_{p2}}{K_{p1}} \left(\frac{2.3RT_1T_2}{T_2 - T_1}\right)$$

当 $T_2 = 39$℃时，$K_{p2} = 0.0854$，$T_2 = 24$℃时，$K_{p1} = 0.0658$。

$$E = \lg 0.0854 - \lg 0.0658 \left(\frac{2.3 \times 1.987 \times 297 \times 312}{312 - 297}\right) = 3100 \text{cal/mol} = 3.1 \text{kcal/mol}$$

扩散控制的反应过程一般活化能 E 值介于 1~4kcal/mol[8]；我们的实验数据充分证明了此一事实。换言之，除浸溶率与时间的状态曲线所表达的抛物线可以肯定浸溶的机理系扩散控制的反应过程而外，活化能的数值判断也是必要的。

4.6 效果的讨论（见图 10）

可以看出，在 5atm 的氧压下，0.65mol/L NH$_4$OH + 0.12mol/L（NH$_4$）$_2$CO$_3$，温度 60℃，搅拌 360r/min 的情况下，延长浸溶时间达 8h，浸出率可达约 75%（图 10）。实际上，按该曲线来看，斜率尚未达水平。再增长时间，铜的回收有可能达 80% 左右。按一般氨浸溶法而论，含铜量在 1%~3% 范围，最优回收率为 75%~85%[9]，易溶矿石回收率可达 90%，但浸溶时间是数小时到十多小时。由此可以看出，采用高压加温法，渣含铜小于 1%，而仅在 8h 左右提出 75% 的铜量。以效果而言，我们认为是优越的；从浸溶时间来说，完全可以与火法相提并论。如果用火法处理此炉渣，由于含铜品位很低（0.95%~1.05%），回收率可能很低。因为矿中品位的高低与回收率有直接关系，例如以鼓风炉指标而言，含铜 2%~3% 矿品位，铜的回收率为 85%~88%，反射炉处理同样品位的矿，回收率为 82%~86%[9]；显然，若用火法处理此含铜量仅 1% 的炉渣，回收率肯定很低（估计可能不超过 75%）。

尤有甚者，炉渣中含钙氧高，硫也很少，必填配入较多的 FeS$_2$，一方面造成高铁渣，另一方面作为硫化剂以减少铜的损失。这样，渣量可能很大，铜的回收率更要降低。以炉

渣所在地区而言，燃料和硫化剂供应是很困难的，因此我们初步认为采用高压氧氨水浸溶法是值得考虑和进一步研究采用的。必须指出：浸溶时间仅数小时，而获得较优的效果，对单位生产量来说，是值得注意的。

再以残渣含铜而言，即以回收率为75%而言，经过浸溶处理之残渣以100单位质量的炉渣为标准计算如下。

渣含铜为0.96%，则100单位质量渣中含铜量为：
$$100 \times 0.96\% = 0.96 \text{ 单位质量的铜}$$

提出铜的质量为：
$$0.96 \times 75\% = 0.71 \text{ 单位质量铜}$$

则残留在渣中铜为：
$$\frac{0.96 - 0.71}{100 - 0.71} = 0.252\%$$

一般火法渣含铜较优者约在0.30%。处理炉渣时即要配入较多的熔剂，即使渣含铜为0.30%，铜的总回收率也将大大降低。

本实验由于设备条件的限制，未能再增高温度、压力以及搅拌速度来进行浸出效果的研究；另外也考虑到目前我国工业的具体条件，在实施中自然应以比较容易办到的条件为选择的对象。我们所采用的氧仅5atm，搅拌速度360r/min，温度约60℃，这些条件完全有可能做到的。

如果目前国内工业条件允许，而且也合于经济，我们根据实验室初步的实验（未做出准确的数据），已经证明再适当的增高温度及氧的压力，回收率可提高到80%~85%以上，因此我们认为回收率的问题，尚不决定于方法本身，而取决于经济条件与工业条件。

参 考 文 献（略）

连续炼铜的渣含铜问题

刘纯鹏

1 现有方法的分析归纳

铜熔炼过程实质上系一硫氧代换过程,换言之,冰铜的富集和粗铜的生产系通过氧化除铁脱硫而达到的。这可由 Cu-Fe-S 熔体在有氧和硅(SiO$_2$)共存的体系中看出(见图1)。

从图1看出,硫化铜精矿一步直接熔炼成白冰铜或粗铜,必须通过强氧化过程达到迅速彻底除铁脱硫的要求才能完成。

从冶金物理化学反应过程来看,现有连续炼铜的方法可归纳为下列几个类型:

(1)以固体炉料流态化为主的氧化作业。即按转化过程来说采用悬浮熔炼或旋涡熔炼脱硫除铁,通过一次或两次强氧化熔炼一次获得粗铜,见流程图2。

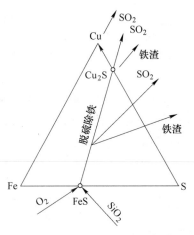

图 1 Cu-Fe-S 熔体相图

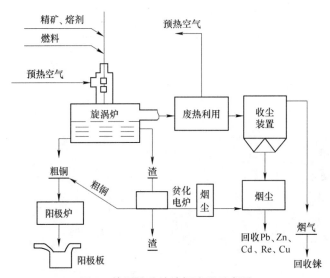

图 2 旋涡炉连续炼铜流程示意图

---

❶ 本文分两次发表于《有色金属(冶炼部分)》,1974(5):49~54 及 1974(6):53,54~58。

$$\text{流态化炉料}_{(固)} + O_{2(气)} \longrightarrow Cu_2S_{(液)} + \text{铁渣}_{(液)} + SO_{2(气)} \tag{1}$$

$$Cu_2S_{(液)} + O_{2(气)} \longrightarrow Cu_{(液)} + SO_{2(气)} \tag{2}$$

上列两反应示出硫化铜精矿通过两阶段的氧化作业完成粗铜的连续生产。这两个反应可以在一个炉子内完成，也可以在两个炉子内完成，前者如图3所示，后者如图4所示。

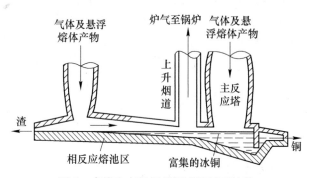

图3 直接生产粗铜的闪速炉炉型结构

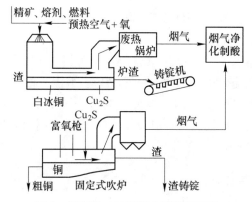

图4 闪速炉—吹炉联合流程示意图

(2) 以固体炉料喷入熔体（渣、锍）的氧化反应。即固体硫化铜精矿粉料直接喷入液态熔体中，在氧的作用下连续脱硫除铁生产粗铜，用反应示之如下：

$$\text{炉料}_{(固)} + \text{熔体}_{(液,冰铜)} + O_2 \longrightarrow Cu_{(液)} + SO_{2(气)} + \text{铁渣}_{(液)} \tag{3}$$

上列反应系在一个炉子内完成，但实际上在炉内仍然存在分区的阶段氧化吹炼，即所谓"诺兰达法"和"沃克拉法"。

(3) 日本三菱矿业公司连续炼铜法。实际上与"诺兰达法"相似，不同的是该法是在三个单独的炉子中来完成熔炼、渣贫化、吹炼三个作业的。

上述三种连续炼铜法，就其实质而言，是在工艺流程上设计为阶段氧化作业或一次氧化作业。目前已在工业生产中采用的连续炼铜法是属于阶段氧化的作业，如加拿大在魁北克建立的连续炼铜炉（诺兰达法）；澳大利亚建立的闪速熔炼与吹炼的联合作业（图4）；以及日本三菱矿业公司的连续炼铜法。至于一次氧化作业的连续炼铜法（旋涡炉氧气炼铜法）在我国白银有色金属公司和苏联哈萨克科学院进行过试验研究，取得了一定的经验，为今后连续炼铜采用此法提供了有益的资料。

2 连续炼铜作业渣含铜的理论分析

2.1 熔炼反应体系状态的自由度

连续炼铜过程中,在氧化除铁阶段存在着炉气-炉渣-锍三相共存的体系,或者炉气-炉渣-锍-Fe_3O_4四相共存的体系;在粗铜生产阶段存在着炉气-炉渣-白冰铜-金属铜四相共存的体系,或者炉气-白冰铜-金属铜三相共存的体系。从整个熔炼体系的主要组分来看具有Cu、Fe、S、O_2及Si(SiO_2)等五个组分。按相律原理,决定体系状态的自由度(独立变数)应为:

$$F = C - P + 2 \tag{4}$$

式中 F——体系状态的自由度;
C——体系中组分的数目;
P——体系中共存的相数目。

对于三相共存的体系,$F=4$;对于四相共存的体系,则$F=3$。

结合铜熔炼情况,这些变数可选定为:温度(T),氧分压(p_{O_2}),铁氧活度(a_{FeO})以及二氧化硫分压(p_{SO_2})。至于在体系中Cu_2S活度(a_{Cu_2S})、FeS活度(a_{FeS})以及硫蒸气分压(p_{S_2})等可视为参变数。

上述独立变数根据熔炼条件可以任意选定,并用二元坐标来描述体系的状态,例如:当炉内温度及二氧化硫分压一定时,炉气-炉渣-熔锍三相共存的体系状态,取决于气氛中的氧分压及铁氧活度(a_{FeO})。因为氧分压的大小决定了炉内气氛氧化的强弱,氧化的强弱影响到炉渣的性质、冰铜的富集以及炉渣的含铜量。铁氧活度的变动影响到FeS的氧化造渣及磁性氧化铁(Fe_3O_4)的生成。

2.2 炉气-炉渣-锍的平衡体系

在Cu、Fe、S及O_2共存的体系中,由于它们相互间亲和力的矛盾,亦即

$$A^0_{FeO} > A^0_{Cu_2O} \tag{5}$$

$$A^0_{Cu_2S} > A^0_{FeS} \tag{6}$$

式中 A^0_{FeO}——铁对氧的亲和力;
$A^0_{Cu_2O}$——铜对氧的亲和力;
$A^0_{Cu_2S}$——铜对硫的亲和力;
A^0_{FeS}——铁对硫的亲和力。

因此,在除铁阶段FeS将优先于Cu_2S而氧化:

$$FeS_{(冰铜)} + 1.5O_{2(气)} = FeO_{(渣)} + SO_{2(气)} \tag{7}$$

在氧化气氛条件下,渣中FeO部分氧化为Fe_3O_4:

$$6FeO_{(渣)} + O_{2(气)} = 2Fe_3O_{4(固)} \tag{8}$$

在等氧压下,上列二反应应为:

$$3Fe_3O_{4(渣)} + FeS_{(冰铜)} = 10FeO_{(渣)} + SO_{2(气)} \tag{9}$$

按热力学数据求得反应式(9)的等压位与温度的关系式:

$$\Delta Z = 175610 - 103.06T \tag{10}$$

由此得到渣中 Fe_3O_4 活度与温度（T）、a_{FeO}、a_{FeS} 及 p_{SO_2} 的关系式：

$$\lg a_{Fe_3O_4} = \frac{12790}{T} - 7.50 + 3.33\lg a_{FeO} + 0.333\lg p_{SO_2} - 0.333\lg a_{FeS} \tag{11}$$

显然，按上式可知，决定反应体系状态的变数为 a_{FeO}、a_{FeS}、p_{SO_2} 及温度（T）。连续炼铜的炉温一般约在 1250~1350℃，选取 1270℃；SO_2 浓度波动在 7%~15%，选取 10%，代入式（11），得

$$\lg a_{Fe_3O_4} = 0.357 + 3.33\lg a_{FeO} - 0.333\lg a_{FeS} \tag{12}$$

指定冰铜成分，根据资料就可以求出 a_{FeS} 的值：

$$a_{FeS} = f[\%Fe/\%Cu] \tag{13}$$

根据铜熔炼的渣型选定 a_{FeO}，按公式（12）而求得：

$$a_{Fe_3O_4} = f'(a_{FeO})$$

已知 $a_{Fe_3O_4}$ 及 a_{FeO} 的值，则可按 $FeO-Fe_2O_3-SiO_2$ 系等活度曲线（图 5）而得到下列计算式：

$$\%FeO = f(\%Fe_3O_4) = f'(a_{FeO}) \tag{14}$$

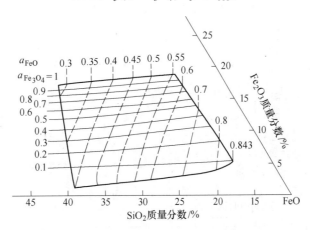

图 5　1270℃时 $FeO-Fe_2O_3-SiO_2$ 三元系液态区等活度图

因此，按式（12）经最后整理得到渣中 $\%Fe_3O_4$ 与冰铜品位变动的计算关系式：

$$\%Fe_3O_{4(渣)} = f(\%Fe/\%Cu) = f(\%Cu) \tag{15}$$

根据式（15）计算，并用实验数据求得渣中 Fe_3O_4 含量与冰铜品位（用 Fe/Cu 示出）的状态曲线，如图 6 所示。

从图 6 看出，随着氧化除铁的进行，冰铜品位不断升高，渣含 Fe_3O_4 也随之增高，特别是当冰铜组成趋近于白冰铜时（Fe/Cu 比值降至 0.1% 以下），Fe_3O_4 在渣中的含量增加更为显著，这表明强氧化熔炼在 FeS 彻底脱除时，渣含 Fe_3O_4 必然很高。生产实践表明：在氧化过程中冰铜品位愈高，不仅 Fe_3O_4 在渣中的含量增高，而且生成的相对速度也愈快，这可由图 7 看出。

从图 7 看出，始吹的冰铜品位愈高，渣中 Fe_3O_4 生成的相对速度愈大，当冰铜品位接近 70% 时，Fe_3O_4 生成的相对速度急剧上升。

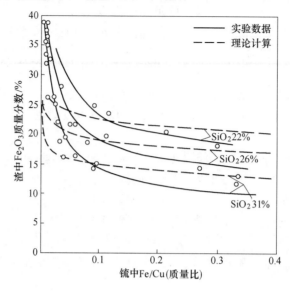

图6 炉渣-锍体系中锍中 Fe/Cu 与
渣中氧含量的关系（1270℃）

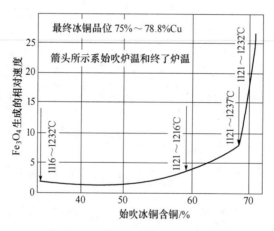

图7 冰铜品位与 Fe_3O_4 生成速度的关系

连续炼铜作业产出的冰铜品位很高（例如日本连续炼铜炉冰铜含铜 55%~75%），因而进入二阶段始吹的冰铜品位也就高，这样就必然使渣中 Fe_3O_4 的含量增加和生成速度加快。因此在连续炼铜过程中渣中 Fe_3O_4 的含量和生成的相对速度均随脱铁程度增大而增大，这可用下列方程式予以概括：

$$Fe_3O_4\%_{(渣)} = f(Cu/Fe)_{冰铜} \tag{16}$$

$$v_{Fe_3O_4(渣)} = F(Cu/Fe)_{冰铜} \tag{17}$$

由于渣中含氧量随着锍中 FeS 的降低而不断增高，因而在气相中与之平衡的氧分压也相应增高，这可由炉气-炉渣-锍的平衡体系中渣中含氧量与氧分压的关系曲线看出（图8）。在熔炼中，炉渣起着传递氧的作用。因此，在炉气-炉渣-锍平衡体系中，渣含氧的增高将使锍中（或铜中）的含氧量增高，这可由下列实验数据看出（图9）。

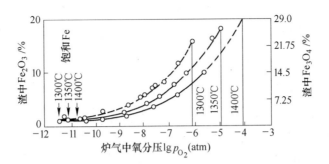

图 8　渣中含氧量与氧分压的关系

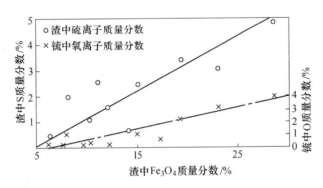

图 9　渣中氧离子向锍中扩散的浓度与渣中含氧量的关系

由于铁对氧的亲和力比铜大，因而铁离子周围吸附着氧离子，促使下列反应易于在低品位锍中进行：

$$\mathrm{Fe}^{2+}_{(冰铜)} + \frac{1}{2}\mathrm{O}^{2-}_{(冰铜)} \longrightarrow \mathrm{FeO}_{(渣)} \tag{18}$$

因此，在熔炼低品位锍时，铜入渣中的量必然少；反之则必多。换言之，在高品位锍中，由于铁离子活度很小，锍中溶解的氧易于对铜进行氧化（图10）：

$$2\mathrm{Cu}^{2+}_{(冰铜)} + \mathrm{O}^{2-}_{(冰铜)} \longrightarrow \mathrm{Cu}_2\mathrm{O}_{(渣)} \tag{19}$$

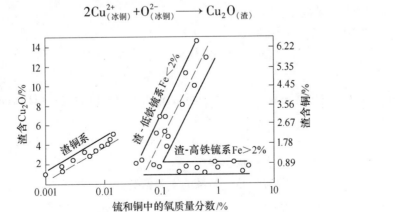

图 10　炉渣-锍及炉渣-铜平衡体系中，氧含量对渣含铜的影响

从图10看出，高铁锍中铜入渣的损失达一定值之后（约为0.4%～0.89%），则与锍中氧含量无关；而低铁锍中铜入渣的量则随含氧量而急剧上升。对于金属铜而言，铜中含氧量微小的波动导致渣含铜上升很多。

从上面的事实可知，渣中溶解状态的铜与锍（铜）中氧含量密切相关，而锍中氧含量又与锍品位及渣含氧量相关。不难理解，在强氧化连续炼铜作业中，脱铁程度愈大，锍品位愈高，渣含氧也愈多，其结果必然导致渣含铜增高。这就是连续炼铜作业在强化脱铁过程中不可避免的矛盾。生产实践同样表明：渣中铜的损失既随锍品位增高而增多，也随渣中含氧量增高而增多。渣含 Fe_3O_4 与锍品位的高低是密切关联的，已在图6和图7中阐明。图11列出吹炼炉渣中 Fe_3O_4 含量与渣含铜的关系，图12系各种熔炼法冰铜品位与渣含铜的关系。

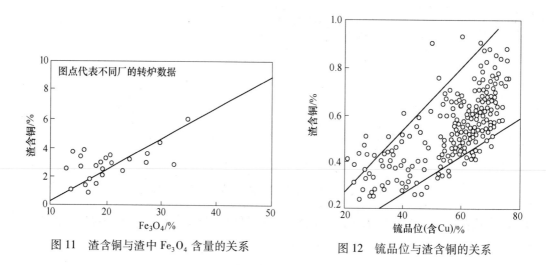

图11 渣含铜与渣中 Fe_3O_4 含量的关系　　图12 锍品位与渣含铜的关系

按图9可知，锍中氧含量与渣中 Fe_3O_4 含量成比例，即：

$$O_2\%_{(冰铜)} = k \cdot Fe_3O_4\%_{(渣)} + b \tag{20}$$

式中　k——直线斜率；

b——直线纵截距。

根据图10～图12，则有：

$$Cu\%_{(渣)} = \phi(O_2\%)_{(冰铜)} = \phi'(O_2\%)_{(渣)} \tag{21}$$

$$Cu\%_{(渣)} = \phi''(Cu\%)_{(冰铜)} \tag{22}$$

因此，渣含铜与渣中氧含量（锍中氧含量）及锍品位的关系可以近似地用下列公式来表达：

$$Cu\%_{(渣)} = k_p k_t [Cu\%]_{冰铜} [O_2\%]_{冰铜} = k_p k_t [Cu\%]_{冰铜} k [Fe_3O_4\%]_{渣} \tag{23}$$

式中　$Cu\%_{(渣)}$——炉渣含溶解状态铜；

k_p——渣含铜与锍品位关系的实验常数；

k_t——渣含铜与锍中氧含量关系的实验常数；

$[Cu\%]_{冰铜}$——锍中含铜，%；

$[O_2\%]_{冰铜}$——锍中含氧，%；

k——锍中含氧量与渣中 $Fe_3O_4\%$ 直线关系的斜率。

同样按铜氧化反应式应有：
$$K = \frac{a_{Cu_2O(渣)}}{a_{Cu(冰铜)}^2 a_{O(冰铜)}}$$

因此
$$a_{Cu_2O(渣)} = K(T) a_{Cu(冰铜)}^2 a_{O(冰铜)} \tag{24}$$

式中 K——反应平衡常数，是温度的函数；

$a_{Cu(冰铜)}$——锍中铜活度；

$a_{O(冰铜)}$——锍中氧活度。

在连续炼铜作业中，锍品位均高（50%~75%Cu），由实验数据估计含氧量约为2%~0.4%，因此可将锍中的氧活度用浓度代替。铜的活度则可按 Cu-Fe-S 三元系求得，由于锍中铁和氧均较少，据资料估计上列锍品位的活度约在 0.8~0.95。在这种情况下，公式（24）可用浓度示出。

$$[Cu]_{渣} = K_\beta [Cu]_{(冰铜)} [O]_{(冰铜)} \tag{24a}$$

图 13 示出锍品位及锍中氧含量与渣含铜的关系曲线。结合公式（24a）可以看出，用式（23）示出是可以的。

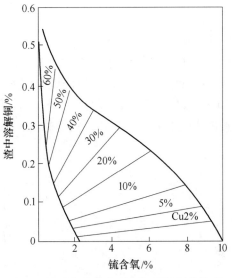

图 13　锍品位及锍中含氧与渣含铜的关系

按式（23），当锍品位及含氧量一定时，则
$$Cu\%_{(渣)} = k_p k_t k_1 k_2 = 常数 \tag{24b}$$

上式说明，在氧化除铁过程中，锍品位及氧含量一定时，渣中溶解状态损失的铜为一定值。此值的大小取决于各实验常数，这是熔锍特性及炉内条件所决定的。锍品位愈低，锍中氧含量影响渣含铜就愈小；反之，则愈大。此一事实可以通过用直线斜率对锍品位作图来说明（图14）。

从图中看出，锍品位在50%左右，直线斜率 $\left[\dfrac{\Delta Cu\%_{(渣)}}{\Delta O\%_{(冰铜)}}\right]$ 就开始急剧上升。

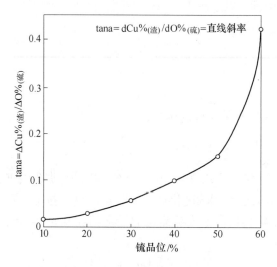

图 14　渣含铜与锍中含氧量增长率的关系

由图 13 和图 14 得：

$$Cu\%_{(渣)} = k_t [O\%]_{(冰铜)} + b \tag{25}$$

式中　k_t——直线斜率，$k_t = \left[\dfrac{\Delta Cu\%_{(渣)}}{\Delta O\%_{(冰铜)}}\right]$。

在炉渣-锍平衡体系中，锍中含氧量又随炉渣组成而变化，从图 9 和图 15 可以看出：连续炼铜法的炉渣含 SiO_2 趋近于饱和（例如沃克拉法试验炉的炉渣含 SiO_2 30%～38%；日本三菱公司的炉渣含 SiO_2 30%～35%；诺兰达法的炉渣 SiO_2 含量约在 25%）。因此，按式 (25) 并以饱和 SiO_2 炉渣按图 14 和图 15 作计算，求得炉渣含铜增长比与锍品位的关系如表 1 所示。

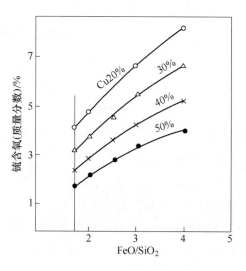

图 15　锍中氧含量与渣组成的关系
（图中垂直于横坐标的直线系饱和 SiO_2 线）

表 1 渣-锍平衡体系中炉渣含溶解性铜的增长比与冰铜品位的关系

条件	锍品位 Cu/%	含氧量/%	$\dfrac{\Delta Cu\%_{(渣)}}{\Delta O\%_{(冰铜)}}$	b 直线纵截距	渣含铜/%	增长比（以 20% 锍品位作比较）
炉渣饱和以 SiO$_2$ 温度 =1200℃	20	4.00	0.025	0.040	0.14	1.0
	30	3.00	0.060	0.050	0.23	0.64
	40	2.25	0.095	0.070	0.284	2.03
	50	1.67	0.150	0.100	0.351	2.51

从表中看出，随着锍品位的增高，氧含量虽然降低，但渣含铜随氧量的增长率，即 ($dCu\%_{(渣)}/dO\%_{(冰铜)}$) 随之增大，而直线纵截距也随之增大。这就从计算上充分解释了为什么渣含铜总是随锍品位上升而增加的原因。

2.3 炉气-炉渣-白冰铜-金属铜的平衡体系

在连续炼铜的粗铜生成阶段，当白冰铜流到炉内的吹炼区时，仍然含有少量的 FeS，例如诺兰达半工业生产炉，白冰铜层含铜 72.2%～79.7%，含 FeS1.55%～7.85%；日本三菱公司半工业生产的高品位冰铜含铜 60%～70%，含有更多的 FeS。因此，在白冰铜吹炼阶段仍然存在着铁质炉渣层。在氧化过程中，部分 FeS 的氧化造渣和 Fe$_3$O$_4$ 的生成反应仍然是存在的：

$$FeS_{(冰铜)} + 1.5O_{2(气)} = FeO_{(渣)} + SO_{2(气)} \tag{26}$$

$$3FeS_{(冰铜)} + 5O_{2(气)} = Fe_3O_{4(渣)} + 3SO_{2(气)} \tag{27}$$

$$6FeO_{(渣)} + O_{2(气)} = 2Fe_3O_{4(渣)} \tag{28}$$

$$Cu_2S_{(冰铜)} + O_{2(气)} = 2Cu_{(渣)} + SO_{2(气)} \tag{29}$$

$$4Cu_{(渣)} + O_{2(气)} = 2Cu_2O_{(渣)} \tag{30}$$

按热力学数据求得上列反应式的状态方程式用氧分压及温度的关系示出：

$$\lg p_{O_2} = -\frac{16700}{T} + 3.15 + 0.667\lg a_{FeO} - 0.667\lg a_{FeS} + 0.667\lg p_{SO_2} \tag{26a}$$

$$\lg p_{O_2} = -\frac{19000}{T} + 4.53 - 0.60\lg a_{FeS} + 0.60\lg p_{SO_2} \tag{27a}$$

$$\lg p_{O_2} = -\frac{40300}{T} + 16.60 - 6\lg a_{FeO} \tag{28a}$$

$$\lg p_{O_2} = -\frac{9900}{T} + 0.722 - \lg a_{SO_2} \tag{29a}$$

$$\lg p_{O_2} = -\frac{15000}{T} + 6.12 + 2\lg a_{Cu_2O} \tag{30a}$$

在白冰铜吹炼中，金属铜和白冰铜共存时，由于两层熔体中含铁较少，a_{Cu_2S} 及 a_{Cu} 均可近于 1。在式 (26)，式 (27) 及式 (30) 中，a_{Cu_2O} 及 a_{FeS} 可近似的作为 1。在硅酸盐铁质炉渣中并有固体 Fe$_3$O$_4$ 存在的条件，Cu$_2$O 与铁氧反应生成 CuFeO$_2$，因而 a_{Cu_2O} 小于 1。由于铁氧渣的存在，冰铜中含有氧，因此，FeS 及 Cu$_2$S 的活度应按 Cu$_2$S-FeS-FeO 体系等活度曲线求得。据计算，含铜 40%（质量分数）以上的冰铜的 a_{FeS} 值最大不过 0.6；对于

Cu$_2$S 的活度,当 $a_{FeS} \leq 10^{-2}$ 时,a_{Cu_2S} 近于 1;但当 $a_{FeS} = 10^{-1}$ 时,a_{Cu_2S} 约等于 0.8。

结合熔炼条件,$p_{SO_2} = 0.1$ atm,并指定 a_{Cu_2O} 及 a_{FeO} 的值,按上列公式计算出炉气-炉渣-锍-金属铜平衡体系中氧分压与温度的关系(图 16)。

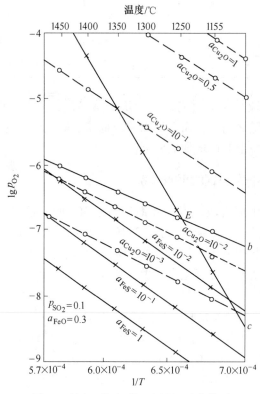

图 16 炉气-炉渣-锍-金属铜平衡体系

从图 16 看出,上列反应的进行(式(26)~式(30)),在一定条件下,其平衡氧压均随温度增高而增大,并与温度的倒数($1/T$)成直线关系。因此,提高熔炼温度(在一定的氧化气氛条件下)将有利于减少 Cu$_2$O 和 Fe$_3$O$_4$ 的生成,特别是当温度提高使平衡氧分压大于炉气中的氧分压时,Cu$_2$O 及 Fe$_3$O$_4$ 将被还原。在连续炼铜中,适当提高炉温并吹入还原性气体,将使炉渣含铜量降低。诺兰达连续炼铜炉尾端吹入还原性气体以求降低炉渣中氧含量,并使炉气中氧分压降低来达到渣含铜的贫化;沃克拉连续炼铜法则在炉内加入黄铁矿,使渣中含氧量降低,以求降低渣中的铜量。图 16 是其理论依据。

从图 16 还可看出,在炉气-炉渣-锍共存体系中,a_{FeS} 降低,其相应的平衡氧分压随之增大,这表明在氧化过程中随着 FeS 的减少,必然导致炉渣中氧含量相应增大,或者说相应的炉气氧分压同时也要增大。否则锍中的 FeS 就很难除去。

进入粗铜生产阶段,随着渣中 Cu$_2$O 活度(或浓度)的增大,与之平衡的氧分压相应增大;这表明从吹炼脱铁造渣起,一直到粗铜的生成过程中,平衡氧分压都是继续相应增大的。显然,当炉气具有一定氧分压时,温度的降低将导致平衡分压的降低;当平衡氧分压小于炉气中的氧分压时,则炉温的降低必然使渣中 Cu$_2$O 活度增大,其结果渣含铜就会增加。

图中 b 线系锍与金属铜的平衡；c 线系炉渣与 Fe_3O_4 的平衡。此二线相交于"E"点，温度为 1520K（1247℃），此交点实际是式（28）和式（30）在等氧压下，四个凝聚相共存的交点，即 $FeO_{(液)}$-$Fe_3O_{4(固)}$-锍-金属铜共存的平衡体系。在等氧压下，由式（28）和式（30）得：

$$Cu_2S_{(液)} + 2Fe_3O_{4(固)} \rightleftharpoons 6FeO_{(液)} + 2Cu_{(渣)} + SO_{2(气)} \quad (31)$$

在锍的吹炼阶段，金属铜和锍共存时（铁在此二层熔体中含量较少），a_{Cu_2S} 及 a_{Cu} 可视为近于 1，因此，反应式（31）四相共存的状态方程按热力学数据计算：

$$\frac{30400}{T} - 15.878 + 6\lg a_{FeO} + \lg p_{SO_2} = 0 \quad (32)$$

$$-\frac{9900}{T} + 0.722 + \lg p_{SO_2} - \lg p_{O_2} = 0 \quad (33)$$

联解上列两个方程式，即可求出在不同 a_{FeO} 及 p_{SO_2} 条件下，四凝聚相共存的平衡温度及氧分压，计算数据列于表 2。

表 2 $Cu_2S_{(液)}$-$Fe_3O_{4(固)}$-$FeO_{(液)}$-$Cu_{(液)}$ 四相共存平衡体系

a_{FeO}	$\lg a_{FeO}$	p_{SO_2}	$\lg p_{SO_2}$	T/K	$t/℃$	$\lg p_{O_2}$	p_{O_2}/atm
0.20	-0.70	1.0	0	1517	1244	-5.81	1.55×10^{-6}
0.30	-0.524	1.0	0	1600	1327	-5.45	3.55×10^{-6}
0.40	-0.40	1.0	0	1665	1392	-5.32	5.9×10^{-6}
0.60	-0.22	1.0	0	1770	1497	-4.87	1.35×10^{-5}
0.30	-0.524	0.10	-1	1520	1247	-6.78	1.66×10^{-7}
0.30	-0.524	0.40	-0.6	1477	1204	-6.58	2.63×10^{-7}
0.30	-0.524	0.75	-0.13	1500	1227	-6.01	9.8×10^{-7}
0.60	-0.22	0.10	-1	1670	1397	-6.20	6.3×10^{-7}
0.60	-0.22	0.40	-0.6	1710	1437	-5.66	2.19×10^{-6}
0.60	-0.22	0.75	-0.13	1767	1494	-5.93	9.34×10^{-6}
0.60	-0.22	1.0	0	1770	1497	-4.87	1.35×10^{-5}

注：$a_{FeO} = 0.2 \sim 0.4$，饱和 SiO_2，饱和 Fe_3O_4 炉渣；$a_{FeO} = 0.4 \sim 0.6$，SiO_2 非饱和状态炉渣。

从表 2 看出，当渣中有固体 Fe_3O_4 析出时，炉内反应体系的平衡氧压都较大（$1.66 \times 10^{-7} \sim 1.35 \times 10^{-5}$ atm）。在一定 p_{SO_2} 分压下，渣中 a_{FeO} 增大，平衡氧分压及平衡温度均随之增大；在一定的 a_{FeO} 渣型下，二氧化硫分压的增大，也使平衡氧分压及平衡温度相应升高。这些情况都使渣含铜得以增高。

2.4 气体-炉渣-锍相互间界面张力的影响

在连续炼铜作业中，三层熔体共存，虽然它们能够按密度差分层，但由于沉清条件差，炉渣是连续流动的，而且受到吹炼熔体运动的影响。因此，渣含夹带状态的铜也较多。造成夹带损失的原因很多，但究其实质来看，关键问题在于避免熔锍颗粒的分散问题；而熔锍颗粒（或即液滴）的分散和汇聚与渣-锍界面张力密切相关。

按表面等压位与颗粒表面积的关系式：
$$dz = f_{1,2} ds \tag{34}$$

式中　dz——体系中表面能量等压位的改变量；

　　　ds——颗粒在两相间表面积的改变量；

　　　$f_{1,2}$——比例系数，相间（渣-锍）界面张力（erg/cm²）或称之为比表面等压位。

由式（34）可知：界面张力的增大有利于颗粒表面积的缩小，分散的锍滴就易于汇聚，颗粒半径相应增大，促使锍滴易于从渣中沉降。这可由斯托克公式看出：

$$V = \frac{2}{9} \times \frac{g(\rho_m - \rho_s)\gamma_m^2}{\mu_s} \tag{35}$$

图17和图18示出渣-锍体系中界面张力对锍颗粒汇聚的影响；图19示出汇聚的含铜颗粒直径增大与沉降速度及沉降时间的关系。

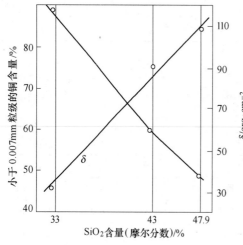

图17　界面张力对渣中含铜颗粒汇聚的影响

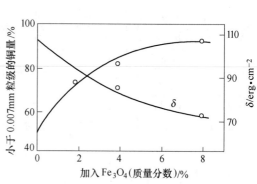

图18　界面张力（渣中添加 Fe_3O_4）对渣中铜颗粒汇聚的影响

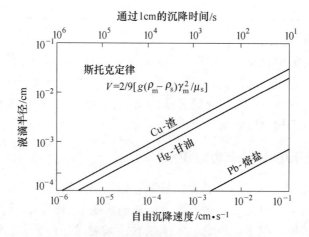

图19　在静置的上层液相中液滴的沉降速度

从上列三图看出，界面张力对于细而分散的锍颗粒的汇聚和沉降影响很大。因此，减少夹带损失，对于渣型的选择和具有优良的沉清条件是十分重要的。特别是对于连续炼铜作业是值得研究的问题。

根据实验研究，在气体-炉渣-锍或气体-炉渣-金属铜共存的体系中，SO_2气泡产生时在两液相间附着一层密度较大的熔体膜层，如锍或铜。由于几种界面张力的相互作用，气泡产生浮动迁移向渣层上升并在渣层中破裂，致使附着在气泡上的膜层（锍或铜）分散为细小的液滴难于下沉，因而被夹带于渣中造成损失。

在吹风氧化过程中，SO_2或由于气-液间的反应，或由于渣-锍中Fe_3O_4与FeS在界面间反应而不断产出。因此，二氧化硫气泡上附着一层锍膜，由于浮动作用及气泡的破裂，造成上述锍膜在渣层中分散夹带。

附着在气泡面上的锍（或铜）膜层是否被气泡的浮动作用带至渣层，取决于三种表面张力的相互作用：

$$\Delta = \gamma_{s/g} - \gamma_{m/g} + \gamma_{m/s} \tag{36}$$

式中　Δ——气泡浮动系数；

　　　$\gamma_{s/g}$——炉渣-气体的界面张力；

　　　$\gamma_{m/g}$——熔锍-气体的界面张力；

　　　$\gamma_{m/s}$——熔锍-炉渣的界面张力。

浮动系数的大小（正值）是衡量气泡附着锍膜上升的尺度，其值按实验数据计算为较大的正值。气泡膜层的稳定或破裂主要取决于膜层的稳定系数，其值与几种界面张力的关系式如下：

$$\varphi = \gamma_{s/g} - \gamma_{m/g} - \gamma_{m/s} \tag{37}$$

式中　φ——气泡膜层的稳定系数。

稳定系数的大小（正负值）是衡量气泡膜层稳定与否的尺度。当φ值为正时，膜层气泡极为稳定；若系负值则膜层气泡趋于破裂。图20示出氮气流量对于炉渣-铜体系气泡浮带渣中铜量的作用。从图中看出，夹带于泡沫中的总铜量随N_2流量增大而增多，这表明气泡附着含铜膜层浮带至渣层上面的作用甚为显著。表3列出转炉渣及锡炉渣吹气浮带金属（锍及锡合金）至渣面富集的数据。

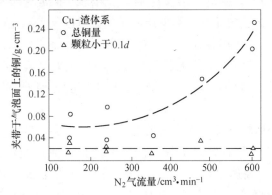

图20　合成反射炉渣在1200℃时，夹带于气泡面上的铜与吹入气体流量的关系

表3 转炉渣及锡炉渣熔体吹气浮选富集实验数据

渣含铜/%	渣层厚/mm	N_2 压/mmHg	吹 N_2 时间/min	温度/℃	吹后渣层含铜/%		表层富集倍数
1.57	50	17~18	20	1250	表层	4.83	3.07
					上层	4.17	—
					下层	3.21	—
1.48	50	20~22	30	1250	表层	8.807	10.25
					底层	0.86	

锡炉渣主要成分/%		实验条件			产品成分/%	
Sn	Fe	炭粉量/g·min^{-1}	吹入 CH_4 时间/min	温度/℃	渣含锡	合金含铁
10	12	0.6	21	1260	2.1	13.6
8	5	0.6	53	1280	3.1	2.0

注：CH_4 吹入炉渣的流量为1000mL/min。

3 连续炼铜的炉型及渣含铜

造成连续炼铜炉渣中铜的损失增加的主要原因，按上面分析可归纳为：

（1）溶解状态的损失。主要是由于炉气中的平衡氧分压高，炉渣含氧高，冰铜品位高以及高氧铁渣与高品位冰铜接触共存的影响等。

（2）夹带状态的损失。主要是由于 SO_2 气泡的浮带作用，炉渣在炉内的流动，吹炼区熔体运动的影响以及炉内沉清条件差等。

从上述情况可知，强氧化连续炼铜法的主要矛盾就在于渣含铜高（如诺兰达法渣含铜一般为7%~11%，沃克拉法为2%~10%，而日本三菱连续炼铜炉的吹炼渣则在7%~15%）。但只要我们坚持一切外国有的我们也要有的革命精神，通过严格的科学实验，从中找出矛盾的特殊性和规律性，采取相应的有效措施，渣含铜高的矛盾也是完全可以解决的。为此，提出下列措施和同志们一起来共同研究探讨：

（1）旋涡炉氧气连续炼铜法。此法设备和作业流程均比较简单，投资费也较低（与诺兰达法及沃克拉法比较）。因此，结合我国实际情况，继续进行这项试验应该是我们努力的方向。虽然此法在试验中还存在不少技术问题，但也只有通过试验研究才能解决。现仅就渣含铜高和渣中 Fe_3O_4 的沉积这一问题，建议采用如图21所示的炉型（图中还原带高度 h 有待试验确定）。这种炉型的优点是，采用喷雾装置使液体与气体密切结合，使反应表面大大增加。因此，这种措施对于降低渣含铜和避免 Fe_3O_4 的沉积将会收到显著的效果。

日本一些炼厂在鼓风炉造锍熔炼中采用两排风口，下面一排风口吹入燃料，造成局部还原性气氛以求降低渣含氧，结果不仅使渣含铜降低，而且使炉缸免于 Fe_3O_4 的沉积；$Cu\%_{(冰铜)}/Cu\%_{(液)}$ 比值可高达106~155，而炉渣含铜量可降至0.1%左右。

为了使上述旋涡炉直接生产粗铜，在供氧方面应配合条件使炉气中具有较多的自由氧。按国外试验研究表明，氧化除铁脱硫的程度与炉气中的自由氧含量密切相关。表4列出旋涡炉氧气炼铜产品中铜分配率与自由氧含量的关系。

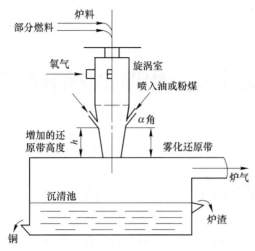

图 21　建议采用的炉型结构示意图

表 4　旋涡炉氧气炼铜法铜的分配　　　　　　　　　　　　　　　（％）

炉气中平均含自由氧	产品中铜的分配			
	粗铜	冰铜	炉渣	烟尘
1.20	50.83	26.77	14.03	8.37
1.25	60.89	9.42	18.51	11.18
1.30	48.03	31.50	12.87	7.60
1.20	51.44	27.75	15.18	5.63
1.25	60.10	19.22	14.20	6.48
1.45	76.79	0	17.44	5.77
2.40	78.60	0	17.08	4.32

（2）诺兰达法。结合国内生产实际，大型侧吹转炉具有较为丰富的经验，因此，可采用诺兰达式炉型进行连续炼铜的试验研究。但炉体太长，可用改进炉渣贫化处理的方法，缩短还原沉清区的长度，适当增加风口数目（减小风口直径）。在操作上吹入较大流量的还原性气体（或者在还原条件下，吹入 N_2 气），并在渣面上覆盖一层炭粉，其目的在于使夹带状态的铜和熔解状态的铜（经还原后）被气泡浮带于渣面表层。炉渣流出后，夹带的冰铜和部分金属铜富集于渣表层及焦粉中。这种方法比仅用还原性气氛或加入黄铁矿具有显著的优越性，因为气泡浮带富集法得到的产品含铜品位高，处理量小而且不需要扩大炉子沉清带的容积或长度。泡沫浮带于渣面的含铜物主要组成为冰铜和部分金属铜，易于再进行浮选获得高品位的含铜产品。

　　上述两种炉型的改造意见很可能是脱离实际的，但唯一的办法是通过试验研究。"实践出真知"。

火法炼铜物理化学的探讨[❶]

刘纯鹏

本文从火法炼铜的硫、氧电位的对立统一来阐述铜熔炼过程的实质,并结合了近十余年来,国内外有关火法炼铜的理论研究成果;对大量的科学试验数据和生产实践数据进行归纳整理,计算绘制成状态曲线图,从中找出规律性的东西,并用数学方程予以描绘;从理论分析上指出今后火法炼钢强化过程的方向。

1 熔炼过程热力学

1.1 熔炼过程的实质

硫化铜精矿的火法炼铜工艺中,造锍熔炼是个必然进行的过程。这个过程的推动力,亦即过程的实质是什么呢?

按现今的热力学观点,可以认为,在硫化铜精矿的熔炼中,炉气、炉渣中的高氧电位和低硫电位与熔锍的高硫电位和低氧电位之间的对立矛盾,是熔炼过程的推动力,是推动过程物化反应进行的根本,亦即除铁脱硫过程的实质。

炉气、炉渣氧电位和熔锍电位可由下列原电池测出或计算求得。

1.1.1 炉渣原电池

可由下式表示:

$$Pt, O_2(CO_2/CO) \parallel ZrO_2+MgO \parallel (FeO, Fe_2O_3, SiO_2)_{渣,电极}$$

阳极反应: $\quad Fe^{2+} - e \rightleftharpoons Fe^{3+}$ \hfill (1)

阴极反应: $\quad 1/2O_2 + 2e \rightleftharpoons O^{2-}_{渣}$ \hfill (2)

电池反应: $\quad 1/2O_{2(气)} + 3FeO_{(渣)} \rightleftharpoons Fe_3O_{4(固)}$ \hfill (3)

炉渣氧电位可进行热力学计算如下,当反应(3)达平衡时:

$$\Delta G_R = \Delta G_T^\ominus + RT\ln K = -2\varepsilon F \quad (4)$$

式中 ΔG_R——反应(3)的等压位;

$\Delta G_T^\ominus$——反应(3)在某一温度下的标准等压位;

T——绝对温度,K;

R——气体常数,1.9872 cal/(mol·K);

F—— $F = 23066$ cal/V;

[❶] 本文分两次发表于《有色金属(冶炼部分)》,1975(8):36~45 及 1975(9):44~53。

ε——反应产生的电位差，V，可以按上列固体电解质组成的原电池测出；也可以在已知反应（3）的标准等压位计算求得：

$$\Delta G_T^\ominus = -92300 + 38T \tag{5}$$

由式（4）与式（5）得：

$$\varepsilon(V) = 2 - 8.2 \times 10^{-4}T - 9.95 \times 10^{-5}T\lg K \tag{6}$$

$$K = \frac{a_{Fe_3O_4}}{a_{FeO}^3 p_{O_2}^{1/2}} \tag{7}$$

以渣中饱和 Fe_3O_4 作标准，则 $a_{Fe_3O_4} = 1$，因此，式（6）应为：

$$\varepsilon(V) = 2 - 8.2 \times 10^{-4}T - 9.55 \times 10^{-5}T(3\lg a_{FeO} + 1/2\lg p_{O_2}) \tag{8}$$

兹按 p_{O_2} - FeO - Fe_2O_3 - SiO_2 体系及 p_{O_2} - FeO - Fe_2O_3 - SiO_2 - Cu 系的实验数据（气体平衡法），按式（8）计算出炉渣氧电位与 $\lg p_{O_2}$ 的关系见图 1。

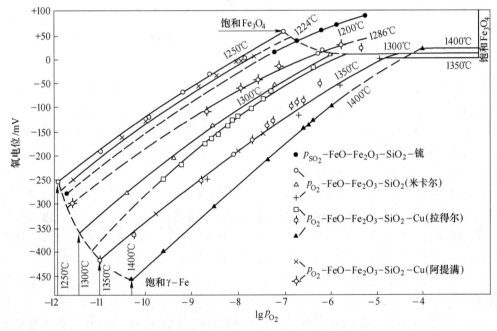

图 1 炉渣氧电位与炉气氧分压之关系

从图 1 看出，在这几个实验中，随着渣中 Fe_3O_4（即氧含量）的增高，与之平衡的氧分压及氧电位均相应增高。或者说炉气中氧分压的增高必然使炉渣氧电位升高。因此，在铜熔炼过程中，炉气氧分压及渣含 Fe_3O_4 的增高即标志着反应体系的氧电位升高，氧化力增强。

1.1.2 熔锍的硫电位

在 Cu-Fe-S 三元系中，FeS 含量的变化与电位的关系可由下列原电池测出：

$$CuS/Na_2S, Na_2O, CaO, SiO_2/Cu, Fe, S \tag{9}$$

$$Cu_2S/Na_2S, Na_2O, CaO, SiO_2/Cu, S \tag{10}$$

以纯 Cu_2S 作标准，锍合金中含硫量与电位的关系由下列反应来决定：

$$S_{(锍)} + 2e \rightleftharpoons S^{2-}_{(渣)} \tag{11}$$

铜-铁锍中 FeS 的变化，白冰铜中含硫量的变化与电位的关系，如图 2 所示。

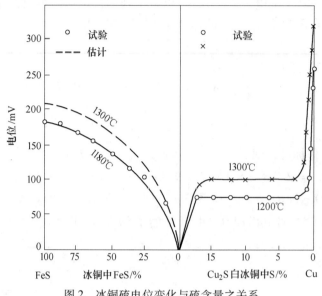

图 2 冰铜硫电位变化与硫含量之关系

从图2看出，在Cu-Fe锍中，随着FeS含量增多，硫电位升高，纯FeS的硫电位最大。在白冰铜中，含硫量的减少，金属铜的增加，电位上升。因此，以Cu_2S作标准，在Cu-Fe-S及Cu-S系中，纯Cu_2S的硫电位最低，而纯FeS的硫电位最大。这表明铜精矿及低品位锍具有较大的硫电位和硫蒸气压。

1.1.3 熔炼过程中硫氧的传递

在铜熔炼过程中，经常是炉气-炉渣-锍三相共存的体系。或为炉气-炉渣-白冰铜-金属铜四相共存的体系（连续炼铜法）。反应的进行难于达到真正的平衡状态。以实际生产的炉气组成而言，其氧电位远大于上述共存体系中的氧电位，硫电位又远小于共存体系中的硫电位。这可由铜熔炼过程中氧电位-硫电位（即$\lg p_{O_2}-\lg p_{S_2}$）平衡图看出（图3和图4）。生产实际的炉气硫、氧电位可由炉气组成中的自由氧及SO_2含量在一定温度条件下计算求得。

从图3及图4看出，铜熔炼过程实质上系一硫氧代换过程。这个代换过程的发展正是由于在炉气-炉渣-锍共存体系中，[高氧电位，低锍电位]$_{(炉气-炉渣)}$与[高锍电位，低氧电位]$_{(熔锍)}$之间的矛盾和对立所造成。其结果，在整个体系中对立的双方各向其反面转化，即炉气、炉渣高氧电位必然向低氧电位的熔锍传递氧，而熔锍中的高硫电位必然向低硫电位的炉渣和炉气传递硫。传递过程的速度取决于体系中电位差的大小，亦即

$$v_{O_2} = k_{O_2}[p_{O_2(炉气)} - p_{O_2(渣)}] = k'_{O_2}[p_{O_2(渣)} - p_{O_2(锍)}] = k''_{O_2}\Delta\varepsilon \tag{12}$$

$$v_{S_2} = k_{S_2}[p_{S_2(锍)} - p_{S_2(渣)}] = k'_{S_2}[p_{S_2(渣)} - p_{S_2(炉气)}] = k''_{S_2}\Delta\varepsilon' \tag{13}$$

式中　　v_{O_2}——炉气、炉渣向熔锍传递氧的速度；

v_{S_2}——熔锍向炉渣、炉气传递硫的速度；

k_{O_2}，k'_{O_2}，k''_{O_2}——传递氧的速度常数，是温度的函数（氧量/(p_{O_2}·时间)或氧量/(电位·时间))，由实验测定；

k_{S_2}，k'_{S_2}，k''_{S_2}——传递硫的速度常数，是温度的函数（硫量/(p_{S_2}·时间)或硫量/(电

位·时间)),由实验测定;

$p_{O_2(炉气)}$,$p_{O_2(渣)}$——分别代表炉气及炉渣的氧电位;

$p_{O_2(锍)}$——熔锍中的氧电位;

$p_{S_2(炉气)}$,$p_{S_2(渣)}$——分别代表炉气及炉渣的硫电位;

$p_{S_2(锍)}$——熔锍中硫电位;

$\Delta\varepsilon$,$\Delta\varepsilon'$——分别为测定的或计算的氧电位差及硫电位差。

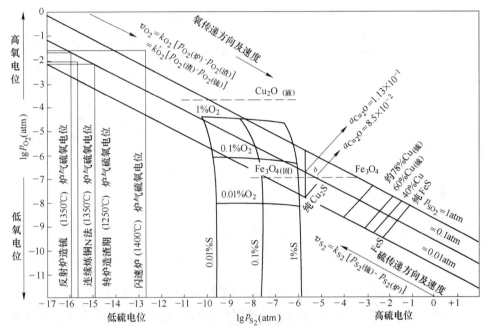

图 3 在1250℃饱和SiO_2炉渣条件下铜熔炼过程硫氧传递及热力学

($\lg a_{Cu_2O}=2.42+1/2\lg p_{O_2}$(1250℃);$Cu_2S+2Fe_3O_{4(固)}=6FeO_{(渣)}+2Cu+SO_{2(气)}$

$2Cu+Fe_3O_{4(渣)}=Cu_2O_{(渣)}+3FeO_{(渣)}$)

1.1.4 硫氧传递过程模型图

在 $v_{O_2} > v_{S_2}$ 的情况下,炉气中的氧首先向渣面扩散并使渣中 Fe^{2+} 氧化为 Fe^{3+},同时产生 $O^{2-}_{(渣)}$:

$$1/2O_{2(炉气)} + Fe^{2+}_{(渣)} = Fe^{3+}_{(渣)} + O^{2-}_{(渣)} \tag{14}$$

上列反应的进行使渣中氧电位升高(图1),渣中氧离子浓度(或活度)继续增大将向锍或铜中传递氧:

$$(O^{2-})_{渣} + [S]_{锍} = S^{2-}_{渣} + [O]_{锍} \tag{15}$$

或即

$$FeS+O^{2-} = FeO+S^{2-} \tag{16}$$

$$Cu_2S+O^{2-} = Cu_2O+S^{2-} \tag{17}$$

当渣中氧离子向锍中传递时,炉渣因缺少(O^{2-})而有过剩的正电荷,而锍或铜因氧离子的进入产生过剩的负电荷。过剩电荷都会集中在表面上,结果在渣-锍界面间形成电双层,并产生电位差,此电双层将阻止氧离子进一步的传递。因此,随着氧离子由渣中向锍中传递的同时,必然有相同数量的阴离子由锍中向渣中传递。由于进入锍中的氧离子都

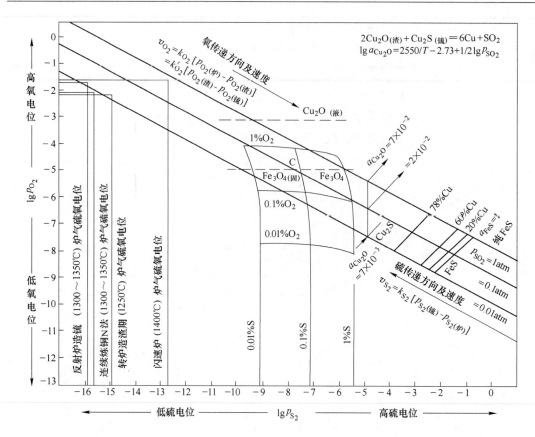

图 4　在 1350℃ 饱和 SiO₂ 炉渣条件下铜熔炼过程硫氧传递及热力学

吸引在 Fe^{2+} 或 Cu^{2+} 的周围，比较自由的 S^{2-} 将因渣中荷正电以及渣中硫电位低而向渣中传递，如下列反应所示：

$$[S]_{铳} + 2e = S^{2-}_{渣} \tag{18}$$

进入渣中的硫向炉气传递，受氧化形成 SO_2：

$$S^{2-}_{渣} - 2e = 1/2 S_{2(气)} + O_{2(气)} \longrightarrow SO_2 \tag{19}$$

渣-铳界面间的电荷分布，促进了上列反应的进行。反应（18）为过程的补偿反应。

对炉气-炉渣-金属铜平衡体系而言，氧的传递将使铜中含氧量增高，致使在铜中比铜更负电性的金属受到优先氧化而进入渣相，例如铜中的铁：

$$O^{2-}_{渣} + Cu_{(合金)} = [O]_{Cu} + 2e \tag{20}$$

$$[O]_{Cu} + [Fe]_{Cu} = FeO_{渣} \tag{21}$$

上列诸反应的进行将因炉渣氧电位的增大而增强。图 5 示出了在炉气-炉渣-铳平衡体系中，渣中氧、硫离子的传递与炉渣氧电位的关系；图 6 所示为炉气-炉渣-金属铜的平衡体系。进入渣中的铁用铜中含铁量减少的数量表示。

由图 5 和图 6 并结合式（12）及式（13）可以看出，在铜熔炼过程中，炉渣的高氧、低硫电位和熔铳的高硫、低氧电位是推动氧、硫传递（或其他离子）的动力。显然，随着氧电位的增大，氧离子和硫离子传递的速度和数量均随之增大。这为强化熔炼提供了依据和方向。

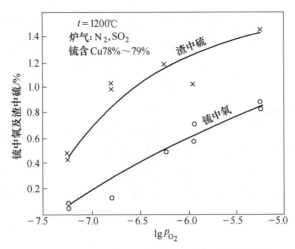

图 5　氧传递入锍，硫传递入渣与氧电位的关系

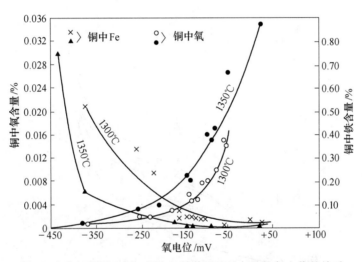

图 6　渣中氧传递入铜、铜中的铁传递入渣与炉渣氧电位的关系

根据前面的分析和验证，铜熔炼过程的实质可用模型图示出（图 7）。

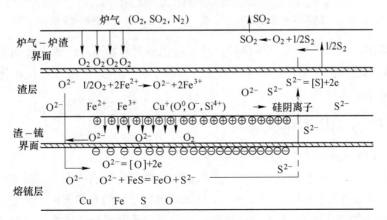

图 7　铜熔炼过程氧硫传递模型示意（$v_{O_2} > v_{S_2}$）

当 $v_{S_2} > v_{O_2}$ 时，炉渣界面上将因 S^{2-} 的优先进入而荷负电，锍表面因缺少 S^{2-} 而荷正电，补偿反应将由锍中 Fe^{2+}、Cu^+ 进入渣层，即

$$[S]_{锍} + 2e \longrightarrow S^{2-}_{渣} \quad (22)$$

$$[Fe]_{锍} - 2e \longrightarrow Fe^{2+}_{渣} \quad (23)$$

$$[Cu]_{锍} - e \longrightarrow Cu^+_{渣} \quad (24)$$

上述两种情况都有可能出现在炉气-炉渣-锍体系中。前者（即 $v_{O_2} > v_{S_2}$）表明铜以氧化态进入渣中；后者则说明铜以硫化状态溶解于炉渣。

当熔炼低品位锍时，由于硫电位较大，进入渣中的铜主要是以硫化状态而存在；当冰铜品位升高，则渣中铜主要系氧化态而存在。此一事实可由渣含铜的状态与冰铜品位的关系（图8）看出。

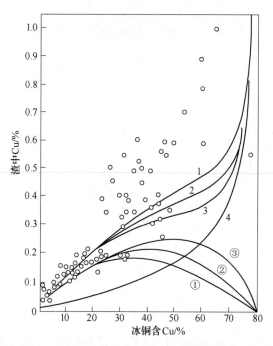

图 8　反射炉熔炼渣含铜状态与锍品位的关系
1，2，3—总铜；4—氧化态铜；①，②，③—硫化态铜；○—溶解状态铜+夹带铜

从图8看出，冰铜品位达50%含铜量时，硫化态铜开始下降，氧化态铜继续上升。这表明炉渣的氧电位增高，熔锍的硫电位降低，式（12）中 v_{O_2} 在熔炼过程占优势，因而铜以氧化态溶解于炉渣增多。

1.2　熔炼过程中氧电位升高的矛盾

1.2.1　炉渣氧电位升高的影响

上面已指出，炉气、炉渣高的氧电位与低硫电位和熔锍的高硫电位、低氧电位之间的矛盾是过程进行的动力，是铜熔炼的特征，也是推动熔炼发展的有利方面。但是，随着过程的进行，渣中高价铁离子和锍中氧含量的增多，将使进程受到不利的影响。这个矛盾反映在强化熔炼，连续炼铜作业更为突出。在氧化作业中，渣中 FeO 按下列反应产生 Fe_3O_4：

$$3FeO_{(渣)} + 1/2O_2 \rightleftharpoons Fe_3O_{4(渣)} \tag{25}$$

反应的进行使渣中 a_{FeO} 降低，而 $a_{Fe_3O_4}$ 显著增大。在 SiO_2 含量较低或炉温偏低的情况下，Fe_3O_4 易于从渣中析出。在 SiO_2 较高的情况下，SiO_2 将从渣中析出，这可参看 FeO-CaO-Fe_2O_3-SiO_2 体系等氧压相平衡图。

$$xFeO \cdot ySiO_2 + 1/2O_2 \rightleftharpoons Fe_3O_{4(固)} + (x-3)FeO \cdot ySiO_{2(渣)} \tag{26}$$

$$n(2FeO \cdot SiO_2) + 1/2O_2 \rightleftharpoons 3SiO_{2(固)} + Fe_3O_4 \cdot (n-3)(2FeO \cdot SiO_2)_{(渣)} \tag{27}$$

渣中 a_{FeO} 的降低将使硅酸盐熔体中的自由 O^{2-} 浓度降低。硅、氧阴离子的缔合反应可表示为：

$$2O^- \rightleftharpoons O^0 + O^{2-} \tag{28}$$

$$K = \frac{(O^0)(O^{2-})}{(O^-)^2} \tag{29}$$

式中　(O^-)——单键氧的浓度；

　　　(O^0)——双键氧的浓度；

　　　(O^{2-})——自由氧离子浓度（系由基性氧化物离解而来）；

　　　K——反应平衡常数，是温度的函数，与熔体中存在的阳离子有关。在 1300℃，FeO-SiO_2 系的平衡常数 $K = 0.12$。

随着炉气中氧分压的增大，反应（25）向右进行，a_{FeO} 降低；在一定条件下，(O^{2-}) 离子将按下式减小：

$$(O^{2-}) = \frac{Ka_{FeO}}{a_{Fe^{2+}}} \tag{30}$$

式中　K——在一定温度下为一常数。

(O^{2-}) 的减小使反应（28）向右进行。其结果硅-氧阴离子将向析出 SiO_2 的方向进行，如下列反应所示：

$$nSiO_4^{4-} \rightleftharpoons 2O^{2-} + SiO_{2(固)} + (n-1)SiO_{4(渣)}^{4-} \tag{31}$$

$$nSi_2O_7^{6-} \rightleftharpoons 3O^{2-} + 2SiO_{2(固)} + (n-1)Si_2O_{7(渣)}^{6-} \tag{32}$$

在现行传统熔炼方法和炉内条件下，Fe_3O_4 和 SiO_2 的矛盾始终存在。换言之，在一定温度下，增加 SiO_2 固然可以降低渣中 a_{FeO} 而抑制 Fe_3O_4 的析出；但 SiO_2 增加达一定程度时，炉内氧分压微小的增长又将导致 SiO_2 易于从渣中析出。看来，降低炉内气氛的氧化强度，可以同时解决 SiO_2 和 Fe_3O_4 的析沉问题，但这又与强化熔炼和除铁脱硫相矛盾。

从 CaO-FeO-Fe_2O_3-SiO_2 体系等温相平衡图可知，增加炉渣中的 CaO，在较高的氧分压条件下可避免 Fe_3O_4 或 SiO_2 的析出。对 Fe_3O_4 而言，CaO 的增加，将使 Fe_3O_4 的活度降低。对 SiO_2 而言，CaO 的增加，使渣中自由氧离子（O^{2-}）浓度增大。FeO 受氧化减少的自由 O^{2-} 将由 CaO 中的 O^{2-} 补充，因而阻止反应（28）向右进行。CaO 增加较多受到炉渣熔点升高的限制。

1.2.2　解决氧电位升高的矛盾

避免 SiO_2 从渣中析出，可由 $SiO_{2(渣)}$-T-p_{O_2} 状态图 9 看出。避免 Fe_3O_4 的析出，可由 Fe_3O_4-T-p_{O_2} 状态图 10 及 Fe_3O_4-T-$\%Cu_{(锍)}$ 状态图 11 看出。

从图 9 看出，在一定温度下，SiO_2 溶解于炉渣中的数量随氧分压增大而减小。在一定的氧分压条件下，SiO_2 在渣中的溶解度随温度升高而增大。

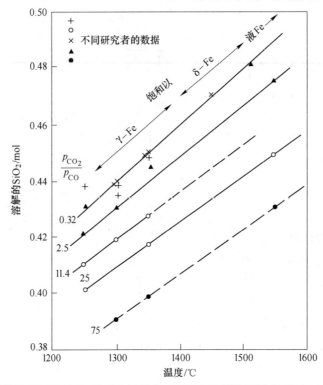

图9 FeO-Fe$_2$O$_3$-SiO$_2$系中温度对SiO$_2$溶解反应的影响

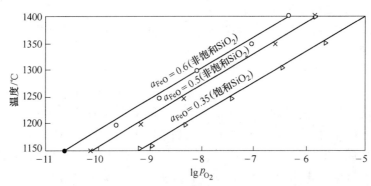

图10 FeO-Fe$_2$O$_3$-SiO$_2$系中饱和Fe$_3$O$_4$-T-p_{O_2}平衡图

图10表明，在一定的氧分压下，饱和Fe$_3$O$_4$的平衡温度随渣中a_{FeO}的降低而下降。在一定温度下，降低a_{FeO}时，氧分压随之增大，这将有利于强化熔炼而不致引起SiO$_2$的析沉。按图中平衡曲线可知，在一定温度和SiO$_2$含量的条件下，必须使炉内气氛的氧分压小于平衡线上的对应值，才可使Fe$_3$O$_4$处于溶解区。在一定氧分压下，必须使炉温高于平衡线上的对应温度才可免于Fe$_3$O$_4$的析沉。

从图11看出，在吹炼造渣期，随着冰铜品位的增高，平衡温度随之升高。这表明在吹炼过程中冰铜品位增高必须相应提高炉温，否则Fe$_3$O$_4$将从渣中析出造成作业上的危害。特别是当吹炼接近白冰铜时dT/d%Cu发生转折并成直线上升。这表明在净铁出渣阶段（所谓筛炉阶段）冰铜品位很高，应当特别注意提高炉内温度。图中示出吹炼至接近白

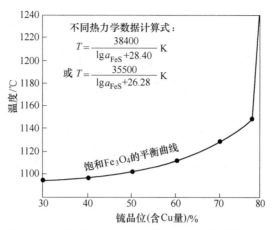

图 11 渣中饱和 Fe_3O_4 的平衡温度与锍品位的关系

冰铜的组成时，炉温应高于 1257℃，由于计算系以饱和 SiO_2 炉渣为基础，对于转炉渣而言，一般渣中含 SiO_2 是非饱和状态（16%~28%），因此 a_{FeO} 比饱和 SiO_2 渣中的 a_{FeO} 大，Fe_3O_4 生成的趋势也更大。因此，转炉实际要求的温度可能比计算的还要高一些。

综上所述，如欲解决 Fe_3O_4 和 SiO_2 析沉的矛盾，或即氧电位升高的矛盾，而又要保证强化熔炼，只有相应提高熔炼温度才能达到目的。

1.3 过程中硫、氧矛盾的转化及阶段性

在炉气-炉渣-锍平衡体系中，随着硫、氧传递过程的进行，炉渣氧电位不断升高，熔锍的硫电位不断下降，锍品位随之不断增高。按硫、氧传递速度公式（12）及式（13）：

$$v_{O_2} = k_{O_2} \cdot [p_{O_2(渣)} - p_{O_2(硫)}] = k''_{O_2} \Delta \varepsilon$$

$$v_{S_2} = k_{S_2} \cdot [p_{S_2(硫)} - p_{S_2(渣)}] = k''_{S_2} \Delta \varepsilon'$$

可知，$p_{O_2(渣)}$ 不断增大，$p_{O_2(硫)}$ 则随锍品位升高而减小。因此，随着过程的发展，v_{O_2} 在此阶段将出现最大值，亦即 Δe 之值将达最大值。与此同时，$p_{S_2(硫)}$ 逐渐减小，而 $p_{S_2(渣)}$ 逐渐增大，v_{S_2} 及 $\Delta \varepsilon'$ 将随着熔锍中 a_{FeS} 的减小而达到最小值。此一发展过程可由反应热力学的计算说明。

$$FeS_{(锍)} + 1.5O_{2(气)} = FeO_{(渣)} + SO_{2(气)} \tag{33}$$

$$6FeO_{(锍)} + O_{2(气)} = 2Fe_3O_{4(渣)} \tag{34}$$

$$Cu_2S_{(锍)} + O_{2(气)} = 2Cu_{(渣)} + SO_{2(气)} \tag{35}$$

反应（33）及反应（34）在等氧压下，按热力学数据求得 $a_{Fe_3O_4}$ 与温度及相关参变量的方程式如下：

$$\lg a_{Fe_3O_4} = \frac{12790}{T} - 7.5 + 3.33 \lg a_{FeO} + 0.333 \lg p_{SO_2} - 0.333 \lg a_{FeS} \tag{36}$$

选择 $p_{SO_2} = 0.1 \text{atm}$，并按 $FeO-Fe_2O_3-SiO_2$ 三元系求得 a_{FeO} 的平均值分别代入式（36）得：

1250℃： $\lg a_{Fe_3O_4} = -0.833 - \lg 0.333 \lg a_{FeS}$ (37)

1300℃： $\lg a_{Fe_3O_4} = -1.168 - \lg 0.333 \lg a_{FeS}$ (38)

1350℃： $\lg a_{Fe_3O_4} = -1.443 - 0.333 \lg a_{FeS}$ (39)

FeS 活度按资料求得；在计算时采用 1300℃ 饱和 SiO_2 的数据（估计温度由 1250~1350℃ 的影响不会很大）。

lgp_{O_2} 及 lgp_{S_2} 则按下列热力学方程式算出（p_{SO_2}=0.1atm）：

$$lgp_{O_2} = -\frac{16700}{T} + 2.176 - 0.667 lga_{FeS} \quad (40)$$

$$lgp_{S_2}^{1/2} = -\frac{18940}{T} + 2.284 - lgp_{O_2} \quad (41)$$

按上列公式计算出锍品位变化与 $a_{Fe_3O_4}$、$\%Fe_3O_4$、lgp_{O_2}、lgp_{S_2} 以及 a_{Cu_2S} 等的关系见图 12 及图 13。

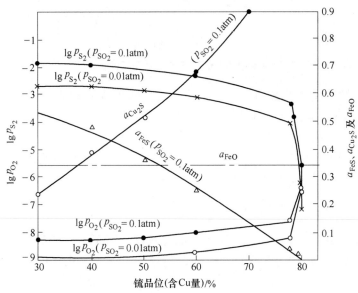

图 12　锍品位与 a_{FeS}、a_{Cu_2S}、lgp_{S_2}、lgp_{O_2} 的状态曲线（1300℃）

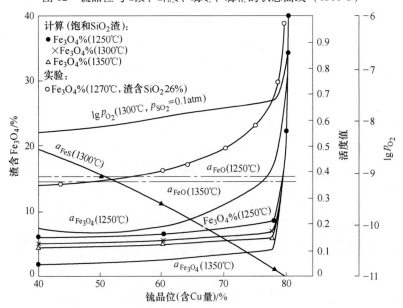

图 13　炉气-炉渣-锍系中冰铜品位与 $Fe_3O_4\%$、$a_{Fe_3O_4}$、lgp_{O_2}、a_{FeS} 及 a_{FeO} 的状态曲线（p_{SO_2}=0.1atm）

从图 12 及图 13 看出，随着熔炼过程的进行，氧电位不断升高，硫电位不断降低；与此同时冰铜品位继续增高，熔体中 Cu_2S 的活度增大，FeS 的活度减小。在接近白冰铜组成时，$\lg p_{O_2}$、$a_{Fe_3O_4}$、%Fe_3O_4 等均发生急剧的转折并成直线上升；与此同时，硫电位（$\lg p_{S_2}$）则相反，在接白冰铜组成时，由转折点成直线下降。由于锍中含氧量随锍品位增高而减少，结果是渣中含氧量与锍中含氧量的比值，也将在锍品位接近白冰铜组成时发生急剧的变化而出现转折点。同样，在吹炼过程中，冰铜品位愈高 Fe_3O_4 生成的相对速度也愈大（可参看式（12）），而且也在接近白冰铜组成时，其相对速度发生急剧变化并直线上升。这个规律性可由生产实践的数据看出，如图 14 所示。

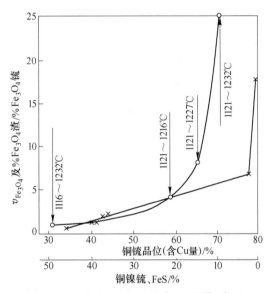

图 14　吹炼过程中锍品位升高与 $v_{Fe_3O_4}$ 及 $\dfrac{\%Fe_3O_{4(渣)}}{\%Fe_3O_{4(锍)}}$ 的关系

○—锍吹炼中 Fe_3O_4 生成的相对速度，箭头表示始吹及终了温度；
×—吹炼 Cu-Ni 锍，Cu、Ni 品位升高，渣中 Fe_3O_4 与锍中 Fe_3O_4 的比值

显然，上述理论计算、科学实验以及生产实践表明，铜熔炼过程，在炉气-炉渣-锍共存体系中，硫、氧矛盾的对立双方各向其反面转化；冰铜品位不断升高并在接近白冰铜组成时，氧电位及硫电位分别出现转折点而达最大值和最小值。因此，过程发展的状态图可用下列数学方程式来描述：

$$k_1 \lg p_{O_2} = k_2 \% Fe_3O_4 = k_3 a_{Fe_3O_4} = k_4 v_{Fe_3O_4} = k_5 \frac{\%Fe_3O_{4(渣)}}{\%Fe_3O_{4(锍)}} = F(Cu\%)_{(锍)} \tag{42}$$

$$k_{s_1} \lg p_{S_2} = k_{s_2} a_{FeS} = \phi \left(\frac{1}{\%Cu} \right)_{锍} \tag{43}$$

在接近白冰铜组成时：

$$k_1 \cdot \left[\frac{d\lg p_{O_2}}{d\%Cu} \right]_{\sim Cu_2S} = k_2 \cdot \left[\frac{d\%Fe_3O_{4(渣)}}{d\%Cu} \right]_{\sim Cu_2S} = k_3 \cdot \left[\frac{d(a_{Fe_3O_4})}{d(\%Cu)} \right]_{\sim Cu_2S} = k_4 \cdot \left[\frac{dv_{Fe_3O_4}}{d\%Cu} \right]_{\sim Cu_2S}$$

$$= k_5 \cdot \left[\frac{dm}{d\%Cu} \right]_{\sim Cu_2S} \approx \tan 90°_{(\%Cu \approx 80\%)} = 1 \tag{44}$$

$$\left[\frac{\mathrm{dlg}p_{S_2}}{\mathrm{d}\%Cu}\right]_{\substack{\sim Cu_2S \\ (\%Cu \approx 80\%)}} \approx -(\tan 90°) = -1 \tag{45}$$

式中 m ——$\dfrac{\%Fe_3O_{4渣}}{\%Fe_3O_{4锍}}$；

k_1，…，k_5 及 k_{s_1}，k_{s_2}——比列常数。

式（42）～式（45）表明，在铜熔炼过程中，氧电位（$\lg p_{O_2}$，$\%Fe_3O_{4渣}$，$a_{Fe_3O_{4渣}}$）及其相关参变量（$v_{Fe_3O_4}$，m，a_{Cu_2S}）均系由小变大；与此同时硫电位（$\lg p_{S_2}$）及其相关参变量（a_{FeS}，a_S）则由大而变小，各向其反面转化。"任何事物的内部都有其新旧两个方面的矛盾，形成为一系列的曲折的斗争。斗争的结果，新的方面由小变大，上升为支配的东西；旧的方面则由大变小，变成逐步归于灭亡的东西。"

在铜熔炼过程中，在接近白冰铜组成时，氧电位由小变到最大值，而硫电位由大变到相对的最小值——熔体中 FeS 趋于消失，a_{Cu_2S} 上升为最大值。此时体系中的矛盾将发生转化，亦即 FeS 依据其热力学特性优先激化的阶段性将被消失，而代之以 Cu_2S 与氧电位新的矛盾，并将处于激化状态。这就是事物在发展过程中包含的大小矛盾显示出的阶段性。正如毛主席指出的："被根本矛盾所规定或影响的许多大小矛盾中，有些是激化了，有些是暂时地或局部地解决了，或者缓和了，又有些是发生了，因此，过程就显出阶段性来。"

结合铜熔炼过程，上述矛盾的转化也就是传统熔炼法转炉吹炼的一周期作业终点和二周期作业的始点；也是闪速炉—吹炉联合流程的白冰铜生产阶段；诺兰达法、沃克拉法以及三菱公司连续炼铜法二阶段继续吹炼的高品位冰铜阶段。

1.4 继续氧化的矛盾

1.4.1 炉气-炉渣-Cu_2S 及炉气-炉渣-白冰铜-金属铜体系

由图 13 及式（44）可知，渣中 Fe_3O_4 已近饱和，氧电位已达到相对的最高值，继续氧化如反应（25）所示，Fe_3O_4 将以固体状态析出。固体 Fe_3O_4 的析出导致原来 p_{O_2}-$(FeO-Fe_2O_3-SiO_2)_{渣}$-$(Cu, Fe, S)_{锍}$ 体系的平衡受到破坏。反应体系将以四凝聚相-炉渣 $(FeO)_{液}$-$(Fe_3O_4)_{固}$-Cu-$(Cu_2S)_{液}$ 共存而建立新的平衡体系，亦即按反应：

$$(Cu_2S)_{液} + 2Fe_3O_{4(固)} = 6FeO_{(液)} + 2Cu_{(固)} + SO_{2(气)} \tag{46}$$

这是旧的统一和组成此统一的对立成分让位于新的统一和组成此统一的对立成分，于是新过程就代替旧过程而发生。换言之，原来氧电位与 FeS 的矛盾近于消失而代之以氧电位与 Cu_2S 新的矛盾。

新过程进行的热力学趋势为：

$$\lg p_{SO_2} = -\frac{30400}{T} + 15878 - 6\lg a_{FeO} \tag{47}$$

在铜熔炼条件下，$t = 1300℃$，近饱和 SiO_2 炉渣，由式（47）算出 $p_{SO_2} = 0.304\mathrm{atm}$，远大于一般熔炼时 $p_{SO_2} = 0.15\mathrm{atm}$（转炉吹炼炉气中 SO_2 可达的成分）。因此，反应（46）易于进行。在反应进行的过程中，新的矛盾又将出现，即反应所产生的金属铜部分溶解于 Cu_2S 中，部分受氧化而生成 Cu^+ 或即 $Cu_2O_{(锍)}$，其反应如下：

$$2Cu_{(液)} + Fe_3O_{4(渣)} = 3FeO_{(渣)} + Cu_2O_{(渣)} \tag{48}$$

在饱和 SiO_2 的条件下，可取 $a_{FeO}=0.35$（在 1250～1350℃），则：

1300℃时： $\lg a_{Cu_2O} = -0.852 + \lg a_{Fe_3O_4}$ (49)

1350℃时： $\lg a_{Cu_2O} = -0.670 + \lg a_{Fe_3O_4}$ (50)

上列两式与式（36）联解即可求得 $\lg a_{Cu_2O}$ 与 $\lg a_{FeS}$ 的关系（即冰铜品位的关系），计算数据及引用的实验数据示于图 15。

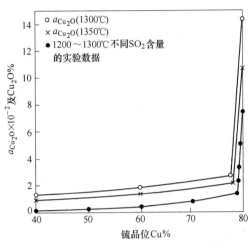

图15 锍品位对 a_{Cu_2O} 及 $Cu_2O\%$ 的影响

（图中下面曲线左数三个黑点是 $Cu_2O\%$ 的实验数据[1,3,10]）

从图 15 看出，在接近白冰铜组成时，固体 Fe_3O_4 的析出（参看图 3 中的 b 点）与 Cu_2S 的反应将使 $a_{Cu_2O(渣)}$ 及 $Cu_2O\%_{(渣)}$ 急剧转折并成直线上升。联系图 13 及式（44）可知，由于氧电位在接近白冰铜时发生急剧转折并成直线上升，因而对铜的氧化也必然产生同样性质的状态曲线。这表明，铜进入渣中氧电位起着支配的作用。渣含铜的上升不利于铜的技术经济指标。新的突出矛盾表现为（可参看图 10）：

$$k_{Cu}\left[\frac{da_{Cu_2O}}{d\%Cu}\right]_{\%Cu\approx 80\%} = k'_{Cu}\left[\frac{da_{Cu_2O}}{d\%Cu}\right]_{\%Cu\approx 80\%} \approx \tan 90° = 1 \quad (51)$$

在炉气-炉渣-白冰铜共存体系中，实际上炉渣层接触的是分层后的白冰铜饱和以金属铜。此种情况与炉气-炉渣-Cu_2S-Cu 四相共存体系可视为是一样的。按氧化反应：

$$Cu_2S + O_2 = 2Cu + SO_2 \quad (52)$$

$$2Cu + 1/2 O_2 = Cu_2O \quad (53)$$

反应（53）所产生的 Cu_2O 一部分溶解于铜中，一部分溶解于渣中。因此，随着上列反应的进行，渣中 Cu_2O 含量势必增加。在等氧压下，上列两反应可写为：

$$Cu_2S_{(液)} + 2Cu_2O_{(液)} = 6Cu_{(液)} + SO_{2(气)} \quad (54)$$

热力学方程：

$$\lg a_{Cu_2O} = \frac{2550}{T} - 2.73 + \frac{1}{2}\lg p_{SO_2} \quad (55)$$

$Cu_2S(Cu)$ 分层区的硫电位为[13]：

$$\lg p_{S_2} = \frac{15505}{T} + 4.56 \quad (56)$$

氧电位与炉气中 SO_2 的关系按式（41）求得：

$$\lg p_{S_2} = -\frac{18940}{T} + 2.28 - \lg p_{O_2} \tag{57}$$

按式（55）~式（57）算出，在炉气（SO_2）-炉渣-Cu_2S-Cu 平衡体系中，a_{Cu_2O} 与 p_{SO_2} 及温度的关系示于图 16。

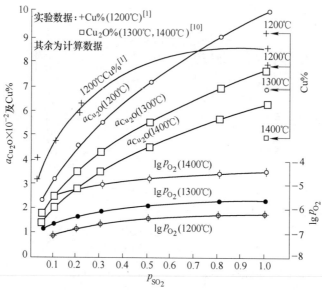

图 16　炉气（SO_2）-炉渣-Cu_2S-Cu 平衡系 p_{SO_2} 及 p_{O_2} 的影响

从图 16 看出，渣中 a_{Cu_2O} 及 Cu% 在一定温度下随炉气中 SO_2 分压增大而增高。在一定的 p_{SO_2} 条件下，a_{Cu_2O} 及 Cu% 随温度增高而降低。因此，欲降低渣含铜，提高熔炼温度是有益的。

1.4.2　炉气-炉渣-金属铜平衡体系

炉渣氧电位通过炉气中氧的溶解而增高：

$$3FeO_{(渣)} + 1/2 O_{2(气)} = Fe_3O_{4(渣)} \tag{58}$$

炉渣氧电位的增高，将使金属铜溶解氧并受氧化而进入渣相：

$$2Cu_{(液)} + Fe_3O_{4(渣)} = Cu_2O_{(渣)} + 3FeO_{(渣)} \tag{59}$$

按热力学数据求得 a_{Cu_2O} 与 $a_{Fe_3O_4}$ 的关系如下：

$$\lg a_{Cu_2O} = -0.852 + \lg a_{Fe_3O_4} \quad (1300℃) \tag{60}$$

$$\lg a_{Cu_2O} = -0.670 + \lg a_{Fe_3O_4} \quad (1350℃) \tag{61}$$

$$\lg a_{Cu_2O} = -0.330 + \lg a_{Fe_3O_4} \quad (1400℃) \tag{62}$$

从上列方程式可知，渣中 Fe_3O_4 活度（或浓度）增大，必然使渣中 a_{Cu_2O}（或浓度）增大。图 17 示出在炉气-炉渣-铜平衡体系中，渣中 a_{Cu_2O} 及 Cu_2O% 与渣含 Fe_3O_4 的实验数据。

从图 17 得直线方程如下：

$$a_{Cu_2O} = 0.0108 \times Fe_3O_4\% - 0.009 \quad (1224℃) \tag{63}$$

$$a_{Cu_2O} = 0.015 \times Fe_3O_4\% - 0.02 \quad (1286℃) \tag{64}$$

$$Cu_2O\% = 0.3284 \times Fe_3O_4\% - 0.85 \ (1286℃) \quad (65)$$

$$Cu_2O\% = 0.3265 \times Fe_3O_4\% + 0.132 \ (1300℃) \quad (66)$$

$$Cu_2O\% = 0.3337 \times Fe_3O_4\% - 0.61 \ (1350℃) \quad (67)$$

$$a_{Fe_3O_4} = 0.030 \times Fe_3O_4\% - 0.21 \ (1286℃) \quad (68)$$

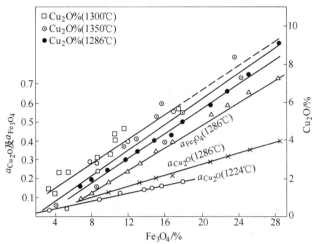

图 17　炉气-炉渣-铜体系中炉渣氧电位与 $a_{Fe_3O_4}$、a_{Cu_2O} 及 $Cu_2O\%$ 的关系

（按文献 [3，4] 数据绘制）

1.5　Cu-S-O 体系的矛盾及转化

在转炉吹炼中，白冰铜通过氧化脱硫而获得粗铜。按反应：

$$Cu_2S \Longrightarrow 2Cu + 1/2S_2 \quad (69)$$

$$1/2S_2 + O_2 \Longrightarrow SO_2 \quad (70)$$

由热力学数据，得：

$$\lg a_{Cu_2S} = \frac{7462.5}{T} - 2.729 + \frac{1}{2}\lg p_{S_2} + 2\lg a_{Cu} \quad (71)$$

$$\int_{a_{Cu}^\ominus}^{a_{Cu}} \mathrm{d}\lg a_{Cu} = -\frac{N_s}{1-N_s}\int_{p_{S_2}^\ominus}^{p_{S_2}} \mathrm{d}\lg p_{S_2}^{1/2} \quad (72)$$

选取标准状态，纯 Cu_2S（含 S 20.14%）：$a_{Cu_2S}^\ominus = 1$；$a_{Cu}^\ominus = 1$。
按文献 [13] 的数据可计算出：

$$\lg p_{S_2}^\ominus = -4.40 \ (1250℃)$$

$$\lg p_{S_2}^\ominus = -3.80 \ (1350℃)$$

结合转炉白冰铜吹炼的炉气组成，指定 p_{SO_2} 等于 0.15atm，按反应（70）得：

$$p_{O_2} = -9.426 - \frac{1}{2}\lg p_{S_2} \ (1250℃) \quad (73)$$

$$p_{O_2} = -8.642 - \frac{1}{2}\lg p_{S_2} \ (1350℃) \quad (74)$$

按文献 [13] 实验数据，经过换算求得白冰铜在脱硫过程中 $\lg a_{S_2}$、$\lg p_{O_2}$、a_{Cu_2S} 及 a_{Cu} 等与熔体 Cu_2S 含硫变化的状态图（图 18）。

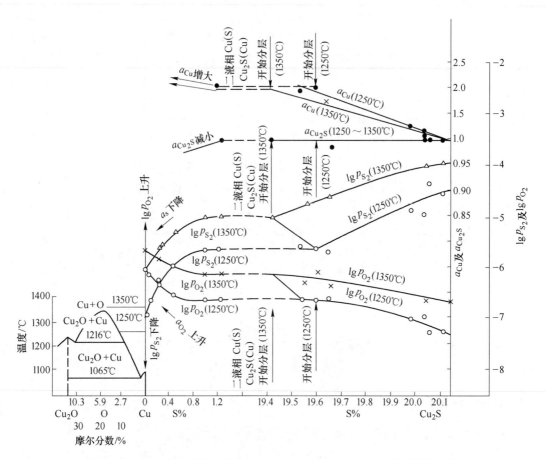

图 18　Cu-S-O 体系脱硫过程中 a_S、$\lg p_{S_2}$、a_{Cu_2S}、a_{Cu}、$\lg p_{O_2}$ 及相结构变化

由图 18 看出，随着吹炼脱硫的进行，熔体组分活度、硫电位及氧电位等均发生改变，且在一定温度、一定组成下发生相变。这些特征可用下列数学方程概括：

（1）分层前单相区（Cu_2S）：

$$\left[\frac{\partial \lg p_{O_2}}{\partial N_S}\right]_{T,\ N_S \to N_S'} = k\left[\frac{\partial a_{Cu}}{\partial N_S}\right]_{T,\ N_S \to N_S'} = k_1\left[\frac{\partial a_O}{\partial N_S}\right]_{T,\ N_S \to N_S'} > 0 \qquad (75)$$

$$\left[\frac{\partial \lg p_{S_2}}{\partial N_S}\right]_{T,\ N_S \to N_S'} = k'\left[\frac{\partial a_{Cu_2S}}{\partial N_S}\right]_{T,\ N_S \to N_S'} = k_1'\left[\frac{\partial a_S}{\partial N_S}\right]_{T,\ N_S \to N_S'} < 0 \qquad (76)$$

（2）分层区两液相（$Cu_2S(Cu)$，$Cu(S)$）：

$$\left[\frac{\partial \lg p_{O_2}}{\partial N_S}\right]_{T,\ N_S'} = k\left[\frac{\partial a_{Cu}}{\partial N_S}\right]_{T,\ N_S'} = k_1\left[\frac{\partial \lg p_{S_2}}{\partial N_S}\right]_{T,\ N_S'} = k_2\left[\frac{\partial a_{Cu_2S}}{\partial N_S}\right]_{T,\ N_S'} = 0 \qquad (77)$$

（3）层后单相区（$Cu(S)$）：

$$\left[\frac{\partial \lg p_{O_2}}{\partial N_S}\right]_{T,\ N_S' \to N_S''} = k'\left[\frac{\partial a_{Cu}}{\partial N_S}\right]_{T,\ N_S' \to N_S''} = k_1'\left[\frac{\partial a_O}{\partial N_S}\right]_{T,\ N_S' \to N_S''} > 0 \qquad (78)$$

$$\left[\frac{\partial \lg p_{S_2}}{\partial N_S}\right]_{T,\ N_S' \to N_S''} = k'\left[\frac{\partial a_{Cu_2S}}{\partial N_S}\right]_{T,\ N_S' \to N_S''} = k_1'\left[\frac{\partial a_S}{\partial N_S}\right]_{T,\ N_S' \to N_S''} < 0 \qquad (79)$$

从上列方程看出，在白冰铜吹炼中，由于熔体不断脱硫，金属铜不断产生，S_2 以 SO_2 形态不断排出，因而 $\lg p_{S_2}$、a_{Cu_2S} 及 a_S 不断下降，与此同时 a_{Cu}、$\lg p_{O_2}$ 及 a_O 不断升高。随着熔体中含硫量降低至接近某一定含硫量，Cu_2S 熔体出现分层，分层开始的含硫量视温度而有不同。此分层区含硫波动较大：在 1350℃ 时为 19.42%~1.34%，在 1250℃ 时为 19.60%~1.30% 的含硫量。由于在分层区 Cu_2S 饱和以 Cu，铜中饱和以 Cu_2S，其 a_S、a_{Cu} 以及 a_{Cu_2S} 均为一常数而与含硫量的变化无关。此时硫、氧矛盾暂时处于缓和状态，因而式（77）阐明其特征。式（75）~式（79）表明在分层前后氧电位（$\lg p_{O_2}$）及其相关参变量（a_O，a_{Cu}）继续增高，而硫电位（$\lg p_{S_2}$）及其相关参变量（a_S，a_{Cu_2S}）继续降低。一方由小变大，另一方则由大变小，相互斗争都各向其反面转化，即氧电位及其参变量由弱变强上升为支配的地位，而硫电位及其参变量则由强变弱，逐渐趋于消失。反映在熔体中，则含氧量不断增高，含硫量不断下降趋于最小值，近于消失（可由图中看出）。氧、硫矛盾的对抗性还表现在：氧传递进入铜中时，氧的溶解又因硫的存在而受到一定对抗和限制，而硫的溶解也因氧的存在受到一定对抗和限制。它们相互约束，相互斗争，共处于 Cu-S-O 平衡体系中。

从图 3 并结合图 18 可以看出，在粗铜生产期，单相区熔体含硫降低到 1% 左右时，氧电位继续升高，将使 a_{Cu_2O} 增大，铜中溶解的氧量增多，在一定温度下铜中饱和以氧；Cu_2O 将开始析出，并出现分层 $Cu+Cu_2O$；当有铁质炉渣存在时，例如连续炼铜，则铜以氧化态进入渣中更为显著。因此，粗铜生产期，应按具体情况控制脱硫程度以免造成不必要的 Cu_2O 进入渣中或出现分层。

2 铜熔炼的动力学

2.1 除铁造渣阶段

生精矿的直接吹炼或一般转炉的冰铜吹炼，除铁造渣期进行的主要反应为：

$$2FeS_{(硫)}+1.5O_2+SiO_2 = 2FeO \cdot SiO_{2(渣)}+SO_2 \tag{80}$$

$$3FeO_{(渣)}+1/2O_2 = Fe_3O_{4(渣)} \tag{81}$$

鼓风效率：
$$\eta = \frac{[O_2]_{化}}{B \times 0.21} \tag{82}$$

式中　B——鼓风量，m^3/min；

$[O_2]_{化}$——鼓风入炉时与 Fe 和 S 化合的氧量，m^3/min；

0.21——空气含氧体积，为 21%。

按 FeS 氧化反应可知，其氧化速度是与化合氧量成比例的，即

$$v_{FeS} = K_c[O_2]_{化} \tag{83}$$

式中　v_{FeS}——熔体中 FeS 的氧化速度，kg/min；

K_c——比例常数，与炉温有关，kg/m^3。

由式（82）及式（83），得

$$v_{FeS} = K_c \eta B \times 0.21 \tag{84}$$

可见，FeS 的氧化速度将随鼓风效率及鼓风量的增加而增大。式中 ηB 的乘积可称为有效鼓风量。换言之，FeS 的氧化速度系与有效鼓风量成比例的。显而易见，采用富氧或

纯氧进行吹炼，则 FeS 的氧化速度将显著地提高。

图 19 示出吹炼一周期 FeS 氧化速度与鼓风效率之关系，图 20 为每吨冰铜吹风时间与鼓风量的关系。

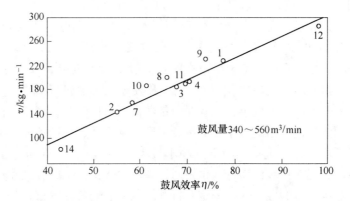

图 19　转炉一周期 FeS 氧化速度与鼓风效率的关系
（本图据文献［14］计算绘制，图中各数字为各炼厂转炉编号）

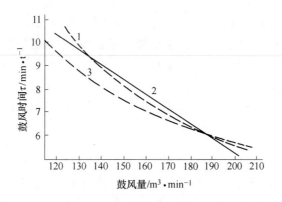

图 20　鼓风量与每吨冰铜需要的鼓风时间[15]

按上列两图直线关系得到鼓风效率及鼓风量与 FeS 氧化速度方程式：

$$v_{FeS} = 3.73(\eta - 40) + 92 \tag{85}$$

$$\tau = -0.0629B + 17.87 \tag{86}$$

式中　τ——吹炼 1t 冰铜的时间。

提高鼓风量来增大生产率受到一定局限，因为按生产实践经验，提高鼓风量密切与炉容积有关（图 21）。从节约的观点出发，提高生产率依靠增大炉子容积不是一个好办法。在一定炉容积下，提高有效鼓风量即鼓风效率来提高生产率才有积极意义。

鼓风效率的提高主要取决于空气与熔体的接触和氧的扩散，因而密切与流体在炉内运动的轨迹有关[22,23]。影响侧吹转炉的鼓风效率的因素较多，如空气在风口处的速度、风口压力及直径、风口倾斜度（摇炉深浅）以及鼓风量等。因此，侧吹转炉视操作情况，鼓风效率波动较大，这可由图 19 各厂转炉的鼓风效率看出。

据报道，采用氧枪顶吹，氧利用效率可达 95% 以上[24]。

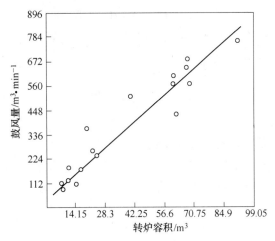

图 21　鼓风量与转炉容积的关系

（按文献［14］换算绘制）

2.2　粗铜生产期

在白冰铜氧化过程中，铜的生产速度与有效鼓风量的关系式：

$$v_{Cu} = Av_{SO_2} = k_m B\eta \times 0.21 \tag{87}$$

式中　v_{Cu}——粗铜生产速度，t/h；

v_{SO_2}——脱硫速度，m^3/h；

A, k_m——比例常数，其中 k_m 的单位为 t/m^3，即 $1m^3$ 有效氧产生的铜量。

由公式可知，粗铜的生产速度与有效鼓风量成比例。按文献［14］计算绘出一、二周期有效鼓风量与铜生产率的关系（图22）。

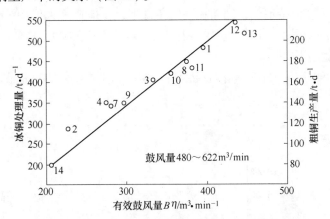

图 22　转炉一、二周期平均有效鼓风量与生产率的关系

（图中数字为各厂转炉编号；各厂转炉冰铜均以40%含铜计）

由图 22 看出，铜的生产量（t/d）与有效鼓风量成直线关系。按直线求得方程式：

$$v_{冰铜} = 1.54(B\eta - 200) + 190 \tag{88}$$

$$v_{铜} = 0.616(B\eta - 200) + 76 \tag{89}$$

白冰铜氧化速度的规律按反应：

$$Cu_2S + O_2 =\!=\!= 2Cu + SO_2 \tag{90}$$

在生产实践中，SO_2 浓度不增高且不断被排出，反应只向生产铜的方向进行。因此，逆反应可以忽略，所以可列下式：

$$\frac{d(SO_2)}{d\tau} = A' \frac{dCu}{d\tau} = k_s a_S p_{O_2} \tag{91}$$

式中 A'——比例常数；
k_s——反应速率常数，随温度而变化；
a_S——白冰铜中硫的活度；
p_{O_2}——氧分压，空气吹炼时为 0.21。

当氧分压为一定时，则

$$\frac{d(SO_2)}{d\tau} = A' \frac{dCu}{d\tau} = k'_s a_S \tag{92}$$

结合图 18 的规律性可以推断，当白冰铜氧化脱硫时，在一定温度条件下，反应速度应有下列的规律性：

Cu_2S 单相区
$$\frac{d(SO_2)}{d\tau} = A' \frac{dCu}{d\tau} = k'_s a_S < 0 \tag{93}$$

二液相共存区
$$\frac{d(SO_2)}{d\tau} = A' \frac{dCu}{d\tau} = k'_s a_S = 0 \tag{94}$$

分层后的单相区（含硫 1% 左右）
$$\frac{d(SO_2)}{d\tau} = A' \frac{dCu}{d\tau} = k'_s a_S < 0 \tag{95}$$

式（93）表明，在未分层的 Cu_2S 单相区，随着脱硫反应的进行，熔体中硫活度不断降低，在一定条件下（温度及氧分压一定）反应速度是下降的。式（94）表明，在熔体 Cu_2S 分层区，硫活度保持不变，因而在一定条件下，反应速度也保持为一常数。式（95）指出，在熔体分层以后进入 $Cu(S)$ 单相区时，硫活度随反应的进行又开始下降，因此，脱硫反应速度也随之下降。

上述规律性可由熔体 Cu_2S 氧化吹炼的科学实验和生产实践得到证实，如图 23 和图 24 所示。

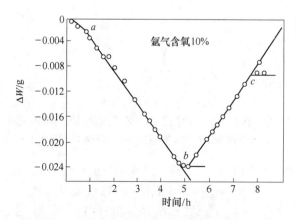

图 23　熔体 Cu_2S 在 1193℃ 氧化时质量变化与氧化时间的关系

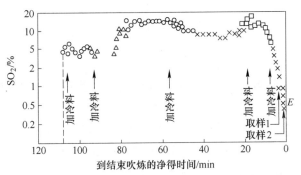

图 24　吹炼两周期 SO_2 浓度变化与吹风时间的关系[17]

从图 23 看出，曲线具有 3 个转折点，如图中 a、b 及 c 点所示。在 a 点以前，曲线斜率是变化的，随着 Cu_2S 中含硫量的减少，氧化速度逐渐减小。在 a 点以后，氧化脱硫速度为一常数，即此时 Cu_2S 质量变化与氧化时间成直线关系，其斜率：

$$m = -\frac{d\Delta W}{d\tau} = 常数 \tag{96}$$

相当于相图中的分层区域。

当氧化脱硫继续进行达 b 点以后，脱硫速度趋近零，铜中含硫极少，其斜率为

$$m = -\frac{d\Delta W}{d\tau} = 0 \tag{97}$$

式中　ΔW——熔体质量变化；

负号——随时间的进行，熔体因脱硫而质量减小。

当氧化继续进行时，熔体质量开始增加，曲线发生显著的转折点，而氧化速度转变为大于零，即

$$m = -\frac{d\Delta W}{d\tau} > 0 \tag{98}$$

并以一定的氧化速度继续进行，这说明金属铜开始氧化，Cu_2O 开始不断增加。当达到 c 点时，在该温度下铜中溶解的 Cu_2O 达到饱和，继续氧化将使 Cu_2O 开始析出并与金属铜分层，曲线再次发生转折，氧化速度趋近于零，如 c 点处水平线。

图 24 为两周期吹炼过程中测出的 SO_2 变化与时间的关系。从图中看出下列几点事实：

（1）在一定的吹风角度下，二氧化硫浓度的变化与吹风时间的关系基本上为一常数；仅除距终点时间约 10min 以外。这是因为在距终点由 107~10min 之间，Cu_2O 熔体已处于分层区域，其氧化速度（或即 SO_2 与时间的关系）服从于式（94）。

（2）在开始吹炼的一段时间内，距终点 107~78min，因变更吹风角度和冷料铜的加入，二氧化硫浓度有所波动而外，其他均保持一定的速度，例如距终点时间 78~57min 的一段时间内，吹风角度为深吹，SO_2 浓度基本上维持一定值，约为 15%。可以看出，SO_2 浓度与吹风时间为一水平线，即

$$m = -\frac{d(SO_2\%)}{d\tau} = 0 \qquad (99)$$

$$\int d(SO_2\%) = 常数 \qquad (100)$$

又如，在距终点时间为 48~20min 的一段时间，吹风角度为铁杆取样位置，SO_2 浓度也保持为一常数，约为 8.5% 而与吹风时间无关。

（3）在接近终点的一小段时间中（相当于距终点 10min 左右），SO_2 浓度随吹风时间而逐渐下降，此时 Cu_2S 中的硫活度开始减小，因此反应速度随之下降，亦即

$$\frac{d(SO_2\%)}{d\tau} = -(\tan a) < 0$$

（4）图中示出，当变更吹风角度时，二氧化硫的氧化速度将有所变动。这是因为吹风角度不同，氧的利用率和熔体传热传质都有差异，因而反应速度受到影响。

3 火法炼铜的发展方向

3.1 热力学对火法炼铜的意义

从上述热力学分析可知，在传统生产流程中，经过长期经验的积累，采用分段熔炼，逐步富集，逐步脱硫除铁和分段出渣，特别是在吹炼白冰铜阶段必须净渣除铁之后才进入粗铜生产期。这对解决 Fe_3O_4 生成和渣含铜很高的矛盾来说，是比较合理的。但是，随着大规模生产的需要，强化过程，连续作业，合理利用资源，综合回收以及消除污染等，迫使冶金工作者须要革新现有传统生产流程。

从图1、图3及图4看出，平衡氧分压随温度增高而增大。因此，提高熔炼温度为强氧化过程创造了条件。例如，从图中看出，提高炉温达 1350~1400℃ 或以上时，氧分压对数值虽然达 -4.8~-4 以下，渣中 Fe_3O_4 仍然处于非饱和状态。反之，当炉温在 1250℃ 左右，氧分压对数值即使降至 -7 左右也难免 Fe_3O_4 从渣中析出。

从图3和图4比较还可看出，在 1250℃，熔炼进程达图中 b 点时，Fe_3O_4 就开始析出。换言之，在有铁质炉渣存下，如连续炼铜，若炉温仅 1250℃，则熔炼进程不能进行到白冰铜，否则 Fe_3O_4 的析出将造成危害。反之，当炉温达 1350℃ 或以上时，由图4看出，熔炼进程可以达到图中 c 点附近而不致有 Fe_3O_4 的析出，氧化作业不仅可以进行到白冰铜而且可以进入粗铜生产期使铜中含硫量降至 1% 以下。

以渣中 a_{Cu_2O} 作比较，当 $p_{SO_2} = 0.1$atm 时，图3的进程达白冰铜时，$a_{Cu_2O} = 1.13 \times 10^{-1}$。图4的进程达白冰铜时，$a_{Cu_2O} = 2 \times 10^{-2}$。前者大于后者 5.65 倍。因此，从降低渣含铜来说，提高炉温也是有益的。

强化熔炼的问题除配合热工过程而外，首要的是提高炉气氧化强度。但是，正如前面指出的，炉气、炉渣氧电位升高的矛盾就在于渣中 $a_{Fe_3O_4}$ 增大，$a_{Fe_3O_4}$ 将从渣中析出以及渣中 a_{Cu_2O} 的值增大，渣含铜增高。因此，只有提高熔炼温度才能解决上述矛盾而有利于强氧化作业。

按式（12）可知，提高炉气中的氧分压，又为氧的传递创造了强化条件。按式（13）硫电位随温度升高而增大的特性，又为硫的传递创造了强化条件。由此可知，提高炉气的

氧分压强化过程所带来的矛盾必须采取提高炉温的措施来解决。

3.2 动力学对火法炼铜的意义

由式（84）、式（89）、式（91）同样可以看出，强化过程仍然必须采取提高温度和用富氧吹炼。

从动力学出发，当氧化反应限制在扩散步骤，温度的升高将有利于气相-熔锍界面及炉渣-熔锍界面间反应物和产物的扩散，例如熔锍中铁的自扩散系数与温度的关系[18]：

$$D_{Fe} = 7.63 \times 10^{-1} e^{-19.800/(RT)} \text{（含 75\%FeS-25\%Cu}_2\text{S）}$$
$$D_{Fe} = 3.36 \times 10^{-3} e^{-13.600/(RT)} \text{（含 50\%FeS-50\%Cu}_2\text{S）}$$

炉渣中氧离子的扩散系数也是与温度的倒数成直线关系[19]。即随温度的增高，扩散系数增大。

当氧化反应限制在化学反应步骤时，则温度的升高将使反应速率常数增大：

$$k_c = A e^{-E/(RT)}$$

式中　E——反应活化能；
　　　A——频率因素（受温度影响极小），为一常数；
　　　其他符号意义同前。

提高氧分压对熔炼的影响可由白冰铜氧化脱硫实验（图25）及旋涡炉连续炼铜的试验（图26）看出。

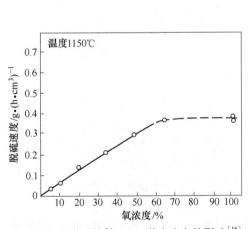

图 25　氧浓度对熔体 Cu_2S 脱硫速度的影响[16]

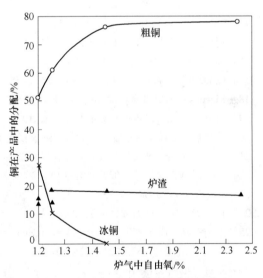

图 26　旋涡炉连续炼铜试验铜分配率与炉气中自由氧含量的关系[20]

从图25看出，白冰铜脱硫速度随氧浓度增大而成直线上升。但当氧浓度增大达65%时，脱硫速度不再随氧浓度而增加，即氧浓度由65%~100%，脱硫速度与氧浓度的关系为一水平线。此时反应过程可能转为扩散限制的步骤。进一步强化过程必须加强流体运动，提高传热传质的作用。

综上所述，强化冶炼过程（提高生产率）必须采用富氧并提高熔炼温度。除选择连续炼铜的炉型而外,国内白银有色金属公司选冶厂的液态鼓风强化熔炼;国外顶吹转动炉(TPRC)应用于铜精矿的吹炼,以及所谓"Q-S氧气熔炼法"[27]都是值得重视并应进行试验研究的。据报道[24],顶吹转动炉对反应物(气-液)的混合、温度的控制、热的分布、熔体的搅动以及氧分压的控制等均比侧吹转炉具有较多的优点。加拿大铜厂试验顶吹转动炉炼铜已获得成功[25]。

参 考 文 献

[1] Advance in extractive metallurgy and refining. 1972:39~62.
[2] AIME Trans., 1952, 194:725.
[3] Inst. Min. and Met. Trans., 1966, 75:1~12.
[4] Inst. Min. and Met. Trans., 1972, 81:163.
[5] 冶金问题. 北京:科学出版社,1960:70.
[6] Met. Trans., 1974, 5 (3):531.
[7] Met. Trans., 1970, 1 (11):3193.
[8] J. of Iron and Steel, 186 (3):329.
[9] Ruddle. The Physical Chemistry of Copper Smelting. 1953.
[10] J. of Metals., 1970, 22 (9):39.
[11] Inst. Min. and Met. Trans., 1962, 72 (63):35~53.
[12] AIME Trans., 1956, 206:1182.
[13] AIME Trans., 1951, 153:235.
[14] J. of Metals., 1968, 20 (4):39.
[15] 堤信夫. 日本矿业会志. 1967, 2:395.
[16] Met. Trans., 1972, 3 (8):2187.
[17] Cand. Min. and Met. Bull., 1966, 56 (655):1321.
[18] Kinetics of High Temperature Processes. 1959:79.
[19] Kinetics of High Temperature Processes. 1959:80~85.
[20] 苏联哈萨克斯坦科学院旋涡炉氧气炼铜试验资料.
[21] Inst. Min. and Met., 1971, 80 (781):228~234.
[22] Trans. TMS. AIME, 1969, 245 (1):2425.
[23] Met. Trans., 1974, 5 (3):763.
[24] J. of Metals, 1969, 21 (7):35.
[25] 冶金学家会议评述顶吹转动炉炼铜. Cand. Min. Met. Bull, 1974, 76 (750):124.
[26] Trans. AIME, 1962, 224 (5):878.
[27] J. of Metals., 1974 (1).

熔锍 Cu_2S 与氢反应的物理化学[❶]

刘纯鹏　郭有根　艾荣衡

摘　要：熔锍与氢气反应的动力学是近几年来才开始研究并受到重视的。就目前铜、镍、钴、铅、锌等硫化矿生产金属的工艺流程来看，均采用氢化脱硫或氧化焙烧、烧结—还原的工艺流程。瞻望未来，随着工业技术条件的发展，用氢气还原硫化物直接一步获取金属，将是一个具有前途的新方法。为了革新冶金工艺，有关这方面的基本理论研究工作是值得我们重视探讨的。

本文共分两部分：第一部分为反应动力学，第二部分为热力学。两部分内容中除笔者做的实验外，还综合了前人在这方面的工作成果。

1　概述

截至目前，世界上从铜、镍、钴、铅、锌等硫化矿提取金属的工艺均采用氧化脱硫—还原的工艺流程。但是，随着工业技术条件的发展，用氢还原硫化物直接一步获取金属是将来具有前途的新方法，因此，熔锍与氢气反应的动力学是近几年才得到重视并开始研究的[1~3]。为了革新冶金生产工艺，有关这方面的基本理论研究工作是值得注意的。

本文的内容概括如下：

（1）研究了温度对反应速度的影响，并由此测得反应活化能及速率常数。实验结果表明，反应受温度的影响是不大的。例如：$k_{1250}/k_{1150} = 1.287$，$k_{1200}/k_{1150} = 1.14$，$k = 1.63e^{\frac{-1100}{RT}}$，活化能 $E = 11000 cal/mol$。

（2）讨论了活化能、速率常数以及反应速度与金属催化和熔体相变的问题，并与前人的工作做了比较。发现，反应速率常数、活化能、频率因素以及反应速度和温度系数等的大小，与金属所具催化性质和熔体发生相变密切相关，也与熔锍中含硫浓度及硫的状态有关。

（3）验证了反应：

$$Cu_2S + H_2 \rightleftharpoons 2Cu + H_2S$$

的动力学方程和反应阶次与相结构密切相关。在氢压力为 1atm 时，反应动力学的方程为：

1）分层前单相熔体的动力学方程：

$$v_{S\%} = \frac{d(S\%)}{d\tau} = k_S(S\% - a)^2$$

反应阶次为硫浓度的二次方，是二阶反应。

[❶] 本文分两次发表于《有色金属（冶炼部分）》，1977（2）：33~39 及 1977（3）：34~39。

2）分层后几液相共存区的动力学方程：

$$v_{S\%} = \frac{d(S\%)}{d\tau} = A(常数)$$

反应速度与 Cu_2S 中硫的浓度无关，为动力学上的零阶反应。

常数 A 的值与温度及氢气流量有关。当氢气流量为 200mL/min 时：

1150℃　　　　　　$A = 0.68×10^{-2}$S%/min
1200℃　　　　　　$A = 0.82×10^{-2}$S%/min
1250℃　　　　　　$A = 0.98×10^{-2}$S%/min

（4）通过反应速度的实验数据，揭示了反应速度与 Cu_2S 相图结构密切相关。实验数据充分证明，熔锍 Cu_2S 分层后的反应速度为一常数。分层开始时，反应速度发生显著的转折点。曲线转折的状态方程式为：

$$\frac{\partial}{\partial(S\%)}\left[\lg\frac{d(S\%)}{d\tau}\right]_T = \beta(常数)$$

$$\frac{\partial}{\partial(S\%)}\left[\lg\frac{d(S\%)}{d\tau}\right]_{T,\,N_S=k} = 0$$

由反应速度的转折点测得 Cu_2S 在不同温度下，分层开始的含硫浓度为：1150℃，分层含硫 19.81%；1200℃，分层含硫 19.73%；1250℃，分层含硫 19.61%。

结合前人工作，讨论了 Cu-S 系相图分层的问题。

（5）通过 Cu_2S 脱硫速度的测定，获得熔锍的硫活度，并由此计算求得铜活度。经与气体平衡法做比较，结果是一致的。证明所采用的动力学方法测活度是可靠的。

（6）实验数据表明，反应速度、硫活度以及铜活度与熔锍 Cu_2S 含硫浓度的状态曲线反映了相结构的变化。将这些物化特性与其他研究工作做了比较：如气体平衡法测得的硫活度与含硫浓度的状态曲线；电极电位以及比导电度等与 Cu_2S 含硫浓度的状态曲线。比较的结果，发现上述那些物化特性与熔锍 Cu_2S 含硫浓度的状态曲线均具有同样的转折点，因而更确切地证明 Cu_2S 开始分层的相变特征。即用数学方程概括为：

$$\left[\frac{\partial \lg V_S}{\partial(N_S)}\right]_{T,\,N_S=k} = K_a\left[\frac{\partial a_S}{\partial(N_S)}\right]_{T,\,N_S=k} = K_b\left[\frac{\partial(C)}{\partial(N_S)}\right]_{T,\,N_S=k} = K_c\left[\frac{\partial\left(\frac{1}{e}\right)}{\partial(N_S)}\right]_{T,\,N_S=k} = 0$$

实验采用的仪器装置示于图 1。将已知含硫量的 Cu_2S 置于刚玉坩埚内，在纯氮气保护下熔化。待预期温度稳定后，将吹气小管降至熔体中，支撑杆 8 上移，在一定氢流量下进行反应。反应产物 H_2S 随压入的 H_2 气流被吸收于已知浓度的标准碘液中，由反应时间及消耗的碘液即可测出脱硫速度。每一个测点用两个吸收瓶。在测定中，每隔 1~5min 测量一个数据，每一个样品连续测了 7~9 个数据。每一温度测定两个试样。实验具有较好的重现性。

氢、氮等气体的净化装置与一般气体净化装置相同。实验前，检查无氧、无水并与碘液不发生氧化还原反应才进入反应管内。氢气由小管直接导入熔锍。

试料采用优质电解铜（含 Cu99.98%以上）与光谱纯硫黄混合，在氮气保护下进行加温熔化而获得 Cu_2S。其成分（%）为：Cu79.982，S20.00，其他 0.018；计算的物相组成（%）为：Cu_2S99.30，金属铜 0.682，杂质总量 0.0180。

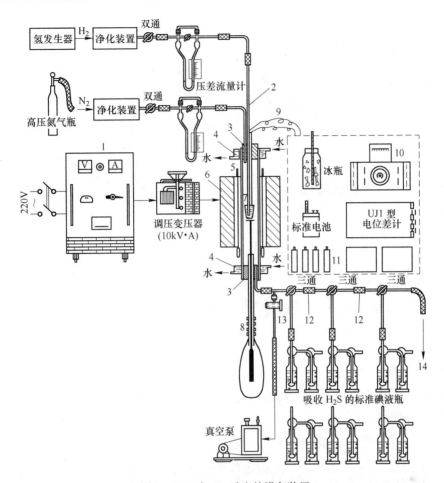

图 1 Cu_2S 与 H_2 反应的设备装置

1—CZ62 型磁饱和稳压器（输入电压 160~250V，输出电压 220±1%V）；2—刚玉管（插入炉内部分）；
3—耐温橡皮塞；4—分层循环内壁冷却水套；5—硅炭棒；6—硅炭棒电炉；7—刚玉坩埚；
8—特制上下移动支撑坩埚密封调节装置；9—经校核过的铂铑热电偶及补偿导线；10—经校核过的光电检流计；
11—工作电池（干电池或蓄电池）；12—毛细管连接；13—二通活塞开关控制联通真空泵或气体分析器；
14—联结 QF190 型气体分析器

2 反应动力学部分

2.1 实验结果的整理与计算

2.1.1 温度及氢流量的影响

将实验数据整理计算，以反应脱硫率（质量分数）对时间作图，得图 2 和图 3。从图中看出，反应的硫量在一定的氢流量下，随温度增高而增大；在一定温度下，反应的硫量随氢流量增大而增大。

2.1.2 速度方程式

从图 2 和图 3 可以看出，反应的脱硫量与时间的状态曲线分为直线段和曲线段。即在开始一段时间反应的硫量与时间成曲线函数关系，达一定时间后转为直线关系。

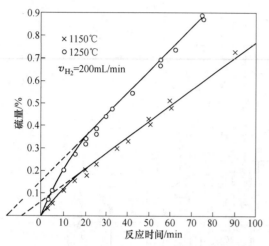

图 2 熔锍 Cu₂S 与 H₂ 反应脱硫与时间的关系　　图 3 氢流量对脱硫速度的影响

(1) 直线方程式。按图 2 及图 3 可知，直线方程为：

$$S\% = k_m \tau + b \tag{1}$$

式中　k_m——直线斜率；

b——直线纵截距；

$S\%$——反应脱硫率（质量分数），%；

τ——反应时间，min。

由式 (1) 得

$$\int_1^2 d(S\%) = k_m \int_1^2 d\tau \tag{2}$$

$$k_m = \frac{d(S\%)}{d\tau} = \frac{\Delta(S\%)}{\Delta \tau} \tag{3}$$

按实验数据求得各温度下直线方程式如下：

1150℃ 时　$S\% = 0.682 \times 10^{-2} \tau + 0.060$　　($v_{H_2} = 200\text{mL/min}$)　(4)

1200℃ 时　$S\% = 1.17 \times 10^{-2} \tau + 0.0930$　　($v_{H_2} = 300\text{mL/min}$)　(5)

1250℃ 时　$S\% = 0.97 \times 10^{-2} \tau + 0.1445$　　($v_{H_2} = 200\text{mL/min}$)　(6)

(2) 曲线方程式。曲线斜率随时间而变化，亦即 $\dfrac{d(S\%)}{d\tau}$ 与反应时间成函数关系。根据实验数据，以 $\lg \dfrac{d(S\%)}{d\tau} + 3$ 对时间作图（图 4）。

在绘制计算中采用下列近似微分速度做计算[10]，即

$$\frac{\Delta(S\%)}{\Delta \tau} \underset{\Delta \tau \to 极小}{\approx} \frac{d(S\%)}{d\tau} \tag{7}$$

从图 4 求得曲线方程如下：

1150℃　$\lg \dfrac{\Delta(S\%)}{\Delta \tau} + 3 = 1.180 - 1.746 \times 10^{-2} \tau$　　($v_{H_2} = 200\text{mL/min}$)　(8)

$$1200℃ \quad \lg\frac{\Delta(S\%)}{\Delta\tau}+3=1.442-2.45\times10^{-2}\tau \quad (v_{H_2}=300\text{mL/min}) \quad (9)$$

$$1250℃ \quad \lg\frac{\Delta(S\%)}{\Delta\tau}+3=1.40-1.65\times10^{-2}\tau \quad (v_{H_2}=200\text{mL/min}) \quad (10)$$

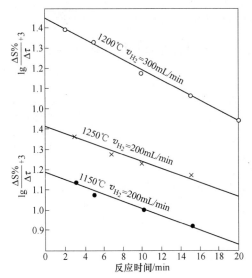

图 4　Cu_2S 与 H_2 反应的微分速度与时间的关系

（3）直线、曲线的共切点，曲线的转折点位置及共切点的数学条件。将上列方程对应温度的三对方程式进行联解，即将直线方程进行微分，求出 $\dfrac{d(S\%)}{d\tau}$ 代入相应的曲线方程式（8）、式（9）及式（10）中，结果列于表1。

表 1　直线、曲线共切点计算

温度/℃	共切点坐标		直线斜率	共切点斜率
	S%	τ/min	$\dfrac{d(S\%)}{d\tau}$	$\dfrac{d(S\%)}{d\tau}\approx\dfrac{\Delta(S\%)}{\Delta\tau}$
1150	0.1964	20	0.682×10^{-2}	0.682×10^{-2}
1200	0.272	15.3	1.17×10^{-2}	1.18×10^{-2}
1250	0.389	25	0.97×10^{-2}	0.97×10^{-2}

计算结果证明，共切点（曲线转折点）的数学条件为：

$$\begin{cases} x=x_1 \\ y=y_1 \\ dy/dx=dy_1/dx_1 \end{cases} \quad (11)$$

因此，曲线和直线的转折点坐标位置即可确定。

2.2　实验结果的讨论

2.2.1　动力学方程及反应阶次

图2和图4的曲线状态方程式，可由式（4）～式（10）概括为：

直线 $\quad\quad\quad\quad\quad\quad\quad\quad\quad S\% = k_m\tau + b \quad\quad\quad\quad\quad\quad\quad\quad\quad\quad$ (12)

曲线 $\quad\quad\quad\quad\quad\quad\quad\quad\quad V_d = Ce^{-\beta\tau} \quad\quad\quad\quad\quad\quad\quad\quad\quad\quad$ (13)

式中 $\quad k_m$,b,C,β——在一定温度下均为常数,由式(4)~式(10)求得;

$\quad\quad\quad\quad$ e——自然对数底。

式(13)表明,反应的近似微分速度与反应时间成指数函数关系。

将实验数据以 $\lg\dfrac{d(S\%)}{d\tau}+3$ 对含硫量作图,即可得到反应速度与含硫量的状态曲线(图5)。

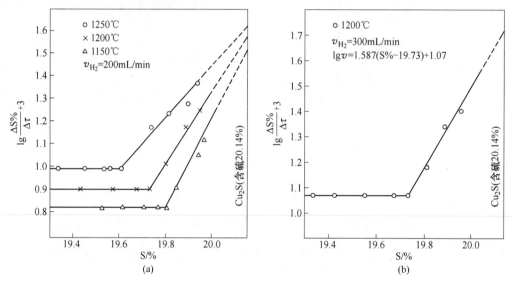

图 5 不同温度的反应速度对数值与 Cu_2S 含硫量的关系

按图5状态曲线,得到下列微分方程式:

$$\frac{\partial}{\partial(S\%)}\left[\lg\frac{d(S\%)}{d\tau}\right]_T = \beta(\text{常数}) \quad\quad\quad (14)$$

$$\frac{\partial}{\partial(S\%)}\left[\lg\frac{d(S\%)}{d\tau}\right]_{T,N_S=k} = 0 \quad\quad\quad (15)$$

式(14)表明,反应的微分速度对数值与含硫量的改变在一定温度(T)下为一常数。式(15)表明,在一定温度和某一特定的含硫浓度(N_S)下,反应的微分速度对数值与含硫浓度无关。换言之,此两个微分方程式表明,反应速度在某一特定含硫量下发生显著的转折。

积分式(14),并按图5(a)数据求直线斜率 β 的值,获得各温度下的直线方程式:

$$\int_{V_1}^{V_2} d\lg V_{S\%} = \beta \int_{(S\%)_1}^{(S\%)_2} d(S\%) \quad\quad\quad (16)$$

1150℃ $\quad\quad\quad\quad \lg V_{S\%} = 2.04(S\% - 19.805) + 0.831 \quad\quad\quad (17)$

1200℃ $\quad\quad\quad\quad \lg V_{S\%} = 1.615(S\% - 19.730) + 0.912 \quad\quad\quad (18)$

1250℃ $\quad\quad\quad\quad \lg V_{S\%} = 1.180(S\% - 19.610) + 0.990 \quad\quad\quad (19)$

其中

$$V_{S\%} = \frac{\Delta S\%}{\Delta \tau} \times 10^3$$

$$S\%(1150℃) = 19.805\% \sim 20.14\% \tag{20}$$

$$S\%(1200℃) = 19.73\% \sim 20.14\% \tag{21}$$

$$S\%(1250℃) = 19.61\% \sim 20.14\% \tag{22}$$

从式（17）~式（19）可知，熔锍与 H_2 反应的脱硫速度与硫浓度（在转折点前）有指数函数关系，即：

$$v_{S\%} = v_a E^{\beta(S\%-a)} \tag{23}$$

式中　v_a——转折点处的速度常数值，在不同温度下具有不同的值（H_2 流量 200mL/min）：

$$v_a(1150℃) = 0.68 \times 10^{-2}(S\%/min)$$

$$v_a(1200℃) = 0.82 \times 10^{-2}(S\%/min)$$

$$v_a(1250℃) = 0.98 \times 10^{-2}(S\%/min)$$

反应阶次问题，按图 5 求硫活度 a_S（详见后面熔锍 Cu_2S 的热力学部分），并与 $\lg\left[\dfrac{d(S\%)}{d\tau}\right]$ 作图，绘得各温度下的关系为一束平行直线（图 6）。

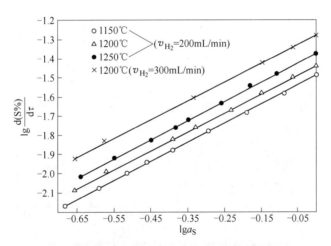

图 6　反应速度对数值与 Cu_2S 中硫活度对数值的关系

由图 6 得：

$$\frac{d\lg\left[\dfrac{d(S\%)}{d\tau}\right]}{d\lg a_S} = 1 \tag{24}$$

积分式（24），得：

$$\lg\left[\frac{d(S\%)}{d\tau}\right] = \lg a_S + \lg k \tag{25}$$

或即

$$\frac{d(S\%)}{d\tau} = k a_S \tag{26}$$

式中　k——常数，在一定温度下是熔锍与 H_2 反应的速率常数。

式（26）为 H_2 压力在 1atm 时，熔锍 Cu_2S 与 H_2 反应用活度示出的速度方程式。

按热力学研究，对于 Cu-S、Fe-S、Ni-S 及 Co-S 等二元系，其活度 a_S 或 a_{S_2}（硫活度）与 N_S（摩尔浓度）的关系为[1,2]：

$$a_S = \gamma_S N_S^2 \tag{27}$$

或

$$a_{S_2} = \gamma_{S_2} N_{S_2}^2 \tag{28}$$

式中　γ_S，γ_{S_2}——硫原子或硫分子表示的活度系数。

将式（27）a_S 的值代入式（26），得

$$v_{S\%} = \frac{d(S\%)}{d\tau} = k\gamma_S N_S^2 \tag{29}$$

图 5 转折点前的硫浓度为（S%-a），将百分浓度换算为摩尔浓度：

$$N_S = k_m(S\% - a) \tag{30}$$

式中　k_m——换算比例常数。

因此

$$v_{S\%} = \frac{d(S\%)}{d\tau} = k\gamma_S k_m^2 (S\% - a)^2 \tag{31}$$

显然，式（31）表明脱硫速度与硫浓度的二次方成直线关系。按实验数据以 $v_{S\%}$ 对 $(S\% - a)^2$ 作图，获得各温度下一束直线（图 7）。

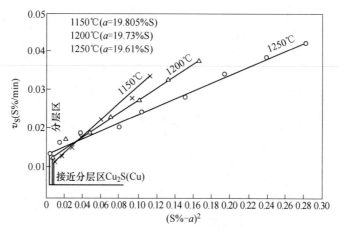

图 7　Cu_2S 与 H_2 反应脱硫速度与硫浓度的关系

从图 7 可知，熔锍 Cu_2S 与 H_2 反应在一定 p_{H_2} 条件下，对硫浓度而言是二阶反应。因此，当 $p_{H_2} = 1$ atm 时，脱硫速度的动力学方程式应为：

$$v_{S\%} = \frac{d(S\%)}{d\tau} = k_S(S\% - a)^2 \tag{32}$$

式中　k_S——直线斜率，在一定条件下为一常数，其值为

$$k_S = k k_m^2 \gamma_S \tag{33}$$

　　a——转折点开始的硫浓度，在一定温度为一常数，其值在不同温度下由图 5 及式（17）~式（19）求得；

　　k——反应速率常数，是温度的函数，其值在已知硫活度系数的条件下，由式（33）求得。

转折点以后的动力学方程式及反应阶次，按图 5 并积分式（15）得：

$$\int \frac{\partial}{\partial(S\%)} \left[\lg \frac{d(S\%)}{d\tau} \right]_{T, N_S = k} = 常数 \tag{34}$$

即
$$\left[\lg \frac{d(S\%)}{d\tau} \right]_{T, N_S = k} = 常数 \tag{35}$$

因此
$$\left[\frac{d(S\%)}{d\tau} \right]_{T, N_S = k} = 常数 \tag{36}$$

式（36）表明，在转折点以后脱硫速度与 Cu_2S 的硫浓度无关，是为动力学上的零阶反应。其状态曲线如图5中的水平线。

通过上面实验数据的分析验证，熔锍 Cu_2S 与 H_2 反应的动力学方程式和阶次可归纳为：

转折点前的动力学方程式：
$$v_{S\%} = \frac{d(S\%)}{d\tau} = k_S (S\% - a)^2 \tag{37}$$

反应阶次为二阶次。

转折点后的动力学方程式：
$$v_{S\%} = \frac{d(S\%)}{d\tau} = 常数 \tag{38}$$

反应阶次为动力学上的零阶反应。

2.2.2 熔锍与 H_2 反应对 H_2 压力的阶次

H_2 在铜中的溶解速率常数随铜中含硫量增大而减小，但当硫量增加达一定值后，速率常数不再减小[1]。H_2 在铜中的溶解度本来就不大，这可由下列公式计算求得：

$$H\% = K_H \sqrt{p_{H_2}} \tag{39}$$

式中 $H\%$——H_2 溶解于铜中的质量分数，%；

K_H——平衡常数；

p_{H_2}——H_2 压力，atm。

H_2 气在铜中的溶解度与温度的关系可由图8看出。

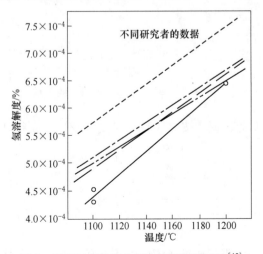

图8 温度对氢在液体铜中溶解度的影响[15]

从图 8 看出，H_2 气在铜中的溶解度是很小的，在 1200℃ 不过 $6.5\times10^{-4}\%\sim7.5\times10^{-4}\%$。在熔锍中 H_2 的溶解可能还小于此数字。因此，H_2 在 Cu_2S 熔体的溶解可视为极稀溶液，服从于亨利定律。

对于熔锍 Cu_2S 与 H_2 的反应机理[2,4]：

$$H_{2(气)} \xrightleftharpoons{k_1} 2H_{(锍)} \tag{40}$$

$$2S_{(锍)} \xrightleftharpoons{k_2} S_{2(锍)} \tag{41}$$

$$H_{(锍)} + S_{2(锍)} \xrightleftharpoons{k_3} S_{(锍)} + HS_{(锍)} \tag{42}$$

$$HS_{(锍)} + H_{(锍)} \xrightarrow{快} H_2S_{(气)} \tag{43}$$

当式（40）及式（41）中任一反应过程进行迟缓并为限制步骤时，那么反应（42）也将是过程的限制步骤，这是因为反应（42）受着 H 或 S_2 生成速度的限制。因此，实测的脱硫速度应为：

$$v_{测} = Av_S\% = v_{HS} = ka_{S_2}p_{H_2}^{1/2} - k'a_S[HS] \tag{44}$$

反应（43）生成的速度很快，故 [HS] 浓度极低，式（42）逆反应可以忽略。反应（43）生成的 H_2S 不断为 H_2 所稀释并被带出于反应体系之外。

因此

$$v_{H_2S} = Av_S\% = v_{HS} = ka_{S_2}p_{H_2}^{1/2} \tag{45}$$

或即

$$v_S\% = \frac{d(S\%)}{d\tau} = k'a_S p_{H_2}^{1/2} \tag{46}$$

式（46）表明，脱硫速度与熔锍活度 a_S（或 a_{S_2}）及 H_2 压力（$p_{H_2}^{1/2}$）的乘积成比例。因此，熔锍 Cu_2S 与 H_2 反应的阶次为 1/2。这可由实验数据（图 9）证实[2]。

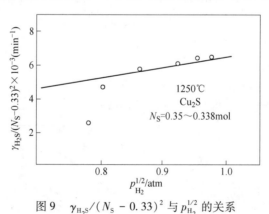

图 9 $\gamma_{H_2S}/(N_S - 0.33)^2$ 与 $p_{H_2}^{1/2}$ 的关系

结合本实验应用图 9 的数据，按式（37）及式（38）分别得动力学方程式为：

$$v_S\% = \frac{d(S\%)}{d\tau} = k_S(S\% - a)p_{H_2}^{1/2} \tag{47}$$

$$v_S\% = \frac{d(S\%)}{d\tau} = Ap_{H_2}^{1/2} \tag{48}$$

式中　A——常数。

按文献[2, 3]的实验数据，验证了 Cu_2S、FeS、Ni_3S_2、CoS 及 PbS 等熔锍与 H_2 反应

的动力学方程式均具有共通的规律性，即服从于下列动力学方程：

$$\gamma_{H_2S} = k(N_S - \alpha)^2 p_{H_2}^{1/2} \tag{49}$$

其中
$$\gamma_{H_2S} = (22400/\bar{V})\gamma_S$$

式中 $\bar{V}$——熔锍体积，mm^3；

γ_S——反应的硫量；

N_S——硫浓度，摩尔分数，对于 Cu_2S 而言，该实验的 $N_S = 0.350 \sim 0.338\text{mol}$；

α——一定硫浓度，对 Cu_2S，$\alpha = 0.330\text{mol}$。

图 10 示出该实验的数据供比较和验证。从图 7、图 10 以及式（37）和式（49）可以看出，我们实验的动力学方程式在分层前与文献［2］实验结论相吻合。图中直线多不通过原点，这是因为 Cu-S 系在低硫成分中，即含硫量小于化学计量的硫量（相当于 N_S 小于 0.334，以质量计，小于 20.14%）。熔体在某一定含硫量出现分层，可参看图 13。分层中有金属铜相存在，硫活度比未分层前小，并在分层期维持一常数值。由于熔体有金属铜相的出现影响 H_2 对 S 的反应，致使反应速度下降。反应阶次在此低硫成分下可能小于二阶次[11]。此一事实，结合本实验已充分证明反应阶次对硫浓度而言，由二阶反应转变为零阶反应，如动力学方程式（38）。

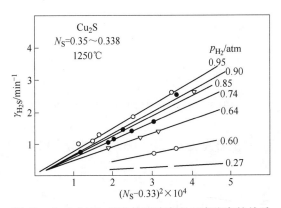

图 10 Cu_2S 与 H_2 反应的硫浓度和反应速度的关系

2.2.3 反应速率常数及活化能

按图 7 及式（33）是可以计算求得反应速率常数 k 的值，即

$$k = \frac{k_S}{\gamma_S k_m^2} \tag{50}$$

式中 k_S——图 7 中各直线的斜率；

γ_S——硫活度系数；

k_m——硫的质量分数换算为摩尔浓度的比例常数。

按式（50）计算速率常数需要知道 Cu_2S 的硫活度系数。因此，按式（25）及图 6 求反应速率常数则比较简单。

按式（25）：

$$\lg k = \lg\left[\frac{d(S\%)}{d\tau}\right] - \lg a_S \tag{51}$$

$$\lg k = \lg\left[\frac{\mathrm{d}(S\%)}{\mathrm{d}\tau}\right]_{a_S=1} \tag{52}$$

由图 6 及式（52），求得各温度下熔锍 Cu_2S 与 H_2 反应的速率常数，并由两个温度的速率常数值按式（53）求得活化能的值为 11000cal/Cu_2S。

已知活化能的值及反应速率常数的值，即可计算出任意其他温度速率常数，例如 1300℃的速率常数。

$$\lg\frac{k_1}{k_2} = \frac{E}{4.575}\left(\frac{T_2 - T_1}{T_2 T_1}\right) \tag{53}$$

将实验数据及计算的速率常数（1300℃）一并用 $\lg k$ 对温度的倒数作图，获得一直线关系（图 11 直线（1）；直线（2）为文献［2］的实验数据）。

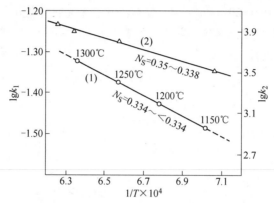

图 11　反应速率常数与温度的关系

从图 11 可知，$\lg k$ 与 $\frac{1}{T}$ 成直线关系，其斜率为一常数，即

$$\frac{\mathrm{d}\lg k}{\mathrm{d}\left(\frac{1}{T}\right)} = \frac{E \times 10^{-4}}{4.575} = m \tag{54}$$

积分式（54），得

$$\lg k = \lg A - m\frac{1}{T} \tag{55}$$

按图数据求得：

$$\lg k_1 = 0.206 - \frac{11000}{4.575T} \tag{56}$$

$$\lg k_2 = 0.760 - \frac{26500}{4.575T} \tag{57}$$

或即

$$k_1 = 1.63 \times e^{\frac{-11000}{RT}}$$

$$k_1 = 4.02 \times 10^7 \times e^{\frac{-26500}{RT}} \tag{58}$$

从图 11 的实验数据可知，温度对反应速率常数的影响是不大的，其温度系数如下：

$$\frac{k_1(1250℃)}{k_1(1150℃)} = 1.287(本实验) \tag{59}$$

$$\frac{k_1(1327℃)}{k_1(1227℃)} = 1.695(文献[2]) \tag{60}$$

2.2.4 活化能与金属的催化作用

按本实验所得活化能，反应速率常数及温度系数均较低。可由表2的比较数据看出。

表2 活化能速率常数温度系数与金属的催化作用

编号	反应体系	硫浓度/mol	p_{H_2}/atm	速率常数	活化能 /kcal·mol^{-1}	温度系数 $k(1250℃)/k(1150℃)$	速率常数与温度的关系式	频率因素 A
1	$Cu_2-H_2$①	<0.334	1.0	$4.23×10^{-2}$ (1250℃)	11.0	1.287	$k=1.63×e^{\frac{-11000}{RT}}$	1.63
2	Cu_2S-H_2[2]	0.35~0.338	0.75~0.95	$6.3×10^{3}$ (1250℃)	26.5	1.840	$k=4.02×10^7×e^{\frac{-26500}{RT}}$	$4.02×10^7$
3	Ni_2S-H_2[3]	0.35~0.277	0.88~1.06	$8.5×10^{1}$ (1250℃)	20.1	1.590	$k=6.61×10^4×e^{\frac{-20100}{RT}}$	$6.61×10^4$
4	Co_2S-H_2[2]	0.48~0.405	0.86~1.06	$6.1×10^{-2}$ (1250℃)	23.8	1.705	$k=4.26×10^1×e^{\frac{-23800}{RT}}$	$4.26×10$
5	$FeS-H_2$[2]	0.47~0.413	0.66~1.0	$3.98×10^{1}$ (1250℃)	20.6	1.640	$k=3.58×10^4×e^{\frac{-20600}{RT}}$	$3.58×10^4$
6	S_2-H_2[4]	液体硫	382mmHg	$1.4×10^{-8}$ (311℃)	45.0	1.95/10℃	$k=1.04×10^9×e^{\frac{-45000}{RT}}$	$1.04×10^9$
7	S_2-H_2[4]	气态硫	382mmHg	$9.0×10^{-7}$ (343℃)	43.0	1.90/10℃	$k=1.57×10^9×e^{\frac{-43000}{RT}}$	$1.57×10^9$

①本实验数据 k 的单位为 min^{-1}，atm$^{1/2}$，(S%)$^{-1}$；CoS-H$_2$系 k 的单位为 min^{-1}，atm$^{1/2}$，mol^{-1} 按原图 CoS-H$_2$ 系 K1250℃ 应为 $1.62×10^{-2}$，可能原表中数字有误，表中 K 的值数按 $1.62×10^{-1}$ 作计算；S_2-H_2 体系的温度系数是以相差10℃作标准，反应温度在620K以下；k 的单位分别为 g/(mm^2·min) 及 g/(mL·min)。反应速率常数与温度的关系式 k 的值系按活化能及速率常数计算求得。

从表2可看出，反应速率常数及活化能的大小密切与金属所具催化性质相关，也与熔体中含硫浓度及状态有关。正如众所周知，有一些金属如Ni、Co、Fe及Cu等均具有一定的催化能力。以铜而言，对氢原子化合成氢分子的催化效率占铂金的70.5%(以Pt=100)[12]。按文献[2，3]对Ni、Fe、Co、Cu及Pb等硫化物与氢反应的研究，由测得的反应活化能数据指出各金属的催化能力次序如下：

$$Ni≈Fe>Co>Cu>Pb$$

由于金属铜具有较为显著的催化效率。因此，在 Cu_2S 熔体中含硫较少或小于化学计量0.334，金属铜的出现将使反应活化能降低。当 H_2-S_2 体系进行反应时，由于无金属铜的存在，无催化作用，反应活化能具有更大的值，如表中所示，达43~45kcal/mol。本实验所用样品含硫在20%，以 Cu_2S 化学计量而言，与氢反应一开始就有金属铜存在（Cu_2S(Cu))，随着反应的进行，金属铜增多并在一定含硫量下出现分层，催化作用较大，因而所测活化能值较低，仅11000cal/Cu_2S。在文献[2]中，样品 Cu_2S 含硫量超过化学计量很多，在1250℃熔锍蒸气压是很大的，这可由图12的 p_{S_2} 与硫浓度 N_S 的关系看出[5]。

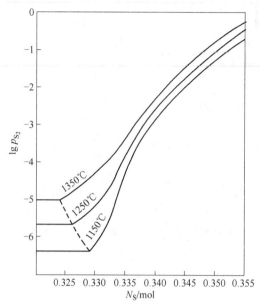

图 12　熔锍 Cu_2S 含硫量与 p_{S_2} 的关系

从图 12 可知，当 $t=1250℃$，$N_S=0.338 \sim 0.35$ mol，$p_{S_2}=2×10^{-3} \sim 1×10^{-1}$ atm，可能有部分硫蒸气直接与 H_2 发生反应，因而活化能需要较大。另外，从含硫量来看，该实验在一定反应时间内无金属铜的产生。上述原因可能是造成活化能具有比本实验较大而又比 H_2-S_2 体系为小的原因。再以反应速度而言，本实验样品含硫小于化学计量硫成分，硫活度比编号 2（表 2）所用样品小得多（可参看图 12）。除硫活度较低而外，金属铜相的存在，有碍于熔锍与 H_2 的反应，致使反应速度降低[11]。从表 2 所列数据还可看出，FeS、Ni_3S_2、CoS 及本实验所用 Cu_2S 的硫浓度均小于各硫化物的化学计量硫浓度或者接近化学计量成分，其反应速率常数均较低。只有 Cu_2S 的含硫量大于化学计量较多（$N_S=0.35 \sim 0.338$），所测反应速率常数才远大于上列硫化物的速率常数。因此，反应速度及速率常数不仅与金属的催化作用有关，而且与所含硫浓度是否大于或小于硫化物化学计量成分有关。

从表中的数据还可看出，熔体 Cu_2S、FeS、Ni_3S_2、CoS 与 H_2 反应的速率常数受温度的影响是很小的。当温度相差 $100℃$，即由 $1150 \sim 1250℃$，温度系数仅波动在 1.287 ~ 1.840。但当液态硫或气态硫与 H_2 反应时，其速率常数受温度影响则比较大，相差 $10℃$ 提高近 2 倍。前者可能因金属催化掩盖温度的作用。从反应速率常数与温度的关系还可看出，影响反应速率常数的因素除活化能而外，还与频率因素相关。在复杂反应体系中，频率因素往往比简单反应小得多[14]。表中反应体系编号 2~5 在所研究的硫浓度及温度条件下，由硫化物相图[7] 可知，均为液态熔体（为均匀的液相），只有本实验（编号 1）反应体系在所研究的硫浓度出现相变并发生分层（参看图 13），反应体系较复杂，因此实验所得频率因素很小。

2.2.5　反应速度与相结构

按式（14）及式（15），并结合 Cu-S 系相图以及文献 [6, 7] 可知速度的转折点正是熔锍 Cu_2S 缺硫开始分层的相变特征，这可由本实验所测脱硫速度结合相图看出，见图 13。

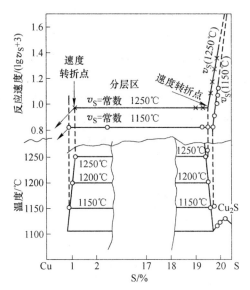

图 13 熔锍 Cu_2S 与 H_2 反应速度的转折点与相结构关系

(v_S 为本实验数据)

由图 13 并结合图 5 可以看出，在 1150℃ 分层开始于 19.81% 的含硫量，在 1200℃ 分层开始于 19.73% 的含硫量，在 1250℃ 分层开始的含硫为 19.61%。当分层开始后，Cu_2S 饱和以金属铜，而铜中饱和以 Cu_2S。此两层液相共存时，硫活度及铜活度均为一常数（温度一定）。因此，反映在速度上的转折点以及转折点以后的反应速度必然不变。实验数据充分证明了此一事实。

由于反应速度与熔锍中的硫活度成比例（可参看式（26））。因此，通过反应速度的测定可以反映出熔锍 Cu_2S 相结构的变化。除此而外，熔锍 Cu_2S 的活度、比导电度、电极电位以及硫电位等物理化学特性的变化同样可以反映相结构的变化[5,8,9]，将在第二部分进行讨论。结合 Cu_2S 在高温的特性，硫活度的改变，可以预料在接近 1% 的含硫量时，合金熔体进入单相区，硫活度将随含硫量减少而下降，反应速度将再次发生转折点，如图 13 左侧箭头所示。

2.3 结论

（1）熔锍 Cu_2S 与 H_2 反应动力学的研究表明，当 H_2 压力为 1atm 时，动力学方程式及反应阶次为：

1）分层前的单相熔体。其动力学方程式为：

$$v_S\% = \frac{d(S\%)}{d\tau} = k_s(S\% - a)^2$$

反应阶次为硫浓度的二次方，属二阶反应。

2）分层区两液相共存。其动力学方程式为：

$$v_S\% = \frac{d(S\%)}{d\tau} = A(常数)$$

在一定 H_2 流量条件下，A 的值是温度的函数。在一定温度和 H_2 流量条件下，A 为一定值与硫浓度无关，是动力学零阶反应。

（2）本实验和其他研究者对重金属 Cu、Fe、Ni、Co 及 Pb 等硫化物与 H_2 反应动力学的研究均证实，反应阶次与硫浓度及 H_2 压力的关系为：

分层前的单相熔体：
$$v_S\% = k_S(S\% - a)^2 p_{H_2}^{1/2} (本实验)$$
$$v_{H_2S} = k(N_S - a)^2 p_{H_2}^{1/2} (文献[2、3])$$

反应阶次对硫浓度为二次方，对 H_2 压力为 1/2 方次。

分层后二液相共存区：
$$v_S\% = A p_{H_2}^{1/2} (本实验)$$

反应阶次对硫浓度为零阶次，对 H_2 压力为 1/2 方次。

（3）反应速度密切与熔锍 Cu_2S 相图结构相关，由反应速度的转折点可以测得 Cu_2S 在不同温度下分层开始的含硫成分。速度转折点的状态曲线方程式为：

$$\frac{\partial}{\partial(S\%)}\left[\lg\frac{d(S\%)}{d\tau}\right]_T = \beta (常数)$$

$$\frac{\partial}{\partial(S\%)}\left[\lg\frac{d(S\%)}{d\tau}\right]_{T, N_S=a} = 0$$

1150℃时分层开始的含硫成分为 19.81%，1200℃时分层开始的含硫成分为 19.73%，1250℃时分层开始的含硫成分为 19.61%。

（4）反应速度、速率常数、活化能、频率因素、温度系数等与下列因素相关：

1）金属的催化作用和催化效率；

2）硫化物中的硫浓度，大于或小于硫化物（MeS，Me_3S_2，Me_2S）化学计量成分；

3）熔体相结构，在反应中是否有相变发生；

4）H_2 与硫反应时，硫的状态（蒸气硫、液态硫或溶解于熔体中的硫）。

（5）熔锍 Cu_2S、FeS、NiS 及 CoS 等与 H_2 反应的温度系数均很小。在由 1150~1250℃ 相差 100℃的条件下仅为 1.287~1.84。这可能是金属的催化作用掩盖了温度对反应速度的影响，因为催化剂的作用在于加速已经发生反应的体系而不能加速开始反应的速度[14]。在无金属催化的 $S_{2(液)}$-H_2 及 $S_{2(气)}$-H_2 反应体系中，温度升高 10℃反应速率常数增大近 2 倍。

（6）验证了频率因素在复杂反应体系中比简单反应小得多，例如 Cu_2S 含硫小于化学计量成分与大于化学计量成分的反应体系；前者在反应中发生相变并出现分层，后者由于含硫浓度很大（N_S = 0.35~0.338），在一定反应时间内无相变分层发生并为均匀的单相熔体，可参看 Cu-S 系相图，因而前者的频率因素很小，后者的频率因素必然很大，可参看表 2 及文献[14]。

参 考 文 献（略）

熔锍 Cu_2S 与氢反应的物理化学（二）[❶]

刘纯鹏　郭有根　艾荣衡

编　者：本文的动力学部分已刊登在本刊今年的第二、三期；此篇系该文的第二部分，即反应热力学。

反应热力学部分

我们采用反应动力学方法，对熔锍 Cu_2S 的活度及其热力学性质进行了研究，所得结果与国外的气体平衡法[1~13]比较，我们测定的数据更多，结果更为可靠。动力学方法的优点还在于：测定迅速，并在测定的同时可以了解反应动力学；在分析工作方面，通过气体产物的测定，即可知道熔锍成分的变化，由熔锍质量的变化，可校正测定误差，这样就可以减少平衡法中取样分析的麻烦和达到平衡时所需的时间。在熔锍气体平衡中，由于达到平衡的 H_2S/H_2 比值很小（$10^{-2} \sim 10^{-3}$），给分析工作带来一定的困难。根据所用动力学方法，只要其他条件控制适当，所得结果是可靠的。例如，实验的样品重为 14.6282g，经反应后称重损失为 109.7mg，由碘量法连续测得失重为 101.9mg。差重为 7.8mg，占样品重的 0.053%，此误差值可能由分析或其他损失所造成。如按 8 个样点平均分配，则每个实验数据点的误差仅 0.0066%。其他样品经核对后均可达到 0.010%左右的误差。此误差值在以含硫百分数示出时，在图上的误差不过坐标纸上的一个单位小方格，可由第一部分[24]的图 2，图 3 看出。

1　熔锍 Cu_2S 的 a_S，a_{Cu} 及 a_{Cu_2S}

按 Cu_2S 与氢在高温下的反应：

$$Cu_2S+H_2 \Longrightarrow 2Cu+H_2S \tag{1}$$

当氢气的通入由小管送入熔体并具有较大的流量时，产物 H_2S 迅速被排出于反应体系之外，则逆反应可以忽略。因此，按反应（1）及动力学部分[24]式（46），反应速度方程式应为：

$$v_S = \frac{d(S\%)}{d\tau} = k a_S p_{H_2}^{1/2} \tag{2}$$

在实验中 $p_{H_2} = 1\text{atm}$，则

[❶] 本文发表于《有色金属（冶炼部分）》，1977(12)：20，30~36。

$$v_S = \frac{d(S\%)}{d\tau} = ka_S \tag{3}$$

式中 k——反应速率常数；

a_S——硫活度。

当选定 Cu_2S 化学计量含硫成分作标准态时，则硫活度 a_S 等于 1，此时的反应速度为 $v_S^{\ominus}$。因此，由式（3）得：

$$v_S^{\ominus} = k \tag{4}$$

$$a_S = \frac{v_S}{k} = \frac{v_S}{v_S^{\ominus}} \tag{5}$$

在各温度下，$v_S^{\ominus}$ 的值，按动力学部分图 5 或图 11 求得 $v_S^{\ominus}$ 的值如下：

$$v_S^{\ominus}(1150℃) = 3.28 \times 10^{-2} S\% \cdot min^{-1} \tag{6}$$

$$v_S^{\ominus}(1200℃) = 3.74 \times 10^{-2} S\% \cdot min^{-1} \tag{7}$$

$$v_S^{\ominus}(1250℃) = 4.22 \times 10^{-2} S\% \cdot min^{-1} \tag{8}$$

根据 $v_S^{\ominus}$ 的值与实验所测微分速度（动力学部分式（4）~式（10））代入本部分式（5），求得熔锍 Cu_2S 中硫活度的值与含硫成分的关系，如图 1 和图 2 所示。计算数据和比较数据列于附表。

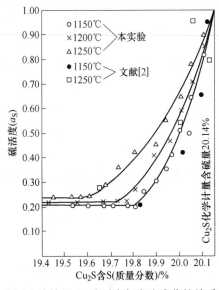 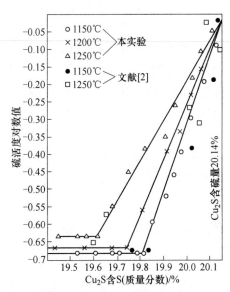

图 1 熔锍 Cu_2S 硫活度与含硫成分的关系　　图 2 熔锍 Cu_2S 的 lga_S 与含硫成分的关系

铜活度 a_{Cu} 计算：按热力学公式：

$$N_S dlga_S + N_{Cu} dlga_{Cu} = 0 \tag{9}$$

积分得：

$$\int_1^{a_{Cu}} dlga_{Cu} = -\frac{N_S}{N_{Cu}} \int_{0.5}^{0.5-X} dlga_{Cu} \tag{10}$$

将已知硫活度（查看图 1、图 2 及附表）的数据代入式（10），用 $1-N_S = N_{Cu}$（mol）代替式中的 N_{Cu}。由此计算求得铜活度与硫成分的关系（见图 3 和图 4，数据列于附表）。

熔硫 Cu_2S 的活度计算：由热力学数据[2]，得计算公式（11）及式（12）：

$$\lg a_{Cu_2S} = \frac{7462.5}{T} - 2.730 + \frac{1}{2}\lg p_{S_2} + 2\lg a_{Cu} \tag{11}$$

$$\lg a_{Cu_2S} = \frac{2630}{T} - 0.059 + \lg \frac{p_{H_2S}}{p_{H_2}} + 2\lg a_{Cu} \tag{12}$$

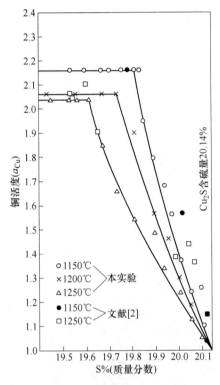

图 3　熔锍 Cu_2S 铜活度与含硫成分的关系　　图 4　熔锍 Cu_2S 的 $\lg a_{Cu_2S}$ 与含硫成分的关系

采用上列任一公式均可求出 a_{Cu_2S}，式中铜活度可由图 3 或图 4 求得；$\lg p_{S_2}$ 可由动力学部分图 12 求得。在式（12）中的 $\lg \frac{p_{H_2S}}{p_{H_2}}$ 可由附表查出。但也可按下列公式求得：

$$\lg \frac{p_{H_2S}}{p_{H_2}} = \frac{4832.5}{T} - 2.671 + \frac{1}{2}\lg p_{S_2} \tag{13}$$

由公式计算出的 a_{Cu_2S} 在 $N_S = 0.334$ mol 到分层区的硫浓度，在 1150~1350℃时，其值均接近于 1，可参看文献 [2，4，23]。

2　实验结果讨论

2.1　反应的限制步骤

通过不同氢流量测得反应速度（见动力学部分图 2 和图 3），由此得到图 4 和图 5，从而求得铜、硫活度，见本部分图 1~图 4。从实验数据可知，实验所用氢流量达 200~

300mL/min，吹入熔体不存在扩散迟缓限制步骤[15,16]。不同氢流量，例如 200mL/min 和 300mL/min，在不同温度条件下，所测活度仅为温度的函数而与氢流量无关（参看附表）。这是由于所用氢流量较大而熔体质量并不大（约 15g），在小管插入熔体吹入氢气的过程中，搅拌较剧烈，反应物及产物易于扩散。加之，在脱硫过程中金属铜的出现，氢与硫的化学反应速度有所降低，这些都是造成化学反应是过程限制步骤的原因。

2.2 脱硫速度、硫活度及铜活度与 Cu-S 系相图结构的关系

根据图 1~图 4 和下列公式：

$$a_S = \frac{v_S}{k} = \frac{v_S}{v_S^\ominus} \tag{14}$$

$$\lg a_{Cu} = -\left(\frac{N_S}{1-N_S}\right) \lg\left[\frac{a_{S(0.5-X)}}{1}\right] \tag{15}$$

$$v_S = \left[\frac{d(S\%)}{d\tau}\right]_{T,\ N_S=a} = v_a(\text{常数}) \tag{16}$$

计算求得 v_S、a_S 及 a_{Cu} 与 Cu-S 系相图结构的关系（图 5）。

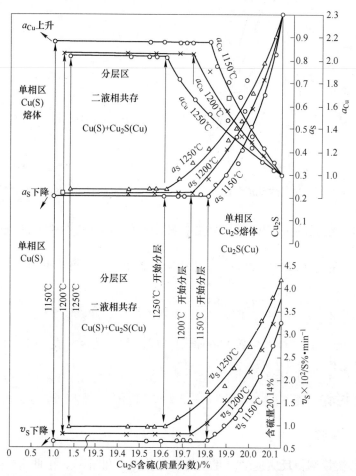

图 5　脱硫速度、硫活度、铜活度与 Cu-S 系相图的关系

从图 5 看出，Cu_2S 熔体在脱硫过程中，随着硫活度降低，v_S 随之减小而 a_{Cu} 上升。用数学式表示如下：

$$\left[\frac{\partial v_S}{\partial(S\%)}\right]_T < 0 \tag{17}$$

$$\left[\frac{\partial a_S}{\partial(S\%)}\right]_T < 0 \tag{18}$$

$$\left[\frac{\partial a_{Cu}}{\partial(S\%)}\right]_T > 0 \tag{19}$$

当达到熔体开始分层以及两液相共存区域时，则 v_S、a_S 及 a_{Cu} 等均为一常数，其斜率 m 的值均等于零，即下列关系式成立：

$$\left[\frac{\partial v_S}{\partial(S\%)}\right]_{T,S\%=a} = K_A \left[\frac{\partial a_S}{\partial(S\%)}\right]_{T,S\%=a} = K_B \left[\frac{\partial a_{Cu}}{\partial(S\%)}\right]_{T,S\%=a} = 0 \tag{20}$$

式中 K_A，K_B——比例常数；

a——分层开始的含硫成分，在一定温度下为一常数。

当熔体脱硫至 1%~1.35% 时，两液相共存区消失，熔体转变为以金属铜为主的含有达饱和硫量的单相合金。此时 v_S、a_S 将又开始随含硫量减少而下降，a_{Cu} 则相应上升。按热力学数据[1]，在低硫成分区，铜中溶解硫达饱和时与温度的关系，可由下式求出：

$$\lg(S\%) = -\frac{212.7}{T} + 0.253 \tag{21}$$

硫的活度系数，可由式（22）求出：

$$\lg\gamma_S = \left(\frac{-975}{T} + 0.5\right)(S\%) \tag{22}$$

由式（21）可知，铜中溶解的硫随温度增大而增高。在一定温度下（小于 1950K），由式（22）可知，硫活度系数随含硫量降低而增大并渐趋近于 1。因此，随着含硫量的降低，铜中硫活度与浓度一致，反应速度也随含 S% 减少而下降。根据图 5 可以预料，当合金熔体在分层之后进入单相熔体时，v_S、a_S 及 a_{Cu} 与 S% 的关系将再次发生转折点，即 v_S、a_{Cu} 及 a_S 与含硫量的关系与式（17）~式（19）的表达式相同，可由图中箭头的表示看出。

2.3 Cu-S 系相图的分层问题

Cu-S 系熔体的物化特性，如脱硫速度、硫活度、铜活度、比导电度以及电极电位等，既相互关联，又互有质的区别。这些不同的物化特性，虽然是在不同的测验方法中反映出来，但是它们运动的形式为 Cu-S 系中铜和硫的特殊矛盾所规定。亦即在均匀的单相 Cu_2S 熔体中，由于缺硫而出现分层的特殊矛盾通过各种运动形式的特性状态曲线反映出来。例如按本实验动力学部分图 5 及本篇图 1~图 5 的状态曲线可概括为下列方程式：

$$\left[\frac{\partial \lg v_S}{\partial(N_S)}\right]_T = K_A \left[\frac{\partial \lg a_S}{\partial(N_S)}\right]_T = K_B \left[\frac{\partial \lg a_{Cu}}{\partial(N_S)}\right]_T = \beta(\text{常数}) \tag{23}$$

$$\left[\frac{\partial \lg v_S}{\partial(N_S)}\right]_{T,N_S=a} = K_A \left[\frac{\partial \lg a_S}{\partial(N_S)}\right]_{T,N_S=a} = K_B \left[\frac{\partial \lg a_{Cu}}{\partial(N_S)}\right]_{T,N_S=a} = 0 \tag{24}$$

若根据文献［2］，用气体平衡法研究 Cu-S 系的热力学性质（图6），则有：

$$\left[\frac{\partial \lg p_{S_2}}{\partial(N_S)}\right]_T = K_a \left[\frac{\partial \lg \frac{H_2S}{H_2}}{\partial(N_S)}\right]_T = K_b \left[\frac{\partial \lg a_S}{\partial(N_S)}\right]_T = \beta'(N_S) \tag{25}$$

$$\left[\frac{\partial \lg p_{S_2}}{\partial(N_S)}\right]_{T, N_S=a} = K_a \left[\frac{\partial \lg \frac{H_2S}{H_2}}{\partial(N_S)}\right]_{T, N_S=a} = K_b \left[\frac{\partial \lg a_S}{\partial(N_S)}\right]_{T, N_S=a} = 0 \tag{26}$$

式中　K_a，K_b——比例常数；

　　　$\beta'(N_S)$——在拐点以前任意一定的 N_S 条件下，斜率为一常数；

　　　a——分层开始的硫浓度，在一定温度下为一定值。

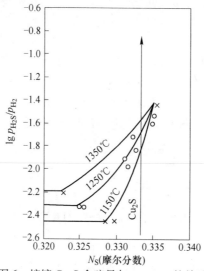

图6　熔锍 Cu_2S 含硫量与 p_{H_2S}/p_{H_2} 的关系

又若根据 Bourgon 等的研究[17]，比导电度与熔锍 Cu_2S 含硫量的状态曲线（图7）则下列关系式：

$$\left[\frac{\partial(C)}{\partial(N_S)}\right]_T = K_c(N_S) \tag{27}$$

$$\left[\frac{\partial(C)}{\partial(N_S)}\right]_{T, N_S=a} = 0 \tag{28}$$

式中　(C)——比导电度，S/cm。

再又，若根据文献［3］，用电位法研究 Cu-S 系（见图8），则下列关系式成立：

$$\left[\frac{\partial\left(\frac{1}{E}\right)}{\partial(N_S)}\right]_T = K_d(N_S) \tag{29}$$

$$\left[\frac{\partial\left(\frac{1}{E}\right)}{\partial(N_S)}\right]_{T, N_S=a} = 0 \tag{30}$$

式中　E——电极电位，mV。

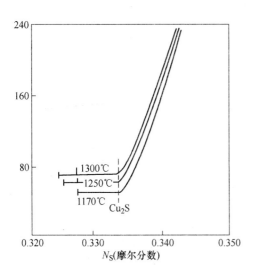
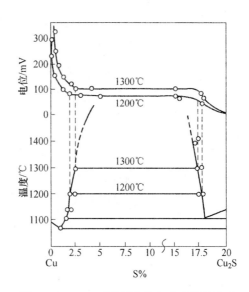

图 7 Cu-S 比导电度与含硫成分的关系 图 8 Cu-Cu$_2$S 系电极电位与含硫量的关系

从上列诸图形及各等式可以看出,脱硫速度、铜、硫活度、硫蒸气压、比导电度以及电极电位等物理化学特性与 Cu$_2$S 含硫成分的状态曲线均有一共通规律,即在一定温度下和某一定含硫组成下均为一常数。换言之,反应速度、铜、硫活度、比导电度以及电极电位等与熔锍 Cu$_2$S 中含硫成分的状态曲线均发生同样的转折点。这些转折点分别在不同的物理化学特性反映出来,是为 Cu$_2$S 熔体因缺硫出现分层的特殊矛盾所规定,因而更确切地证明熔锍 Cu$_2$S 开始分层的相变特征。

根据上列各方程式描述的状态曲线的转折点所具有的共通规律,得到下列微分方程式:

$$\left[\frac{\partial \lg v_S}{\partial(N_S)}\right]_{T,\,N_S=a} = K_a\left[\frac{\partial \lg a_S}{\partial(N_S)}\right]_{T,\,N_S=a} = K_b\left[\frac{\partial \lg a_{Cu}}{\partial(N_S)}\right]_{T,\,N_S=a}$$

$$= K_c\left[\frac{\partial(C)}{\partial(N_S)}\right]_{T,\,N_S=a} = K_d\left[\frac{\partial\left(\frac{1}{E}\right)}{\partial(N_S)}\right]_{T,\,N_S=a} = \beta(N_S)$$

在 ИСИН 的研究中[3],Cu$_2$S 熔体分层开始的含硫量,即电极电位与含硫量的状态曲线转折点,与文献 [14,18] 的相图一致。但根据本实验对 Cu$_2$S 反应速度的测定及文献 [2] 均证明,铜锍开始分层较早,即在 1150℃ 为 19.81% 硫,在 1200℃ 为 19.73% 硫,在 1250℃ 为 19.61% 硫。此数据与文献 [19] 所列各著者研究的相图相吻合。因此,我们认为,在 Cu-S 系相图结构中,由于缺硫开始分层较早的数据应该正确一些。

对 Cu$_2$S 熔体比导电度的测定,文献 [17] 的转折点发生于化学计量组成,可能系由于转折点含硫成分与 Cu$_2$S 化学计量成分相差不大,在电导的测定中显示不明。

附表 熔锍 Cu₂S 与氢反应活度值计算数据比较

实验方法	本实验动力学法							气体平衡法[2]							
实验条件	实验条件: t=1150℃,1200℃,1250℃; H_2 流量=200mL/min,300mL/min							实验条件: t=1150℃,1250℃; 通 H_2 平衡							
实验条件	Cu₂S(S%)	a_S	$\lg a_S$	$\lg a_{Cu}$	a_{Cu}	N_S	N_S/N_{Cu}	Cu₂S(S%)	N_S	N_S/N_{Cu}	$\lg\dfrac{p_{H_2S}}{p_{H_2}}$	a_S	$\lg a_S$	$\lg a_{Cu}$	a_{Cu}
t=1150℃ Q_{H_2}=200mL/min	20.14	1.00	0	0	1.00	0.334	0.500	20.14	0.334	0.500	−1.791	1.00	0	0	1.00
	20.10	0.823	−0.085	0.0420	1.10	0.3328	0.4968	20.11	0.3329	0.4976	−1.816	0.954	−0.02	0.0129	1.04
	20.05	0.648	−0.188	0.0937	1.24	0.3319	0.4956	20.09	0.3327	0.4972	−1.982	0.652	−0.186	0.0944	1.26
	20.00	0.507	−0.295	0.147	1.37	0.3314	0.4944	20.01	0.3316	0.4948	−2.175	0.418	−0.378	0.190	1.57
	19.96	0.408	−0.389	0.192	1.56	0.3309	0.4932	19.82	0.3289	0.4892	−2.458	0.216	−0.666	0.328	2.16
	19.937	0.350	−0.456	0.226	1.68	0.3306	0.4928	19.76	0.3281	0.4876	−2.458	0.216	−0.666	0.328	2.16
	19.887	0.305	−0.516	0.254	1.80	0.3300	0.4916	—	—	—	—	—	—	—	—
	19.845	0.256	−0.592	0.290	1.95	0.3294	0.4912	—	—	—	—	—	—	—	—
	19.805	0.208	−0.682	0.335	2.16	0.3290	0.4890	—	—	—	—	—	—	—	—
	19.77	0.208	—	—	—	0.3284	0.4880	—	—	—	—	—	—	—	—
	19.70	—	—	—	—	0.3270	0.4852	—	—	—	—	—	—	—	—
	19.67	—	—	—	—	0.3269	0.4848	—	—	—	—	—	—	—	—
	19.597	—	—	—	—	0.3257	0.4824	—	—	—	—	—	—	—	—
	19.528	—	—	—	—	0.3253	0.4812	—	—	—	—	—	—	—	—
t=1200℃ Q_{H_2}=300mL/min	20.14	1.00	0	0	1.00	0.334	0.500	—	—	—	—	—	—	—	—
	20.10	0.862	−0.064	0.0328	1.08	0.3328	0.4974	—	—	—	—	—	—	—	—
	20.05	0.713	−0.147	0.0752	1.19	0.3319	0.4956	—	—	—	—	—	—	—	—
	20.00	0.590	−0.229	0.117	1.31	0.3314	0.4944	—	—	—	—	—	—	—	—
	19.950	0.470	−0.328	0.164	1.46	0.3308	0.4932	—	—	—	—	—	—	—	—
	19.885	0.407	−0.390	0.194	1.56	0.330	0.4916	—	—	—	—	—	—	—	—
	19.805	0.282	−0.550	0.273	1.90	0.3290	0.4914	—	—	—	—	—	—	—	—

续附表

实验方法	本实验动力学法							气体平衡法[2]							
实验条件	$t=1150℃,1200℃,1250℃;H_2$流量$=200mL/min,300mL/min$							$t=1150℃,1250℃;$通H_2平衡							
	$Cu_2S(S\%)$	a_S	$\lg a_S$	$\lg a_{Cu}$	a_{Cu}	N_S	N_S/N_{Cu}	$Cu_2S(S\%)$	N_S	N_S/N_{Cu}	$\lg\dfrac{p_{H_2S}}{p_{H_2}}$	a_S	$\lg a_S$	$\lg a_{Cu}$	a_{Cu}
$t=1200℃$ $Q_{H_2}=300mL/min$	19.735	0.220	−0.658	0.314	2.06	0.3279	0.4872								
	19.670	—	—	—	—	0.3267	0.4844								
	19.555	—	—	—	—	0.3254	0.4818								
	19.430	—	—	—	—	0.3242	0.4792								
	19.326	—	—	—	—	0.3242	0.4788								
	19.096	—	—	—	—	—	—								
	20.14	1.00	0	0	1.00	0.334	0.500	20.14	0.334	0.500	—	1.00	0	0	1.00
	20.10	0.902	−0.045	0.0224	1.050	0.3328	0.4968	20.12	0.3331	0.4980	−1.671	0.797	−0.098	0.0507	1.15
	20.05	0.787	−0.104	0.0526	1.130	0.3319	0.4952	20.06	0.3322	0.4960	−1.768	0.956	−0.020	0.0129	1.36
	20.00	0.654	−0.186	0.0923	1.240	0.3314	0.4944	20.04	0.3317	0.4952	−1.695	0.492	−0.310	0.1533	1.44
	19.93	0.552	−0.258	0.1275	1.340	0.3305	0.4926	19.99	0.3313	0.4944	−1.980	0.542	−0.268	0.133	1.375
	19.892	0.450	−0.346	0.172	1.480	0.3300	0.4916	19.65	0.3266	0.4844	−1.937	0.271	−0.568	0.276	1.91
$t=1250℃$ $Q_{H_2}=200mL/min$	19.805	0.417	−0.380	0.186	1.540	0.3288	0.4890	19.60	0.3259	0.4828	−2.236	0.224	−0.650	0.316	2.10
	19.730	0.356	−0.450	0.219	1.660	0.3278	0.4868	19.54	0.3252	0.4814	−2.318	0.230	−0.638	0.309	2.06
	19.67	0.284	−0.546	0.266	1.850	0.3268	0.4848	19.54	0.3252	0.4814	−2.307	0.230	−0.636	0.307	2.05
	19.612	0.236	−0.627	0.309	2.040	0.3262	0.4836	—	—	—	−2.304	—	—	—	—
	19.56	—	—	—	—	0.3264	0.4820	—	—	—	—	—	—	—	—
	19.53	—	—	—	—	0.3250	0.4810	—	—	—	—	—	—	—	—
	19.447	—	—	—	—	0.3244	0.4776	—	—	—	—	—	—	—	—

3　结语

（1）动力学方法测活度，具体应用在熔锍活度的测定还是一个新的开端。本文利用氢与 Cu_2S 反应速度测定硫活度。与气体平衡法比较，我们的方法实验数据多，结果更为可靠。这为熔锍测定活度开创了一个新的途径。

（2）通过反应速度转折点的测定，进一步确定 Cu_2S-Cu 系分层的含硫成分，结合文献［19］所引用的相图和 Schuhmann 等[2]测定硫活度的转折点都证实，熔锍 Cu_2S 分层较早的结论是正确的。

（3）在 Cu-S 系熔体中，因缺硫而出现分层的特殊矛盾，通过各种物理化学特性如反应速度、铜、硫活度、硫蒸气压、比导电度以及电极电位等的状态曲线反映出来。结合本实验和前人工作，可归纳为下列数学方程式：

$$\left[\frac{\partial \lg v_S}{\partial(N_S)}\right]_T = K_A\left[\frac{\partial \lg a_S}{\partial(N_S)}\right]_T = K_B\left[\frac{\partial \lg a_{Cu}}{\partial(N_S)}\right]_T = K_C\left[\frac{\partial(C)}{\partial(N_S)}\right]_T = K_D\left[\frac{\partial\left(\frac{1}{E}\right)}{\partial(N_S)}\right]_T = \beta(N_S)$$

$$\left[\frac{\partial \lg v_S}{\partial(N_S)}\right]_{T, N_S=a} = K_A\left[\frac{\partial \lg a_S}{\partial(N_S)}\right]_{T, N_S=a} = K_B\left[\frac{\partial \lg a_{Cu}}{\partial(N_S)}\right]_{T, N_S=a} = K_C\left[\frac{\partial(C)}{\partial(N_S)}\right]_{T, N_S=a}$$

$$= K_D\left[\frac{\partial\left(\frac{1}{E}\right)}{\partial(N_S)}\right]_{T, N_S=a} = \beta(N_S)$$

上述方程确切反映了熔锍 Cu_2S 因缺硫分层的相变特征。

参考文献（略）

熔锍 Cu_2S 与氢反应的动力学[❶]

刘纯鹏 郭有根 艾荣衡

摘 要：本文研究了在1150℃、1200℃和1250℃下熔锍 Cu_2S 与氢反应的动力学。动力学方程式为：

单相熔体
$$u_S\% = \frac{d(S\%)}{d\tau} = k_S(S\% - a)^2 p_{H_2}^{1/2}$$

分层区
$$u_S\% = \frac{d(S\%)}{d\tau} = A p_{H_2}^{1/2}$$

通过测定反应速度与硫浓度状态曲线的转折点，验证了Cu-S系相图分层的数据，此数据含硫成分为：

温度/℃	1150	1200	1250
S/%	19.805	19.73	19.61

研究了温度对反应速度的影响，测得反应活化能 E 和反应速率常数 k：$E = 11000$ cal/mol-Cu_2S，$k_{1150℃} = 3.27 \times 10^{-2}/(\min \cdot S\% \cdot atm^{1/2})$，$k_{1200℃} = 3.76 \times 10^{-2}/(\min \cdot S\% \cdot atm^{1/2})$，$k_{1155℃} = 4.12 \times 10^{-2}/(\min \cdot S\% \cdot atm^{1/2})$。实验数据表明，反应速度受温度的影响是不大的。

还讨论了Cu-S系相图与反应速度的关系。

1 实验工作

将已知含硫量的纯 Cu_2S 置刚玉坩埚中，在硅碳棒炉中加热。试样质量每次固定为15g左右。试验过程中，为了避免取样测定的麻烦和由此造成的误差，用标准碘液连续测定反应所产生的硫化氢，并由样品失重和抽查分析最后的含硫量来校核反应脱去的硫量。经校核后，样品失重计算得出的硫量与由碘液测定得到的硫量，误差均未超过0.01%（每个测点平均值）。坩埚内的试样，在纯氮保护下熔化。加热至预定温度并保持稳定后，调整坩埚在炉内位置，由小管吹入氢气。反应产物 H_2S 随流入的氢气被吸收于已知浓度的标准碘液中，由反应时间和消耗的碘液，即可测出脱硫速度。每隔1~5min测一数据，每一样品连续测定7~9个数据。实验的重现性较好。

试样采用优质电解铜（含Cu99.98%以上）与光谱纯硫混合，在纯氮保护下熔化制取 Cu_2S。其组成（%）为：Cu79.982，S20.00，其他0.018；计算的主要物相组成（%）为：Cu_2S99.30，Cu0.682，杂质总量0.018。

实验结果经过整理，以反应脱硫的质量分数对时间作图，如图1所示，又进一步换算

[❶] 本文发表于《金属学报》，1978，14(4)：373~381。

成熔锍 Cu_2S 与氢反应的微分速度和时间的关系,可以绘成图2,并求得下列的方程式:

温度/℃	氢流速/mL·min^{-1}	直线方程式	曲线方程式	
1150	200	$S\% = 0.682 \times 10^{-2}\tau + 0.060$	$\lg\dfrac{\Delta(S\%)}{\Delta\tau} + 3 = 1.180 - 1.746 \times 10^{-2}\tau$	(1)
1200	300	$S\% = 1.17 \times 10^{-2}\tau + 0.093$	$\lg\dfrac{\Delta(S\%)}{\Delta\tau} = 1.442 - 2.45 \times 10^{-2}\tau$	(2)
1250	200	$S\% = 0.97 \times 10^{-2}\tau + 0.1445$	$\lg\dfrac{\Delta(S\%)}{\Delta\tau} = 1.40 - 1.65 \times 10^{-2}\tau$	(3)

将上列方程式对应温度的三对方程式进行联解,得直线和曲线共切点坐标见表1。

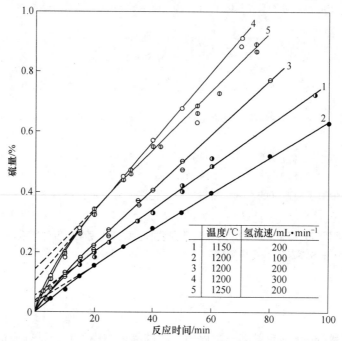

图1 不同条件下熔锍 Cu_2S 与氢反应脱硫和时间的关系

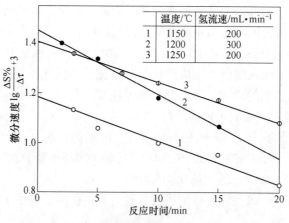

图2 Cu_2S 与氢反应的微分速度与时间的关系

表 1 共切点坐标

温度/℃	直线斜率 $\dfrac{d(S\%)}{d\tau}$	共切点斜率 $\dfrac{d(S\%)}{d\tau} \approx \dfrac{\Delta(S\%)}{\Delta\tau}$	共切点坐标 S/%	共切点坐标 τ/min
1150	0.682×10^{-2}	0.682×10^{-2}	0.1964	20
1200	1.17×10^{-2}	1.18×10^{-2}	0.272	15.30
1250	0.97×10^{-2}	0.97×10^{-2}	0.389	25

因此,共切点的数学条件成立,直线与曲线的转折点坐标位置确定。

2 讨论

2.1 动力学方程和反应阶次

将实验结果换算成 $\left(\lg\dfrac{\Delta(S\%)}{\Delta\tau}+3\right)$ 与含硫量作图,得到反应速度与含硫量的状态曲线(图3)。按图3曲线,得到下列微分方程式:

$$\dfrac{\partial}{\partial(S\%)}\left[\lg\dfrac{d(S\%)}{d\tau}\right]_T = \beta(\text{常数}) \tag{4}$$

$$\dfrac{\partial}{\partial(S\%)}\left[\lg\dfrac{d(S\%)}{d\tau}\right]_{T,N_S=a} = 0 \tag{5}$$

式(4)表明,反应的微分速度对数值与含硫量的改变,在一定温度 T 下为一常数。式(5)表明,在一定温度和某一定的含硫浓度 N_S 下反应微分速度与硫浓度 S% 无关。此两个微分方程式说明,反应速度在某一定含硫量下发生显著的转折点。按图3数据积分式(4),求得各温度下 $\lg\dfrac{\Delta(S\%)}{\Delta\tau}+3$ 对 S% 的方程式:

温度/℃	氢流速 /mL·min^{-1}	方程式	转折前硫浓度	
1150	200	$\lg u_{S\%} = 2.04(S\%-19.805)+0.831$	S% = 19.805% ~ 20.14%	(6)
1200	300	$\lg u_{S\%} = 1.615(S\%-19.73)+0.913$	S% = 19.73% ~ 20.14%	(7)
1250	200	$\lg u_{S\%} = 1.180(S\%-19.61)+0.990$	S% = 19.61% ~ 20.14%	(8)

从式(6)~式(8)可知,熔锍与氢反应的脱硫速度 $u_{S\%}$ 与硫浓度(转折点前)有指数函数关系,即

$$u_{S\%} = u_a \times e^{\beta(S\%-a)} \tag{9}$$

其中

$$u_{S\%} = \dfrac{\Delta S\%}{\Delta\tau} \times 10^3$$

式中 u_a ——转折点处的速度常数;

β——方程的斜率;

a——转为转折点处硫浓度,%。

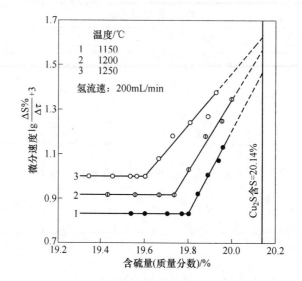

图 3 反应速度与 Cu₂S 含硫量的关系

$$\begin{cases} u_{a(1150℃)} = 0.682 \times 10^{-2}(S\%/min) \\ u_{a(1200℃)} = 0.82 \times 10^{-2}(S\%/min) \\ u_{a(1250℃)} = 0.98 \times 10^{-2}(S\%/min) \end{cases} \quad (10)$$

$$\begin{cases} a_{1150℃} = 19.805(S\%) \\ a_{1200℃} = 19.73(S\%) \\ a_{1250℃} = 19.61(S\%) \end{cases} \quad (11)$$

将 $(S\%-a)^2$ 对 $u_{S\%}$ 作图，在各温度下，获得一束直线关系（图 4）。

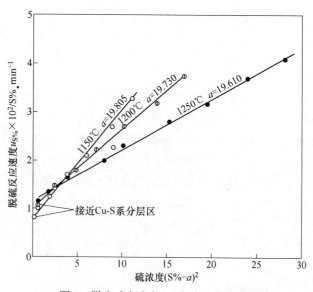

图 4 脱硫反应速度 $u_{S\%}$ 与硫浓度的关系

由图 4 可得：

$$u_{S\%} = \frac{d(S\%)}{d} = k_S(S\% - a)^2 \tag{12}$$

这是熔锍 Cu_2S 与氢反应（在 $p_{H_2} = 1atm$）的动力学方程式，反应速度与硫浓度的二次方成直线关系，为动力学上的二阶反应，k_S 为直线斜率，由 k_S 值可计算求得反应速度常数。

转折点以后的动力学方程式和反应阶次可按式（5）：

$$\int \frac{\partial}{\partial(S\%)} \left[\lg \frac{d(S\%)}{d\tau} \right]_{T, N_S = a} = A(常数) \tag{13}$$

$$\lg \left[\frac{d(S\%)}{d\tau} \right]_{T, N_S = a} = A(常数) \tag{14}$$

两液相共存时，在一定温度条件下金属铜中饱和以硫，Cu_2S 相中饱和以铜。它们分别含有一定量的硫浓度。因此，按图 3 水平线，反应阶次 n 值等于：

$$n = \frac{\lg u_{S(1)} - \lg u_{S(2)}}{\lg N'_{S(1)} - \lg N'_{S(2)}} = \frac{\lg A - \lg A}{\lg N'_{S(1)} - \lg N'_{S(2)}} = 0 \tag{15}$$

因此，在转折点以后，由于 A 为常数，脱硫速度与 Cu_2S 中的硫浓度无关，反应阶次 n 值只能为零，是动力学上的零阶反应。

2.2 反应机理

氢在铜中的溶解度是很小的，在 1200℃ 不过 $6.5×10^{-4}\% \sim 7.5×10^{-4}\%$[1]。氢在铜中的溶解速率常数随铜中含硫量增大而减小，但当硫量增大达一定值后，速率常数不再减小[2]。因此，氢在 Cu_2S（或 $Cu+Cu_2S$）中的溶解可视为极稀溶液，服从于亨利定律。

熔锍 Cu_2S 与氢反应的机理[3,4]，首先是氢吸附于熔锍的表面上，由于铜的催化作用，致使吸附的氢分子随即易于解析为氢原子而溶于锍中；在锍中的硫原子也因铜的催化作用易于向生成分子硫（S_2）的方向进行。溶解的氢原子与熔锍中的 S_2 首先生成 HS 和 S，最后 HS 与 H 再反应生成 H_2S。

由于 HS 的生成反应最慢，因此，整个过程的限制步骤为氢原子 H 与硫分子 S_2 的反应。反应机理如下：

$$\tfrac{1}{2}H_{2(气)} + \square \rightleftharpoons \tfrac{1}{2}H_{2(吸附)} \tag{16}$$

$$\tfrac{1}{2}H_{2(吸附)} \rightleftharpoons H_{(锍)} \tag{17}$$

$$2S_{(锍)} \rightleftharpoons S_{2(锍)} \tag{18}$$

$$H_{(锍)} + S_{2(锍)} \overset{慢}{\rightleftharpoons} S_{(锍)} + HS_{(锍)} \tag{19}$$

$$HS_{(锍)} + H_{(锍)} \overset{快}{\rightleftharpoons} H_2S_{(锍)} \tag{20}$$

由于反应（19）为过程的限制步骤，因此，实测的脱硫速度 $u_{测}$ 应为：

$$u_{测} = Au_{S\%} = u_{HS} = k_1 a_{S_2} p_{H_2}^{1/2} - k' a_S [HS] \tag{21}$$

反应（20）生成的速度较快，[HS] 浓度极低，故式（19）中的逆反应可以忽略。反应（20）生成的 H_2S 不断为 H_2 稀释，并带出反应体系之外，故

$$u_{HS} = Au_{S\%} = Bu_{S\%} = k_1 a_{S_2} p_{H_2}^{1/2} \tag{22}$$

或

$$u_{S\%} = \frac{d(S\%)}{d\tau} = k a_S p_{H_2}^{1/2} \tag{23}$$

式（23）表明，脱硫速度 $u_{S\%}$ 与熔锍活度 a_S（或 a_{S_2}）和氢气压力（$p_{H_2}^{1/2}$）的乘积成比例。

因此，按式（12），当氢气压不是 1atm 时，动力学方程式应为：

$$u_{S\%} = k_S (S\% - a)^2 p_{H_2}^{1/2} \tag{24}$$

按文献［1，3］对 Cu_2S、Ni_3S_2、FeS 和 CoS 等熔锍与氢反应动力学的研究，动力学方程为：

$$\gamma_{H_2S} = k(N_S - a)^2 p_{H_2}^{1/2} \tag{25}$$

其中

$$\gamma_{H_2S} = \frac{22400}{V}\gamma_S$$

式中 V——熔锍体积，cm^3；

γ_S——反应的硫量；

N_S——硫摩尔分数，对于 Cu_2S 而言，实验的 $N_S = 0.35 \sim 0.338$；

a——一定硫浓度，其值为 0.330。

动力学方程式（25）与我们实验得到的结论是一致的。即 Cu_2S 与 H_2 反应的脱硫速度与硫浓度的二次方、氢压的 1/2 次方的乘积成比例，对硫浓度而言是二阶反应，对氢压则为 1/2 阶次反应。

再按文献［3］反应速率常数与 $p_{H_2}^{1/2}$ 的关系，只有当 $p_{H_2}^{1/2} > 0.85$atm 时，才成直线关系，但斜率很小。这表明 $p_{H_2}^{1/2} > 0.72$atm 时，反应速度主要受熔锍中硫浓度的影响。这可由图 4 各直线斜率具有较大值看出。

2.3 反应速率常数及活化能

由式（23），当 $p_{H_2} = 1$atm 时，则：

$$\lg k = \lg\left[\frac{d(S\%)}{d\tau}\right] - \lg a_S \tag{26}$$

当选定 Cu_2S 化学计量成分作标准态时，$a_S = 1$

$$\lg k = \left[\frac{d(S\%)}{d\tau}\right]_{a_S = 1} \tag{27}$$

按图 3 和式（6）~式（8）求得各温度下 $\lg k$ 值为：

$$\begin{cases} \lg k_{1150℃} = -1.485 \\ \lg k_{1200℃} = -1.425 \\ \lg k_{1250℃} = -1.385 \end{cases} \tag{28}$$

按下式

$$\lg\frac{k_1}{k_2} = \frac{E}{4.575} \times \frac{T_2 - T_1}{T_1 T_2} \tag{29}$$

计算求得活化能 $E=11000\mathrm{cal/mol\ Cu_2S}$。

将实验数据和按以上算式计算 1300℃ 的速率常数一并对温度的倒数作图，可得图 5。

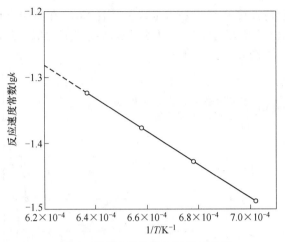

图 5 反应速度常数与温度的关系

由图 5 看出，$\mathrm{d}\lg k$ 与 $\dfrac{1}{T}$ 成直线关系，其斜率：

$$\frac{\mathrm{d}\lg k}{\mathrm{d}\left(\dfrac{1}{T}\right)}=\frac{E\times10^{-4}}{4.575}=-m \tag{30}$$

由此可以求得：

$$k=1.63\mathrm{e}^{-\frac{11000}{RT}} \tag{31}$$

文献 [3] 中所测熔锍 $\mathrm{Cu_2S}$ 含硫为 $0.35\sim0.338\mathrm{mol}$，其速率常数方程式为：

$$k=4.02\times10^7\times\mathrm{e}^{-\frac{26500}{RT}} \tag{32}$$

$$E=26500\mathrm{cal/mol\ Cu_2S}$$

此活化能数据比我们的实验结果略大，其原因可能是他们的实验所测 $\mathrm{Cu_2S}$ 的含硫量超过化学计量很多，硫蒸气压较大。例如在温度 1250℃ 下，$N_\mathrm{S}=0.338\sim0.350$ 时，硫蒸气压 $p_{\mathrm{S}_2}=2\times10^{-3}\sim1\times10^{-1}\mathrm{atm}$；$N_\mathrm{S}$ 为 0.334 至小于 0.334 时，p_{S_2} 为 $4\times10^{-6}\mathrm{atm}$ 至小于 $4\times10^{-6}\mathrm{atm}$。前者在反应中，可能有部分硫蒸气直接与氢进行反应，因而所需活化较大[4]，我们的实验所用样品，含硫小于化学计量成分，硫活度比较小。除硫活度低以外，金属铜相存在，有碍于熔锍与氢的反应。

2.4 反应速度与相结构

按图 3 和式（4）、式（5），并结合 Cu-S 系相图，可知反应速度的转折点正是熔锍 $\mathrm{Cu_2S}$ 缺硫开始分层的相变特征，这可由图 6 看出。

由图 6 可知，在 1150℃、1200℃ 和 1250℃ 分层开始的含硫量分别为 19.805%，19.73% 和 19.61%。当分层开始后，$\mathrm{Cu_2S}$ 饱和以金属铜，铜中饱和以硫，此两液相共存时，硫活度和 $\mathrm{Cu_2S}$ 活度均为一常数[5,6]。因此，反映在速度上的转折点以及转折以后（在分层区）的反应速度将与含硫量无关。Cu-Cu₂S 两液相硫活度与温度的关系由下式看出[5,6]。

$$\lg p_{S_2} = -\frac{15505}{T} + 4.56$$

实验数据充分证明,反应速度必然为一水平线。结合 Cu₂S 在高温下的特性,硫活度的改变(共分层以后的 Cu(S) 单相熔体)可以预料硫活度将随含硫量的减少而下降,反应速度将再次发生转折点,如图 6 上箭头所示。

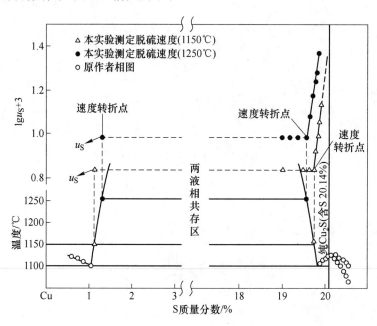

图 6 熔锍 Cu₂S 与 H₂ 反应速度转折点和相结构的关系

3 结语

熔锍 Cu₂S 与 H₂ 反应动力学的研究表明,动力学方程式和反应阶次为:

分层前的单相熔体:

$$u_S\% = \frac{d(S\%)}{d\tau} = k_S(S\% - a)^2 p_{H_2}^{1/2}$$

反应阶次为硫浓度的二次方,属二阶反应;氢压的 1/2 次方,属 1/2 阶反应。

分层区二液相共存:

$$u_S\% = \frac{d(S\%)}{d\tau} = u_a p_{H_2}^{1/2}$$

式中 u_a——速度常数,是温度和氢流量的函数,在一定温度和氢气压力下,u_a 为一定值,与硫浓度无关。对硫浓度而言为零阶反应。

反应速度密切与熔锍 Cu₂S 相图结构相关。由反应速度的转折点可以测得 Cu₂S 在不同温度下分层开始的含硫成分。速度转折点的方程式为:

$$\frac{\partial}{\partial(S\%)}\left[\lg \frac{d(S\%)}{d\tau}\right]_T = \beta(\text{常数})$$

$$\frac{\partial}{\partial(S\%)}\left[\lg\frac{d(S\%)}{d\tau}\right]_{T,\,N_S=a}=0$$

由方程式求得各温度条件下分层开始的含硫量：

温度/℃	1150	1200	1250
S/%	19.805	19.73	19.61

实验数据表明，熔锍 Cu_2S 与 H_2 反应的速度主要取决于硫浓度的影响。反应速率常数受温度影响很小，活化能 E 仅 $11000cal/molCu_2S$。

参 考 文 献（略）

熔锍的比电导及其与温度的关系[1]

刘纯鹏　张铭石　何蔼萍

摘　要：对 Cu_2S、Ni-S 系熔体的比电导与温度的关系进行了研究。试验表明，温度对后者的导电度影响很小；测定了工厂的冰铜、工厂高冰镍与工厂低冰镍的比电导与温度有关系，结果指出，工厂冰铜的温度系数为正值，高冰镍的温度系数为零，工厂低冰镍的温度系数为负值。

在火法提取铜、镍的多种冶金工艺中，造锍熔炼总是必经的冶金过程，因而开展对熔锍性质的研究是十分必要的。

根据国家下达的科研任务，我们对 Cu_2S、Ni-S 系熔体及工厂熔锍的比电导与温度关系进行了测定。

1　试验装置

试验装置如图 1 所示。由于熔锍的比电阻很小，试验是采用两对电极作比较测定，以消除线路接头等的影响。电极为光谱纯石墨条，并用石英套管加以保护。两对电极置于熔锍的坩埚内，一对电极作为电流荷载引线，另一对电极作为探测零点并检试电导电池的电位降。为了检查电极插入熔锍接触是否正常，在测定前观察示波器屏幕上是否出现完整的正弦波，如有正常的正弦波试验测定即按规定的操作进行。当电流通过无感应的标准电阻箱和被测熔锍时示波器荧光屏上出现垂直扫描线，即为标准电阻箱和熔锍的电位降（任意单位）。由此即可计算求得所测熔锍的电阻：

$$R_{锍} = R_{标} \times E_{锍} / E_{标}$$

式中　$R_{锍}$，$E_{锍}$——熔锍的电阻及所测电位降；

$R_{标}$，$E_{标}$——标准电阻箱的电阻及所测电位降。

$R_{标}$ 为已知，$E_{标}$ 及 $E_{锍}$ 为示波器显示数，故 $R_{锍}$ 可计算求得。

2　试验结果

2.1　Cu_2S 的比电导

测得的 Cu_2S（近似于 Cu_2S 组成）的比电导与温度的关系如图 2 所示。由图可见，Cu_2S 的比电导随温度升高而增大，温度系数为 dC/dT 为正值。线 1 为本试验所得数据，其他为不同研究者的数据整理结果。

---

[1] 本文发表于《有色金属》，1980，32（1）：76~81。

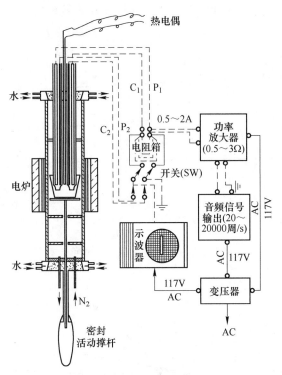

图 1　熔锍比电导测定装置

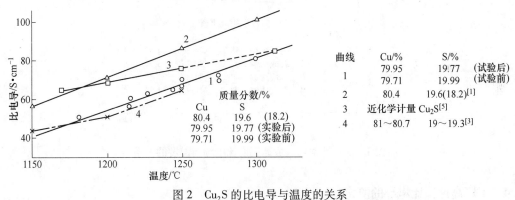

图 2　Cu_2S 的比电导与温度的关系

2.2　Ni-S 系比电导

图 3 示出了 Ni-S 系比电导与温度的关系。从图中看出，镍锍的比电导与温度的关系具有较小的负值温度系数。线 4 为 ЕСИН 等的试验数据[4]，与本试验（线 3）的数据相一致，二者具有相接近的成分。

2.3　工厂冰铜比电导的测定

图 4 为云南冶炼厂冰铜比电导的试验数据（曲线 1）。线 2 为 Pound 等所测合成冰铜的数据[1,2]，线 3 和线 4 为 ЕСИН 等所测合成冰铜的数据[4]。从图中看出，工厂冰铜比电导

的温度系数（dC/dT）最大（曲线 2 次之，曲线 3 和 4 最小），这可能与工厂冰铜含有其他杂质有关。

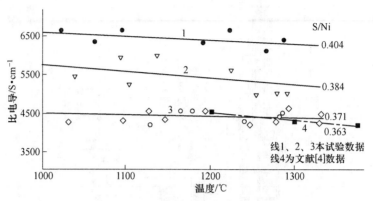

图 3　Ni-S 系的比电导与温度的关系

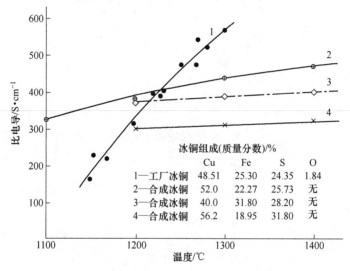

图 4　工厂冰铜与合成冰铜的比电导与温度的关系

2.4　工厂高冰镍比电导的测定

图 5 为会理高冰镍的比电导与温度的关系（线 3）。线 1、线 2、线 4 为文献 [4] 所测合成高冰镍的比电导。从图中看出，工厂高冰镍与合成的无铁高镍，它们的比电导受温度的影响极小，基本上与温度无关，特别是含 Ni 在 50% 以上（Ni_3S_2 摩尔分数 ≥ 88%）。本试验所测高冰镍是符合纯高冰镍的规律的。

2.5　会理低冰镍的比电导

图 6 所示为低冰镍的比电导与温度的关系。由图可见，低冰镍的比电导随温度升高而降低，与纯 Ni_3S_2、FeS 具有相似的情况[4]；不过温度系数负值更大一些，这显然与其组成分有关。

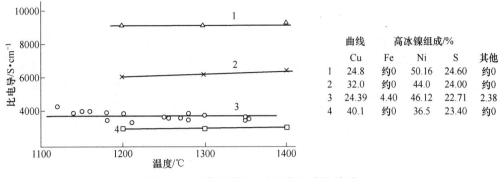

图 5　工厂高冰镍的比电导与温度的关系

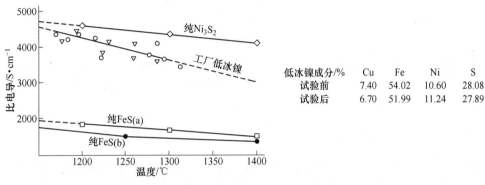

图 6　工厂低冰镍的比电导与温度的关系

3　试验结果讨论

固体硫化物在常温下具有半导体导电的性质。熔锍在高温下具有 Cu^+、S^-、Fe^{2+}、Ni^{2+} 等离子，由于热运动的结果，它们仅具有较弱的共价键的松弛联系，这可能就是硫化物熔体具有半导体性质的原因[1]。按半导体电子导电的理论，熔锍（Cu_2S、FeS、Ni_3S_2）导电的类型可分为：缺硫——电子导电，即 n 型半导体；缺铜——空穴导电，即 p 型半导体；化学计量成分组成的，如 Cu_2S 为固有的 p 型半导体。

文献［1］研究了 Cu_2S-$CuCl$ 体系在 1200℃ 的导电性质，进一步证实了 Cu_2S 熔体的电子导电行为；电子导电的机理可由能量关系的电价带、电子输授带和电子接受带予以说明，见图 7。

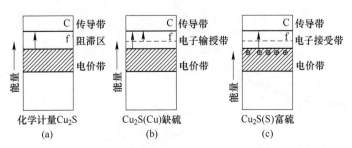

图 7　Cu_2S 熔体电子导电能阶示意[1]

3.1 Cu-S 系

根据我们的试验和他人的资料，所测 Cu_2S 的导电性按化学成分看，均属于缺硫的电子——空穴导电（图7(b)）。试验表明，比电导随温度升高而增大。缺硫量和比电导的关系是没有规律的（图2）。但当含硫量超过化学计量时，则比电导随硫浓度增加而显著增大[3]。这可由图4看出，比电导随硫浓度的增加而增大的原因按图7(c)应该是由于空穴浓度增大的结果。在缺硫的 Cu_2S 结构中，由于出现分层，a_{Cu} 及 a_S 为一常数，故其导电数保持不变[5]。

3.2 Ni-S 系

从图3看出，Ni-S 系导电的特点是导电度比 Cu-S 系和 Fe-S 系大，为 $4.2×10^3 \sim 6.6×10^3$ S/cm 温度系数为负值。试验数据表明，Ni-Si 系比电导与 Ni-S 系的组成含硫量有关，即与组成中 S/Ni 比值有关。以 Ni_3S_2 结构作标准，其 S/Ni 比值为 0.363；随着比值的增大，过量硫增多，造成空穴浓度增大结果比电导随 S/Ni 比值的增大而增大，在 Есин 等人的试验数据中，Ni_3S_2 组成的 S/Ni 比值为 0.363（图中直线4），与本试验所测 Ni-S 系组成中 S/Ni 比值为 0.371 的数据相一致（直线3）。

3.3 工厂冰铜（Cu-Fe 锍）

图4中曲线1为工厂比电导与温度的关系。从图中看出，工厂冰铜比电导的温度系数较大，这可能与工厂冰铜含有其他杂质有关，但尚需做进一步的考查。

3.4 工厂高冰镍（Cu-Ni-Fe 锍）

从图5可看出，随着高冰镍组成的变化，其比电导不仅相差很大，且温度系数（dC/dT）具有正值、零值和微负值（直线3）。这反映出在高温熔体中镍、铜、铁的硫化物仍然在很大程度上保持了它们各自的固有的温度系数特性，并具有近似的加和原则。关于这一问题可由图8证实。从图8看出，在 Cu-Ni-S 系熔体中，随着 Ni_3S_2 摩尔浓度的增加，

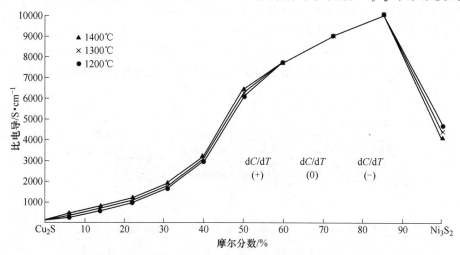

图8 Cu_2S-Ni_3S_2 系比电导与组成的关系

温度系数开始是正值（含 Ni_3S_2 60%以下）；逐渐转变为零值（Ni_3S_2 = 60%开始）；到 85.2%的 Ni_3S_2，温度系数均为零值。过此以后逐渐转变为负值，达纯 Ni_3S_2 时恢复固有特性。结合工厂高冰镍含 Ni_3S_2 50%左右，含 Cu_2S 36%，含 FeS15.8%（未记冰镍中其他少量成分），由于 Ni_3S_2 及 FeS 的温度系数均为负值，只有 Cu_2S 的温度系数为正值（参看图2），在加和原则下，工厂高冰镍的温度系数应显示零值或微负值。试验数据与这一推断相符合。

从图8还看出，比电导在数量方面并不服从于简单的加和原则；在 1200~1400℃ Cu_2S 的比电导波动在 91~112S/cm，Ni_3S_2 的比电导波动在 4550~4000S/cm 左右。显然，当 Ni_3S_2 大于45%到小于100% Ni_3S_2 时，比导电度显著增大，达到 10^4，并不服从于加和原则。这需要从组成和导电机理上做进一步研究。

3.5 工厂低冰镍（Cu-Fe-Ni 锍）

图6直线2为工厂低冰镍比电导与温度的关系。直线1为纯 Ni_3S_2，直线3和4为不同著者所测纯 FeS 比电导的数据。从图中看出工厂低冰镍显示了比 Ni_3S_2 和 FeS 均大的负值温度系数，但比电导数量介于两者之间而接近于纯 Ni_3S_2 的比电导。如以 Ni_3S_2、FeS、Cu_2S 做计算，低冰镍缺硫较多，必然有 Cu-Ni(Fe) 合金相出现；即使以 Ni_3S_2 状态计，也仅有6.1%（摩尔分数），其中 FeS 浓度是很大的。按加和原则低冰镍比电导应接近于 FeS。但实验结果并不完全服从于加和原则。是否应缺硫较多，显示了较大的电子-空穴导电；或由于合金（Cu-Ni）相的存在，增加了金属的导电；亦或由于杂质的影响。这些问题都有待于从熔锍组成和导电机理方面做进一步考察。

4 结语

（1）通过纯硫化物（Ni_3S_2、Cu_2S）、工厂冰铜以及高、低冰镍电导的测定，肯定了铜、铁、镍硫化物的电子-空穴导电性，这对电炉造锍熔炼和高温熔锍电导性提供了可靠数据并未探讨熔锍结构打下一定的基础。

（2）Cu-S 系及 Ni-S 系如以 Cu_2S 和 Ni_3S_2 化学计量成分作标准，比电导对过量硫十分敏感，显著的随过量硫增多而增大。

（3）高冰镍和低冰镍的比电导温度系数，按组成的 Ni_3S_2 含量具有由正值→零值→负值的规律，近似于加和原则。但比电导的数量是不符合纯硫化物的加和原则，还需要从熔锍结构和电导性方面做进一步的考查。

（4）工厂冰铜在比导电度数量级方面与合成冰铜（Cu-Fe 锍）是相一致的，波动在 $1.5×10^2$~$5.7×10^2$ S/cm，但温度系数则工厂冰铜特别大，它们的温度系数均为正值。

（5）本试验所测熔锍比电导度数据与国外所测数据列于附表以供比较和参考。

附表 熔锍比电导度数据

锍类别	温度/℃	主要成分（质量分数）/%				比导电度 /S·cm^{-1}	温度系数 /S·cm^{-1}·℃$^{-1}$	参考文献
		Cu	Fe	Ni	S			
Cu_2S	1150~1313	79.95	—	—	19.77	0.4~0.85×10^2	0.26	本试验
Cu_2S	1150~1300	80.40	—	—	19.6(18.2)	0.54~1.0×10^2	0.306	[1]

续附表

锍类别	温度/℃	主要成分（质量分数）/%				比导电度 /S·cm^{-1}	温度系数 /S·cm^{-1}·℃$^{-1}$	参考文献
		Cu	Fe	Ni	S			
Cu_2S	1170~1250	缺硫 Cu_2S				0.64~0.75×10^2	0.138	[5]
Cu_2S	1150~1250	81~80.7	—	—	19~19.3	0.44~0.64×10^2	—	[3]
Ni-S 系	900~1300	—	—	71.17~71.64	27.51~26.60	4.5~4.35×10^3	-1.20	[4]
Ni-S 系	1200~1380	—	—	73.30	26.70	4.13~4.5×10^3	负值	本试验
工厂 Cu-Fe 锍	1150~1300	48.51	25.30	—	24.35	1.5~5.7×10^2	正值	本试验
合成 Cu-Fe 锍	1100~1400	52.0	22.27	—	25.73	3.2~4.5×10^2	正值	[4]
合成 Cu-Fe 锍	1200~1500	40.0	31.80	—	28.20	3.5~4.0×10^2	较小的正值	[4]
合成 Cu-Fe 锍	1200~1500	56.2	19.95	—	31.80	3.0~3.5×10^2	较小的正值	[4]
工厂高冰镍	1100~1350	24.39	4.4	46.12	22.71	3.8~3.7×10^3	约 0	本试验
合成高冰镍	1200~1500	40.1	约 0	36.5	23.41	3.03~3.17×10^3	约 0	[4]
合成高冰镍	1200~1500	24.8	约 0	50.16	24.60	9.1×10^3	0	[4]
工厂低冰镍	1100~1300	7.4~6.7	54.02~51.99	10.6~11.24	28.08~27.87	4.6~3.8×10^3	负值	本试验
纯 Ni_3S_2	1200~1500	—	—	73.3	26.7	4.55~3.87×10^3	负值	[4]
纯 FeS	1200~1500	—	63.60	—	36.3	1.89~1.44×10^3	负值	[4]
纯 FeS	1150~1400	—	63.30	—	36.7(31.7)	1.58~1.55×10^3	负值	[2]

参 考 文 献

[1] Ling Yang, Pound G M, Derge G. Trans, AIME, 1956, 227 (5).
[2] Pound G M, Derge G. Osuch G. Trans, AIME, 1955, 203.
[3] Dancy E A, Derge G. Trans, AIME, 1963, 227 (5).
[4] Ловровинсий N E, Ёсин О А. НЗВ. Ву3. Ц. М., 1970 (2).
[5] Bouegon M, Derge G, Pound G M. Trans, AIME, 1957, 209.

熔锍 Cu_2S 吹炼动力学[①]

刘纯鹏　冯干明　严传义　张红娣

摘　要：本文研究了富氧吹炼、温度及空气流量等因素对熔体 Cu_2S 氧化脱硫速度的影响。

试验结果表明，在 $Cu-Cu_2S$ 体系中，反应速度为一常数，即在体系分层区，脱硫量与吹风时间成直线关系。直线斜率即反应速度随氧浓度、温度和空气流量的增高而增大。白冰铜（Cu_2S）在吹炼过程中的反应级数，在分层区：当 $p_{O_2}<0.60atm$ 时，与氧分压为一阶反应，与硫浓度为零阶反应，$p_{O_2}>0.60atm$ 时，与 p_{O_2} 及硫浓度均为动力学上的零阶反应。在分层后的低硫单相区，用空气吹炼，与硫浓度及 p_{O_2} 均为一阶反应。

试验还验证了：温度在 1200℃ 时，用空气吹炼，脱硫速度由分层区转入低硫单相区时，有显著的转折点，与此转折点相应的含硫量约 1.2%，和由热力学计算所得 1.28% 的含硫量相差不大。转折点以后的脱硫速度的降低，与含硫浓度的减少成直线关系，与硫活度的降低成比例。

根据转折点前后的动力学方程式，讨论了铜转炉吹炼第二周期终点的控制问题。

由于吹风量大，$Cu-Cu_2S$ 系分层区吹炼过程的限制步骤为氧分子在界面上的吸附作用，其动力学方程式与 Langmuir 等温吸附相似。

1　试验方法及结果

1.1　方法

试验装置与文献［1］的基本相同。称取一定量的纯 Cu_2S（每次固定为 15g 重）置于刚玉坩埚内，坩埚放在刚玉管中加热并备有热电偶及吹风小管。小管吹风时，经过密封装置插入熔体。吹炼产生的 SO_2 气体连续用标准碘液进行测定，由吹风时间及 SO_2 所消耗的碘液即可得到吹炼的脱硫速度。每个试样连续吹风至产生金属铜或保留少量硫为止。终点的控制由连续测得的脱硫量确定。所测脱硫量与样品失重的误差，占样品含硫量的 0.067% 左右。

试验具有较好的重现性。

1.2　结果

1.2.1　氧浓度的影响

在 1200℃ 的温度下，用 8.5%～100% 氧含量的气体吹炼熔硫。在不同氧量条件下，脱硫量与时间的关系如图 1 所示。

[①] 本文发表于《有色金属》，1980，32（4）：58～65。

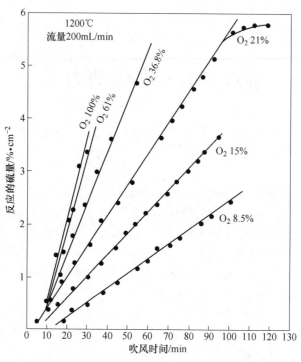

图 1　氧浓度对 Cu_2S 氧化速度的影响

1.2.2　温度的影响

在空气流量一定的情况下，不同温度对脱硫速度的影响如图 2 所示。

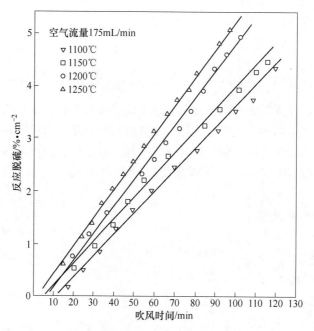

图 2　温度对 Cu_2S 脱硫速度的影响

1.2.3 吹风量的影响

温度为1200℃时,吹炼的空气流量对熔锍氧化速度的影响见图3。

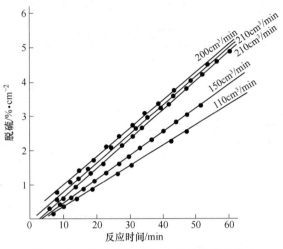

图3 空气流量大小对Cu_2S氧化速度的影响

1.2.4 Cu-Cu_2S 系脱硫速度转折点

在1200℃的吹炼温度下,当脱硫至低硫单相熔体时,脱硫速度发生显著的转折(见图1空气吹炼曲线)。

2 试验结果讨论

2.1 氧浓度的影响

由图1可知,在1200℃和一定流量的吹风条件下,反应速度随氧气浓度的升高而增大(表1及图4)。由于所用试样含硫量为19.68%,已接近Cu-Cu_2S体系分层区[2],Cu_2S活度在此区为一常数。因此,反应速度也应为一常数。即按反应

$$Cu_2S+O_2 = 2Cu+SO_2 \tag{1}$$

进行。当气流具有较大速度时,SO_2被迅速排除于反应体系之外,逆反应完全可以忽略,故

$$v_s = K_t a_{Cu_2S} p_{O_2} \tag{2}$$

当p_{O_2}为一定值时,a_{Cu_2S}在一定温度下又为一常数,则

$$v_s = \frac{d(S\%)}{dt} = K_t(常数) \tag{3}$$

当p_{O_2}不为一常数时,则

$$v_s = \frac{d(S\%)}{dt} = K_t \cdot p_{O_2} \tag{4}$$

表1所列试验数据充分证明式(2)~式

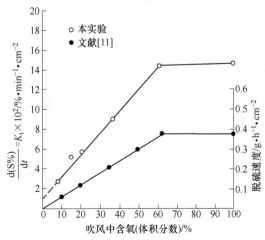

图4 氧气浓度对Cu_2S氧化速度的影响

（4）是符合事实的，即在一定 p_{O_2} 及温度条件下，脱硫量与反应时间成直线关系，反应速度为一常数。当增大氧浓度时，直线斜率相应增大。由表 1 还可看出，常数 K_t 随氧分压的增大而增大；但当氧分压达 0.60 atm 以上时，其值不再增大（见图 4）。

表 1　脱硫速度与氧含量的关系

名称	p_{O_2}/atm	O_2(体积分数)/%	$K_t = \dfrac{d(S\%)}{dt}/\% \cdot cm^{-2} \cdot min^{-1}$	温度/℃	流量/$cm^3 \cdot min^{-1}$
数量	0.086	8.6	2.82×10^{-2}	1200	200
	0.15	15.0	5.20×10^{-2}	1200	200
	0.21	21.0	5.70×10^{-2}	1200	200
	0.368	36.8	9.0×10^{-2}	1200	200
	0.61	61.0	14.4×10^{-2}	1200	200
	1.00	100	14.7×10^{-2}	1200	200

从图 4 可知，当 $p_{O_2}<0.61$ atm 时，

$$K_t = \frac{d(S\%)}{dt} = 2.2 \times 10^{-2} p_{O_2} + 0.82 \tag{5}$$

当 $p_{O_2}>0.61$ atm 时，

$$K_t = \frac{d(S\%)}{dt} = K_m = 14.5 \times 10^{-2} \tag{6}$$

按式（5）、式（6），得动力学方程式：

$$\frac{d(S\%)}{dt} = K_t = \frac{K' p_{O_2}}{\beta + K p_{O_2}} \tag{7}$$

式中，β 为一常数，即当 $p_{O_2}<0.60$ atm 时，$K p_{O_2}$ 可以忽略，得：

$$\frac{d(S\%)}{dt} = K_s p_{O_2} \tag{5a}$$

$p_{O_2}>0.60\sim1.0$ atm 时，β 可以忽略，则

$$\frac{d(S\%)}{dt} = K_s'(\text{常数}) \tag{5b}$$

2.2　温度的影响

由图 2 的直线关系可得脱硫速度方程式：

$$S\% = K_m t \pm a \tag{8}$$

表 2 示出了温度对脱硫速度的影响。

表 2　反应温度与脱硫速度的关系

温度/℃	直线斜率 $\left(\dfrac{d(S\%)}{dt}\right)$	脱硫速度方程式
1100	4.02×10^{-2}	$S\% = 4.02t - 0.25$（9）

续表2

温度/℃	直线斜率 $\left(\dfrac{d(S\%)}{dt}\right)$	脱硫速度方程式
1150	4.15×10^{-2}	$S\% = 4.15t - 0.040$ （10）
1200	5.07×10^{-2}	$S\% = 5.07t - 0.120$ （11）
1250	5.2×10^{-2}	$S\% = 5.2t - 0.140$ （12）

由表2数据可知，反应速度随温度升高而增大，但不显著。这是因为在 Cu-Cu$_2$S 系中，温度对硫活度的影响很小，可从下述方程看出：

$$\lg p_{S_2} = -\frac{15505}{T} + 4.56 \quad (13)$$

根据表2，用速度常数 $\lg K_s$ 对温度的倒数作图，可得图5。

由图中直线关系得：

$$\frac{d(\lg K_s)}{d(1/T)} = -m = -1.55\times10^3$$

故，活化能

$$E = 4.575\times1.55\times10^3 = 7100 \text{ (cal/mol)}$$

$$K_s = 0.545 \times \exp\left(\frac{-7100}{RT}\right) \quad (14)$$

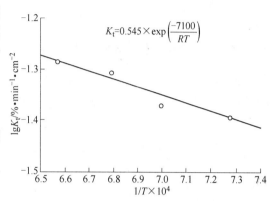

图 5 Cu$_2$S 脱硫速度常数与温度的关系

反应所需活化能较小，表明 Cu$_2$S 用空气氧化的速度比较迅速，频率因素的值也很小。这可能由于在反应中三相共存，即气相-Cu$_2$S-Cu 共存，反应体系较复杂的原因。

2.3 鼓风流量的影响

Cu$_2$S 分层区（含 S19.68%~72%）。根据图3求出直线速度常数对流量作图，即得图6。

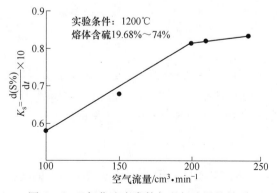

图 6 Cu$_2$S 氧化速度常数与空气流量的关系

由图 6 可看出，当流量不大于 200cm³/min 时，速度常数随气流量的增大而增大；当流量大于 200cm³/min 时，速度常数基本上与流量无关。说明，强化过程必须与反应的某个环节相配合才能收得预期的效果。

根据图 6 可获得如下方程式：

当 $Q_{空} = 110 \sim 200 \text{cm}^3/\text{min}$ 时，

$$K_s = \mathrm{d}(S\%)/\mathrm{d}t = 2.6 \times 10^{-4} Q_{空} + 0.0294 \tag{15}$$

当 $Q_{空} \geq 200 \text{cm}^3/\text{min}$ 时，

$$K_s = \mathrm{d}(S\%)/\mathrm{d}t = 常数 = 0.82 \times 10^{-1} \tag{16}$$

2.4 Cu₂S-Cu 系单相熔体转折点

由图 1 知，在空气吹炼氧化过程中，脱硫速度发生转折。根据试验数据，以脱硫的微分速度（ΔS%/Δt）对 Cu₂S 含 S%作图，得图 7。

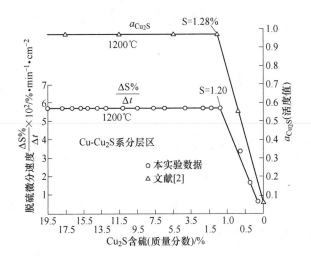

图 7　Cu₂S 熔体脱硫速度转折点与 Cu₂S 活度值转折点的比较

由图 7 得下列方程：

$$\frac{\mathrm{d}(\Delta S\%/\Delta t)}{\mathrm{d}(S\%)} = 0 \tag{17}$$

$$\frac{\mathrm{d}(\Delta S\%/\Delta t)}{\mathrm{d}(S\%)} = -K_m(常数) \tag{18}$$

式（17）和式（18）表明，在某一含硫成分，脱硫速度将发生转折，此转折点含硫为 1.2%；自此以后，脱硫速度随含硫量的减少而降低，直线斜率为负值。按热力学数据，在低硫单相区，铜中溶解的硫达饱和时与温度的关系如下式[2]：

$$\lg(S\%) = -\frac{212.7}{T} + 0.253$$

在 1200℃时，S% = 1.28，与本试验用动力学方法所测得的转折点含硫量相近。

根据文献 [2] 的 Cu₂S 活度与硫浓度，可绘制出 1200℃下的曲线（图 7），并由此得出：

$$d(a_{Cu_2S})/d(S\%) = 0 \quad (19)$$

$$d(a_{Cu_2S})/d(S\%) = -K_a(常数) \quad (20)$$

此二微分方程同样表明，在一定含硫量下，Cu_2S 活度在分层区进入单相区时发生显著的转折，其转折点与速度的转折点吻合。

2.5 反应级数

由图 7 可知，反应速度在 $Cu-Cu_2S$ 系分层区为一常数，与硫浓度无关，对硫浓度或 Cu_2S 浓度而言，是动力学上的零阶反应，即：

$$v_s = K[Cu_2S]^n \quad (21)$$

$$\lg v_s = n\lg[Cu_2S] + K' \quad (22)$$

由图 1、图 2、图 7 可知，在一定条件下反应速度均为一常数，即：

$$d\lg v_s/d\lg[Cu_2S] = n = 0 \quad (23)$$

根据式（5）、式（6）及图 7，可得：

（1）在分层区。当 $p_{O_2} < 0.60$ atm 时，反应速度与氧分压为一阶反应，与硫浓度为零阶反应，即：

$$d\left(\frac{\Delta S\%}{\Delta t}\right)\bigg/dp_{O_2} = K_s \quad (24)$$

$$d\left(\frac{\Delta S\%}{\Delta t}\right)\bigg/d(S\%) = 0 \quad (25)$$

当 $p_{O_2} > 0.60 \sim 1.0$ atm 时，脱硫速度与 p_{O_2} 及硫浓度均为动力学上的零阶反应，即：

$$d\left(\frac{\Delta S\%}{\Delta t}\right)\bigg/dp_{O_2} = 0 \quad (26)$$

$$d\left(\frac{\Delta S\%}{\Delta t}\right)\bigg/d(S\%) = 0 \quad (27)$$

（2）低硫单相区。用空气吹炼，温度为 1200℃，反应速度与硫浓度的降低成直线关系，故与硫浓度为一阶反应。与氧分压的级数关系可由以下反应及公式导出：

$$Cu_2S + O_2 = 2Cu + SO_2 \quad (28)$$

$$d(S\%)/dt = v_s = K_m a_{Cu_2S} p_{O_2} \quad (29)$$

将式（20）积分后代入式（29），得：

$$d(S\%)/dt = K_a(S\%)K_m p_{O_2} + A = K_s(S\%)p_{O_2} + A \quad (30)$$

由式（30）可知，在单相区，反应速度与硫浓度及氧分压均为一阶反应。

2.6 反应机理

在工厂转炉吹炼中，吹炼过程的限制步骤属于气相传质或液相传质，或者为部分气相、部分液相传质[3,4]。本试验吹风氧化的气体流量为 200mL/min，样重 15g，也即吹风量为 13.33m³/(min·t)。而一般 50t 铜转炉的鼓风量波动在 400~500m³/min，相当于每吨白冰铜的鼓风量为 6.4~8.0m³/min，远小于试验的吹风量。试验证明，当吹风量小于 200cm³/min，反应的速度常数随空气流量的增大而增大，表明气相传质是过程的限制步骤；吹风量大于200cm³/min时，反应的速度常数与风量的增大无关，表明过程的限制步骤是化学反应，而不是气相传质。

由于金属铜能溶解氧，其溶解度随温度升高而增加：

$$\lg[\%O_2] = -\frac{4809}{T} = -0.86\lg T + 6.08 \tag{31}$$

氧化亚铜的活度则随温度和氧分压的增而增大[5]：

$$\lg a_{Cu_2O} = \frac{6230}{T} - 1.81 + \frac{1}{2}\lg p_{O_2} \tag{32}$$

随着氧化反应的进行，不断有金属铜产生，这有利于氧的溶解和氧化亚铜的生成。在试验的样品中因有金属铜的存在，当进行鼓风氧化时，氧分子在熔体中形成气泡并吸附在液膜上；在气-液界面上，由于铜的催化作用使氧分子解析为氧原子，随即溶于熔体铜中；溶解的氧原子瞬间使铜氧化形成Cu_2O并与Cu_2S发生交互反应，生成金属铜和SO_2；SO_2被气流带出于反应体系，反应得以彻底进行。过程反应机理可推论如下：

$$O_2 \underset{}{\overset{慢}{\rightleftharpoons}} \boxed{O_2}_{吸} \tag{33}$$

$$\boxed{O_2}_{吸} \underset{}{\overset{快}{\rightleftharpoons}} 2O_{解} \tag{34}$$

$$2O \underset{}{\overset{快}{\rightleftharpoons}} 2O_{Cu} \tag{35}$$

$$2O_{Cu} + 4Cu \underset{}{\overset{快}{\rightleftharpoons}} 2Cu_2O_{(Cu)} \tag{36}$$

$$2Cu_2O_{(Cu)} + Cu_2S \underset{}{\overset{快}{\rightleftharpoons}} 6Cu + SO_2 \tag{37}$$

表明，熔锍氧化脱硫过程的限制步骤是氧分子的吸附和解析；由于铜的催化作用，氧分子易于解析为氧原子，因而最慢的步骤可能是氧分子在铜中的吸附过程。

按反应（33），氧吸附于界面的速度v_{O_2}应为：

$$v_{O_2} = K_1 p_{O_2} - K_2 \cdot O_{2吸} \tag{38}$$

反应式（34）~式（37）迅速向右进行，$O_{2吸}$被迅速消耗，式（38）逆反应可以忽略，故

$$v_{O_2} = K_1 p_{O_2} \tag{39}$$

式（33）是过程的限制步骤，所以实测的脱硫速度即为氧吸附的速度：

$$d(S\%)/dt = K_s p_{O_2} \tag{40}$$

显然，试验结果与式（40）相一致（见式（5a））。按Langmuir等温吸附方程式，反应速度与氧分压的关系应为：

$$\frac{d(S\%)}{dt} = \frac{K_1 p_{O_2}}{1 + K_2 p_{O_2}} \tag{41}$$

式（41）完全与本试验动力学方程（7）相似。

2.7 铜转炉二周期终点的控制

按动力学方程式（17）、式（18）及图7，用产生的SO_2表示，得：

$$\frac{d\left(\frac{\Delta SO_2\%}{\Delta t}\right)}{d(S\%)} = 0 \tag{42}$$

$$\frac{d\left(\frac{\Delta SO_2\%}{\Delta t}\right)}{d(S\%)} = -K_m (常数) \tag{43}$$

利用式（41）、式（42），在连续分析 SO_2 成分的过程中，通过转折点的警报和 SO_2 浓度，以及浓度降低的速度可以达到吹炼终点的控制。图 8 为生产实践中白冰铜吹炼过程 SO_2 浓度与吹炼时间的关系[7]。

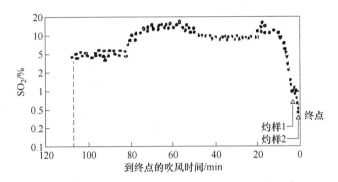

图 8　铜转炉二周期吹炼 SO_2 浓度变化及终点控制

3　结语

铜转炉白冰铜吹炼期，长时间是在 $Cu-Cu_2S$ 系的分层两液相中进行脱硫反应的。因此，研究 $Cu-Cu_2S$ 系吹炼动力学是具有实际意义的。

热力学数据表明，在 $Cu-Cu_2S$ 系分层区活度受温度的影响很小，因而吹炼脱硫速度受温度的影响也小。试验还指出，富氧吹炼是提高反应速度的有效措施，但氧浓度以不超过 60% 为经济。

在一定条件下，Cu_2S 分层区反应速度为一常数。因此，在吹炼过程中若无其他措施，吹炼时间是不能缩短的，生产率也不可能提高。而加大鼓风量受到炉子容积和喷溅损失的限制。因而提高生产率在很大程度上有赖于富氧吹炼。

$Cu-Cu_2S$ 系分层区的动力学方程表明，脱硫速度与硫浓度（或 Cu_2S 浓度）无关，是动力学上的零阶反应；与氧浓度的关系为一阶反应；但当 $p_{O_2} > 0.6 \sim 1.0 \text{atm}$ 时，脱硫速度与 p_{O_2} 及硫浓度均为零阶反应。

在低硫单相区，在一定的条件下，反应速度与硫浓度及氧分压均为一阶反应。

反应限制步骤与吹入的风量密切相关：当空气流量小于 $200 \text{cm}^3/\text{min}$ 时，气相中氧的传质过程是限制步骤；大于 $200 \text{cm}^3/\text{min}$ 时，反应速度与吹风量无关，过程的限制步骤为化学反应。

利用氧化速度转折点的动力学方程，可以提供铜转炉二周期终点控制的数学方程。

本试验用空气进行氧化脱硫，在转入低硫单相区时，反应速度的转折点与 Cu_2S 活度转折点相一致。

参 考 文 献

[1] 刘纯鹏,等. 有色金属, 1977 (2): 34.
[2] 柳哲夫,等. 日本鉉业会志, 1962, 78: 43; 吾妻洁,等. 金属工学讲座 3: 4.
[3] Themelis N J, et al. Tarns. AIME, 1969, 245 (11): 2425.
[4] Brimaeombe, et al. Met. Tarns., 1974, 5 (3): 763.
[5] Sehnilek F, lrnris I. Advanees In Extraetive Metallurgy and Refining. London, 1971.
[6] 刘纯鹏. 金属学报, 1978, 14 (4).
[7] Dudgen E H. Can. Min. Met. Bull. 1966, 59 (655): 1321.

Cu_2S-Cu 系熔体与氢反应的动力学

刘纯鹏　冯干明　严传义　何蔼平

摘　要：（1）本文分别研究了在 1150℃、1200℃、1250℃ 和 1300℃ 时，Cu-S 系熔体与氢反应的动力学。得到如下动力学方程式：

富硫单相区 $u_S = 0.717\exp\left(\dfrac{-53.137}{RT}\right)(S\% - a)^2 p_{H_2}^{1/2} + $ 常数

不熔合分层区 $u_S = 0.531\exp\left(\dfrac{-67.259}{RT}\right) p_{H_2}^{1/2}$

富铜单相区 $u_S = 44.6\exp\left(\dfrac{-146.720}{RT}\right) p_{H_2}^{1/2} S\% + $ 常数

Cu-S 系和氢的脱硫速度主要取决于熔体中硫的浓度，但不熔合分层区除外。

在一定的温度和氢分压下，反应速度大小的次序为：

$$u_S(h) > u_S(m) > u_S(l)$$

（2）脱硫反应和 Cu-S 相图结构关系中 S 和 Cu 的活度数学模型方程式为：

富硫单相区（$a = 19.81 - 19.61\%S$）

$$\left[\dfrac{\partial \lg u_S}{\partial N_S}\right]_{T,\,N_S = 20.14\% - a} = K_a \left[\dfrac{\partial \lg a_S}{\partial N_S}\right]_{T,\,N_S = 20.14 - a} = K_b \left[\dfrac{\partial \lg a_{Cu}}{\partial N_S}\right]_{T,\,N_S = 20.14 - a} = A(常数)$$

不熔合分层区（$b = 1.2 - 19.8\%S$）

$$\left[\dfrac{\partial u_S}{\partial N_S}\right]_{T,\,N_S = b} = K_c \left[\dfrac{\partial a_S}{\partial N_S}\right]_{T,\,N_S = b} = K_d \left[\dfrac{\partial a_{Cu}}{\partial N_S}\right]_{T,\,N_S = b} = 0$$

富铜单相区（$0 < C < 1.4\%S$）

$$\left[\dfrac{\partial u_S}{\partial N_S}\right]_{T,\,N_S = c} = K_e \left[\dfrac{\partial a_S}{\partial N_S}\right]_{T,\,N_S = c} = K_f \left[\dfrac{\partial a_{Cu}}{\partial N_S}\right]_{T,\,N_S = c} = B(常数)$$

（3）在本实验中证实了当输入氢气的流速保持在 200mL/min 或 300mL/min 时，用动力学方法测定的反应速度和硫的活度仅仅是温度或硫浓度的函数。而 Cu-S 系熔体与氢反应速度的转折点，则恰为 Cu-S 系的相变点。

（4）硫和铜的活度由以下方程给出

$$u_S = \dfrac{d(S\%)}{dt} = k a_S p_{H_2}^{1/2}$$

其中 $p_{H_2} = 1\,\text{atm}$，选择在 CuS 中硫含量的化学当量成分为标准态，$a_S = 1$ 所以

$$u_S^* = k$$

$$a_S = \dfrac{u_S}{k} = \dfrac{u_S}{u_S^*}$$

---

❶ 本文发表于《金属学报》，1982，18（2）：153～163。

并由 Gibbs-Duhem 方程式算出铜的活度：

$$a_\mathrm{S} = -\frac{N_\mathrm{S}}{1-N_\mathrm{S}} \int_{0.5}^{0.5-x} \mathrm{dlg}a_\mathrm{S}$$

1 引言

自 1970 年以后，硫化物熔体的氧化-还原动力学才开始重视研究。J. J. Byerley 及其同事于 1972 年、1973 年及 1974 年分别研究过《Ni_3S_2，Cu_2S，CoS，FeS 及 PbS 熔体与 H_2 反应的动力学和机理》[1,2] 以及《硫化铜和氧化铜熔体的交互反应》[3]，F. Ajersch 及 J. M. Toguri 曾经在 1972 年报道过《液态铜及液态硫化铜的氧化速率》论文[4]，以及 Y. Fukunaka 及 J. M. Toguri 曾在 1979 年应用磁力浮升熔体技术报道《液态 Ni_3S_2 氧化》的论文[5]。所有这些研究工作，作为示例说明硫化物熔体氧化-还原反应动力学对于工业上火法冶金作业的硫化矿熔炼和冰铜吹炼是十分重要的。

至于 Byerley 及其同事所报道的熔体 Cu_2S 与 H_2 反应的动力学只研究了含硫大于化学计量成分的硫化亚铜，即 N_S 等于 0.338~0.350（摩尔分数），硫化亚铜含硫小于化学计量成分和低硫铜熔体与氢反应的动力学研究则未见报道。

可是在工业实践中，白冰铜往往含硫接近于或小于硫化亚铜的化学计量成分，特别是铜转炉在连续吹炼脱硫过程中其含硫量可降到千分之几。因此，研究硫化亚铜的氧化-还原动力学时，其含硫量在化学计量成分到千分之几的铜熔体更具有必要和实际意义。

本文的主要目的，就是结合前文[5]着重研究硫化亚铜含硫小于化学计量成分的熔体与 H_2 反应的动力学。

2 实验结果与讨论

2.1 Cu-Cu_2S 系与 H_2 反应速度的测定

实验装置及测定方法详见文献 [6, 7]。在一定的氢气流量（200mL/min）及氢气分压下测定反应所产生的 H_2S 的速度。试料 Cu_2S 含硫 19.68%，在配制低硫熔体时，加入纯金属铜制备。

将已知成分的纯 Cu_2S 按一定比例与纯金属铜（含 Cu 99.98% 以上）配合，置于管式炉内的刚玉坩埚中，在氩气保护下升温熔化，待合金均匀化并达到预期温度后，通入 H_2 于熔体中进行反应，用标准碘液测定所产生的 H_2S，过量碘液用标准 $Na_2S_2O_3$ 液滴定，连续测定反应脱硫量，得到反应脱硫量与时间的关系，如图 1 所示。

2.2 不同氢分压对反应速度的影响

将 Cu_2S（S=19.68%）熔体与不同氢分压进行反应，得到脱硫速度与氢分压的关系，见图 2。

从图 1 可以看出，曲线在各温度下均具有直线段和曲线段。换言之，由直线转变为曲线时具有明显的转折点。此转折点与熔体结构相关。

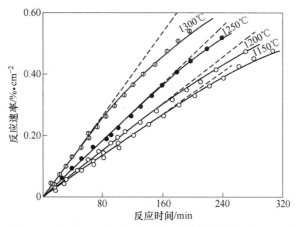

图 1　Cu-Cu$_2$S 系与 H$_2$ 反应的脱硫速度和反应时间的关系

($Q_{H_2}=200\text{cm}^3/\text{min}$；$p_{H_2}=1\text{atm}$；Cu$_2$S=1.5g；纯 Cu=13.5g)

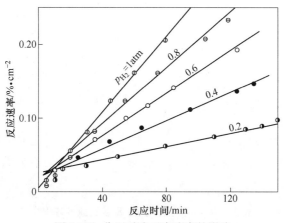

图 2　H$_2$ 分压对硫反应速度的影响

($t=1200℃$；$Q_{H_2}=200\text{cm}^3/\text{min}$；Cu$_2$S=15g)

根据实验数据计算求得各温度下富铜单相区相变转折点含硫量为：

温度/℃	转折点含硫量/%	热力学数据/%
1150	1.20	1.25
1200	1.25	1.28
1250	1.30	1.294
1300	1.38	1.312

按图 1 曲线上的数据可以看出，点线吻合较好，为一平整曲线。对于图中直线段用最小二乘法求直线方程和斜率；对于曲线段，由于 $d(S\%)/dt$ 随反应时间 t 而变化，求曲线的近似微分速度，即

$$\frac{d(S\%)}{dt} \approx \frac{\Delta(S\%)}{\Delta t} \quad (\text{当 } \Delta t \text{ 趋于很小时}) \tag{1}$$

用 $\lg[\Delta(S\%)/\Delta t]$ 对时间作图，获得直线关系，如图 3 所示。在各温度下，曲线方程式具

有下列形式：

$$\lg \frac{\Delta(S\%)}{\Delta t} = a + bt \tag{2}$$

将实验数据 $\left(\lg \dfrac{\Delta(S\%)}{\Delta t} 及 t\right)$ 代入式（2）可以求得 a 和 b 的值，由此求得各温度下的曲线段方程式。

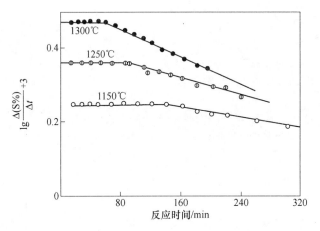

图 3 Cu–Cu$_2$S 系富铜熔体与 H$_2$ 反应速度和时间的关系

(Q_{H_2} = 200 cm^3/min；Cu$_2$S∶Cu = 1.5∶1.35；S%(熔体中) = 1.968)

所得各温度下的直线和曲线方程式一并列于表 1。将上列三对方程式与对应温度进行联解，得直线和曲线共切点坐标，见表 2。由表 2 可知，共切点的数学条件成立，直线与曲线的转折点坐标位置确定。

表 1 Cu–S 系熔体与 H$_2$ 反应的速度方程式

温度/℃	Q_{H_2}/cm^3·min^{-1}	线性方程/%·cm^{-2}	指数方程 $\lg \dfrac{\Delta(S\%)}{\Delta t} + 3 =$	反应体系
1150	200	1.72×10^{-3}t	0.294−0.33×10^{-3}t	Cu–Cu$_2$S–H$_2$ (3)
1250	200	2.30×10^{-3}t	0.414−0.60×10^{-3}t	Cu–Cu$_2$S–H$_2$ (4)
1300	200	2.985×10^{-3}t	0.533−0.97×10^{-3}t	Cu–Cu$_2$S–H$_2$ (5)

表 2 共切点坐标位置

温度/℃	直线斜率 $\dfrac{d(S\%)}{dt} \times 10^3$	常见切线斜率 $\dfrac{d(S\%)}{dt} = \dfrac{\Delta(S\%)}{\Delta t} \times 10^3$	常见切线坐标 %/cm^2	t/min
1150	1.72	1.74	0.241	140
1250	2.30	2.30	0.207	90
1300	2.985	2.99	0.180	60.2

2.3 脱硫速度与氢分压的关系

按图2求各直线的斜率,得到不同氢分压下的脱硫速度,将脱硫速度对 $p_{H_2}^{1/2}$ 作图获得一直线关系,见图4。

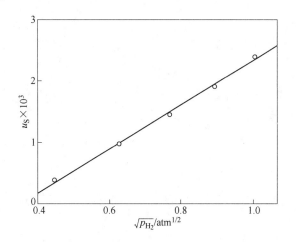

图4 脱硫速度与 H_2 分压平方根的关系

(t = 1200℃;Q_{H_2} = 200cm³/min;Cu_2S = 15g;S%(熔体) = 19.135)

按图4动力学方程式可表示如下:

$$\frac{d(S\%)}{dt} = k(N_S)^n p_{H_2}^{1/2} + 常数 \tag{6}$$

式中　k——速率常数;

　　　N_S——硫浓度,%;

　　　n——反应速度与硫浓度相关的反应级数;

　　　p_{H_2}——氢分压,atm。

2.4 反应速度转折点含硫成分

结合Cu-S系相图[8],可以看出曲线图3转折点开始的含硫浓度正是Cu-S系相图开始分层的含硫浓度的范围,在1150~1300℃两者比较,见表3。

在单硫单相区,铜中溶解的硫达饱和时与温度的关系如下[9]:

$$\lg(S\%) = -\frac{212.7}{T} + 0.253 \tag{7}$$

表3　Cu_2S-Cu 系熔体反应速度转折点含 S 成分

温度/℃	S/%	式(7)计算值/%	温度/℃	S/%	式(7)计算值/%
1150	1.20	1.25	1250	1.30	1.294
1200	1.25	1.28	1300	1.38	1.312

2.5 动力学方程式

按表1中式（3）~式（5）并结合原料含硫量和脱硫量与时间的数据，计算求得脱硫反应速度与熔体含硫量的关系，见图5。

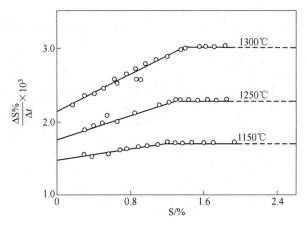

图5 Cu-Cu₂S 系与 H₂ 反应的速度和 S 浓度的关系

($Q_{H_2}=200\text{cm}^3/\text{min}$；$p_{H_2}=1\text{atm}$)

由图5得到下列两方程式：

$$\left(\frac{\partial}{\partial(S\%)} \times \frac{\Delta(S\%)}{\Delta t} \times 10^3\right)_{T,\ S\%=a} = 0 \tag{8}$$

$$\left(\frac{\partial}{\partial(S\%)} \times \frac{\Delta(S\%)}{\Delta t} \times 10^3\right)_{T} = B \tag{9}$$

式（8）说明，在一定温度和某一定的含硫浓度下，反应脱硫的微分速度与硫浓度无关。式（9）说明，在一定温度下反应脱硫的微分速度与含硫浓度的改变为一常数。此二微分方程式表明，反应速度在某一定含硫浓度下，发生显著的转折点。

（1）转折点前的动力学方程。在各温度下积分式（8）得（$p_{H_2}=1\text{atm}$）：

1150℃：　　　$\dfrac{d(S\%)}{dt} = K_t = 1.72 \times 10^{-3} \% \cdot \text{cm}^{-2} \cdot \text{min}^{-1}$ \quad\quad (10)

1250℃：　　　$\dfrac{d(S\%)}{dt} = K_t = 2.30 \times 10^{-3} \% \cdot \text{cm}^{-2} \cdot \text{min}^{-1}$ \quad\quad (11)

1300℃：　　　$\dfrac{d(S\%)}{dt} = K_t = 2.99 \times 10^{-3} \% \cdot \text{cm}^{-2} \cdot \text{min}^{-1}$ \quad\quad (12)

（2）转折点后的动力学方程。在各温度下积分式（9），得动力学方程式为：

1150℃：　　$\dfrac{\Delta(S\%)}{\Delta t} \times 10^3 = 0.187(N_S) + 1.496$ 　（$0 < S\% \leq 1.2\%$）　(13)

1250℃：　　$\dfrac{\Delta(S\%)}{\Delta t} \times 10^3 = 0.400(N_S) + 1.750$ 　（$0 < N_S \leq 1.30\%$）　(14)

1300℃：　　$\dfrac{\Delta(S\%)}{\Delta t} \times 10^3 = 0.612(N_S) + 2.150$ 　（$0 < N_S \leq 1.38\%$）　(15)

按文献 [6],图 3 经过单位换算得到富硫单相区及不熔合分层区的动力学方程式,见表 4。

表 4 反应速度与 S 浓度的方程式

温度/℃	转折点前		转折点后	
1150	$\lg u_S+3 = 2.04(S\%-19.805)+0.232$	(16)	$\lg u_S+3 = 0.232 = K'_t$	(19)
1200	$\lg u_S+3 = 1.615(S\%-19.73)+0.311$	(17)	$\lg u_S+3 = 0.311 = K'_t$	(20)
1250	$\lg u_S+3 = 1.18(S\%-19.61)+0.390$	(18)	$\lg u_S+3 = 0.390 = K'_t$	(21)

由式 (10) ~ 式 (15) 及表 4 各温度下的方程式求速率常数并以其对数值与温度倒数 T^{-1} 作图,获得各相区脱硫反应速率常数与 T^{-1} 成直线关系,符合 Arrhenius 方程式,见图 6。

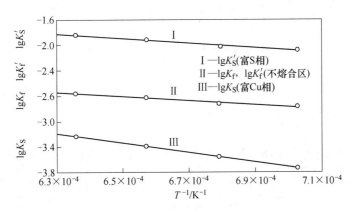

图 6 Arrhenius 曲线
($Q_{H_2} = 200 cm^3/min$; $p_{H_2} = 1 atm$)

按图 6 求直线斜率,因此计算求得各相区速率常数与温度关系的方程式见表 5。

表 5 Cu-S 系相区脱硫速率常数与温度关系的方程

相区	脱硫速度常数	$E/kJ \cdot mol^{-1}$
富 S 相	$K_S = 0.717\exp\left(-\dfrac{53.137}{RT}\right)$	53.137
不熔合区	$K_S = 0.531\exp\left(-\dfrac{67.259}{RT}\right)$	67.259
富 Cu 相	$K_S = 44.6\exp\left(-\dfrac{146.720}{RT}\right)$	146.720

由式 (6) 及式 (10) ~ 式 (21)、表 5 以及文献 [6],图 4 求得 Cu-S 系各相区与 H_2 反应的动力学方程式:

富铜单相区:

$$u_S = 44.6\exp\left(-\frac{146.720}{RT}\right)p_{H_2}^{1/2}N_S + 常数 \quad (22)$$

不熔合区：

$$u_S = 0.531\exp\left(-\frac{67.259}{RT}\right)p_{H_2}^{1/2} \tag{23}$$

富硫单相区：

$$u_S = 0.717\exp\left(-\frac{53.137}{RT}\right)(S\%-a)^2 p_{H_2}^{1/2} + 常数 \tag{24}$$

由动力学方程可知，各相区与 H_2 反应的级数均为氢分压的 1/2 级。对硫浓度而言，在富铜区为一级反应；在不熔合区为零级反应；在富硫区为二级反应。

由图 6 及表 5 可知：

（1）高硫单相区和低硫单相区共轭熔体相变转折点的含硫量差别虽然很大，但速率相等，且在不熔合区速率不变，仅为温度的函数。这是因为在不熔合区两液相共存时，Cu_2S 熔体相中饱和以金属铜，而金属铜相中饱和以 Cu_2S。因此，a_{Cu_2S} 在不熔合区为一常数，仅随温度而变化。

（2）在一定温度下，各相区脱硫速率常数具有下列大小顺序：

$$K'_S > K_t(=K'_t) > K_S \tag{25}$$

这是因为在 Cu-S 系中 a_{Cu_2S} 的大小顺序在各相区也是这样[9,10]，见图 8。

2.6 反应速度与 Cu-S 系相结构

按图 6 及式（10）~式（18）以及文献 [6] 中图 6 计算后，得到 Cu-S 系相图结构与脱硫反应速度的关系，见图 7。

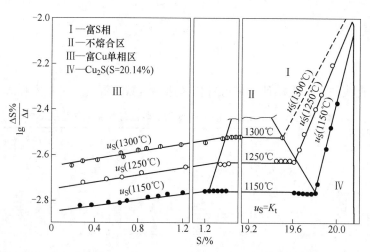

图 7　Cu_2S 熔体与 H_2 反应的脱硫速度和 Cu-S 系相图的关系

由图 7 得到反应速度-相结构变化的数学表达式（温度 1150~1300℃）：

富硫单相区：

$$\left[\frac{\partial}{\partial(S\%)}\lg\frac{\Delta S\%}{\Delta t}\right]_{T,\ N_S=19.81\%\sim20.14\%} = A(常数) \tag{26}$$

不熔合区：

$$\left[\frac{\partial}{\partial(S\%)}\lg\frac{\Delta S\%}{\Delta t}\right]_{T,\ N_S=1.2\%\sim1.38\%} = \left[\frac{\partial}{\partial(S\%)}\lg\frac{\Delta S\%}{\Delta t}\right]_{T,\ N_S=19.81\%\sim19.5\%} = 0 \quad (27)$$

富铜单相区：

$$\left[\frac{\partial}{\partial(S\%)}\lg\frac{\Delta S\%}{\Delta t}\right]_{T,\ 0<N_S<1.4\%} = B(常数) \quad (28)$$

按文献 [9, 10] 在 Cu-S 系活度（a_{Cu}，a_{Cu_2S} 及 a_S）的测定中同样反映相结构的变化，见图 8。

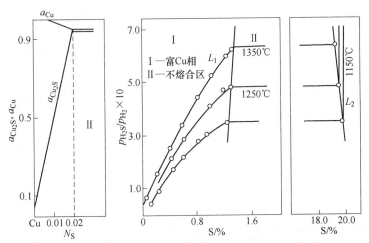

图 8 Cu-S 系的 S，Cu 和 Cu$_2$S 的活度与 S 浓度的关系

其他物理化学特性，如 Cu-S 系的电极电位、比电导等与硫浓度的关系同样反映相结构的变化[11,12]。这表明，本实验所测 Cu-S 系与 H$_2$ 反应的速度变化反映相图相结构的变化也是必然的。

2.7 反应机理

Cu$_2$S 与 H$_2$ 反应的机理已在文献 [6] 阐明，结合本实验，由于所用氢气流量较大，达 200cm^3/min，相当于每千克试样为 13L/min，且吹气管是插入熔体，可能认为搅拌是很剧烈的，不存在内外扩散的限制步骤，按所测活化能，在不熔合区为 67.259kJ/mol，在富铜单相区为 146.720kJ/mol，比一般扩散限制步骤的活化能大得多。因此可以推断该过程的限制步骤仍为化学反应。即下列化学反应为过程中的最慢环节：

$$H_{(铳)} + S_{2(铳)} \underset{慢}{\rightleftharpoons} S_{(铳)} + HS_{(铳)} \quad (29)$$

J. J. Byerley 等[1,2]证实了氢流量等于或大于 200cm^3/min 时，反应速度与搅拌及坩埚几何形状无关。因此，本实验所测反应速度的转折点理当为相变转折点。

3 结论

（1）动力学方程式表明，Cu-S 系与 H$_2$ 反应的级数与相结构密切相关，即在富铜单相区、不熔合区及富硫单相区对硫浓度而言分别为一级、零级和二级反应（参看式（22）~ 式（24））；对氢分压而言均为 1/2 级反应。

(2) Cu-S 系熔体各相区与 H_2 反应的速率常数与温度的关系符合 Arrhenius 经验方程式，即：

$$K = A\exp\left(-\frac{E}{RT}\right)$$

(3) Cu-S 系熔体各相区与 H_2 反应的速率常数的大小顺序为：

$$K'_S > K_t > K_S$$

(4) 本实验结合文献 [6] 证实了两个速度转折点在不熔合区两端结点上虽然含硫量差别很大，即在 1150~1300℃ 由富铜单相区到分层开始的转折点含硫为 1.2%~1.38%；由富硫单相区到分层开始的转折点含硫为 19.61%~19.81%；但它们的速度是相等的。这表明，用动力学方法测出的反应速度验证了 Cu-S 系的不熔合区 Cu_2S 的活度系一常数，见式 (27)。

(5) 本实验所测各相区活化能数据并结合所用较大的 H_2 量吹入熔体证实 Cu-S 系与 H_2 反应的速度转折点是熔体的相变转折点，而不是扩散限制步骤的转折点。

参 考 文 献

[1] Byerley J J, Rempel G L, Takebe N. Metall. Trans, 1972, 3：2133.
[2] Byerley J J, Rempel G L, Takebe N, et al. Metall. Trans, 1973, 4：1507.
[3] Byerley J J, Rempel G L, Takebe N. Metall. Trans, 1974, 5：2501.
[4] Ajersch F, Toguri J M. Metall. Trans. 1972 (3)：2187.
[5] Fukunaka Y, Toguri J M. Metall. Trans. 1979, 10B：191.
[6] 刘纯鹏，郭有银，艾永衡. 金属学报，1978, 14：373.
[7] 刘纯鹏. 有色金属，1977 (2)：33.
[8] 吾妻洁，金井勇之进，小川芳树，等. 金属工学讲座 3，非铁制炼. 朝仓书店，1963：4.
[9] 柳桥哲夫，等. 日本金业会志，1962, 78：43.
[10] Schuhmann R, Moles O W. Trans, AIME, 1951, 191：235.
[11] Camaphh A M. 冶金问题. 北京：科学出版社，1960：74.
[12] Bourgon M, Derge G, Pound G M. Trans, AIME, 1957, 209：1454.

高硅含硫氧化铜矿用 H_2+CaO 还原动力学的研究[❶]

刘纯鹏　华一新

摘　要：本文研究了温度、粒度、H_2 分压和 H_2 流量对高硅含硫氧化铜矿用 H_2+CaO 还原动力学的影响。反应的进程用反应产生的水量进行描述（反应水经冷凝后用滴定管滴测量），金属总的还原率 α 由任意时间产生的水量与反应完全进行时产生的水量之比推算。结果表明，在一定范围内提高温度、增大氢分压和氢流量可以加快还原速度，粒度则以适中为宜，因此得到了过程的最佳条件：温度 800℃，粒度 60~80 目，氢分压 1atm，氢流量 200mL/min，时间 3h。在此条件下，反应的动力学由界面化学反应和气体的内扩散分别控制，反应初期（$0<\alpha<0.85$）为界面化学反应控制，其动力学方程为：

$$\frac{d[1-(1-\alpha)^{1/3}]}{dt} = \frac{k'}{RT}$$

反应后期（$\alpha>0.85$）为气体的内扩散控制，其动力学方程为：

$$\frac{d[1-(1-\alpha)^{1/3}]^2}{dt} = \frac{k'}{RT}$$

式中　k'——表观速率常数，在界面化学反应控制的条件下，k' 与温度的关系为：

$$k' = 433\exp\left(-\frac{10050}{RT}\right) \quad (500\sim 800℃)$$

其中表观活化能 $E=10050$cal/mol。此外还证明了反应速度对氢分压为一级反应。在最佳条件下，铜（氧化铜及硫化铜）的还原率趋近 100%。

1　引言

高硅含硫氧化铜矿如果单独用火法或湿法处理，在经济上难于在工业上得到应用。采用 H_2 还原的同时，用 CaO 脱硫可直接获得金属态铜，经选矿分离，所得精矿可直接冶炼成粗铜。这种工艺的特点在于还原温度低（700~800℃），还原过程中无 H_2S 产生，选矿分离的成本低，无疑对降低能耗和环境保护都是有利的。因此，对此工艺从理论上探讨具有实际意义。1972 年、1973 年，我们分别对高铁硫化铜镍矿及高硅镁低铁硫铜镍矿，进行过用 H_2+CaO 还原焙烧，继之以稀酸浸出的研究，获得了较好的效果，论文发表于《有色金属》（1978 年、1979 年）。国外也在进行这方面的研究，1969 年，Cech 及 Tieman 研究过 Cu、Ni、Co 及 Fe 的硫化物用 H_2+CaO 还原的条件；1973 年、1977 年，Fathi Habashi 等相继研究了用 H_2+CaO 还原硫化矿的条件；最近，K. Rajamani 及 H. Y. Sohn 提出了用 H_2+CaO 还原硫化物的数学模型。可见，用 H_2+CaO 还原硫化物、硫化矿的方法在国内外

---

❶ 本文发表于《昆明工学院学报》，1984（3）：95~107。

都有报道，但此方法还未用于工业生产，因此这是一个值得继续探讨的课题[1~6]。

2 实验

2.1 试料

本实验所用试料为高硅含硫氧化铜矿，其化学成分为：Cu 20.63%，Fe 10.56%，S 6.34%，此外还含有 SiO_2、CaO、MgO 等。试验前，将此精矿配入 18% 的 CaO 制粒，然后烘干待用。

2.2 实验设备

本实验的设备如图 1 所示。

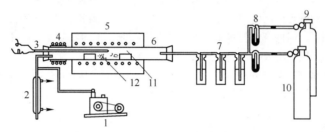

图 1　设备连接图

1—真空泵；2—冷凝管；3—热电偶；4—电阻丝；5—电炉；6—不锈钢管；
7—气体净化系统；8—流量计；9—氩气瓶；10—氢气瓶；11—试料挡块；12—试料

2.3 实验方法

将 100g 粒料装入炉管，抽空后在氩气的保护下开始升温，到达实验温度时通入氢气，此时反应开始进行，立即记时测水。在实验过程中，氢分压是由通入的氢气和氩气的比例控制的。

3 实验结果

3.1 金属还原率 α 的计算

金属硫化物的氢还原反应可用下式表示：

$$H_2(g) + Me_xS(s) + CaO(s) = xMe(s) + H_2O(g) + CaS(s) \tag{1}$$

由于试料中除了含有金属硫化物外，还含有金属氧化物，因此，同时还伴有金属氧化物的还原反应：

$$Me_yO(s) + H_2(g) = yMe(s) + H_2O \tag{2}$$

以上两类反应都是气固反应，并且都有水蒸气产生，这就使得反应的动力学研究复杂化。因为测得的水量是两类反应产生水量的加和，不能区别在反应过程中这两类反应各产生了多少水，因此，就不能分别研究这两类反应的动力学规律。为使问题简化，以下以金属总的还原率为基础进行分析，而不考虑金属硫化物和金属氧化物的还原率各占多少。这样得到的结果是反应（1）和反应（2）的综合结果，而这种综合结果又在一定程度上具体反映了这两类反应的规律。

由式（1）和式（2）可见，反应产生的水量是反应进程的度量，它与金属的还原程度直接相关，因此，金属总的还原率可由下式计算：

$$\alpha = \frac{W}{W_o} \tag{3}$$

式中　W——在时间 t 时反应产生的总水量，mL；

　　　W_o——反应完全进行时产生的总水量，mL。

3.2 实验结果

本实验在过量（50%）CaO 的条件下，分别研究了温度、粒度、氢分压和氢流量对还原速度的影响。这些因素对还原速度的影响分别示于图 2～图 5，其中纵坐标以金属总的还原率 α 表示，横坐标为时间。实验条件均在图中标明，还原率 α 按式（3）计算，Q_H 表示氢流量。从图 2～图 5 可以看出，提高温度、增大氢流量和氧分压有利于加快反应速度，粒度则以适中为宜。

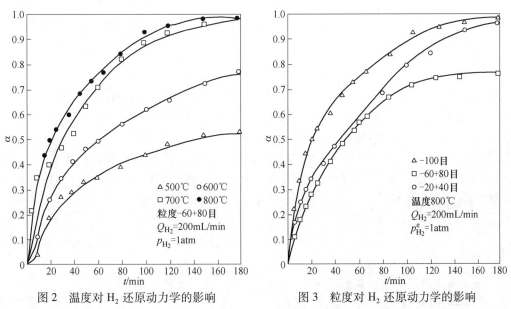

图 2　温度对 H_2 还原动力学的影响　　　　图 3　粒度对 H_2 还原动力学的影响

本实验所得产物为固态金属铜与硫化钙及其他成分的混合物，由肉眼即可看出金属态铜，有的成丝状、有的成粒状，形状各异。丝状铜（实际上是 Cu-Fe 合金）可直接分离出来，其中含铜可达 56%～77%，含铁在 8% 左右，在个别实验中丝状铜的产率为总铜量的 37%。粒状铜的粒度大小不等，在显微镜下观察，粒度的变化范围为 10^{-4}～10^{-1} mm^2，若经选矿分离，就能使铜得到富集。表 1 是部分观察结果。

表 1　在显微镜下观察到固态金属 Cu-Fe 合金的粒度

序号	试料粒度/目	金属粒度/mm	序号	试料粒度/目	金属粒度/mm
8-A1	-100	2.1×10^{-3}～3.7×10^{-3}	8-A4	-40+60	4.2×10^{-4}～1.2×10^{-2}
8-A2	-80+100	9.4×10^{-4}～4.0×10^{-2}	8-A5	-20+40	4.2×10^{-4}～1.1×10^{-1}
8-A3	-60+80	4.2×10^{-4}～1.0×10^{-1}	8-A6	+20	1.2×10^{-3}～6.2×10^{-1}

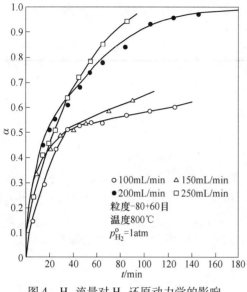 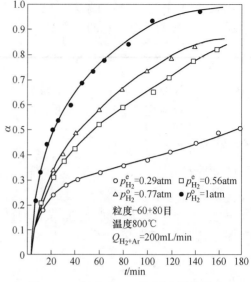

图 4　H_2 流量对 H_2 还原动力学的影响　　图 5　H_2 分压对 H_2 还原动力学的影响

4　讨论

根据文献 [6] 报道，反应 (1) 可以看成是如下两个反应的加和：

$$H_2(g) + Me_xS(s) = H_2S(g) + xMe(s) \tag{4}$$

$$H_2S(g) + CaO(s) = H_2O(g) + CaS(s) \tag{5}$$

并且，反应 (5) 比反应 (4) 快得多[7]，因此，可以认为 H_2S 的浓度很小以致可以忽略，生成物气体仅为 H_2O 气体，在此条件下，如果进程的限制环节是界面化学反应，则相应的速率方程[8]为：

$$1 - (1-\alpha)^{\frac{1}{3}} = \frac{k}{\rho \gamma_o}\left(\frac{1+K}{K}\right)\frac{p^o_{H_2} - p^e_{H_2}}{RT} t \tag{6}$$

式中　α——金属总的还原率；
　　　k——化学反应速度常数；
　　　γ_o——矿粒的原始半径，cm；
　　　ρ——矿粒的密度，g/cm³；
　　　K——化学平衡常数；
　　　$p^o_{H_2}$——气相的 H_2 分压，atm；
　　　$p^e_{H_2}$——反应平衡的 H_2 分压，atm；
　　　R——气体常数，0.082 L·atm/(K·mol)；
　　　T——绝对温度，K；
　　　t——时间，min。

因为在一定的温度和压力下，k、ρ、γ_o、$p^o_{H_2}$ 及 $p^e_{H_2}$ 都是常数，故可令一个常数 k' 来表示，即

$$k' = \frac{k}{\gamma_o \rho}\left(\frac{1+K}{K}\right)(p^o_{H_2} - p^e_{H_2}) \tag{7}$$

并把 k' 称为表观速率常数，从而式（6）可改写为

$$1 - (1-\alpha)^{1/3} = \frac{k'}{RT} t \tag{8}$$

下面根据实验数据用 $1-(1-\alpha)^{1/3}$ 对 t 作图（图6~图9），以便进行分析。

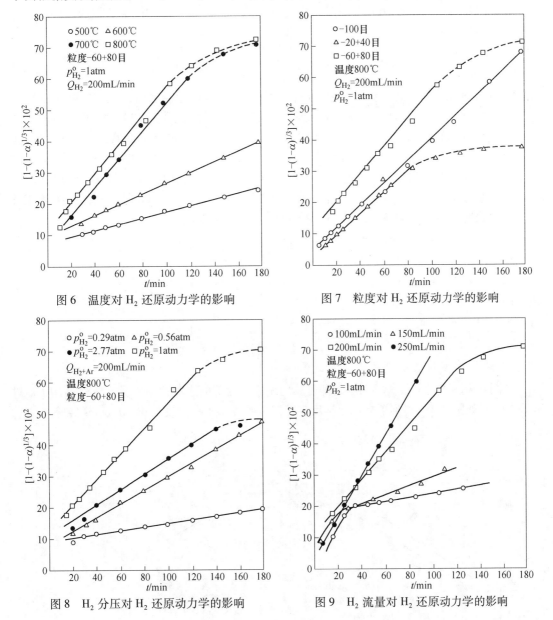

图6 温度对 H_2 还原动力学的影响

图7 粒度对 H_2 还原动力学的影响

图8 H_2 分压对 H_2 还原动力学的影响

图9 H_2 流量对 H_2 还原动力学的影响

4.1 温度对还原速率的影响

4.1.1 温度对速度限制步骤的影响

温度对还原速度的影响示于图2和图6。由图2可见，在500℃时，反应有一个诱导期[9]，表明在低温下，反应速度较低，尤其是在反应初期速度更慢，此时金属晶核在与旧

相的个别活性点开始形成,反应速度由金属晶体的成核所限制。随着反应温度的升高,这种诱导期随之消失,到700℃时,已经看不出诱导期的存在,反应初期的速度不再受金属晶体成核的限制,因此,升高温度增加了金属晶核在旧相形成的活性点,使金属晶核的形成变得容易。

如图6所示,在500~600℃的温度范围内,$1-(1-\alpha)^{1/3}-t$的图形成直线,即在一定的温度、压力及氢流量下,下式

$$\left\{\frac{d[1-(1-\alpha)^{1/3}]}{dt}\right\}_{T, p_{H_2}^o, Q_{H_2}} = \frac{k'}{RK} = 常数 \quad (9)$$

在整个时间内成立。因此,在此温度范围内,过了短暂的诱导期之后,速度的限制步骤一直是界面化学反应,提高反应速度的关键是升高温度。当温度升到700~800℃时由图6可见,在反应进行的100min以前($0<\alpha<0.85$),$1-(1-\alpha)^{1/3}-t$的图形为直线(图中以实线表示),随后($\alpha>0.85$)变成了抛物线(图中以虚线表示),表明速度的限制步骤由界面化学反应变成了气体的内扩散,这是因为随着反应的进行,金属物层的厚度不断增加,从而使气体通过金属产物层的阻力不断增加,当这种阻力达到一定程度时,气体的扩散便限制了过程的速率,如图10所示,此时的速度方程可表示成:

$$\left\{\frac{d[1-(1-\alpha)^{1/3}]}{dt}\right\}_{T, p_{H_2}^o, Q_{H_2}} = \frac{k'}{RT} = 常数 \quad (10)$$

因此,在700~800℃的温度范围内,过程的速率可分别用式(9)和式(10)描述,即:

$$\left\{\left[\frac{d[1-(1-\alpha)^{1/3}]}{dt}\right]_{t\leq 100min} + \left[\frac{d[1-(1-\alpha)^{1/3}]^2}{dt}\right]_{t>100min}\right\}_{T, p_{H_2}^o, Q_{H_2}} = \frac{k'}{RT} = 常数 \quad (11)$$

4.1.2 温度对表观速率常数 k' 的影响

在图6中,求各直线段的斜率,即可算出相应温度下的表观速率常数k',然后用$\ln k'$对$1/T$作图(如图11),得到了界面化学反应控制时的表观速率常数k'的Arrhenius经验式:

$$k' = 433\exp\left(-\frac{10050}{RT}\right) \quad (500\sim 800℃) \quad (12)$$

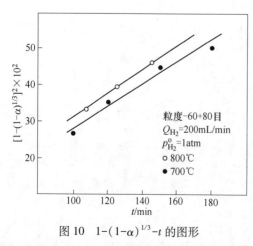

图10 $1-(1-\alpha)^{1/3}-t$ 的图形

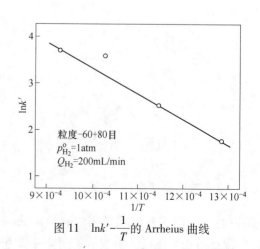

图11 $\ln k' - \frac{1}{T}$ 的Arrheius曲线

其中在 500~800℃ 的温度范围内，反应的表观活化能 $E=10050\mathrm{cal/mol}$。另外，从图 6 可以看出，当温度达到 700℃ 时，继续升高温度，反应速度并不显著地增加，因为温度过高就会出现烧结（本实验曾试验了在 900℃ 下的还原，结果发现部分产物已烧结成块），使气体的扩散困难，对提高反应速度反而不利，因此反应温度控制在 700~800℃ 即可。

4.2 粒度对还原速度的影响

图 3 和图 7 表示粒度对还原速度的影响。从图 7 可见，当粒度为 -100 目时，式（9）始终成立，即反应速度一直受界面化学反应控制，因为粒度较小，反应产生的金属产物层即使到了反应后期也是很薄的，对气体的扩散阻力一直很小，不会成为过程的主要阻力；当粒度为 -60+80 目及 -20+40 目时，反应均由界面化学反应控制变为扩散控制，并且粒度愈大，这种转变愈快，显然，这是由于金属产物层较厚。从图 7 还可以看出，下式始终成立：

$$\left\{\left\{\frac{\mathrm{d}[1-(1-\alpha)^{1/3}]}{\mathrm{d}t}\right\}_{-60+80\text{目}} > \left\{\frac{\mathrm{d}[1-(1-\alpha)^{1/3}]}{\mathrm{d}t}\right\}_{-20+40\text{目}}\right\}_{T,\,p_{H_2}^o,\,Q_{H_2}} \quad (13)$$

即粒度较小有利于提高反应速度，但粒度过细也是不希望的，因为本实验的试料系停止床层，在此床层中，矿粒、越细床层的孔隙率越低，则气体外扩散所受阻力越大，气氛中 $\dfrac{p_{H_2}^o}{p_{H_2}^e}$ 比值降低，故反应界面上 $p_{H_2}^o$ 减少，从而使反应速度降低，由图 7 即可看出这一点。因此粒度应该适中。

4.3 H_2 分压对还原速度的影响

H_2 分压对还原速度的影响示于图 4 和图 8。由图可见，增加 H_2 的分压对反应速度有明显的影响，实际上，这是对表观速率常数 k' 的影响，由式（7）可知，表观速率常数与 H_2 分压有如下关系：

$$k' = \frac{k}{\gamma_0 \rho}\left(-\frac{1+K}{K}\right)(p_{H_2}^o - p_{H_2}^e)$$

对于相同的试料，在一定的温度下，γ_0、ρ、k、K 及 $p_{H_2}^e$ 都是常数，故 k' 与 $p_{H_2}^o$ 成正比关系。由图 8 求出各直线段的斜率 $k'/(RT)$，然后对 $p_{H_2}^o$ 作图（如图 12），得一直线，这就验证了 k' 与 $p_{H_2}^o$ 的线性关系。由此可以得出结论。反应速度对 H_2 分压是一级反应，即

$$\frac{\partial}{\partial p_{H_2}^o}\left\{\frac{\partial[1-(1-\alpha)^{1/3}]}{\partial t}\right\}_{T,\,Q_{H_2}} = 常数 \quad (14)$$

从图 8 还可以看出，H_2 分压的大小对速度限制步骤的转变也有影响，当 $p_{H_2}^o$ 较小时，$1-(1-\alpha)^{1/3}-t$ 在实验的时间内一直成直线关系，过程处于化学反应控制当 $p_{H_2}^o$ 较大时，$1-(1-\alpha)^{1/3}-t$ 由直线变成抛物线，即过程由化学反应控制转化为扩散控制。实际上，当 $p_{H_2}^o$ 较小时，反应速度很慢（因为反应速度与 $p_{H_2}^o$ 的一次方成正比）在相同时间内生成的金属产物层就薄；相反，当 $p_{H_2}^o$ 较大时，反应速度加快，在相同时间内生成的金属产物层就厚，而限制步骤的转变与金属产物层的厚度关系密切，即金属产物层愈厚扩散阻力越大，因

此，$p^o_{H_2}$ 增大，$1-(1-\alpha)^{1/3}-t$ 直线发生弯曲的时间就缩短。可以预测，只要反应时间足够长，图 8 中的其余两条直线最终也会发生弯曲。

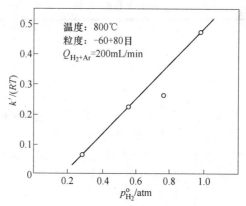

图 12　气相 H_2 分压与 k' 的关系

4.4　H_2 流量对还原速度的影响

H_2 流量对反应速度的影响示于图 2 和图 9。由图可以明显地看出，反应速度随氢流量的增加而加快，表明气体的外扩散对反应速度也是有影响的。由图 9 可见，当 H_2 流量较小时，式（6）并不成立，因而过程的限制步骤不是界面化学反应，而是气体的外扩散占优势；当 H_2 流量大于或等于 200mL/min 时，式（6）是成立的，可以认为气体的外扩散并不显著，主要是由化学反应控制过程的速率。

4.5　反应机理的推测

由反应（1）和反应（2）可见，两个反应均有 H_2O 气体产生，并且产生的 H_2O 分子数与消耗的 H_2 分子数相等，设过程处于稳态，则可以用球形矿粒未反应核心模型来描述这一过程，该模型由以下环节组成：（1）H_2 从气流主体通过球团周围的边界层向球团表面扩散；（2）气体反应物 H_2 及气体生成物 H_2O 通过周围固体产物层的裂纹及微孔分别向内和向外扩散；（3）球团内反应界面的结晶化学反应，这包括 H_2 的吸附 H_2O 的脱附以及晶格重建等。这一模型可用图 13 表示。

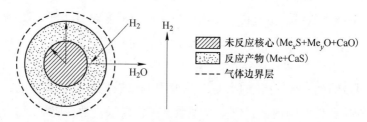

图 13　球形矿粒未反应核心模型示意图

根据实验结果，在反应初期，反应速度的限制步骤是界面化学反应，因此，上述速度的（1）和（2）可以忽略，过程的速率仅由环节（3）决定，在此条件下，界面化学反应的机理作如下假设：

$$H_2(gas) \longrightarrow H_2(ads) \tag{15}$$

$$H_2(ads) \longrightarrow 2H(ads) \tag{16}$$

$$\begin{cases} 2H(ads) + Me_yO \longrightarrow yMe + H_2O(ads) & (17) \\ 2H(ads) + Me_xS + CaO \longrightarrow xMe + CaS + H_2O(ads) & (18) \end{cases}$$

$$H_2O(ads) \longrightarrow H_2O(gas) \tag{19}$$

其中"ads"是"adsorpion"（吸附）的缩写。因为反应产生的固态金属铁具有自动催化作用，故可以假设反应（17）和反应（18）的反应速度很快，并认为 H_2O 的脱附速度也很快（因为气相中的 $p_{H_2O}^o$ 很小），则化学反应的限制步骤是 H_2 的界面吸附，此时的化学反应速度可用 Langmiur-Hinshlwood 速度方程式表示：

$$\frac{d[1-(1-\alpha)^{1/3}]}{dt} = \frac{k_{H_2}K_{H_2}p_{H_2}^o}{1 + K_{H_2}p_{H_2}^o + K_{H_2O}p_{H_2O}^o} \tag{20}$$

式中 k_{H_2} ——吸附化学反应的速度常数；

K_{H_2}, K_{H_2O} —— H_2 和 H_2O 的吸附平衡常数；

$p_{H_2O}^o$ ——气相中 H_2O 的分压，atm。

因为气相中的 $p_{H_2O}^o$ 在 H_2 流量较大的条件下是很小的，故 $K_{H_2O}p_{H_2O}^o \ll 1$，若认为 $K_{H_2}p_{H_2}^o \ll 1$ 也成立，则式（20）可简化成：

$$\frac{d[1-(1-\alpha)^{1/3}]}{dt} = k''p_{H_2}^o \quad (K'' = k_{H_2}K_{H_2}) \tag{21}$$

上式表明，反应速度与 H_2 分压成正比，这与式（14）在形式上是一致的，所不同的是二者相关一个常数，因为式（14）实际上可改写成：

$$\frac{d[1-(1-\alpha)^{1/3}]}{dt} = k'''(p_{H_2}^o - p_{H_2}^e) \tag{22}$$

这里的 $k'' = \frac{k}{\gamma_0 \rho}\left(\frac{1+K}{K}\right)\left(\frac{1}{RT}\right)$。这种差别是由于式（20）没有考虑逆反应造成的。因此，若认为界面化学反应不可逆，即 $K \to \infty$，$p_{H_2}^e \to 0$，则式（22）和式（21）在形式上就完全一致了。并且，已由实验数据验证了 $d[1-(1-\alpha)^{1/3}]/dt$ 与 $p_{H_2}^o$ 之间的线性关系（见图12），故当气体的扩散阻力可略时，过程的限制步骤是界面化学反应，而界面化学反应的限制步骤又是 H_2 的吸附。

另一方面，利用球形矿粒未反应核心模型还可以定性地说明 $[1-(1-\alpha)^{1/3}]-t$ 直线发生弯曲的原因。原则上，气体通过边界层和产物层的扩散阻力 R_1 和 R_2 以及化学反应阻力 R_3，对过程的速度都有不同程度影响，影响的程度取决于它们之间的相对大小。式（6）在 $R_3 \gg R_1$，和 $R_3 \gg R_2$ 的条件下得到的，然而，随着反应的进行，这种条件不是一成不变的，各阻力的相对大小会发生变化，从而使过程的限制步骤也发生变化。在一定的温度和气流速度下，R_1 和 R_3 都是定值，而气体的内限制就由化学反应变成了气体的内扩散，即图中的 $1-(1-\alpha)^{1/3}-t$ 直线发生了弯曲（见图6～图9）。显然如果矿粒的原始半径 γ_0 很小，那么产物层一直很薄，$R_3 \gg R_2$ 始终成立，在此情况下，化学反应就可能控制着整个过程（如图7）。因此，在一定条件下，可以认为产物层的厚度对过程速率的限制步骤具有一定的影响。其原因在于各阻力相对大小的变化，主要表现为 R_2 的不断增加，其阻力的相对减小。各阻力在反应进程中的相对变化可用图14表示。

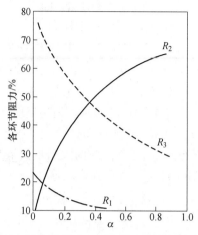

图 14　反应进程中各环节阻力变化的示意图

5　结语

根据实验条件的不同，速度的限制步骤可能是界面化学反应、气体的内扩散或外扩散，须视具体情况而定。在 $Q_{H_2}=200\mathrm{mL/min}$，$p^o_{H_2}=1\mathrm{atm}$，温度 $=800℃$，粒度在 $-60+80$ 目的条件下，速度的限制步骤界面化应反应变为气体的内扩散。升高温度，加大 H_2 流量和 H_2 分压可以提高反应速度，表观速率常数与温度的关系为 $k'=433\exp[-10500/(RT)]$，其中表观活化能 $E=10050\mathrm{cal/mol}$，反应速度对 H_2 分压是一级反应。过程的最佳条件为：温度 $=700\sim800℃$，$Q_{H_2}=200\mathrm{mL/min}$，$p^o_{H_2}=1\mathrm{atm}$，粒度为 $-60+80$ 目，时间 3h。从最佳条件所得结果看，这个方法对铜（氧气铜及硫化铜）的还原率是很高的（约100%）。因此，配合选矿可以达到简化传统流程、降低能耗、提高回收率及经济指标的目的。

参 考 文 献

[1] 刘纯鹏，冯干明，等. 有色金属，1979（5）.
[2] 刘纯鹏，冯干明，等. 有色金属，1979（3）.
[3] Fathihabshi, et al. Met. Trans., 1973, 4（8）.
[4] Cech R E, et al. Met. Trans., 1969, 245（8）.
[5] Fathihabshi. J. of Metals，1977.
[6] Rajamani K, Shon H Y. Met. Trans. B, 1983, 14B（2）.
[7] Mankand T R, Prasd P M. Met. Trans. B, 1982, 13B（2）.
[8] 鞭岩森山昭合. 冶金反应工程学. 蔡志鹏、谢裕生，译. 1981.
[9] Williams D T, EL-Rahaiby S K, Rad Y K. Met. Trans. B, 1981, 12B（1）.

用 SO_2-B-τ 法控制冰铜转炉吹炼进程和终点的数学模型[①]

刘纯鹏　华一新　陆跃华

冰铜吹炼的主要反应为：

造渣期　　　　　$FeS_{(液)} + 1.5O_{2(气)} \rightleftharpoons FeO_{(渣)} + SO_{2(气)}$　　　　　(1)

造铜期　　　　　$Cu_2S_{(液)} + O_{2(气)} \rightleftharpoons 2Cu_{(液)} + SO_{2(气)}$　　　　　(2)

显然，由反应（1）及反应（2）可知，欲控制冰铜吹炼进程和终点必须掌握冰铜中 FeS 和 Cu_2S 的氧化速度，而氧化速度与下列因素有关：

$$V_{FeS(氧)} = F(T_1, B_1, \eta_1, f_1)$$
$$V_{Cu_2S(氧)} = \phi(T_2, B_2, \eta_2, f_2)$$

式中　T_1, T_2, B_1, B_2, η_1, η_2, f_1, f_2——第一周期和第二周期的温度、吹风量（m^3/min）、吹风效率及操作因素。

根据反应（1）和反应（2）在正常吹炼作业中，一二周期的氧化速度均可用反应所产生的 SO_2 来衡量。即

$$V_{FeS(氧)} = K_1 \cdot dQ_{SO_2}/d\tau \tag{3}$$
$$V_{Cu_2S(氧)} = K_2 \cdot dQ_{SO_2}/d\tau \tag{4}$$

式中　K_1, K_2——比例常数；

　　　Q_{SO_2}——标准状态的 SO_2 气体的体积；

　　　τ——吹风时间。

由式（3）和式（4）分别测定炉气中 SO_2 气体的生成量的变化，就可掌握 FeS 和 Cu_2S 在熔体中的变化。

FeS 和 Cu_2S 的氧化速度分别可用鼓风量及鼓风效率求出，即按反应（1）和反应（2）分别得到：

$$V_{FeS(氧)} = 2.62 \cdot B_1 \cdot 0.21 \cdot \eta_1 = 0.55 \cdot B_1 \cdot \eta_1 \tag{5}$$
$$V_{Cu_2S(氧)} = 1.58 \cdot B_2 \cdot \eta_2 \tag{6}$$
$$\eta_1 = \frac{\%SO_2}{14+0.07(\%SO_2)} \tag{7}$$
$$\eta_2 = 0.0476(\%SO_2) \tag{8}$$

将 η_1 及 η_2 分别代入式（5）和式（6），得

[①] 本文发表于《化工冶金》，1985（4）：167~172。

$$V_{\text{FeS(氧)}} = 0.55 B_1 \frac{\%SO_2}{14 + 0.07(\%SO_2)} \tag{9}$$

$$V_{\text{Cu}_2\text{S(氧)}} = 0.0714 \cdot B_2 \cdot (\%SO_2) \tag{10}$$

FeS 和 Cu_2S 氧化量的计算:

(1) FeS 的氧化量由于在吹风过程中 B_1 和 SO_2 浓度均与时间有关,故 FeS 的氧化速度可以表示为:

$$dW_{\text{FeS(氧)}} = f(\tau) d\tau \tag{11}$$

积分式 (11) 即得 FeS 在任意时间 τ_a 内的氧化量:

$$W_{\text{FeS(氧)}} = \int_0^{\tau_a} f(\tau) d\tau \tag{12}$$

设被积函数 $y = f(\tau)$ 在结点 $0 = \tau_o < \tau_1 < \tau_2 < \cdots < \tau_n = \tau_a$ 处取值 $y_0, y_1, \cdots, y_n$,即 $f(\tau_K) = y_K (K = 0, 1, 2, \cdots, n)$;又设相邻两结点间的距离为 $\Delta\tau_K (= \tau_K - \tau_{K-1})$,则

$$\int_0^{\tau_a} f(\tau) d\tau = \frac{1}{2} \sum_{K=1}^n (y_{K-1} + y_K) \Delta\tau_K \tag{13}$$

若相邻两点间的距离相等,即 $\tau_K - \tau_{K-1} \equiv \Delta\tau (K = 1, 2, \cdots, n)$,则式 (13) 可简化为:

$$\int_\tau^{\tau_a} f(\tau) d\tau = \Delta\tau \left(\frac{y_0}{2} + \sum_{K=1}^{n-1} y_K + \frac{y_n}{2} \right) \tag{14}$$

只要 $\Delta\tau_K$ 或 $\Delta\tau$ 足够小,式 (13),式 (14) 的精确度就会很高。把 $f(\tau)$ 的定义式 (9) 代入式 (13),式 (14),即得 FeS 氧化量与 $\Delta\tau$,B_1 及 $\%SO_2$ 的数学模式:

$$W_{\text{FeS(氧)}} = 0.275 \cdot \Delta\tau \sum_{K=1}^n \left\{ \left[B_1 \frac{(\%SO_2)}{14 + 0.07(\%SO_2)} \right]_{K-1} + \left[B_1 \frac{(\%SO_2)}{14 + 0.07(\%SO_2)} \right]_K \right\} \tag{15}$$

或

$$W_{\text{FeS(氧)}} = 0.275 \cdot \sum_{K=1}^n \Delta\tau_K \cdot \left\{ \left[B_1 \frac{(\%SO_2)}{14 + 0.07(\%SO_2)} \right]_{K-1} + \left[B_1 \frac{(\%SO_2)}{14 + 0.07(\%SO_2)} \right]_K \right\} \tag{16}$$

式中,$\left[B_1 \frac{(\%SO_2)}{14 + 0.07(\%SO_2)} \right]_K$ 的值由在时间 τ_K 时测定的 B_1 值及炉气中 SO_2 浓度确定。由于鼓入炉内的风量可以通过流量计连续测出,SO_2 浓度可以采用红外谱分析仪连续分析,把这些测量和分析的数据不断地输入电子计算机中,电子计算机就可按式 (15) 或式 (16) 把 FeS 在指定时间 τ_a 内的氧化量计算出来,为吹炼一周期的终点判断提供指示,具体的判断方法后面将要继续讨论。

(2) Cu_2S 的氧化量。

利用式 (10),通过与上面类似的推导,得到 Cu_2S 氧化量计算式:

$$W_{\text{Cu}_2\text{S(氧)}} = 0.03584 \Delta\tau \sum_{K=1}^n \left\{ [B_2(\%SO_2)]_{K-1} + [B_2(\%SO_2)]_K \right\} \tag{17}$$

或

$$W_{Cu_2S(氧)} = 0.0358 \sum_{K=1}^{n} \Delta\tau_K \{[B_1 \cdot (\%SO_2)]_{K-1} + [(B_2 \cdot (\%SO_2)]_K\} \quad (18)$$

其中，$[B_2 \cdot (\%SO_2)]_K$ 的值由 τ_K 时测定的 B_2 值及 $(\%SO_2)$ 值确定。

(3) 一周期和二周期的终点判断：

1) 一周期的终点判断一般在除铁过程中不完全脱除所有的铁量，以避免大量的 Cu_2O 损失于渣中，生产实践中大约保留 3%~5% 的铁量于白冰铜中，这可作为除铁到终点的依据。

由进料冰铜的吨位及化学分析数据，熔体中 FeS 总量为：

$$W_{FeS(总)} = (冰铜吨位) \times \%FeS \quad (19)$$

其中，%FeS 可以通过 Cu、Fe、S、O 的分析数据合理计算求得：

$$\%FeS = 100 - \%Fe_3O_4 - 1.25(\%Cu)_{冰} \quad (20)$$

式中，$\%Fe_3O_4$ 也可按冰铜品位由图表求得。

熔体中残留的 FeS 数量为：

$$W_{FeS(冰)} = W_{FeS(总)} - W_{FeS(氧)} \quad (21)$$

据此，终点判断可按下列模式计算：

$$W_{FeS(总)} - 2.75 \times 10^{-4} \cdot \Delta\tau \sum_{K=1}^{n} \left\{\left[B_1 \frac{(\%SO_2)}{14 + 0.07(\%SO_2)}\right]_{K-1} + \left[B_1 \frac{(\%SO_2)}{14 + 0.07(\%SO_2)}\right]_K\right\} \leq 1.57 \cdot a \cdot W_{FeS(总)} \quad (a = 0.03 \sim 0.05) \quad (22)$$

或

$$W_{FeS(总)} - 2.75 \times 10^{-4} \sum_{K=1}^{n} \Delta\tau_K \left\{\left[B_1 \frac{(\%SO_2)}{14 + 0.07(\%SO_2)}\right]_{K-1} + \left[B_1 \frac{(\%SO_2)}{14 + 0.07(\%SO_2)}\right]_K\right\} \leq 1.57 \cdot a \cdot W_{FeS(总)} \quad (a = 0.03 \sim 0.05) \quad (23)$$

上列式 (22) 及式 (23) 即为一周期终点判断的数学模型。

2) 二周期的终点判断为了防止过吹，避免 Cu_2O 造渣，应保留少量的硫于粗铜中，一般在吹炼中保留 0.05%~0.5% 左右的硫，与前面相同，判断造铜期终点的数学模型为：

$$W_{Cu_2S(总)} - 3.58 \times 10^{-5} \sum_{K=1}^{n} \Delta\tau_K \{[B_2 \cdot (\%SO_2)]_{K-1} + [B_2 \cdot (\%SO_2)]_K\} \leq 4.964 \cdot b \cdot W_{Cu} \quad (b = 0.0005 \sim 0.005) \quad (24)$$

或

$$W_{Cu_2S(总)} - 3.58 \times 10^{-5} \cdot \Delta\tau \sum_{K=1}^{n} \{[B_2 \cdot (\%SO_2)]_{K-1} + [B_2 \cdot (\%SO_2)]_K\} \leq 4.964 \cdot b \cdot W_{Cu} \quad (b = 0.0005 \sim 0.005) \quad (25)$$

式中，W_{Cu} 代表粗铜重，可由下式计算：

$$W_{Cu} = (冰铜吨位) \times (\%Cu_{冰}) \times Fa \quad (26)$$

式中 Fa——过程中铜损失的经验数据，由生产厂的经验确定。

由上列数学模型 (式(22)~式(25)) 可以看出，只要在正常操作条件下，一、二周期终点控制或判断仅由%SO_2，B_i，τ_K 三个变量（$i=1,2$）所决定，即所谓 SO_2-B-τ 法预报终点及进程。最后，为了便于应用数学模型，把 SO_2-B-τ 法测量预报铜转炉进程和终点的设计方案示于图 1。首先根据理论和实际资料，用计算机语言将数学模型编成计算程序，输入计算机贮存；然后根据生产情况，把每次入炉冰铜的吨数及化学分析数据也输入电子计算机，同时把吹炼过程中测量的鼓风量、炉气中 SO_2 浓度和吹炼时间转换成数码不断输入电子计算机，计算机即可按编好的程序输出结果，预报吹炼进程和终点。

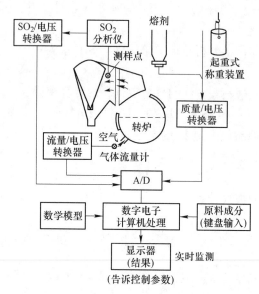

图 1　SO_2-B-τ 法预报冰铜转炉吹炼进程和终点的设计示意图
（计算机处理方法按公式根据检测的实时数据编程序处理，处理结果由
计算机经显示器输出，指示出控制点或其他参数）

由于生产过程复杂多变，可以把计算机的输出结果与实际信息进行比较，对数学模型做适当的修正，以便更准确地预报吹炼的进程和终点。应该指出，尽管上述数学模型是针对冰铜侧吹转炉建立的，做适当修正后，原则上可以适用于冰铜顶吹转炉，如图 2 所示。

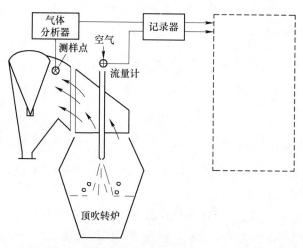

图 2　SO_2-B-τ 法测量预报冰铜顶吹转炉进程和终点设计示意图

参 考 文 献

[1] Д. Н. Лисовкнп, 等. Libet. Met., 1970 (5): 134~339.
[2] Foreman J H. J. of Metals, 1965 (6): 616.
[3] Dudgen E H. The Cand, Min. Met. Bull., 1966, 59 (655): 1321.
[4] Schnalek F, et al. J. of Metals, 1964, 16 (5): 416.
[5] Ruddle R W. The Physical Chemistry of Copper Smelting, 1953.
[6] Л. М. ЩАЛБЫГИЙ. Кониерый Передел В Цветной Металургин, 1965.
[7] 昆明冶金研究所. 转炉渣浮选控制 SiO_2 生产试验分析数据, 1974, 5.
[8] Lathe F E, Hodne T T. AIME Trans., 1958, 212: 603.
[9] 浅野楢一郎. 日本矿业会志, 1967, 83 (946 (2)): 383.
[10] Mossman H W. Trans. AIME, 1956, 206: 1182.
[11] Э. И. Цвет Метал, 1969: (43).
[12] Milliken, Hofing. J of Metals, 1968, 20 (4): 39.
[13] 龟田满雄, 等. 日本矿业会志, 1962, 78 (887 (5)): 411.
[14] 浅野楢一郎. 日本矿业会志, 1967 (2): 783.
[15] 云南冶炼厂, 昆明工学院. 有色金属 (1), 1976: 18.

氧化铜矿物硫化速率及其硫化矿相的研究

刘纯鹏　华一新　　谢宁涛　倪明新

（火法冶金物理化学研究室）　（昆明贵金属研究所）

摘　要：实验研究了某地天然单体氧化铜矿的硫化反应。硫化后的矿料用电镜、X射线能谱和化学物相分析鉴定了硫化物的形态及矿物组成。实验结果表明，在300~350℃进行硫化可获得最优效果，各种矿物的硫化率分别为：硅孔雀石（纯）：98.8%、蓝铜矿：91.10%、黑铜矿：93%。各单体氧化铜矿物的硫化速率的相对大小经测定为：

$$V_{CuO} > V_{CuCO_3 \cdot Cu(OH)_2} > V_{CuSiO_3 \cdot 2H_2O} \quad (300 \sim 350℃)$$

在恒温下，反应速度的限制环节是硫蒸气通过已形成的硫化铜膜层的内扩散。

本课题是某地处理难选低品位氧化铜矿新工艺流程研究的理论基础部分。为了解该地各种氧化铜矿物的硫化效果、物相组成和最优技术条件，我们开展了此课题。本研究除对所开展的新工艺具有指导意义而外，还对氧化铜矿物硫化动力学的研究在理论上具有一定的参考价值，因为迄今为止国内外文献对低温硫化单体氧化铜矿物的动力学研究还很少报导。

1　实验工作

1.1　试料的制备

本实验所用的矿物是某地天然单体氧化铜矿，如硅孔雀石（$CuSiO_3 \cdot 2H_2O$）、浸染状蓝铜矿（$CuCO_3 \cdot Cu(OH)_2$）和黑铜矿（CuO），其相应的含铜量分别为31.9%、3.13%和44.22%。为模拟原矿组成，在这些矿物中分别配以方解石（该地所产$CaCO_3$围岩）使试料含铜为0.64%，粒度为小于60目，所用硫化剂为纯的元素硫（99.5%S），实验前将试料混合均匀，硫的加入量由实验条件决定。

1.2　实验方法及设备

实验方法是利用铜的氧化物与元素硫（蒸气）发生硫化反应产生的SO_2来观察反应的进程，SO_2用碘量法进行测定，有关的反应如下：

$$2CuSiO_3 \cdot 2H_2O(s) + S_2(g) = Cu_2S(s) + 2SiO_2(s) + 4H_2O(g) + SO_2(g)$$

$$CuCO_3 \cdot Cu(OH)_2(s) + S_2(g) = Cu_2S(s) + H_2CO_3(g) + SO_2(g)$$

---

[1] 本文发表于《昆明理工大学学报》，1986，24（1）：38~48。

$$2CuO(s) + S_2(g) = Cu_2S(s) + SO_2(g)$$
$$SO_2(g) + H_2O(l) + I_2(l) = H_2SO_4(l) + 2HI(l)$$

经空白试验，$CaCO_3$ 在 300～350℃ 硫化极微，并且矿物中的含铁氧化物又很少，因此，所测 SO_2 的生产速度即能代表氧化铜矿物的硫化反应速度。

实验装置如图 1 所示，加热管是采用刚玉管，将试料加入炉管后，抽真空并用 Ar 气排洗，使管内充满无氧惰性气氛，然后升温达预定温度再用撑杆升送增涡试样到恒温区，此时，反应开始进行并即用 Ar 气将所产生的 SO_2 气体带入吸收瓶进行计时测定 Ar 气流量固定为 100mL/min，试料净重 30g。

由于坩埚及试料在进入预定温度区时不能立即达到预定的温度，故在实验前测定了坩埚试料的升温速度，如图 2 所示，在所测各温度下，经过 20min 试料即可达到预定温度，因此，本实验不仅掌握了恒温时的硫化反应速度，而且还掌握了升温过程（前 20min）的硫化反应速度。

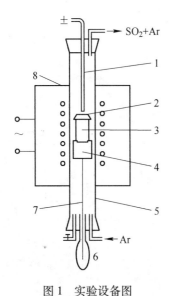

图 1　实验设备图
1—热电偶；2—坩埚盖；3—试料坩埚；
4—耐火材料垫块；5—刚玉炉管；6—密封橡皮球；
7—试料撑杆；8—电炉

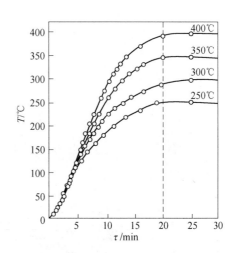

图 2　试料的升温曲线

2　实验结果

（1）添加硫量对硫化速度的影响如图 3～图 5 所示。其中，图 3 中的打"●"号者为比较纯的硅孔雀石（含铜为 31.91%），其余的试料均混有方解石，含铜量都为 6.4%。

（2）温度对硫化速度的影响如图 6～图 8 所示。

（3）硫化时间对硫化率的影响、实验条件及硫化率见表 1。

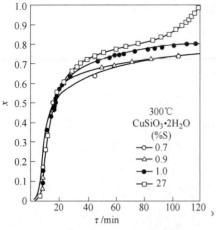

图3 在一定温度下，硫量对
CuSiO$_3$·2H$_2$O 硫化速度的影响

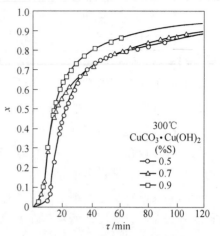

图4 在一定温度下，硫量对
CuCO$_3$·Cu(OH)$_2$ 硫化速度的影响

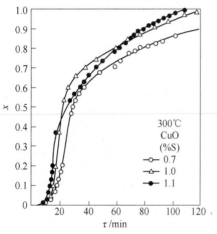

图5 在一定温度下，硫量对
CuO 硫化速度的影响

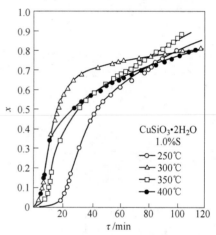

图6 在一定硫量下，温度对
CuSiO$_3$·2H$_2$O 硫化速度的影响

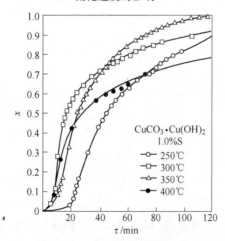

图7 在一定硫量下，温度对
CuCO$_3$·Cu(OH)$_2$ 硫化速度的影响

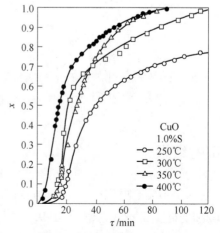

图8 在一定硫量下，温度对
CuO 硫化速度的影响

表 1 硫化时间及硫化条件对硫化率的影响

编号	原矿形态	料含铜/%	配入硫量/%	硫化温度/℃	硫化时间/min	硫化率/%
12-A1	CuSiO$_3$·2H$_2$O	0.64	0.7	300	46	63.95
12-A5		0.64	0.9	300	105	73.47
12-A2		0.64	1.0	300	156	83.67
12-A6[①]		31.93	27	300	118	99.91
1-E1		0.64	1.0	250	100	79.88
1-F1		0.64	1.0	350	104	88.00
1-G1		0.64	1.0	400	121	82.93
12-D4	CuCO$_3$·Cu(OH)$_2$	0.64	0.5	300	113	92.16
12-D3		0.64	0.7	300	106	88.15
12-D2		0.64	0.9	300	62	86.82
1-E2		0.64	1.0	250	98	81.48
1-F2		0.64	1.0	350	117	99.51
1-G2		0.64	1.0	400	78	70.12
1-C1	CuO	0.64	0.7	300	105	85.93
1-C2		0.64	1.0	300	125	99.91
1-C4		0.64	1.1	300	109	99.91
1-E3		0.64	1.0	250	115	76.60
2-X1		0.64	1.0	350	84	97.92
1-G2		0.64	1.0	400	97	99.91

① 比较纯的 CuSiO$_3$·2H$_2$O。

(4) 物相转变的观察。硅孔雀石（CuSiO$_3$·2H$_2$O, 纯）经硫化后绝大部分转变为冰铜（相当于自然矿物的黄铜矿、斑铜矿）及白冰铜（相当于自然界的辉铜矿和铜蓝）。多呈细粒状，单独产出经显微镜鉴定，X 射线能谱分析和化学物相分析，其结果基本一致，硫化率为 98.80%（实验中用碘量法测定 SO$_2$ 推算的结果为 99.91%），粒度约为 0.001~0.035mm，化学物相分析全铜为 35.51%，硫化态的铜为 35.08%，其他残存的氧化矿为硅孔雀石及氧化铜，这部分铜仅 0.09%~1.2%（占全铜），电镜图片如图 9 所示。X 射线能谱分析白色的（白冰铜）含铜 81.13%。冰铜含铜 53.56%，见能谱分析照片（见图 10）。

蓝铜矿（CuCO$_3$·Cu(OH)$_2$）经混合以方解石硫化后转变成硫化铜（黄铜矿、斑铜矿）和极少的铜蓝（CuS）。铜蓝多交带黄铜矿呈叶片状浸染分布，粒度为 0.00051~0.008mm，其他的硫化铜多呈粒状单独产出，粒度约为 0.001~0.041mm，个别达 0.1mm 左右，如图 11 所示化学物相分析全铜为 0.56%，硫化态的铜为 0.51%，硫化率为 91.10%，X 射线能谱分析流化物含铜 65.77%，见能谱分析照片（见图 12）。

图9 硅孔雀石经硫化后的矿相二次电子图像（×315）
（图中的颗粒为冰铜，粒中的白色为白冰铜
（实验条件见表1中的12-A6））

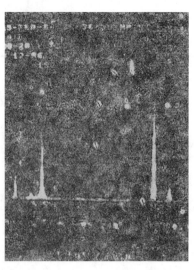

图10 硅孔雀石经硫化后的
X射线能谱分析照片

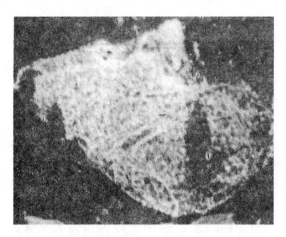

图11 蓝铜矿经硫化后的矿相二次电子图像（×315）
（图中颗粒为硫化铜，粒中的白色为白冰铜，周围的灰色
块为碳酸盐矿物（实验条件见表1中的12-D2））

图12 蓝铜矿经硫化后的
X射线能谱照片

黑铜矿（CuO）经混合以方解石硫化后形成的硫化物主要为铜蓝，呈单独的粒状产出，少部分呈交带黄铜矿产出，粒度为 0.00051~0.062mm，个别呈细网脉状，其幅宽为 0.0051~0.0015mm。少量为黄铜矿、斑铜矿，它们多呈相互交带状产出、或形成边缘结构产出。在颗粒中并有辉铜矿颗粒嵌布。CuS 的粒度约 0.006~0.062mm，Cu_2S 的粒度约 0.0051~0.013mm。电镜图片如图 13 所示。化学物相分析全铜为 0.85，硫化态的铜 0.79%，硫化率为 93%。X射线能谱分析硫化铜含铜 62.22%（见图 14）。

 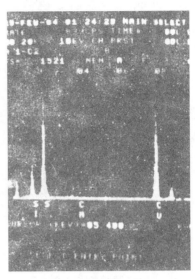

图 13 黑铜矿经硫化后的矿相二次电子图像（×315）
（图中的颗粒为冰铜，在粒中有白色冰铜细粒嵌布，周围的灰色为碳酸盐矿物（实验条件见表 1 中的 1-C2））

图 14 黑铜矿硫化后的 X 射线能谱照片

3 讨论

3.1 硫量的影响

铜为亲硫性元素，所以铜及其氧化物与硫反应的热力学趋势是很大的[1,2]，以黑铜矿和赤铜矿为例，可以看出其反应平衡常数具有很大的数值：

$$2CuO+S_2 = Cu_2S+SO_2 \quad (1)$$

$$2Cu_2O+\frac{3}{2}S_2 = 2Cu_2S+SO_2 \quad (2)$$

$$K_1 = 9.25 \times 10^9 (300℃) \quad (3)$$

$$K_2 = 7.94 \times 10^{26} (300℃) \quad (4)$$

动力学实验表明，结合态的 $CuCO_3 \cdot Cu(OH)_2$ 和 $CuSiO_3 \cdot 2H_2O$ 在硫化过程中也具有很高的硫化率，基本上可以完全硫化（见图 3~图 5）。从图 3~图 5 可以看出，随着硫量的增加，硫化速度有所增加，但不显著，这可能是由于所配入的硫量对铜而言均是过量，而大量的 $CaCO_3$ 在 300~350℃ 的温度范围内又难于硫化。

3.2 温度的影响

由图 6~图 8 可以看出，在 250~350℃ 的温度范围内，升高温度有利于加快硅孔雀石（$CuSiO_3 \cdot 2H_2O$）和蓝铜矿（$CuCO_3 \cdot Cu(OH)_2$）的硫化反应速度，温度过高（不小于 400℃）则会降低这两种矿物的硫化速度。黑铜矿（CuO）则与此不同，在所研究的温度范围内（250~400℃），升高温度始终有利于加快它的硫化速度（见图 8）。我们知道，升高温度固然可以使化学反应速度常数和扩散系数增大，但硫的挥发对温度十分敏感，升高温度会显著地增大硫的挥发速度，使部分硫蒸气还未反应就离开坩埚并被 Ar 气流带走，因而导致硫的有效浓度很快地降低，硫化速度也就随之减小。这是影响硫化速度的两个相反方面，硫化速度随温度的变化取决于这两个相反方面的对立结果，当有效硫浓度的降低速度大于因温度升高所增加的反应速度时，总的硫化速度就减小，反之则增大。硅孔雀石和蓝铜矿属于前一种情况，黑铜矿则属于后一种情况，这表征着黑铜矿和其他两种矿物在性质上存在着很大的差别。黑铜矿结构简单，硫化时仅产生 SO_2 气体和生成硫化物，硫化过程的阻力较小，故反应较易进行；硅孔雀石和蓝铜矿则结构较为复杂，硫化时除产生 SO_2 和生成硫化物外，对于硅孔雀石来说还有 SiO_2 的析出过程和水蒸气的产生，对蓝铜矿来说还有水蒸气和 CO_2 气体的产生，这些过程都不同程度地增大了硫化过程的阻力，使这两种矿物的硫化反应较黑铜矿难于进行。因此，温度对这些矿物的硫化速度的影响也就有所不同。

3.3 动力学方程式

由于炉料受热升温的关系，所有实验均在 20min 后达到预定的温度（见图 2）。可以推断，在恒温下硫化反应是在已经形成部分硫化层的条件下进行的，因此，硫蒸气向炉料颗粒内部未反应界面扩散进行化学反应将受到硫化层的阻碍，这种阻碍又将随着反应的继续进行而不断增长。所以，硫化反应的进行取决于硫蒸气透过硫化物膜到达反应界面的速度。从 20min 后的实验曲线（见图 3～图 8）状态来看，证实了此一过程应为硫蒸气向矿料未反应核心界面内扩散的限制步骤。

由于所研究的体系是在连续稳态下进行的，炉料粒度很小（小于 60 目），可视为球粒状，故应用"缩块核心模型"[3,4]可以推导得硫化反应的动力学方程式为：

$$\frac{dX}{d\tau} = \frac{3\left(\frac{b}{a}\right)DC(1-X)^{1/3}}{\rho \cdot r_o^2 [1-(1-X)^{1/3}]} \tag{5}$$

式中　a，b——化学反应计量系数；

　　　D——硫蒸气的内扩散系数，cm^2/min；

　　　X——时间 τ 时的硫化分数；

　　　C——硫蒸气的浓度，mol/cm^3；

　　　ρ——原矿密度，g/cm^3；

　　　r_o——矿粒的初始半径，cm。

结合本实验的情况，ρ 及 r_o 为一定值，在恒温下可以认为有效硫浓度为一常数，并认为参与反应的硫蒸气的浓度在未反应核心界面上为零[4]，在此条件下积分式（5）得

$$1 - \frac{2}{3}X - (1-X)^{2/3} = k\tau \tag{6}$$

等号左边的式子称为转变函数，令 $F(X) = 1 - \frac{2}{3}X - (1-X)^{2/3}$，则式(6)变成：

$$F(X) = k\tau \tag{7}$$

可见转变函数 $F(X)$ 与时间 τ 成线性关系。

将实验数据用转变函数对时间作图（见图 15）得出了二者之间的线性关系，显然，

动力学方程式（6）在 $\tau>20\min$ 时是成立的。为了得出整个反应时间（$\tau>20\min$）硫化率与时间的定量方程式，由实验数据求出了图 15 中各直线的回归方程，其结果见表 2。

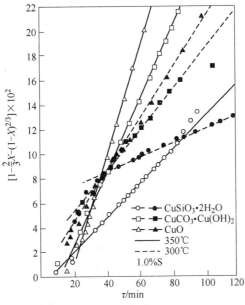

图 15　转变函数与时间的关系

表 2　氧化铜矿物硫化反应的动力学方程式

铜矿物	温度/℃	动力学方程式	相关系数
$CuSiO_3 \cdot 2H_2O$	300	$F(X) = 7.8 \times 10^{-4}\tau + 0.0452$	$r = 0.9650$
$CuSiO_3 \cdot 2H_2O$	350	$F(X) = 1.45 \times 10^{-3}\tau - 0.0099$	$r = 0.9995$
$CuCO_3 \cdot Cu(OH)_2$	300	$F(X) = 1.52 \times 10^{-4}\tau + 0.0243$	$r = 0.9848$
$CuCO_3 \cdot Cu(OH)_2$	350	$F(X) = 2.92 \times 10^{-3}\tau - 0.0345$	$r = 0.9983$
CuO	300	$F(X) = 1.99 \times 10^{-3}\tau + 0.0061$	$r = 0.9385$
CuO	350	$F(X) = 4.34 \times 10^{-3}\tau - 0.0779$	$r = 0.9986$

在置信度为 99.9% 的条件下，由相关系数表查得各相关系数的临界值 $r_{0.001}^*$ 对所有的回归方程均成立 $r > r_{0.001}^*$，故上述回归方程是完全可信的，从而说明了上述假定的正确性。

表 2 中的回归方程式与式（7）比较，右边多了一个常数项，这是由于硫化反应在 20min 以前并非恒温所致，对结果的讨论并没有影响。反应速度的快慢可以用式（7）中的 k 值进行断定，由表 2 可以看出，在相同温度下，各种矿物的硫化速度有如下大小顺序：

$$v_{CuO} > v_{CuCO_3 \cdot Cu(OH)_2} > v_{CuSiO_3 \cdot 2H_2O} \quad (300 \sim 350℃) \tag{8}$$

应该指出，纯矿物或混以脉石的纯矿物的硫化机理与实际矿物的硫化机理毕竟存在着一定的差别，实际矿物中的脉石是伴生的，而非简单的机械混合，因此，硫蒸气在实际矿物中的内扩散阻力会更大，使反应速度相对减小。实验证明，实际矿物的硫化速度确比纯矿物的低 30% 左右。

4 结语

热力学计算表明,铜的氧化矿物被硫化的热力学趋势是很大的,动力学实验证实了各种结合态的氧化铜矿物在100min左右基上完全硫化或大部分硫化。所推导出的回归方程式是结合用元素硫进行硫化、炉料逐渐升温达预定温度的实际加热方式而整理成的,因而它具有生产实际应用的意义。

从转变函数 $F(X) = 1 - \frac{2}{3}X - (1-X)^{2/3}$ 与时间 τ 的线性关系来看,硫化反应在进行过程中将为或将转变为内扩散限制的步骤,这与一般的气-固相反应产生固态产物于反应界面的动力学规律是吻合的[5,6]。因此,可以推断在限制温度升高和增添硫化剂的条件下,矿石粒度和加热方式对提高硫化速度起着重要的作用。

参 考 文 献

[1] Altman R,Kellogg N H. Inst. Min. Met. Tran.,1972,81,C.
[2] Ruddle R W. The physical Chemistry of Copper Smelting. London,1953.
[3] Sohn H Y. Gas-solid reactions in extractive metallurgy. 第一届中美双边冶金学术交流会议文集(美方),1981,北京.
[4] Munoz P B,Miller J D,Wadswarth M E. Met. Trans. B,1979,10B(2).
[5] 谢宁涛,刘纯鹏,等. 有色金属(季刊),1985(1).
[6] 刘纯鹏,华一新. 昆明工学院学报,1984(3).

炉气-碱性炉渣-铜合金平衡体系的研究[❶]

陆跃华　刘纯鹏

在火法有色冶金中渣型和渣含金属的问题一直是冶金工作者研究的对象。近年来由于强化冶炼（闪速熔炼，喷吹技术），连续熔炼等新工艺的出现，研究渣型和渣含金属的问题应密切与气氛氧势相联系，以便觅求对氧势不太敏感，不析出磁性氧化铁而渣含金属又少的渣型。根据 $CaO-FeO-Fe_2O_3$，$CaO-FeO-Fe_2O_3-SiO_2$ 及 $FeO-Fe_2O_3-SiO_2$ 体系三元及四元相图和等氧势图可以比较看出[1~3]，在高 $CaO-Fe_2O_3$ 渣型中含有 FeO 及 SiO_2 组分虽在很高的氧势下（$\lg p_{O_2}=-3\sim 0$）都不会有 Fe_3O_4 从渣中析出，反之如为 $FeO-Fe_2O_3-SiO_2$ 体系即使在较高温度下（1200~1400℃），匀相区的范围也不是很大，并且在较低氧势下（$\lg p_{O_2}=-9\sim-8$）将有 Fe_3O_4 或 SiO_2 析出。根据 Yazawa 等人[3]的实验，铜液与炉渣平衡时，硅酸盐渣中的 Cu% 与钙氧铁素体渣的 Cu% 相比较，在同一氧压及同一温度下高出 1.6 倍左右。本课题目的是研究无 SiO_2 的 $CaO-Fe_2O_3-FeO$ 体系并饱和以 Al_2O_3 的渣型，用刚玉坩埚与钙氧铁素体渣达平衡，在指定氧势范围内测定 Cu，Cu-Ni 及 Cu-Co 合金金属损失于渣中的规律和数学模型，并与其他渣型在同样条件下比较。

1 试验方法及试料

1.1 实验方法

本实验采用密封体系气体（CO_2/CO）循环平衡法研究了饱和 Al_2O_3 钙氧铁素体（$CaO-Fe_2O_3-FeO-Al_2O_3$ 四元组成）炉渣与 Cu，Cu-Ni 及 Cu-Co 合金在指定的氧势和温度为1220~1310℃的条件下的平衡体系。达到平衡后（由气相 CO_2/CO 比值恒定实测确定）经保温，沉清及急冷后取渣样进行分析并用电镜核察是否渣中有夹带金属。

1.2 原始试料

原始炉渣成分如下（%）：

Al_2O_3	CaO	Fe_2O_3	FeO
0.79	23.02	75.28	—
0.99	23.01	73.33	1.97

铜及其合金成分（%）为：纯铜：99.99；铜镍合金（Ni）：5、10、15、20；铜钴合金（Co）：2.5、5.0、7.5、12.5。

[❶] 本文发表于《有色金属》，1986，38（3）：47~52。

2 实验结果

2.1 平衡时间的确定

为使反应迅速达到平衡,采用较大流量气体(按预定配比的 CO$_2$/CO)吹入炉渣表面,尽可能使氧化反应为化学限制环节,经预备性实验采用 500mL/min,气体(CO$_2$/CO)总循环量为 1500mL,即每 3min 总量气体循环一次可以达到目的。试料渣样 20g,合金样 8~10g,经过计算,渣样中进入的 Cu$_2$O(含 Cu 约 0.5%)由气相中 CO$_2$/CO 的变化均可由气体分析器准确分析出来。据 A. Geveu 和 Rosenquist[8] 的实验,在面吹条件下(未插入熔体吹气)经连续取样证明,炉渣含铜量在 2~3h 以后就达到稳定值。本实验在上述条件下,经过 6~8h 的反应可以认为所研究的体系达到平衡,如图 1 所示。

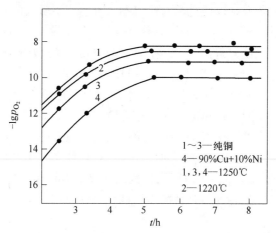

图 1 平衡氧势与平衡时间的关系

(渣成分质量分数: Fe$_2$O$_3$ 75.28%,CaO 23.02%,Al$_2$O$_3$ 0.8%)

2.2 铜在饱和 Al$_2$O$_3$ 钙氧铁素体渣中的溶解模式

2.2.1 与气氛氧势的关系

按反应:

$$\text{Cu} + 1/4\text{O}_{2(气)} = \text{CuO}_{0.5(渣)} \tag{1}$$

$$a_{\text{CuO}_{0.5}} = K_1 \cdot p_{\text{O}_2}^{1/4} \cdot a_{\text{Cu}} \tag{2}$$

式中 K_1——反应(1)的平衡常数;

a_{Cu}——铜的活度,对纯铜 $a_{\text{Cu}} = 1$;

$a_{\text{CuO}_{0.5}}$——渣中 CuO$_{0.5}$ 的活度,可视为稀溶液并用质量分数代替,即

$$\text{Cu}\% = B \cdot a_{\text{CuO}_{0.5}} \tag{3}$$

所以

$$\text{Cu}_{(渣)}\% = K'_{\text{Cu}} \cdot p_{\text{O}_2}^{1/4} \tag{3'}$$

式(3')表明,渣中损失的铜量与 $p_{\text{O}_2}^{1/4}$ 成直线关系,如图 2 所示。

从图 2 直线关系,得铜溶于渣中与氧势的模式应为:

$$\%\text{Cu}_{(渣)} = 221 p_{\text{O}_2}^{1/4} + 0.1 \tag{4}$$

式（4）多了一个常数，这表明渣中能溶解少量金属态铜。此一事实已为其他研究者所发现[6,9,10]。

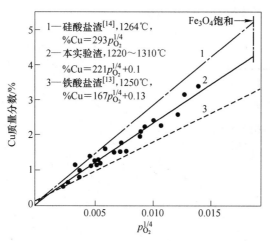

图 2　铜在 $CaO-FeO-Fe_2O_3-Al_2O_3$ 渣中的溶解

2.2.2　渣含铜与 $CuO_{0.5}$ 活度的模式

由式（1）并应用 Altman，Kellogg 的热力学数据[11]及 Cu-Fe 合金活度图[12]，因经平衡后铜熔体含 Fe 小于 0.011 原子分数，可取 $a_{Cu}=1$ 得渣中 $CuO_{0.5}$ 活度的计算式：

$$\lg a_{CuO_{0.5}} = 3822/T - 1.576 + \lg p_{O_2}^{1/4} \tag{5}$$

式中，温度及 p_{O_2} 均为实测数据，故 $a_{CuO_{0.5}}$ 可求得。渣中铜含量由 $a_{CuO_{0.5}}$ 摩尔分数计出，在各实验温度下用 $a_{CuO_{0.5}}$ 对 $X_{CuO_{0.5}}$ 作图并用最小二乘法求直线斜率，获得活度系数（见图3）。

$$\gamma_{CuO_{0.5}} = \frac{a_{CuO_{0.5}}}{X_{CuO_{0.5}}} = 2.74 \tag{6}$$

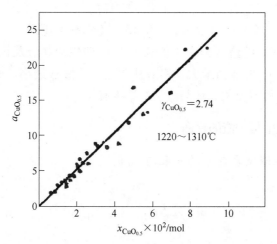

图 3　$CuO_{0.5}$ 的活度与摩尔分数的关系

按式（5）用实测温度及氧势求得各温度下渣中 $a_{CuO_{0.5}}$，并按公式以渣含铜 $\%Cu_{(渣)}$ 对 $a_{CuO_{0.5}}$ 作图，用最小二乘法求直线斜率获得直线方程式：

$$\%Cu_{(渣)} = 25.8a_{CuO_{0.5}} + 0.1 \tag{7}$$

并将 Ruddle 硅酸盐铁渣与铜平衡的数据和 Yazawa 钙氧铁素体（CaO-Fe_2O_3）渣与铜平衡的数据一并绘于图中以供比较，如图 4 所示。

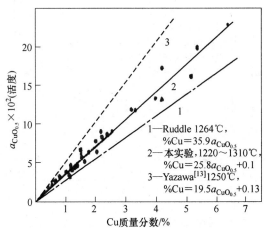

图 4　$CuO_{0.5}$ 的活度与渣中 Cu 含量的关系

从图 4 看出，本实验渣型及其他作者的渣型所得到的数学模式分别为[11,13,14,18]：

$$FeO\text{-}SiO_{2(饱和)}$$
$$\%Cu = 35.9a_{CuO_{0.5}} \quad （Ruddle 等人）$$

$$FeO\text{-}Fe_2O_3\text{-}Al_2O_3\text{-}SiO_2$$
$$\%Cu = 28.2a_{CuO_{0.5}} \quad （马克毅等人）$$

$$FeO\text{-}Fe_2O_3\text{-}CaO\text{-}Al_2O_{3(饱和)}$$
$$\%Cu = 25.8a_{CuO_{0.5}} + 0.1 \quad （本实验）$$

$$FeO\text{-}Fe_2O_3\text{-}CaO$$
$$\%Cu = 19.5a_{CuO_{0.5}} + 0.13 \quad （Yazawa 等人）$$

由模式可知，本实验的渣含铜介于饱和 SiO_2 的硅酸盐铁渣及钙氧铁素体渣之间，这表明硅酸盐渣溶解 $CuO_{0.5}$ 的能力最大，铝酸盐次之，铁酸盐最小。此一问题显然与 SiO_2、Al_2O_3 及 Fe_2O_3 的酸性强弱有关，还与渣型的结构有关。

2.3　镍、钴在铜合金中与炉渣的平衡

2.3.1　镍、钴在渣及合金中的分配与 p_{O_2} 的关系

按反应：

$$Me_{液} + \frac{1}{2}O_{2(气)} \Longrightarrow MeO$$

$$K = a_{MeO}/(a_{Me} \cdot p_{O_2}^{1/2}) \tag{8}$$

平衡常数 K 可由已知纯液态镍钴氧化物生成标准自由能求得[15]，即

$$\lg K_{Ni} = \frac{11082}{T} - 1.00 - 1.107\lg T \tag{9}$$

$$\lg K_{CO} = \frac{11008}{T} - 3.10 - 0.025\lg T \tag{10}$$

氧化物在炉渣中溶解量可视为稀溶液，按 Temkin 模式：

$$\%Me_{(渣)} \propto a_{MeO} \tag{11}$$

再按式（8）及式（11）得：

$$\%Me_{(渣)} = k' p_{O_2}^{1/2} \cdot r_{Me(合)} X_{Me(合)} \tag{12}$$

在一定的合金成分下，r_{Ni} 及 r_{CO} 为常数，则：

$$\%Me_{(渣)} = \beta \cdot p_{O_2}^{1/2} X_{Me} \tag{13}$$

或即

$$L_M = \frac{\%Me_{(渣)}}{\%Me_{(合)}} = \beta' \cdot p_{O_2}^{1/2}$$

式中　β'——镍、钴的分配常数，是温度的函数。

按实验所测渣含金属与合金所含金属的对数比值对 $\lg p_{O_2}$ 作图应为一直线关系，如图 5 所示。

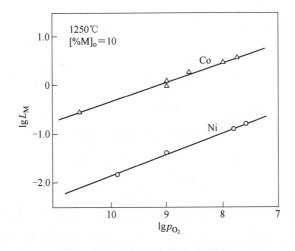

图 5　渣中 Ni、Co 与氧势的关系

（[%M]$_0$ = 10 表示初始合金中 Ni 或 Co 的含量，L_M 为镍、钴在渣及合金中的分配比）

2.3.2　镍、钴在渣中溶解损失的模式

按式（8）得

$$a_{MeO} = K \cdot p_{O_2}^{1/2} a_{Me} \tag{14}$$

式中，平衡常数 K 的值在 1250℃ 可由式（9）及式（10）求得，Cu-Ni 合金的活度系数按文献 [15] 推算得 $\gamma_{Ni} = 1.8(0\sim20\%Ni)$；Cu-Co 合金则按文献 [15] 钴的活度系数求得，再由式（11）用计算出的 a_{MeO} 对 $\%Me_{(渣)}$ 作图（%Me 由实验经分析渣中金属求得），由此获得直线关系，如图 6 及图 7 所示。由图分别得到镍，钴溶解于渣中的数学模式：

$$\%Ni_{(渣)} = 102 a_{NiO} \tag{15}$$

$$\%Co_{(渣)} = 62 a_{CoO} \tag{16}$$

此模式较 Wang，Toguri 用硅酸盐铁质渣平衡数偏低一些，这主要是由于所研究的炉渣是 $CaO\text{-}FeO\text{-}Fe_2O_3\text{-}Al_2O_{3(饱)}$ 体系。

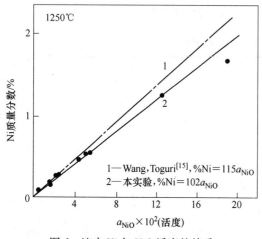

图 6　渣中 Ni 与 NiO 活度的关系 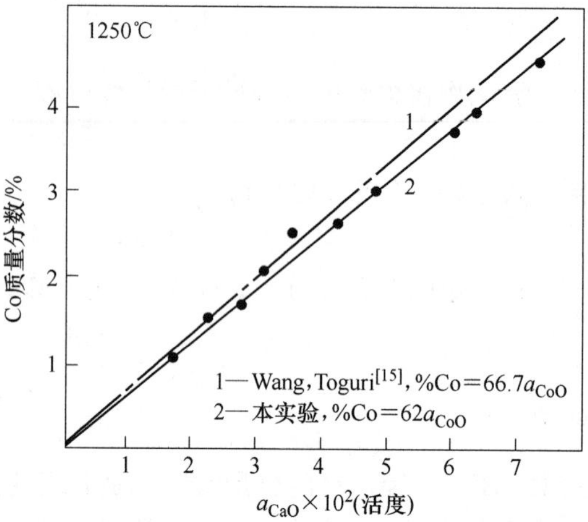　　　　图 7　渣中 Co 与 CoO 活度的关系

2.4　氧势对炉渣组成的影响

含铁氧体系渣中，渣组成变化时氧势大是很敏感的，这主要是由于铁的氧化物参加氧化-还原反应使炉渣组成和结构发生变化。按实验数据，在铜及其合金与钙氧铁素体的平衡体系中铁离子按下式进行氧化-还原反应：

$$Fe^{2+}_{(渣)} + \frac{1}{4}O_{2(气)} \rightleftharpoons Fe^{3+}_{(渣)} + \frac{1}{2}O^{2-}_{(渣)} \tag{17}$$

或即

$$\frac{(Fe^{3+})}{(Fe^{2+})} = K_{17} \cdot \frac{(r^{2+}_{Fe})}{(r^{3+}_{Fe}) \, a^{1/2}_{O^{2-}}} p^{1/4}_{O_2} \tag{18}$$

由于 r^{3+}_{Fe}/r^{2+}_{Fe} 将随 $(Fe^{3+})/(Fe^{2+})$ 比值而变化，且在炉渣中不仅有 $FeO_2^-(Fe_2O_4^{2-})$ 而且有 $Al_2O_4^{2-}$ 存在，并且这些络合阴离子 Me/O 比值及电价受渣组成及氧势的影响。还由下列反应的产生，使渣中 $a^{1/2}_{O^{2-}}$ 也不守恒：

$$2Fe^{3+} + 4O^{2-} \longrightarrow Fe_2O_4^{2-}$$

$$2Al^{3+} + 4O^{2-} \longrightarrow Al_2O_4^{2-} [AlO_2^-]$$

因此，将式（18）中 $(Fe^{3+})/(Fe^{2+})$ 对 $p^{1/4}_{O_2}$ 作图不为一直线关系，如图 8 所示。

图 8 的曲线是整理实验数据而得。从图看出温度对渣中 Fe^{3+}/Fe^{2+} 比值影响颇大，提高温度将使该比值降低（同等氧势下），从而可有利下列反应向右进行：

$$Fe_2O_3 \rightleftharpoons 2FeO + \frac{1}{2}O_2 \tag{19}$$

$$\lg(Fe^{3+}/Fe^{2+}) = 0.326 \lg p_{O_2} + \frac{16200}{T} - 7.93$$

在一定的氧势下升高温度将使高价氧化铁与低价氧化铁比值降低。

在一定温度下，将 $\lg(Fe^{3+}/Fe^{2+})$ 对 $\lg p_{O_2}$ 作图并将不同渣型的平衡数据一并绘于图中，如图 9 所示。

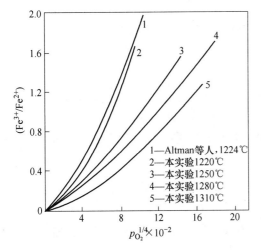
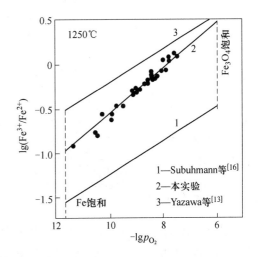

图 8 渣中 (Fe^{3+}/Fe^{2+}) 比值与 $p_{O_2}^{1/4}$ 的关系

图 9 不同渣型中 $\lg(Fe^{3+}/Fe^{2+})$ 与氧势的关系

从图 9 可以看出,这类渣型即纯硅酸盐,饱和 Al_2O_3-FeO-Fe_2O_3-CaO 及纯 CaO-FeO-Fe_2O_3 渣型,在同样的条件(一定温度和氧势下)$\lg(Fe^{3+}/Fe^{2+})$ 具有下列顺序:

$$\lg(Fe^{3+}/Fe^{2+})_{(2FeO \cdot SiO_2)} < \lg(Fe^{3+}/Fe^{2+})_{(FeO-Fe_2O_3-CaO-Al_2O_3)} < \lg(Fe^{3+}/Fe^{2+})_{(FeO-Fe_2O_3-CaO)} \tag{20}$$

造成差别的原因可从炉渣氧化物酸碱性的聚合反应得到解释:

$$O^0 + O^{2-} = 2O^- \tag{21}$$

$$2Fe^{3+} + 4O^{2-} = Fe_2O_4^{2-} \tag{22}$$

2.5 氧势对渣中 Al_2O_3 含量的影响

在一定温度(1250℃)和不同氧势下钙氧铁素体 $CaO \cdot Fe_2O_3$ 与 Al_2O_3 坩埚达平衡时,经实验数据整理得 Al_2O_3 溶于渣中与氧势的关系如图 10 所示。

由图 10 用最小二乘法求得 Al_2O_3 溶于渣中与 p_{O_2} 的定量关系为:

$$(\%Al_2O_3)_{(渣)} = 3.09 \cdot p_{O_2}^{-0.1} \tag{23}$$

表明 Al_2O_3 溶于渣中随氧势的降低而增加。结合图 9 可知随氧势的降低 Fe_2O_3 被还原成 FeO,$CaO \cdot Fe_2O_3$ 受到破坏致使 Al_2O_3 能与自由的 FeO、CaO 发生反应,其总反应为:

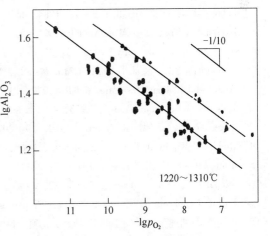

图 10 渣中 Al_2O_3 含量与氧势的关系

$$CaO \cdot Fe_2O_{3(渣)} + 3Al_2O_{3(渣)} = CaO \cdot Al_2O_{3(渣)} + 2FeO \cdot Al_2O_{3(渣)} + \frac{1}{2}O_2 \tag{24}$$

$$\Delta G_{24}^0 = -624644 \text{cal} \quad (1250℃)$$

其平衡常数：

$$K_{24}=\frac{a_{CaO \cdot Al_2O_3} \cdot a^2_{Fe \cdot Al_2O_3} \cdot p^{1/2}_{O_2}}{a^3_{Al_2O_{3(渣)}} \cdot a_{CaO \cdot Fe_2O_3}} \tag{25}$$

由 $a_{Al_2O_3(渣)} = 1$ 得：

$$(\%CaO \cdot Al_2O_3) \cdot (\%FeO \cdot Al_2O_3)^2 = K_{24} \cdot a_{CaO \cdot Fe_2O_3}/p^{1/2}_{O_2} \cdot f_{CaO \cdot Al_2O_3} \cdot f^2_{FeO \cdot Al_2O_3} \tag{26}$$

式中 $f_{CaO \cdot Al_2O_3}$，$f_{FeO \cdot Al_2O_3}$——CaO·Al_2O_3 及 FeO·Al_2O_3 的活度系数。

考虑渣中%CaO·Al_2O_3 及%FeO·Al_2O_3 同%Al_2O_3 的关系，以及渣中总（%Al_2O_3）为上述两种铝酸盐中%Al_2O_3 之和，得：

$$\lg(\%Al_2O_3)_{(渣)} = -0.16\lg p_{O_2} + \frac{1}{3}\lg\left(\frac{3^3}{1.5\times 1.7^2\times 4}K_{24}\right) + \frac{1}{3}\lg\frac{a_{CaO \cdot Fe_2O_3}}{f_{CaO \cdot Al_2O_3} \cdot f^2_{FeO \cdot Al_2O_3}}$$

当等式右边第三项基本上不随氧势变化时，则 $\lg(\%Al_2O_3)_{(渣)}$，将与 $\lg p_{O_2}$ 保持直线关系，其斜率为-0.16，与实验所得斜率（-0.1）相差不大。

致 谢

本课题的部分经费由中国科学院科学基金委员会提供，在此表示感谢。

参 考 文 献

[1] Timuein M, et al. Metall. Trans., 1970, 1: 3193.
[2] Muan A. Trans. AIME., Sept., 1955, 965 (JMeatls).
[3] Yazawa A, et al. Can. Metall. Ouart., 1981, 20 (2): 129.
[4] Altman R. Trans Inst. Min. Metall, 1978, 87, C23.
[5] Elliott B J, et al. Trans. Inst. Min. Metall. 1978, 87, C204.
[6] Reddy R G, et al. Metall. Trans. B, 1984, 15B: 33.
[7] Reddyet R G, et al. Metall. Trans. B, 1984, 15B: 345.
[8] Gevedetal A. Trans. Inst. Min, Metall, 1973, 82, c193.
[9] Saasbeetat M. Metall. Trans, 1973, 5: 273.
[10] Rieharldson F D, et al. Trans. Inst. Min. Metall., 1955: 56.
[11] Altmanetal R. Trans. Inst. Min. Metall, 1972, 81, c163.
[12] Kulkarni A D. Metall. Trans., 1973, 4: 1713.
[13] Takedaetal Y. Can. Metall. Quart., 1980, 19: 297.
[14] Ruddle R W, et al. Trans. Insts. Metall., 1966, 75: c1.
[15] Wangetal S S. Metall. Trans., 1974, 5: 261.
[16] Michal E J, et al. J. Metall., 1952: 723.
[17] Barin, Knaekeetal O. Thermody Namical Properties of Inorganic Substances. Germany, Berlin, 1977.
[18] 马克毅，刘纯鹏. 昆明工学院冶金专业硕士论文，1982.
[19] Elrefiae F A, et al. Metall. Trans. B, 1983, 14B: 85.

$Fe_3O_4 - (xFeS \cdot yCu_2S) - FeO - SiO_2$ 体系的反应动力学[①]

华一新　刘纯鹏

在铜的火法冶金中，如何减少磁性氧化铁对冶炼过程的危害，一直是人们极为重视的问题，尽管人们对此问题做过一些研究，但涉及动力学方面的工作不多，因此，深入研究 $Fe_3O_4-(xFeS \cdot yCu_2S)-FeO-SiO_2$ 体系的反应动力学就具有特别重要的实际意义。

本文通过测定反应产生的 SO_2 来考察反应的进程，实验设备参见文献 [1]。

1 造渣剂对反应速度的影响

冰铜对磁性氧化铁的还原是按下列反应进行的：

$$3Fe_3O_4 + [FeS] = 10[FeO] + SO_2 \tag{1}$$

$$2[FeO] + SiO_2 = (2FeO \cdot SiO_2) \tag{2}$$

热力学计算表明，降低 FeO 的活度有利于反应（1）向右进行。为此，本文通过改变造渣熔剂的种类（从而改变 FeO 在炉渣中的活度），从动力学角度考察了 a_{FeO} 对反应速度的影响。实验结果指出，在相同的时间内，以 SiO_2 作造渣熔剂时反应产生的 SO_2 量比以 Al_2O_3 和 MgO 作造渣熔剂时反应所产生的 SO_2 量要大得多（见图1），这与 SiO_2 的加入促使反应（2）的发展从而降低 a_{FeO} 的热力学结论是一致的。

由于 a_{FeO} 的降低决定于反应（2）的速度，故总的反应速度与造渣反应（2）关系密切。在实验的温度范围内（1000~1300℃），SiO_2 除了一部分与 FeO 作用生成硅酸盐熔体外，未作用的 SiO_2 将以固态存在，因此，反应（2）可以看成是液-固相反应。在 Fe_3O_4 饱和的条件下，根据图 2 可得反应（2）的动力学方程：

$$r_{SO_2} = k_a W_{SiO_2}^{2/3} - a \tag{3}$$

式中　r_{SO_2}——反应速度；

k_a——表观速度常数；

W_{SiO_2}——固态 SiO_2 的质量。

a 是考虑到反应（2）的可逆程度较大而引入，因为在 1200℃ 反应的平衡常数 k_2 仅 0.48[2]。由图2可见，当反应过程达到稳态后（图中虚线代表非稳态，实线代表稳态），实验数据与式（3）相符合。因此，当 Fe_3O_4 饱和时，反应速度的限制环节是造渣反应（2）。

[①] 本文发表于《金属学报》，1986，22（6）。

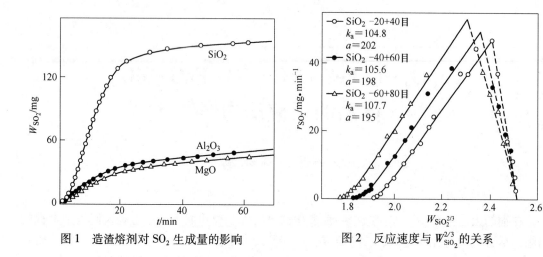

图 1　造渣熔剂对 SO_2 生成量的影响

图 2　反应速度与 $W_{SiO_2}^{2/3}$ 的关系

2　初始 Fe_3O_4 含量对反应速度的影响

实验结果表明，当 Fe_3O_4 在冰铜熔体中不饱和时，反应速度符合下列方程（见图 3）：

$$Y_{SO_2} = k_b [\%O_{Fe_3O_4} - b]^2 [\%S] \tag{4}$$

此时，反应速度与 W_{SiO_2} 无关，这表明反应速度不受造渣反应的影响，而是决定于冰铜熔体中的硫-氧化学反应：

$$2[O] + [S] = SO_2 \tag{5}$$

假定该反应是基元反应，则根据质量作用定律有

$$r_{SO_2} = k_b [\%O]^2 [\%S] \tag{6}$$

如果令参与反应的有效氧浓度为

$$[\%O] = [\%O_{Fe_3O_4} - b] \tag{7}$$

则将式（7）代入式（6）即得实测的速度方程式（4），该方程与 Simo Makipitti[3] 提出的模型是一致的。

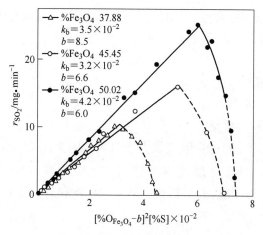

图 3　反应动力学曲线

由图4可见，本实验中反应最终阶段的冰铜含氧量与其他作者用热力学方法测定的平衡含氧量是一致的。当氧在冰铜中的含量达到平衡浓度时，Fe_3O_4便不能再被还原，速度方程中的常数项b正好反映了这一结论。实际上b就是冰铜中的平衡含氧量，即

$$b = [\%O_{Fe_3O_4}]_e \tag{8}$$

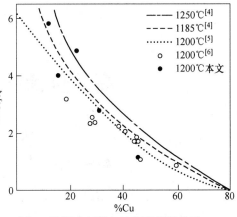

图4 冰铜含氧量与冰铜品位的关系

3 冰铜品位和温度对反应速度的影响

实验结果表明，反应速度随冰铜品位的降低而增大，这说明FeS对Fe_3O_4的还原起着主要的作用。温度对反应速度的影响可表示为：

$$k_a = 2.8 \times 10^7 \exp\left(\frac{-154200}{RT}\right) \quad (1150 \sim 1300℃) \tag{9}$$

$$k_b = 3.1 \times 10^8 \exp\left(\frac{-237900}{RT}\right) \quad (1200 \sim 1300℃) \tag{10}$$

相应的活化能分别为：$E_a = 154.2 kJ/mol$，$E_b = 237.9 kJ/mol$。

4 结论

（1）降低a_{FeO}是Fe_3O_4被FeS还原得以进行的必要条件。

（2）升高温度，降低冰铜品位和适当减小SiO_2的粒度可以加快反应速度。

（3）当Fe_3O_4在冰铜熔体中饱和时，反应速度决定于造渣反应（2），当Fe_3O_4不饱和时，反应速度受冰铜熔体中的硫-氧化学反应控制，当Fe_3O_4在冰铜中达到其平衡浓度时，反应便停止。

本实验的经费承中国科学院科学基金委员会提供，谨此致谢。

参考文献

[1] Liu C P, Feng G M, Yan C Y, et al. First China-USA Bilateral Metallurgical Conf., Nov. 1981, Beijing, China, p.137.
[2] 叶大伦. 实用无机物热力学手册. 北京：冶金工业出版社，1981.
[3] 冶金部情报标准研究所. 闪速熔炼译文集，1975：85.
[4] Johannsen F, Knahl H Z. Erzbergbau Metollhuettenwes., 1963 (12)：611.
[5] Yazawan A, Kameda M. Neutral dissolution between matte and slag produced in system Cu_2S-FeS-FeO-SiO_2. Technology Report XIX (V. No 2). Tohoku University, Sendai, Jpn, 1955.
[6] Elliott J F, Mounier M. Cand. Metall. Q., 1982 (21)：415.

高品位锍吹炼动力学的研究[①]

杭家栋　刘纯鹏

摘　要：本文研究了富氧空气、反应速度、鼓风流量、熔锍品位以及钙氧铁素体渣对高品位锍氧化脱硫速度的影响。实验求出吹炼过程中一、二周期脱硫速度与氧分压的动力学方程式，FeS、Cu_2S 脱硫速度与氧及硫浓度关系的反应级数，并从动力学角度比较了三菱法吹炼炉钙氧铁素体渣与硅酸铁渣对脱硫速度的影响。

1　实验结果

本实验采用的方法和装置与文献［1］类似。

1.1　吹风流量对反应速度的影响

锍品位为 70%，温度 1240℃，在不同吹风流量下所测反应脱硫速度，如图 1 所示。

1.2　氧分压对熔锍脱硫速度的影响

温度 1240℃ 和风量 200 cm^3/min 条件下，不同氧分压对脱硫速度的影响，如图 2 所示。

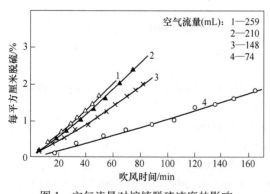 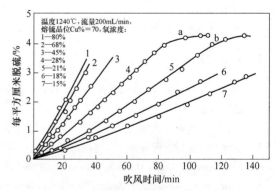

图 1　空气流量对熔锍脱硫速度的影响　　　　图 2　氧浓度对熔锍脱硫速度的影响

1.3　熔锍品位对脱硫速度的影响

在温度，吹风流量一定的条件下，锍品位对反应速度的影响，如图 3 所示。

[①] 本文发表于《有色金属》，1989，41（1）：43~48。

1.4 温度对脱硫速度的影响

在一定的其他条件下，不同温度对脱硫速度的影响，如图 4 所示。

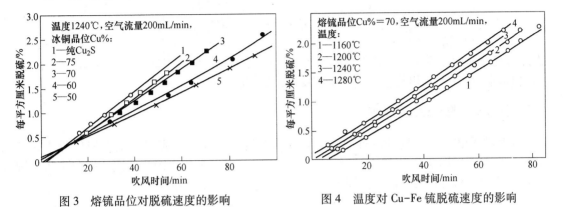

图 3　熔锍品位对脱硫速度的影响　　　　图 4　温度对 Cu-Fe 锍脱硫速度的影响

1.5 钙氧铁素体渣对脱硫速度的影响

实验选定硫品位为 50% 及 55%，并用铁橄榄石为主的渣与之比较，结果如图 5 所示。

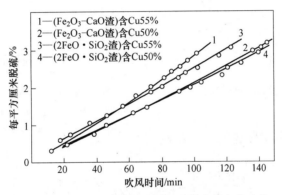

图 5　钙氧铁素体渣与铁橄榄石渣脱硫速度的比较

2 实验结果讨论

2.1 温度对脱硫速度的影响

FeS 及 Cu_2S 氧化的平衡常数与温度关系式：

$$\lg K_{FeS} = \frac{25412}{T} - 4.89 \tag{1}$$

$$\lg K_{Cu_2S} = \frac{11248}{T} - 1.589 \tag{2}$$

在吹炼温度下，它们氧化的热力学趋势均很大，但温度对其平衡常数的影响很小。

本实验不仅证实了熔锍中 FeS 优先氧化而且发现温度对氧化脱硫速度的影响也很小，这可按图 4 实验数据对温度作图获得具有转折点的两条线，如图 6 所示。

按图 6 得 FeS 和 Cu_2S 氧化脱硫速率常数与温度的关系式，分别为：

$$k_{FeS} = 1.49 \times 10^{-1} \cdot \exp\left(\frac{-21.30}{RT}\right) \tag{3}$$

$$k_{Cu_2S} = 1.26 \times 10^{-1} \cdot \exp\left(\frac{-17.81}{RT}\right) \tag{4}$$

由式（3）和式（4）可知，所测一、二周期反应活化能均较小，表明反应速度较快，温度对反应速度影响很小。式中频率因素也很小，这可能是由于体系在一周期由气相-渣相-白水铜-金属铜四相共存，反应体系较复杂的原因。

2.2 氧浓度对脱硫速度的影响

从图 2 看出，对不同氧浓度的每一根曲线在近 $0.95\%/cm^2$ 脱硫量处具有转折点，按硫量计算为第一周期 FeS 氧化造渣结束并开始二周期的吹炼。由图 2 两段直线分别求得脱硫速率并以其对氧浓度作图，如图 7 所示。

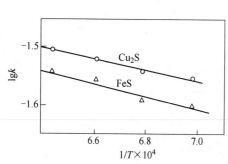

图 6 温度对熔锍脱硫速度的影响

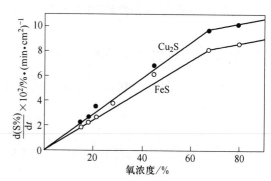

图 7 氧浓度对 Cu-Fe 锍脱硫速度的影响
（温度 1240℃，流量 200mL/min，冰铜品位 Cu% = 70）

由图 7 得一、二周期脱硫速率动力学方程式：

当 $[O_2] < 68\%$：

$$\left[\frac{d(S\%)}{dt}\right] = k_{FeS} \cdot [O_2] \quad （一周期）$$
$$\left[\frac{d(S\%)}{dt}\right] = k_{Cu_2S} \cdot [O_2] \quad （二周期） \tag{5}$$

当 $[O_2] > 68\%$：

$$\left[\frac{d(S\%)}{dt}\right] = k'_{FeS} = 常数 \quad （一周期）$$
$$\left[\frac{d(S\%)}{dt}\right] = k'_{Cu_2S} = 常数 \quad （二周期） \tag{6}$$

式中各速率常数分别按实验数据求得：

$$k_{FeS} = 1.12 \times 10^{-3} \qquad k'_{FeS} = 8.4 \times 10^{-2}$$
$$k_{Cu_2S} = 1.43 \times 10^{-3} \qquad k'_{Cu_2S} = 9.9 \times 10^{-2}$$

2.3 锍品位对氧化脱硫速度的影响

按图 3 两段直线分别求得 FeS 及 Cu_2S 的氧化脱硫速度并将其对锍品位作图，如图 8

所示。

从图 8 中看出,随着进料锍品位的增高,Cu_2S 及 FeS 的脱硫速度均相应增大。这是由于始吹锍品位越高,渣中氧势及 Fe_3O_4 生成的相对速度随之增大,有利于氧的传递,因而脱硫速度随始吹锍品位增高而增大。

2.4 吹风流量对脱硫速度的影响

按图 1 求第二周期 Cu_2S 脱硫瞬时速度并对吹风流量作图,如图 9 所示。

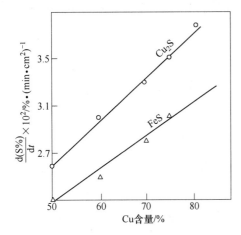 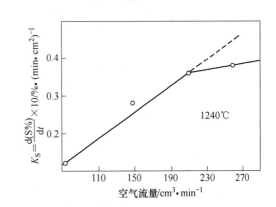

图 8　脱硫速度与硫品位的关系　　　　图 9　二周期脱硫速度与吹风流量的关系

（脱硫速度 $K = \dfrac{d(S\%)}{dt} \times 10^2$）　　　（脱硫速度 $K = \dfrac{d(S\%)}{dt} \times 10$（%/(min·cm²)））

按图 9 数据求速率常数与空气流量的关系式:

当 $Q_{空} < 210 \text{cm}^3/\text{min}$ 时:

$$k_{Cu_2S} = \frac{d(S\%)}{dt} = 1.7 \times 10^{-4} \cdot Q_{空} + 0.103$$

当 $Q_{空} > 210 \text{cm}^3/\text{min}$ 时:

$$k'_{Cu_2S} = \frac{d(S\%)}{dt} = 3.6 \times 10^{-2}$$

本实验所用吹风流量为 $200 \text{cm}^3/\text{min}$,试样 20g,折合每吨白冰铜每分钟的鼓风量近 10m^3。而一般 50t 炼铜转炉的鼓风量在 $400 \sim 500 \text{m}^3/\text{min}$,折合成每吨白冰铜每分钟的鼓风量为 $6.4 \sim 8.0 \text{m}^3$。因此本实验所用鼓风量比一般转炉吹风量大 20%~36%。

2.5　一、二周期脱硫速度的差别及曲线转折点

从图 7 可见,第二周期的脱硫速度比第一周期明显大一些。这主要是由于第一周期中的氧除生成 SO_2 外,还有 1/3 的氧以 FeO 或更多的氧以 Fe_3O_4 的形态入渣,而第二周期的氧则只与 Cu_2S 氧化生成 SO_2。按理论计算,二周期单位时间的脱硫率比第一周期大 33%。本实验二周期脱硫速度比第一周期大 10%~25%,这可能是氧利用率有所波动并未达到 100%。

所有曲线明显地具有转折点，以图 2 为例，可以看出第一个转折点随氧浓度的增高，转折点出现的时间缩短，斜率（即脱硫速度）增大，但均在同一成分（即达到同一硫量）出现转折点。按原始含硫量计算恰是第一周期 FeS 优先氧化造渣结束而第二周期 Cu_2S 开始氧化。本实验锍品位 70%，按含硫总计为 20.05%，其中 Cu_2S 含量为 87.5%，FeS 为 12.5%。按 Cu-Fe-S 三元系可知，在实验温度下，锍熔体处于单相区范围。当第一周期吹炼结束时，吹炼进入第二周期，由于试样 Cu_2S 含硫 19.68%，已开始分层，故脱硫速度为一常数，见图中第一转折点后的直线段。当脱硫至分层区转变到低硫熔体时，曲线再次发生转折，见图中 a、b 处。将二周期脱硫速度对熔体硫量作图并与已知硫活度数据一并绘于图中（见图 10）。

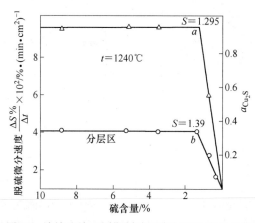

图 10　熔锍吹炼二周期脱硫速度与硫浓度的关系

由图 10 得 Cu-S 系脱硫速度，Cu_2S 活度（或硫活度）与相变关系的数学模式：

$$\left[\frac{\partial(\Delta S/\Delta t)}{\partial(S)}\right]_{T_1,\ N_S-N_S'} = K_1 \cdot \left[\frac{\partial(a_{Cu_2S})}{\partial(S)}\right]_{T_1,\ N_S-N_S'} = 0 \tag{7}$$

$$\left[\frac{\partial(\Delta S/\Delta t)}{\partial(S)}\right]_{T_1,\ N_S'-N_S''} = K_2 \cdot \left[\frac{\partial(a_{Cu_2S})}{\partial(S)}\right]_{T_1,\ N_S'-N_S''} < 0 \tag{8}$$

式中　K_1，K_2——比例常数。

式（7）表明，在 Cu-S 系熔体中脱硫速度和 Cu_2S 的活度在一定温度和一定含硫成分下与硫浓度变化无关；不等式（8）表明，在一定温度和一定含硫成分下（$N_S'-N_S''$）脱硫速度和 Cu_2S 活度将随含硫量的减少而下降。显然，结合 Cu-S 系相图可知由分层区到低硫单相区的相变由脱硫速度和 Cu_2S 的活度变化反映出来，即相变转折点。此转折点的含硫成分经本实验动力学测定为 1.39%，而按下列方程计算为 1.295，与本实验相差不大。

$$\lg(S\%) = -\frac{212.7}{T} + 0.253 \tag{9}$$

2.6　反应级数

实验数据表明，在高品位锍（70%Cu）吹炼中，一周期 FeS 的氧化速度为一常数。这是因为在 Cu-Fe-S 三元系中含硫 71% 至分层的 $Cu-Cu_2S$ 系，$p_{S_2}=(2.07\times10^{-8}\sim2.09\times10^{-6})$ 大气压，变化极小。因此，一周期吹炼至白冰铜开始分层（含硫近 19.68%），脱硫速度为

常数,与硫化亚铁浓度减少无关,即

$$\frac{\mathrm{d}(\Delta S/\Delta t)_{\mathrm{FeS}}}{\mathrm{d}(S\%)} = 0$$

是动力学上的零阶反应。

按 Cu-S-O 体系及 Cu-Fe-S-O-SiO$_2$ 体系的研究,$\lg p_{\mathrm{O}_2}$-$\lg p_{\mathrm{S}_2}$ 图仍能维持 Cu-S 二元系的分层区,硫势为一常数而与氧势无关。结合本实验,白冰铜吹炼期脱硫速度在转折点以后也为一常数而与硫浓度无关,因而在第二周期分层区脱硫速度仍为动力学上的零阶反应,当脱硫继续进行达到第二个转折点后,脱硫速度随硫浓度的减少而降低,并为一直线关系(见图10)。由此可知,在低硫单相铜熔体中的脱硫速度与硫浓度为动力学上的一阶反应,这与用氢气还原 Cu-Cu$_2$S 系的动力学相类似,即

$$-\frac{\mathrm{d}(\Delta S\%/\Delta t)}{\mathrm{d}(S\%)} = \beta(\text{常数})$$

2.7 反应机理

在高品位硫吹炼中易产生 Fe$_3$O$_4$,由于 Fe$_3$O$_4$ 能溶解于锍和炉渣中,并在过程中趋于饱和。

由于二周期一开始就是以炉气-炉渣-Cu$_2$S-Cu 四相共存,故渣中饱和 Fe$_3$O$_4$ 起着传递氧的作用。

根据在吹炼中硫化物氧化热力学趋势非常大,可以认为化学反应是不可逆的,且速度很快。在此情况下,反应的限制步骤或为气相传质或为液相传质。本实验的鼓风量比一般转炉吹风量大,由图9可以看出在所用吹风量下,脱硫速度已与风量无关,而吹风效率并未达到100%。又因脱硫速度迅速致使熔体中硫浓度赶不上化学反应的需要,因而使气相传质速率与液相传质速率的比值在所用吹风量条件下小于1,即

$$N_{\mathrm{R}} = \frac{g k_{\mathrm{L}} \cdot \alpha' \cdot C_{\mathrm{L}} \cdot RT}{l k_{\mathrm{G}} \cdot \alpha' \cdot p_{\mathrm{G}}} < 1 \tag{10}$$

式中 g——参与反应的气体物质的量;
l——参与反应的液体物质的量;
$k_{\mathrm{G}} \cdot \alpha'$——气相传质系数与流股单位距离气-液界面积(厘米^2/距离)的乘积;
$k_{\mathrm{L}} \cdot \alpha'$——液相传质系数与流股单位距离界面积(厘米^2/距离)的乘积;
p_{G}——气相中反应剂的分压;
R——气体常数;
T——绝对温度。

结合本实验情况,可以认为吹风量 200cm^3/min 的条件下,p_{G} 在气-液界面上是足够大的(见图9),而 C_{L}(硫浓度)在气-液或渣-锍界面上赶不上反应的需要,特别是在所用吹风流量下,可以认为气相传质系数也是较大的。而铁质渣中由于气相氧传递迅速也始终保持近饱和的 Fe$_3$O$_4$。因此,式(9)N_{R} 之值将小于1,吹炼过程应为液相传质所控制。

2.8 钙氧铁素体渣在吹炼中的作用

三菱法在吹炼高品位硫时,采用钙氧铁素体渣(CaO-FeO-Fe$_2$O$_3$),与硅酸铁渣比较,

优点甚多，如在高氧势下可避免 Fe_3O_4 的析出，炉渣黏度小以及渣含铜低等。本文从动力学出发，主要了解两种渣型：钙氧铁素体与铁橄榄石渣对脱硫速度提高率的影响。由图 5 可知，相同品位的熔锍吹炼时，钙氧铁素体渣的脱硫速度比硅酸铁渣大一些。这是因为钙氧铁素体渣的氧势和负荷三价铁的能力比硅酸铁渣高。

2.9 吹炼中渣含铜

熔锍吹炼过程是在强氧化气氛下进行的，氧势较高，自由氧浓度及 SO_2 浓度也较高。按炉气-炉渣-锍平衡体系计算，平衡氧势及渣中 Fe_3O_4 含量均随锍品位增高而增大，达白冰铜组成时，Fe_3O_4 含量近于饱和，氧势达 $10^{-3} \sim 10^{-2}$ bar。渣中氧势越大，渣铜越高。本实验在吹炼中系炉气-炉渣-白冰铜-金属铜共存（二周期）。炉渣氧势很高，渣含铜比一般转炉（在吹炼中出铁渣）的渣含铜高得多，波动在 6.33%～11.36%，与连续炼铜中渣含铜为 6%～15% 相近。由物相鉴定知，炉渣结构为铁橄榄石及铝酸铁，其中溶解有磁铁矿及赤铜矿。除因刚玉坩埚受侵蚀带来 Al_2O_3 较高外，其他组分均与转炉渣和连续炼铜炉渣组成相一致。

3 结语

本实验用动力学方法，证实了铜、铁硫化物氧化热力学和有关相结构的一些性质：
（1）FeS 优先于 Cu_2S 氧化。
（2）温度对熔锍的氧化脱硫速度影响小。
（3）FeS 在锍中优先氧化结束时具有明显转折点。
（4）Cu_2S 在分层区具有不变的恒定脱硫速度，而在低硫单相区又发生速度转折点。
（5）高品位锍（Cu≥70%）在吹炼中，FeS 脱硫速度不变。

在较大的鼓风量条件下，整个吹炼过程是为熔锍液相传质所控制，不存在反应机理限制环节的速度的转变，故所测速度转折点理应为相变转折点。一、二周期活化能均很小，属于扩散范围。

参 考 文 献（略）

硫化亚铜与氧化亚铜交互反应动力学[❶]

陆跃华　　　　刘纯鹏

（昆明贵金属研究所）　（昆明工学院）

摘　要：在 1150~1250℃ 的范围内研究了 Cu_2S 与 Cu_2O 交互反应的动力学，反应速率随 Cu_2O 颗粒表面积的增加而增加，温度的影响不明显。假设氧通过反应边界层液膜中的扩散是交互反应速率的控制步骤，最终动力学方程为

$$\alpha = 6.69 \times 10^{-2} At \quad (0 < \alpha < 0.74)$$

$$\ln(1-\alpha) = -A(9.83 \times 10^{-2} t + 1.76) \quad (0.74 < \alpha < 1)$$

关键词：Cu_2O；Cu_2S；Cu 冶炼；交互反应；动力学

冰铜的吹炼过程已经在制铜工业中广泛应用。许多学者曾经对此进行过系统而大量的研究，尤其是热力学方面，而动力学方面的研究为数不多。一些学者认为此过程按如下的顺序进行：

$$2Cu_2S_{(l)} + 3O_{2(g)} = 2Cu_2O_{(l)} + 2SO_{2(g)} \quad (1)$$

$$2Cu_2O_{(l)} + Cu_2S_{(l)} = 6Cu_{(l)} + SO_{2(g)} \quad (2)$$

Byerley 等人[1]、Sergin 等人[2] 及 Themelis 等人[3,4] 曾经做过有关动力学的工作，并估计了反应机理。目前在确定吹炼过程的机理方面还有争议[5]，为更好地了解吹炼及过程中的各步反应，研究反应（2）是有意义的，本文试对此反应的动力学做一研究。

1　实验方法

实验用 Cu_2S，Cu_2O 为化学剂。

反应产生的 SO_2 用一定量的 H_2O_2 溶液（3%~5% H_2O_2）吸收成稀硫酸溶液，用电导仪连续测定溶液中硫酸的浓度，经换算求得反应物的转化率。实验装置参见文献 [6]。

实验时，首先在空气中把 Cu_2O 粉熔成近似圆球状的颗粒，冷却后放在刚玉小盘上并用 Cu_2S 粉覆盖 Cu_2O，吊在反应炉管上部低温区，在高纯 Ar 气保护下升温，当温度稳定在预定值之后迅速将试样放到高温区，反应产生的 SO_2 由 Ar 气带出炉管进入 H_2O_2 溶液中，同时记录电导仪输出的电位-时间的变化曲线，作为原始数据。实验条件见表1。

[❶] 本文发表于《金属学报》，1991，27（6）：B376~379。

表 1 Cu₂S 与 Cu₂O 交互反应的条件

序号	Cu₂S/g	Cu₂O/g	$\dfrac{N_S}{N_O}$	T/℃	Ar 流量/mL·min⁻¹
1，2	0.125	0.15	0.90	1200	400
3	0.15	0.10	1.35	1200	400
4	0.175	0.075	2.10	1200	400
5	0.20	0.05	3.60	1200	400
6	0.15	0.10	1.35	1200	200
7	0.15	0.10	1.35	1200	300
8	0.15	0.10	1.35	1200	500
9	0.15	0.10	1.35	1150	400
10	0.15	0.10	1.35	1250	400

由反应（2）得知，欲使全部反应物都转化为金属 Cu，试料中硫与氧的分子比（N_S/N_O）应为 1/2，而本实验中该比值都大于 1/2（见表 1），反应完毕后仍有部分 Cu₂S，故在计算 SO₂ 的理论最终产量时只能照 Cu₂O 的量计算。若设最终产量为 W_0，t 时刻的产量为 W，则 t 时刻 SO₂ 的产率 α 为：

$$\alpha = W/W_0 \tag{3}$$

2 实验结果

2.1 Ar 气流量、温度及 Cu₂O 颗粒表面积对交互反应的影响

由图 1 看出，当 Ar 气流量大于 300mL/min 时，可以避免 SO₂ 在 Ar 气中的扩散成为反应速率的限制环节，所以其他条件的实验均在 400mL/min Ar 气的条件下进行。

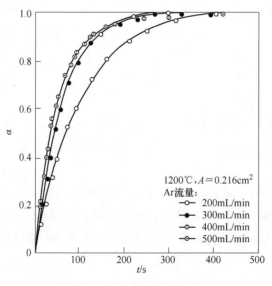

图 1 流量对反应的影响

温度对反应的影响如图 2 所示，三个温度下的实验数据几乎完全重合，说明在此温度

段内温度对反应速率的影响极不明显，反应很可能是受扩散所控制。

由图 3 看出，反应速率随 Cu_2O 颗粒表面积的增加而增加。

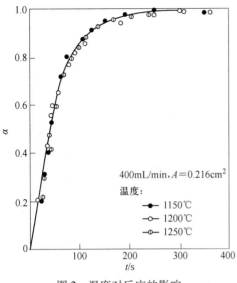

图 2　温度对反应的影响

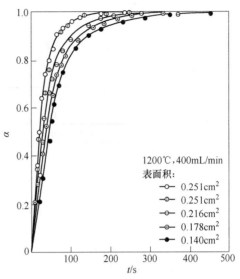

图 3　Cu_2O 表面积对反应的影响

2.2　交互反应的动力学方程

Byerley 等人[1]曾把交互反应（2）看作是均相反应，然而在有 Cu 存在的条件下，Cu_2O 在 Cu_2S 熔体中的溶解度是很低的，如在 $p_{SO_2}=0.1MPa$ 的气氛下，Cu_2O 的摩尔分数约为 3%[7]。所以他们有关反应速率的解释是不适用的。另外由 Cu-O 系相图可看出，在反应过程中 Cu-O 熔体会从二相区进入单相区，因此反应机理应分为两个阶段来处理。

第一阶段反应由下列步骤组成：（1）[O] 由 Cu_2O 向 Cu-O 熔体扩散，Cu-O 熔体维持 [O] 饱和；（2）Cu 由 Cu-O 熔体向界面处扩散；（3）[S] 由 Cu-S 熔体向界面处扩散；（4）在界面处发生 [S] + 2[O] = SO_2 反应；（5）SO_2 由界面向 Ar 气流外扩散。本实验已证明了第（4）及第（5）步都不是反应的限制环节，现假设第（2）步是限制环节，由双膜理论可导出动力学方程：

$$\alpha = KAt \quad (0 < \alpha < 0.74) \tag{4}$$

式中　K——单位面积上的速率常数；

　　　A——Cu-O 熔体颗粒的表面积。

对一定量的 Cu_2O，由试剂的量和密度可算出反应前后 Cu-O 熔体的体积变化仅为 4%，面积变化更小，为方便计算可把 A 看作近似不变。

第二阶段 Cu_2O 未反应核已经消失，故没有第（1）步，由双膜理论可导出动力学方程：

$$\ln(1-\alpha) = K_1 At + CA \quad (0.74 < \alpha < 1) \tag{5}$$

式中　K_1——单位面积上的速率常数；

　　　A——与式（4）相同；

　　　C——常数。

由图2实验数据得出两个阶段相互转化期间在$\alpha=0.7\sim0.8$，而由相图成分8.5at-%O估算为$\alpha=0.74$，两者是吻合的，不同Cu_2O量实验后的A，K，K_1及C值见表2。由此表可得最终的力学方程为：

$$\alpha = 6.69 \times 10^{-2}At \quad (0 < \alpha < 0.74) \tag{4'}$$

$$\ln(1-\alpha) = -A(9.83 \times 10^{-2}t + 1.76) \quad (0.74 < \alpha < 1) \tag{5'}$$

表2 动力学方程的参数

序号	Cu_2O/g	A/cm²	$K\times10^2$/cm⁻²·s⁻¹	$-K_1\times10^2$/cm⁻²·s⁻¹	$-C$
1, 2	0.125	0.251	6.87	9.96	1.79
3	0.10	0.216	6.67	9.75	1.76
4	0.075	0.178	6.55	9.77	1.69
5	0.05	0.140	6.67	9.85	1.79

利用式（5'），给定不同的A后用$\ln(1-\alpha)$对t作图为一组直线（见图4），可看出文中假设是合理的。

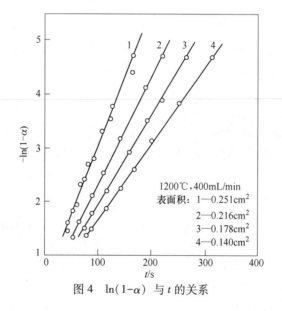

图4　$\ln(1-\alpha)$与t的关系

3 结论

动力学数据表明，在1150~1250℃的温度段内交互反应（2）的反应相当迅速，3min内，SO_2的生成率$\alpha>0.9$，温度的变化对反应速率的影响不显著。反应速率随Cu-O熔体表面积的增加而增加。本文假设氧通过反应边界层的扩散是交互反应总速率的控制步骤，其动力学方程为：

$$\alpha = 6.89 \times 10^{-2}At \quad (0 < \alpha < 0.74)$$

$$\ln(1-\alpha) = A(9.83 \times 10^{-2}t + 1.78) \quad (0.74 < \alpha < 1)$$

参 考 文 献（略）

连续炼铜多相体系的平衡研究[①]

马克毅 刘纯鹏 何霭平

摘 要：在有选择的氧势下研究了铁硅酸盐炉渣、白冰铜和金属铜体系在1200℃，1250℃和1280℃时的热力学平衡。计算了炉渣中氧化亚铜的活度和铜在炉渣中的溶解度并分析了它们与氧势的关系。根据实验数据，提出计算铜在炉渣中溶解度的公式：
$$\text{wt\%Cu} \approx 28.20 a_{\text{CuO}_{0.5}}$$
关键词：连续练铜；炉渣-白冰铜-金属铜体系；热力学平衡；氧势；硫势

1 前言

在火法炼铜中，研究炉气-炉渣-冰铜-金属铜体系的热力学平衡具有非常重要的意义。从20世纪50年代起，许多研究者对有关的子体系进行了探索。随着连续炼铜生产实践的发展，70年代开始研究的体系渐趋复杂，实验方法和分析手段也日见改善，但对炉气-炉渣-冰铜-金属铜四相共存的体系仅由T. Rosenquist[1]，F. Sehnalek[2]和H. Jalkanen[3]等人进行过有限的研究。

本文研究的体系包含5个组成（Cu，Fe，S，O和SiO_2），4个相，根据相律，自由度为3。如选择温度、氧势和硫势为独立变量，其他变量就可以被确定。如文中所述，在实验研究的范围内，硫势基本保持不变。所以在一定的温度下，氧势成为决定的因素。本文即主要讨论各有关变量与氧势的关系。

2 实验

实验装置如图1所示。

将盛有试料（Cu 0.8g，Cu_2S 8g，$2FeO·SiO_2$ 12g）的刚玉坩埚放入反应管，用硅碳棒电阻加热。平衡装置设计为密闭循环系统，根据所需要氧势的高低，反应气体为CO_2，或者加入一定量的SO_2或CO。达实验温度后，开始用橡皮双珠球循环反应气体，并将坩埚调整到加热炉的恒温带，同时让刚玉吹气管插入熔渣层，不断让气体循环通过渣层。多次预备性实验结果表明，气体循环6h后，气相组成基本保持不变，可以认为这是体系达到平衡的一个标志。

平衡后，将坩埚迅速降至低温区，让熔体骤冷。将冷凝的固体分离，分别对渣相、白冰铜相和金属相进行化学分析、显微镜或X射线衍射鉴定。

[①] 本文发表于《有色金属》，1992，44（2）：41~44。

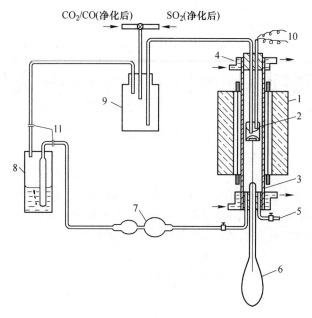

图 1 平衡装置

1—硅碳棒电阻炉；2—坩埚；3—反应管；4—冷却水套；5—气体取样口；6—密封活动撑杆；
7—双珠球；8—浓硫酸瓶；9—气体混合瓶；10—热电偶；11—缓冲空瓶

3 实验结果与讨论

3.1 平衡凝聚相上方的氧势和硫势

平衡时的氧势和硫势 CO_2/CO 比率和二氧化硫的分压按下面反应式的平衡常数计算：

$$2CO(g) + O_2(g) = 2CO_2(g) \tag{1}$$

$$S_2(g) + 2O_2(g) = 2SO_2(g) \tag{2}$$

计算公式为[4]：

$$\lg p_{O_2} = 2\lg(p_{CO_2}/p_{CO}) - 29270/T + 8.91 \tag{3}$$

$$\lg p_{S_2} = 2\lg p_{SO_2} - 4\lg(p_{CO_2}/p_{CO}) + 20906/T - 10.264 \tag{4}$$

计算结果示于图 2。可以看出，尽管氧势发生变化，在金属铜、白冰铜和炉渣不相溶混区即稳定共存区硫势基本保持不变。

3.2 平衡常数的计算

气相和白冰铜、金属铜之间的反应如下：

$$Cu_2S_{(l)} + 2CO_{2(g)} = 2Cu_{(l)} + SO_{2(s)} + 2CO_{(g)} \tag{5}$$

根据文献 [2] 的数据可以计算出：

$$\lg K = -15878/T + 5.65 \tag{6}$$

根据 Nagamori[5] 的数据可以计算出：

$$\lg K = -17906/T + 7.18 \tag{7}$$

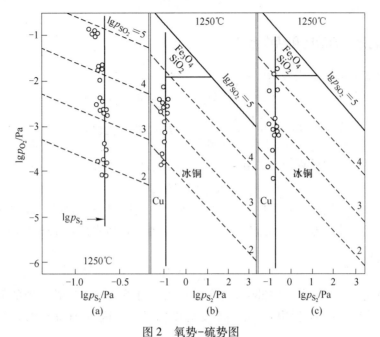

图 2 氧势-硫势图

(a) Cu-S-O 系[3]；(b) Fe-S-O-SiO₂ 系[3]；(c) 本实验（横坐标为 $\lg p_{S_2}/Pa$）

由于白冰铜中 Cu_2S 的活度和金属铜中 Cu 的活度近似为 1[6]，所以

$$K \approx \frac{p_{SO_2} \cdot p_{CO}^2}{p_{CO_2}^2} \qquad (8)$$

把本实验在不同温度下测得的平衡气体分压代入式（8）计算，并将 Jalkanen[3] 的实验结果也代入式（8）计算，计算结果与按式（6）和式（7）得出的理论平衡常数值一起示于图 3。

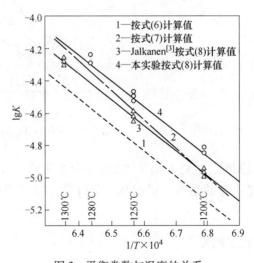

图 3 平衡常数与温度的关系

实验结果呈直线关系，而且与理论值的差别实质上是很小的，这也是本实验达到平衡

的佐证。

3.3 炉渣中氧化铜的活度和活度系数

铜的氧化溶解可用下式表示[7]：

$$Cu_{(1)} + 1/4O_{2(g)} = (CuO_{0.5}) \tag{9}$$

$$\ln K = \ln\left[\frac{a_{Cu_{0.5}}}{a_{Cu} \cdot p_{O_2}^{1/4}}\right] = 7361/T - 2.639 \tag{10}$$

因为 $a_{Cu} \approx 1$，可以计算出有关温度下氧化铜的活度，例如：

1250℃时
$$a_{Cu_{0.5}} = 8.97 p_{O_2}^{1/4} \tag{11}$$

以 $X_{Cu_{0.5}}$ 对 $a_{Cu_{0.5}}$ 作图，如图4所示，从图4可以近得出一条直线，即在含量很低的情况下，炉渣中的氧化铜服从亨利定律。运用最小二乘法可以求出在1250℃时炉渣中氧化铜的活度系数为：

$$\gamma_{Cu_{0.5}} = 2.55 \tag{12}$$

图中同时绘入了1200℃和1280℃的实验结果。可以看出，当炉渣中的氧化铜的含量很低时，在1200~1280℃范围内，$\gamma_{Cu_{0.5}}$ 不受温度的影响，这与 Altman 和 Kellogg[7] 的结论一致。

3.4 磁性氧化铁的生成和析沉

图5表明，炉渣中 Fe_3O_4 的含量在一定温度下随氧势的升高而增加，而在一定的氧势随温度的升高而减少。

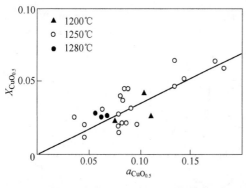

图4 渣中 $X_{Cu_{0.5}}$ 对 $a_{Cu_{0.5}}$ 作图

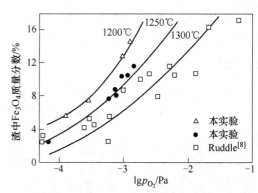

图5 炉渣中 Fe_3O_4 的含量与氧势和温度的关系

在白冰铜吹炼为粗铜期间，氧势大幅度增加是不可避免的。所以，为了避免磁性氧化铁的生成和析沉，应选择较高的温度。根据热力学计算，温度应在1300℃以上，而FeO的活度则希望低一些。

3.5 铜在炉渣中的物理化学损失

由铜的氧化溶解反应式（9）得出：

$$a_{CuO_{0.5}} = K \cdot a_{Cu} \cdot p_{O_2}^{1/4} \tag{13}$$

因 $a_{Cu} \approx 1$,则有 $wt\%Cu \propto p_{O_2}^{1/4}$。

图 6 显示了这一线性关系。这揭示了铜主要以氧化物形式溶解于渣中,而且由于渣中铜含量与 $p_{O_2}^{1/4}$ 而不是 $p_{O_2}^{1/2}$ 成比例,所以选择 $CuO_{0.5}$ 作为炉渣组分较为合理。至于铜的硫化溶解可以忽略不计。显微镜鉴定证明,炉渣基地为铁橄榄石,其中分布有氧化铜而无铜的硫化物。

图 6 中本实验数据的线性关系为

$$wt\%Cu = 252.91 p_{O_2}^{1/4} \tag{14}$$

结合式 (11),即得

$$wt\%Cu = 28.20 a_{CuO_{0.5}} \tag{15}$$

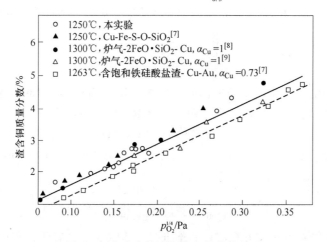

图 6 铜在渣中的溶解度与氧势的关系

本文所研究的条件与连续炼铜过程尤其是与诺兰达法的操作条件有相似之处,所以本实验结果对研究和评价连续炼铜法具有一定参考价值。

参 考 文 献

[1] Geveci A, Rosenquist T. Trans. Inst. Min. Met., 1973, 82c:193~201.
[2] Sehnalek F, Iinris I. In: Advances in Extractive Metallurgy and Refining. London:1972, 39~62.
[3] Jalkanen H, Tikkanen M H. Scand. J. Met., 1979 (8):34~38, 64~66, 133~139.
[4] 刘纯鹏. 火法冶金过程及设备,昆明:1976.
[5] Nagamori M. Met. Trans., 1974 (5):531~548.
[6] Johansen B, et al. 国外连续炼铜文集. 北京,1982, 1~19.
[7] Altman R, Kellogg H H. Trans. Inst. Min. Met., 1972, 81C:163~175.
[8] Ruddle W, et al. Trans Inst. Min. Met., 1966, 75C:1~12.
[9] Torgiu J M, Santander N H. Canad. Met. Quait., 1969 (8):167~171.

Cu_2S 氧化机理研究

苏永庆　张家棋　　　刘纯鹏　宋宁
（云南师范大学化学系）　（昆明理工大学冶金系）

摘　要：本文通过对 Cu_2S 进行了 TG 和 DTA 热分析，指出在 Cu_2S 氧化焙烧过程中，将出现 Cu_2SO_4 和 Cu_2SO_3 两个中间产物。

关键词：Cu_2S；氧化；TG；DTA

在铜冶金过程中，含硫铜矿经过选矿、焙烧、熔炼而得到含 Cu_2S 为主的混合物——白冰铜，进一步经过氧化吹炼而得到粗铜。白冰铜在吹炼过程中的整体反应是：

$$Cu_2S + O_2 \longrightarrow 2Cu + SO_2 \tag{1}$$

即 Cu_2S 被 O_2 氧化，部分研究人员认为在该过程中经历了如下反应历程：

$$Cu_2S + \frac{3}{2}O_2 \longrightarrow Cu_2O + SO_2 \tag{2}$$

$$2Cu_2O + Cu_2S \longrightarrow 6Cu + SO_2 \tag{3}$$

Cu_2O 与 Cu_2S 能够发生交互反应已得到证实，但 Cu_2S 在氧化过程中是否经历上述两个阶段存在疑虑，因此，本文借助热分析手段，进一步探讨 Cu_2S 在氧化过程中的动力学机理。

1　实验方法

本实验采用日本岛津公司生产的 DT40 综合热分析仪进行热重（TG）和差热（DTA）分析，在分析过程中样品暴露于空气中，以便从空气中获取氧，所用 Cu_2O 和 Cu_2S 为分析纯试剂。

2　实验结果与讨论

图 1 给出了 Cu_2O 在空气中升温过程的 TG 和 DTA 曲线。

从 367℃ 到 513℃，质量增加了 7.09%，根据反应式：

$$2Cu_2O + xO \longrightarrow CuO_{1+x} \tag{4}$$

计算出 $x = 0.64$，即反应产物计量式为 $Cu_2O_{1.64}$ 或 $CuO_{0.82}$。实际上只有部分 Cu_2O 氧化成 CuO，是 Cu_2O 和 CuO 的混合物，通过下式：

$$2Cu_2O + yCuO \longrightarrow (2+y)CuO_{0.82} \tag{5}$$

得关系式：

---

[1] 本文发表于全国热分析邀请研讨会：云南省热分析研究会第七届学术年会，昆明，1995 年 11 月。

$$144 + 80y = (2 + y)(64 + 16 \times 0.82)$$

解得 $y = 3.56$

即 Cu_2O 和 CuO 的原子比为 1∶3.56，含 O 量为 17%（质量分数），这与热力学平衡相图的结果一致。当温度升至 530℃，TG 线上表现为失重过程，DTA 线上为吸热过程，表明生成的 CuO 开始发生分解，即：

$$2CuO \longrightarrow Cu_2O + \frac{1}{2}O_2 \tag{6}$$

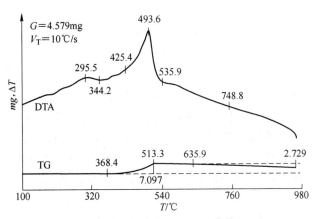

图 1　Cu_2O 的 TG 和 DTA 曲线

图 2 所示为 Cu_2S 在空气中升温过程的 TG 和 DTA 曲线，在 367~560℃ 为第一阶段，560~680℃ 为第二阶段反应，680~810℃ 为第三阶段，810℃ 以上为第四阶段。

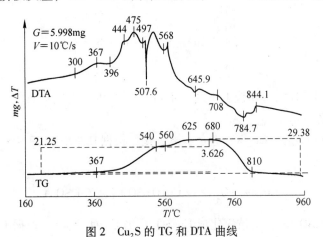

图 2　Cu_2S 的 TG 和 DTA 曲线

第一阶段是放热和增重过程，即 Cu_2S 被氧化的过程。Cu_2S 被氧化的过程有下列 5 种形式：

(1) $Cu_2S + \frac{3}{2}O_2 \longrightarrow Cu_2O + SO_2$

　　（SO_2 不挥发，增重 30%；SO_2 挥发，增重 -10%）

(2) $Cu_2S + 2O_2 \longrightarrow 2CuO + SO_2$

（SO_2 不挥发，增重 40%；SO_2 挥发，增重 0%）

(3) $Cu_2S + \frac{1}{2}O_2 \longrightarrow Cu_2O + S$

（增重 32%）

(4) $Cu_2S + O_2 \longrightarrow 2CuO + S$

（增重 20%）

(5) $Cu_2S + O_2 \longrightarrow 2Cu + SO_2$

（增重 32%）

由于该氧化过程增重 21.25%，Cu_2S 重 5.998mg，即 3.75×10^{-2} mol，增加的质量为 1.275mg，折合 O_2 量为 7.97×10^{-2} mol，则 Cu_2S 与 O_2 的摩尔比为 1∶2，则氧化过程只有 (4) 和 (5)。

从热力学的反应过程自由能来看，在 367～560℃，过程 (4) 的 ΔG 为 -77～-60kJ，而过程 (5) 的 ΔG 为 -200kJ。可见，整个氧化过程更趋于按反应 (5) 进行。并且，由于 S 在 363℃着火，444.6℃沸腾，若按反应 (4) 进行，则暴露于空气中的 S 将发生再氧化。若生成的 SO_2 不挥发，则使体系再增重；若生成的 SO_2 挥发，则使体系失重，即使 S 不被氧化，当温度达到 444.6℃时，也要变为气体挥发，导致体系的失重。因此，整个氧化过程是按反应 (5) 进行的。

然而，从反应 (5) 来看，生成的 SO_2 一旦以气体形式逸出，势必导致反应体系失重，这与分析结果矛盾。唯一的解释是 SO_2 不以气体形式逸出，而是与 Cu 形成一种新的复合物 Cu_2SO_2，从分子轨道推测，该复合物的可能结构式为：

$$Cu \overset{\cdot}{\underset{\cdot}{\times}} S \overset{\overset{+\overset{+}{\overset{+}{O}}+}{\times\times}}{\underset{\underset{+\overset{+}{\overset{+}{O}}+}{\times\times}}{\times\times}} Cu \quad 或 \quad Cu - \overset{\overset{O}{|}}{\underset{\underset{O}{|}}{S}} - Cu$$

当温度升至 540℃时，TG 线上出现一平台，DTA 线上出现吸热峰，表现为 Cu_2SO_2 复合物结构上的变化。

当温度升至 560℃后，Cu_2SO_2 进一步被氧化，根据其总增重 29.4%，可推知总反应过程为：

$$Cu_2S + \frac{3}{2}O_2 \longrightarrow Cu_2O + SO_2 \text{（或 } Cu_2SO_3\text{）}$$

即 570℃以后，Cu_2SO_2 进一步被氧化成 Cu_2SO_3，仍无 SO_2 逸出。根据上述 Cu_2S 在氧化过程中不脱 S 的特性，在铜冶金中可进行硫酸化焙烧处理。

680℃以上温度时，Cu_2SO_3 继续被氧化 CuO 和 SO_2，SO_2 呈气态逸出，TG 曲线表现为失重，DTA 线表现为吸热过程。当温度达 810℃时，氧化过程结束，SO_2 气态逸出完成，整个反应过程净增重为零。

CuO 在 810℃以上温度，在热力学上已是不稳定，部分 CuO 发生分解，生成 Cu_2O 并释放出 O_2，在 TG 曲线上开始失重，同时从外部吸收热量。

通过上述分析可知，在 Cu_2S 氧化或冰铜吹炼过程中，只有控制 O_2 量，并辅以高温，才能避免生成中间产物 Cu_2SO_2 或 Cu_2SO_3，而得到我们需要的单质 Cu。

3　结论

（1）Cu_2O 在空气中升温氧化不完全，将保留部分 Cu_2O。

（2）Cu_2S 在升温氧化过程中，将生成 Cu_2SO_2 和 Cu_2SO_3 中间产物，才能生成 Cu_2O 和 CuO。

（3）在冰铜氧化吹炼过程中，控制 O_2 量并加高温，才能获得单质 Cu。

参考文献（略）

Kinetics of Interaction between Cu_2S and Cu_2O in Solid State under Nonisothermal Ondition[①]

Song Ning Liu Chunpeng

Abstract: The reaction mechanism and kinetics of the interaction between solid Cu_2O and Cu_2S under nonisothermal process were investigated by TG method. The result shows that the interaction takes place at 723K and completes at 1373 K, and in this temperature range the reaction rate of interaction has two maximum value at 873K and 1073K respectively. The parameters that affect the rate of the interaction are flow rate of carrier inert gas, grain size of sample and concentration of Cu_2O. According to the experimental data the optimal conditions were obtained and the kinetics equation was derived.

Keywords: kinetics of interaction; nonisothermal process; Cu_2S; Cu_2O

1 Introduction

The producing copper with copper sulphide reduced by hydrogen and carbon monoxide is of interest in recent years. But it has not been reported that the kinetics and mechanism of the interaction between Cu_2O and Cu_2S in solid state. Byereley[1] studied the interaction mechanism of Cu_2O and Cu_2S in liquid state. Liu[2] researched the kinetics of the interaction at isotherm conditions in liquid state. In this paper, we report that in solid state and at nonisothermal condition the kinetics and mechanism of interaction of Cu_2O and Cu_2S. Because the interaction is the base for the producing copper directly from the solid Cu_2O and Cu_2S, it is very important not only in practice, but also in solid-solid reactionary theory.

2 Experimental

The stoichiometric reaction of Cu_2S and Cu_2O interacted is shown as follows:

$$2Cu_2O_{(s)} + Cu_2S_{(s)} = 6Cu_{(s)} + SO_{2(g)} \tag{1}$$

The measurement may be either by determing the weight loss of SO_2 from reaction by TG method or iodimetric method. In order to measure the data accurately we designed a measuring system reported in Ref [3].

The main parameters that influence the kinetics are flow rate of carrier gas, concentration of Cu_2O, particle size of the charge and temperature of the reaction. These parameters affected on the reaction

---

[①] 本文发表于《Trans. Nonferrous Met. Soc. China》, 1997, 7 (1): 38~41, 50。

rate are respectively shown in Figs. 1~4. From the Fig. 1 we can see that at the flow rate $Q_{Ar}>600$mL/min the external gas diffusion can be neglected. Thus the optimal flow rate determined is 600mL/min.

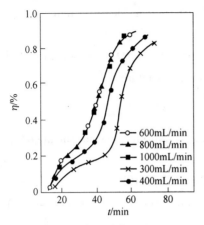

Fig. 1 Effect of flowrate on conversion fraction

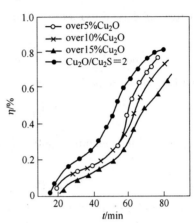

Fig. 2 Effect of Cu_2O concentration on conversion fraction

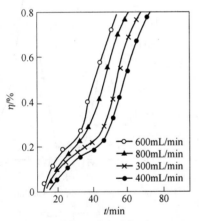

Fig. 3 Effect of particle size on conversion fraction

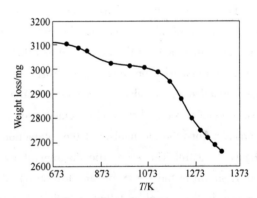

Fig. 4 Effect of temperature on weight loss of sample
($Cu_2O/Cu_2S=2:1$; $Q_{Ar}=600$mL/min)

At stoichiometric ratio of $2Cu_2O/Cu_2S$ the conversion reaction is the most efficient (Fig. 2). By Fig. 3 we know that the smaller the particle size is, the larger the conversion fraction is, and the optimal particle size is -240 mesh.

From above discussion and Figs. 1~4, we get the optimal conditions: $Cu_2O/Cu_2S = 2:1$ (mol ratio), $Q_{Ar}>600$mL/min, particle size -240 mesh, temperature 1373K and charge mixed homogeneously.

3 Mechanism and kinetic equation

3.1 Mechanism of interaction

According to the reaction (1), the equilibrium constant is

$$K = \frac{a_{Cu}^6 \cdot p_{SO_2}}{a_{Cu_2O}^2 \cdot a_{Cu_2S}} \quad (2)$$

and the activity of Cu, Cu_2O and Cu_2S in solid state may be considered as unit, then

$$K = p_{SO_2} \quad (3)$$

Thus, the criterion of K is based on the equilibrium pressure of SO_2. According to the thermodynamic data the relationship of equilibrium constant with temperature is[4]

$$\lg p_{SO_2} = -\frac{777.927}{T} + 4.449 \quad (4)$$

The experimental temperature is 800~1773K, so the equilibrium constant calculated from equation (4) is

$$K/10^5 Pa = p_{SO_2} = 3.0 \times 10^3 \sim 1.02 \times 10^4$$

The larger equilibrium pressure of SO_2 indicates that the reaction (1) is very favorable to proceed toward the right.

At initial stage the contact surface of well mixed Cu_2O and Cu_2S is very large, the rate of chemical reaction depended on surface is quite fast and the diffusing from reaction region to the bulk gas current of SO_2 is always less than rate of chemical reaction, so the SO_2 gas diffusion becomes dominant step of the process. When the interacted reaction continuously proceed, the resistance of solid copper embedded in the charge becomes so large that the chemical reaction slows down and becomes a control step of the process. Thus the mechanism of the interaction process is a mixed control. The schematic diagram of mechanism model is shown in the Fig. 5 and the two stages of mechanisms may be expressed as follows: at initial stage, $V_c > V_d$ the control step is diffusion and at second stage, $V_d > V_c$ is a chemical control.

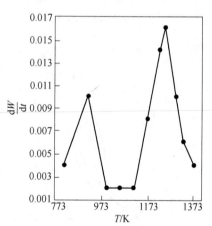

Fig. 5 The relation of reaction rate with temperature

3.2 Derivation of kinetic equation

In the nonisothermal condition the reaction rate is a function of the reaction extent and temperature[5], namely

$$\frac{d\alpha}{dt} = \Phi(\alpha, T) \quad (5)$$

According to experimental measurement the relationship between reaction temperature and time is nonlinear and the equation determined is shown as follows:

$$\ln t = -\frac{a}{T} + b \quad (6)$$

where, a and b are constant determined by experiment.

In a solid-solid interaction system of nonisothermal process the reaction rate at a definite condition changes with contact surface. Taking unit mass of reactant contact surfaces as main parameter of the reaction, the equation can be expressed as follows:

$$-\frac{dW_s}{dt} = kFC^n \tag{7}$$

where, W_s is the weight of solid reactant in the reaction system, C is the concentration of the reactant, F is the area of unit mass of the reactant surface, k is the specific rate constant, and n is the reaction orders. The charge with definite mesh size may be considered as a homogeneous globe with radius R_0, and after time t the radius R_0 is reduced to R due to the interaction. The relation between rate of weight change and radius R of globular granule may be obtained from following equation:

$$-\frac{dW_s}{dt} = -\frac{d}{dt}\left(N\frac{3}{4}\pi R^3 \rho\right) \tag{8}$$

$$-\frac{dW_s}{dt} = 4N\pi R^2 \rho \left(-\frac{dR}{dt}\right) \tag{9}$$

where, ρ is the density of granule, N is the number of granule in the unit mass.

$$N = \frac{1}{(4/3)\pi R^3 \rho} \tag{10}$$

If the change of globular granule is expressed by conversion fraction, then the following equation holds true:

$$\alpha = 1 - \left(\frac{(4/3)\pi R^3 \rho N}{(4/3)\pi R_0^3 \rho}\right) = 1 - \left(\frac{R}{R_0}\right)^3 \tag{11}$$

or

$$(1-\alpha)^{1/3} = \frac{R}{R_0} \tag{12}$$

Thus, the conversion fraction in globular granule is function of the ratio of R/R_0. By differentiation with respect to t we get

$$\frac{dR}{dt} = -\frac{R_0^3}{3R^2}\frac{d\alpha}{dt} \tag{13}$$

Substituting equations (10) and (13) into equation (9), the rate of weight change of the interaction becomes

$$-\frac{dW_s}{dt} = \frac{4\pi R^2 \rho}{(4/3)\pi R_0^3 \rho}\left(\frac{R_0^3}{3R^2}\frac{d\alpha}{dt}\right) \tag{14}$$

As stated above, the reaction surface is defined as unit mass contact surface, so the raction area is as follows:

$$F = \frac{4\pi R^2}{(4/3)N\pi R_0^3 \rho} = \frac{3R^2}{R_0^3 \rho} = \frac{3}{R_0 \rho}(1-\alpha)^{2/3} \tag{15}$$

When granular size is definite and R_0 is constant, the equation (15) becomes

$$F = B(1-\alpha)^{2/3} \tag{16}$$

in which B is a constant, $B = 3/R_0\rho$.

The rate of weight change can be expressed in terms of conversion fraction α, then the equation

(7) becomes

$$\frac{d\alpha}{dt} = kB(1-\alpha)^{2/3}C^n \tag{17}$$

where, n is the reaction orders, about 2.7~3.0, which is agreeable with the value of references [6, 7]. The ratio Cu_2O/Cu_2S at any time maintains 2 : 1, so it may be considered as constant. Therefore the equation (17) can be written as follows:

$$\frac{d\alpha}{dt} = km(1-\alpha)^{2/3} \tag{18}$$

where, $m = BC^n$, and k is the specific rate constant expressed with Arrhenius empirical formula, we get

$$\frac{d\alpha}{dt} = Ae^{-E/RT}m(1-\alpha)^{2/3} \tag{19}$$

In a nonisothermal process the reaction temperature changes with time, their relationship determined by experimental data is a nonlinear curve.

We get $t = Le^{-a/T}$ from the equation (6), then we rewrite the equation (19) in the form of

$$\frac{d\alpha}{dT}\frac{dT}{dt} = Ae^{-E/RT}m(1-\alpha)^{2/3} \tag{20}$$

or

$$\frac{d\alpha}{dt} = \frac{dt}{dT}mAe^{-E/RT}(1-\alpha)^{2/3} \tag{21}$$

According to Eqn. (19) we obtain

$$\frac{dt}{dT} = Le^{-a/T}\frac{\alpha}{T^2} \tag{22}$$

Substituting Eqn. (22) into Eqn. (21) we get

$$d\alpha = mLAe^{-(E+\alpha R)/RT} \cdot (1-\alpha)^{2/3}(\alpha/T^2)dT \tag{23}$$

Rearranging Eqn. (23) we obtain

$$\frac{d\alpha}{(1-\alpha)^{2/3}} = \frac{mLAR}{E+\alpha R}e^{-(E+\alpha R)/RT}d\left(-\frac{E+\alpha R}{T}\right) \tag{24}$$

Integrating Eqn. (24) we get

$$\int_0^\alpha \frac{d\alpha}{(1-\alpha)^{2/3}} = \int_{T_0}^T \frac{mLAR}{E+\alpha R}e^{-(E+\alpha R)/RT}d\left(-\frac{E+\alpha R}{T}\right)$$

i.e.

$$1-(1-\alpha)^{1/3} = \frac{mLAR}{3(E+\alpha R)}e^{-(E+\alpha R)/RT} \tag{25}$$

Taking logarithem of both side in Eqn. (25), the equation becomes

$$\ln[1-(1-\alpha)^{1/3}] = \ln\frac{mLAR}{3(E+\alpha R)} - \frac{E+\alpha R}{RT} \tag{26}$$

Equation (26) is the nonisothermal kinetic equation of solid-solid interaction process.

Making a plot of $\ln[1-(1-\alpha)^{1/3}]$ vs $1/T$, we get two straight lines as shown in Fig. 6.

The peaks in the Fig. 5 and the straight lines in Fig. 6 represent the same things, which

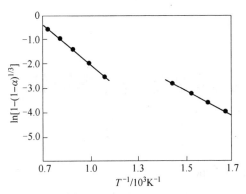

Fig. 6 Plot of transform function against $1/T$

indicates the different mechanism existing in the interaction process. At initial stage the temperature is from 723K to 873K, the rate of process is controlled by SO_2 gas diffusion. At the second stage when temperature attains 1073~1373K, the rate of process turns to be controlled by chemical reaction. The changed causes of mechanism were already described in the former paragraph. It is beyond the argument that the values of diffusion and chemically activation energies (E_D and E_C) calculated from Arrhenius formula are coincident with the common values of diffusion and chemically controlled process.

Let the conversion function $f = 1-(1-\alpha)^{2/3}$, then

$$E = \frac{R\ln(f_1/f_2)}{1/T_1 - 1/T_2} \qquad (27)$$

According to figure 6, substituting respectively the data of two straight lines into formula (27), we get $E_D = 39.935$ kJ/mol and $E_C = 78.854$ kJ/mol.

References

[1] Byerley J J, Rempel G L, Takebe N. Metall. Trans., 1974 (5): 2501.
[2] Liu C P. Physical Chemistry of Copper Metallurgy (in Chinese). Shanghai: Shanghai Press, 1988: 47~54.
[3] Song N. Master Thesis. Kunming University of Science and Technology, 1992.
[4] Song N, Liu C P. In: proceedings of Third Metallurgical Conference of Young Chinese Scientists (in Chinese), Kunming University of Science and Technology, 1994: 291.
[5] Chen J H, Li T F. Thermogravimetric Analysis and Its Application (in Chinese). Beijing: Science Pubilished Press, 1985.
[6] Hua Y X, Liu C P. Chin. J. Met. Sci. Technol. (in Chinese), 1987, 3: 107~112.
[7] Simo Makipirtti (ed). Institute of Information and standards, Ministry of Metallurgical Industry (Trans.). Theoretical Problems of Flash Smelting (in Chinese). Beijing: Metallurgical Industry Press, 1975.

黄铜矿加硫焙烧提铜新工艺

宋宁　刘纯鹏

摘　要：在低温、惰性气体保护下，采用差热分析及X射线衍射分析方法研究黄铜矿加硫焙烧过程。结果表明，黄铜矿硫化焙烧转化为CuS和FeS_2的最佳条件为：温度350~400℃，时间4h，粒度小于74μm，矿：硫＝10：1.11。转化产物可通过常规湿法冶金工艺生产金属铜或中间产品。

关键词：冶金技术；铜；硫化焙烧；黄铜矿

在铜冶金中，火法工艺成熟、操作稳定，但投资大，存在SO_2烟气问题[1]，湿法流程在消除SO_2烟害及扩大铜资源利用范围等方面具有一定的优越性，因此越来越受到重视[2]。国外湿法炼铜工艺已成功地用于处理低品位氧化铜精矿、废石堆，但是对于硫化铜精矿来说，除焙烧—浸出和氨浸流程在工业上得到应用外，其他流程多处于研究阶段。关于湿法冶金中极难处理的黄铜矿在酸性$FeCl_3$和酸性$Fe_2(SO_4)_3$溶液中溶浸动力学的报导甚多[3~5]，作为处理硫化矿的工业方法，其缺点是流程长，大量铁进入溶液，除铁或再生$FeCl_3$困难、效果差。一般采用传统的水解选择沉淀法，铁与硫以氢氧化物胶体形式存在，难以过滤，且胶体含母液铜离子多，不易洗涤。虽可采用絮凝剂使胶体凝集，但也因成本高而难于在工业上广泛应用。即便是使用微波浸出黄铜矿效果也不理想，虽说在浸出过程中加入适量的氧化剂MnO_2，用H_2SO_4溶液浸取，避免了溶浸液中$Fe(OH)_3 \cdot nH_2O$胶体的生成，但溶浸次数多达7次以上[6]，因此，在工业上应用也将成为实际问题。为了简化工艺，使操作易于掌握和控制，提出了在低温、惰性气体保护下对黄铜矿进行硫化焙烧—溶浸除铁的新工艺方法制取精铜[7~9]，从而克服了上述缺点。该工艺具有溶浸剂可循环使用、设备投资小、流程短、浸取率高、不产生SO_2、溶浸时不产生胶体、溶浸液易过滤、溶浸次数少等优点。

1　实验方法

1.1　物料化学分析和X射线衍射分析

试验用原料为云南大理某地的铜精矿，破碎至小于74μm，化学组成见表1，X射线衍射分析如图1所示。试剂元素硫（为光谱纯）用玛瑙碾钵磨至小于74μm，二者按10：1.11配料，混合均匀，装入编号的瓷坩埚中，于真空干燥器中保存待用。

---

❶ 本文发表于《有色金属》，2005，57（2）：84~87。

表1 黄铜矿化学成分

成分	Cu	S	Fe	Zn	Pb	Co	As
含量/%	19.16	14.97	15.01	0.08	0.62	0.039	0.02
成分	SiO_2	Al_2O_3	CaO	MgO	Au	其他	
含量/%	24.87	5.39	2.85	0.76	1.5g/t	16.23	

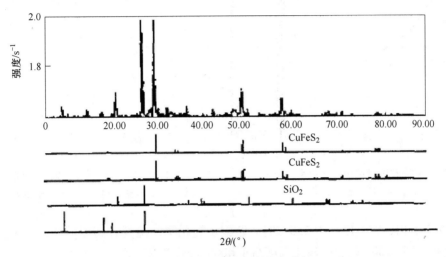

图1 黄铜矿 X 射线衍射物相分析

由表1可知,除脉石成分,如 SiO_2、Al_2O_3、CaO、MgO 外的杂质金属如 Zn、Pb、Co 及 As 等含量均很少,其总量不过 0.76%。将金属硫化物作基础,用合理矿相计算求得黄铜矿($CuFeS_2$)在所有硫化物中占 95.60%,其他硫化物如 ZnS、PbS、CoS 等总和仅占 4.4%,这与 X 射线衍射分析一致。在试验结果计算中,转化率均以黄铜矿为 100% 作基础。

1.2 试验过程

黄铜矿低温加硫焙烧反应为 $CuFeS_2 + S^0 = CuS + FeS_2$。焙烧设备为硅碳棒电阻炉,将试料封闭于炉中心,通氩气和抽真空交替进行排空气约1h,然后升温。随温度升高,黄铜矿与 S^0 反应转变为铜蓝和黄铁矿,过程中无 SO_2 产生。所产 CuS 极易被氧化溶浸,FeS_2 则相反,从而实现铜铁分离。

CuS 浸出的研究和工业实践较多,工艺已成熟,研究中主要考虑加硫焙烧过程。

2 试验结果与讨论

2.1 最佳反应物粒度的确定

首先采用单因素试验,在焙烧温度 350~400℃,保温时间 4h,矿∶硫 = 10∶1.11 的条件下,测得黄铜矿粒度在小于 74μm 左右转化为 CuS 和 FeS_2 较为理想,如图2所示。

从图 2 得知，反应物粒度为小于 74μm 时黄铜矿的转化率达 97%。因此确定最佳反应物粒度为小于 74μm。

2.2 焙烧温度对黄铜矿转化率的影响

黄铜矿在有单质硫存在和惰性气体保护的条件下，低温焙烧反应是否完善主要与焙烧条件有关，焙烧温度对黄铜矿转化率的影响如图 3 所示。

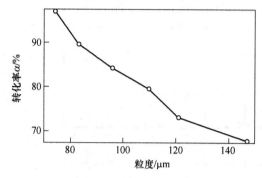 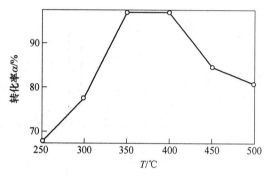

图 2　矿物粒度对黄铜矿转化率的影响
（保温 4h，矿：硫 = 10：1.11）

图 3　焙烧温度对黄铜矿转化率的影响
（保温 4h，粒度小于 74μm，矿：硫 = 10：1.11）

从图 3 看出，在温度小于 350℃时，黄铜矿转化率随温度升高而增加，350~400℃达到最大值，几乎 100%转化，硫化温度高于 400℃转化率又降低。

2.3 差热及 X 射线衍射分析

图 4 所示为试样（矿：硫 = 10：1.11）的差热分析结果。仪器，STA 1500+；样品，$CuFeS_2$+S；日期，1998-07-17；质量，31.010mg；气体，Ar。

从图 4 可见，黄铜矿转变完全的峰值在 353~354℃，与图 3 数据一致。为了证实转变的物相，将试样在最优条件下焙烧后进行 X 射线衍射物相鉴定，如图 5 所示。

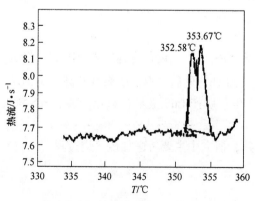 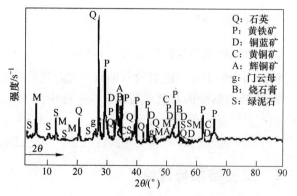

图 4　黄铜矿加硫试样的差热分析
（粒度小于 74μm，矿：硫 = 10：1.11）

图 5　焙烧样品 X 射线衍射物相分析
（粒度小于 74μm，矿：硫 = 10：1.11）

X 射线衍射分析证实了在最优条件下焙烧试样转化为 CuS 和 FeS_2，残余 $CuFeS_2$ 很少。

2.4 焙烧时间对黄铜矿转化率的影响

在达到预定温度 350~400℃ 后，黄铜矿转化率 α 与时间 t 的关系如图 6 所示。

图 6 表明，黄铜矿转化率与时间成曲线关系，将转化率取对数对时间作图，如图 7 所示。

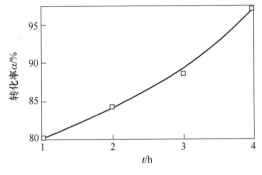

图 6　时间对黄铜矿转化率的影响
（温度 350~400℃，粒度小于 74μm，
矿∶硫 = 10∶1.11）

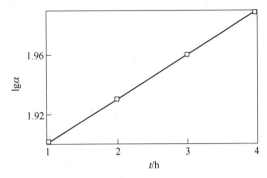

图 7　黄铜矿转化率与时间的关系
（温度 350~400℃，粒度小于 74μm，
矿∶硫 = 10∶1.11）

从图 7 看出，转化率的对数与时间呈直线关系，由此可求得动力学方程式。

2.5 黄铜矿转变反应动力学方程式

按图 7 直线求斜率

$$\mathrm{d}\lg\alpha/\mathrm{d}t = k \cdot A \quad \text{或} \quad \lg\alpha = k \cdot A \cdot t + C$$

式中　α——黄铜矿转化率，%；
　　　A——矿石表面积，cm^2；
　　　t——反应时间，h；
　　　k——单位表面速率常数 $0.03 cm^{-2} \cdot h^{-1}$；
　　　C——常数。

2.6 黄铜矿加硫焙烧提铜新工艺原则流程

加硫焙烧得到易溶的 CuS，可用常规的湿法冶金工艺回收铜。建议黄铜矿加硫焙烧—氯盐浸出提铜新工艺的流程如图 8 所示。

图 8 中，滤液一价铜（Cu^+）可以直接电解，也可以转化为 $CuCl_2$ 溶液，除部分返回作溶浸液，$CuCl_2$ 溶液可采用各种方法生产金属铜或中间产品。可直接得氧化铜，还原得金属铜。

3 结论

黄铜矿硫化焙烧转化为 CuS 和 FeS_2 的最佳条件为：温度 350~400℃；时间 4h；粒度小于 74μm，矿∶硫 = 10∶1.11。转化产物可通过常规湿法冶金工艺生产金属铜或中间产品。

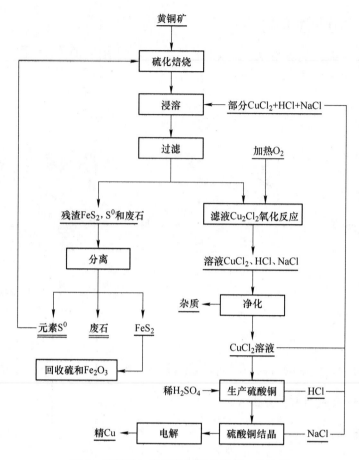

图 8 黄铜矿加硫焙烧制铜建议新工艺流程

参考文献

[1] 田占欣. 炼铜工业新进展. 有色矿冶, 1996, (2): 26, 27.
[2] 埃维勒特 P K. Intec 炼铜法. 国外金属矿选矿, 1995 (5): 20~25.
[3] 刘纯鹏. 铜的湿法冶金物理化学. 北京: 中国科学技术出版社, 1991.
[4] Yannopoulos J C, Arwal J C A. Extractive Metallurgy of Copper Hydrometallurgy and Electrowinning, Vol II. Baltimore Maryland, USA: Port City Press, 1976.
[5] Latimer W M. The Oxidation States of the Elements and Theirpotentials in Aqueous Solutions. 2nd edition. New York, USA: Prentice-Hall INC, 1952.
[6] 苏永庆. 微波场中有色金属矿物的物化特性及化学反应动力学研究. 昆明: 昆明理工大学, 1994.
[7] 宋宁. 黄铜矿硫化焙烧相变反应动力学研究. 昆明理工大学学报, 2002, 27 (2): 5~8.
[8] 陈镜泓, 李传儒. 热分析及其应用. 北京: 中国科学技术出版社, 1985: 120~135.
[9] 莫鼎成. 冶金动力学. 长沙: 中南工业大学出版社, 1987.

镍、钴、铁冶金

铜镍硫化矿及高冰镍新工艺流程的研究[1]

刘纯鹏　冯干明　艾荣衡　杨廷忠　等[2]

截至目前，世界上从铜、镍、钴、铅、锌等硫化矿提取金属的工艺，主要采用氧化脱硫—还原的工艺流程。但是随着工业技术条件的发展，用 H_2 或 CO 还原硫化物直接进一步获取金属是有色冶金、特别是贵金属冶金具有完全脱出现有传统工艺流程的新方法。

采用传统工艺的氧化法，在高温条件下 SO_2 和烟尘的污染是十分严重的，管边系统密封不严，虽能收集制酸，但成分 SO_2 和烟尘仍难消除。从整个工艺流程来看，工序多，各项技术经济指标均不理想，特别是在铜镍分离问题上采用磨浮法或分层熔炼法更是如此。可以说，传统火法工艺流程迄至目前为止没有解决好铜镍分离的问题，而湿法冶金又难于解决铁、镍分离问题。因此，如何革新现有生产工艺流程，使科研工作走在生产建设的前面，是本实验研究工作的目的和指导思想。

内容概要

(1) 试验研究了硫化铜镍矿及高冰镍用 H_2、CO 及水煤气还原脱硫的条件。
(2) 还原后矿石的浸出条件及效果。
(3) 浸出渣（或称铜精矿）含铜品位及产率。
(4) 高冰镍浸溶—还原焙烧及还原焙烧—浸溶直接获取金属铜的条件和效果。
(5) 喷雾氧化分离镍铁溶液。
(6) 用 $FeCl_3$ 氧化 H_2S 回收元素硫并在电镍时在阳极室再生 $FeCl_3$。
(7) 隔膜电镍的技术条件及效率。

按初步实验结果拟定出铜镍硫化矿及高冰镍进一步试验研究的新工艺流程，如图1~图3。

1 铜镍硫化矿原材料及实验设备

矿石组成：化学成分见表1，矿物及物相分析见表2（根据矿物鉴定和物相分析合理计算）。

---

[1] 本文发表于《云南冶金》，1978（3）：31~47。
[2] 本文部分计算绘图有郭有根同志参加，化验由陈枢同志负责，特别感谢！

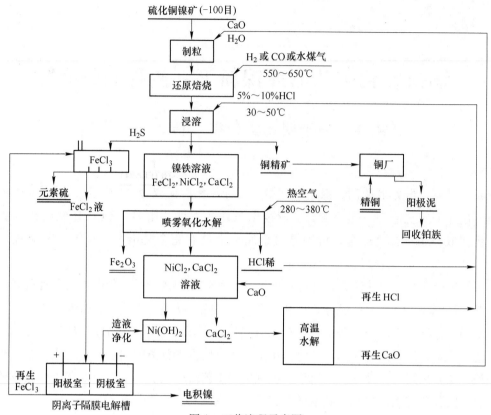

图 1　工艺流程示意图

表 1　化学分析成分　　　　　　　　　　　　　　　　　　　　　（%）

元素	Ni	Cu	Fe	S	其他
成分	3.75	1.40	54.37	33.08	7.40

表 2　硫化铜镍矿矿相组成　　　　　　　　　　　　　　　　　　（%）

矿相	Ni	Fe	Cu	S	O	H_2O	SiO_2	其他	合计/kg	含量/%
$3(NiS·FeS)$	3.728	3.516		4.074					11.345	11.345
$NiSO_2·7H_2O$	0.011			0.006	0.012	0.024			0.053	0.053
$4NiO·3SiO_2$	0.011				0.003		0.0084		0.0224	0.0224
$CuFeS_2$		1.103	1.254	1.264					3.621	3.621
CuO			0.146		0.037				0.183	0.183
Fe_7S_8		42.274		27.739					70.013	70.013
Fe_3O_4		3.7235			1.4223				5.1458	5.1458
Fe_2O_3		3.7235			1.6004				5.3239	5.3239
其他								4.2929	4.2929	4.2929
合计/kg	3.750	54.37	1.40	33.03	3.0747	0.024	0.0084	4.2929	100	
含量/%	3.750	54.37	1.40	33.03	3.0747	0.024	0.0084	4.2929		100

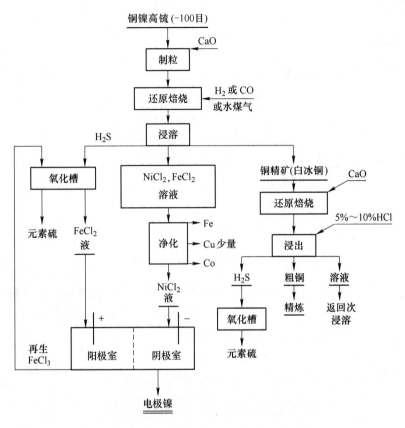

图 2 高冰镍还原—浸溶工艺流程图
（铂族金属的回收应在铜精炼的阳极泥中）

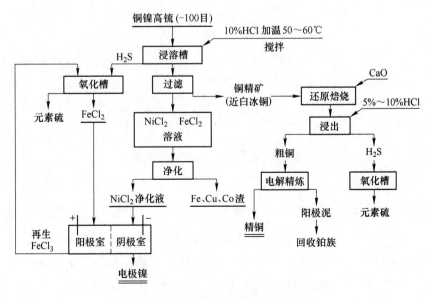

图 3 高冰镍直接浸溶工艺流程示意图

2 理论分析

2.1 反应热力学

反应热力学，按金属硫化物与 H_2 的反应有：

$$Ni_xS + H_2 \rightleftharpoons xNi + H_2S \tag{1}$$

$$Co_yS + H_2 \rightleftharpoons yCo + H_2S \tag{2}$$

$$Fe_zS + H_2 \rightleftharpoons zFe + H_2S \tag{3}$$

$$Cu_2S + H_2 \rightleftharpoons 2Cu + H_2S \tag{4}$$

$$K = \frac{p_{H_2S}}{p_{H_2}} \tag{5}$$

$$p_{H_2S} = Kp_{H_2} \tag{6}$$

$$\lg p_s = 2\lg \frac{p_{H_2S}}{p_{H_2}} - \frac{9665}{T} + 5.342 \tag{7}$$

当在一定温度及氢压力的条件下即可计算求得各硫化物在该条件下的离解硫蒸气压和热趋势（按式（5）~式（7））图 4 所示为各硫化物在 800℃（1073K）用 H_2（101325Pa）还原时热力学数据和有钙存在时还原的热力学趋势。

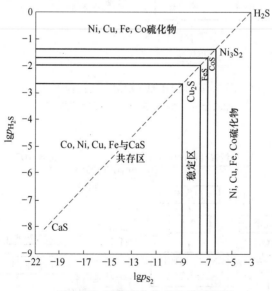

图 4 H_2 还原硫化物热力学平衡图
($t = 800℃$；$p_{H_2} = 101325Pa$)

从图 4 可知，在平衡体系中用 H_2 还原 Cu、Ni、Co、Fe 等硫化物，热力学趋势 p_{H_2S} 是很小的（$1×10^{-1} \sim 1×10^{-3}$），而 H_2S 所离解的硫蒸气压，即 p_{S_2} 还差不多等于该硫化物的硫蒸气压，为了降低 H_2S 所具有的蒸气压，把 H_2S 转变为其他具有最小的硫蒸气压的硫化物，如 CaS、MgS 等，则不仅使反应的热力学趋势大增，对反应的动力学也有利。因此在料中配入 CaO 进行还原，则反应向脱硫的方向进行甚为有利。

按反应：
$$Me_xS + H_2 + CaO \Longleftrightarrow xMe + CaS + H_2O \quad (8)$$

$$K_e = \frac{p_{H_2O}}{p_{H_2}} \quad (9)$$

按热力学数据求得各硫化物在有 CaO 存在下，用氢还原的热力学趋势与温度的关系，如图 5 所示。

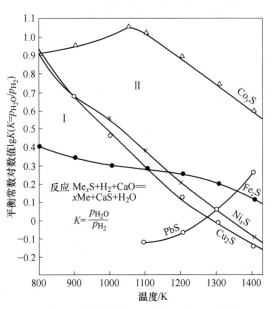

图 5 平衡常数 $\lg K$ 与温度的关系

从图 4 及图 5 的数据可知，平衡常数 K_e 虽然随温度升高而减小（PbS 除外），但其绝对值已增大 $1.23 \times 10^2 \sim 1.22 \times 10^4$ 倍，即

$$增大倍数 = \frac{K_e \times K}{K} = 1.22 \times 10^{-4} \sim 1.23 \times 10^2 \quad (10)$$

因

$$\frac{K_e \times K}{K} = \frac{p_{H_2O}/p_{H_2} \cdot p_{H_2S}/p_{H_2}}{p_{H_2S}/p_{H_2}} = \frac{p_{H_2O}}{p_{H_2}} \quad (11)$$

2.2 还原焙烧的化学反应

低 CaO 反应：

$$Cu_2S \cdot Fe_2S_3 + H_2 + CaO \Longleftrightarrow CuS \cdot 2FeS + CaS + H_2O \quad (12)$$

$$3(NiS \cdot FeS) + H_2 + CaO \Longleftrightarrow Ni_3S_2 + 3FeS + CaS + H_2O \quad (13)$$

$$Fe_7S_8 + H_2 + CaO \Longleftrightarrow 7FeS + CaS + H_2O \quad (14)$$

$$Cu_2S \cdot Fe_2S_3 + CO + CaO \Longleftrightarrow CuS \cdot 2FeS + CaS + CO_2 \quad (15)$$

$$3(NiS \cdot FeS) + CO + CaO \Longleftrightarrow Ni_3S_2 + 3FeS + CaS + CO_2 \quad (16)$$

$$Fe_7S_8 + CO + CaO \Longleftrightarrow 7FeS + CaS + CO_2 \quad (17)$$

高 CaO 反应：

$$Cu_2S \cdot Fe_2S_3 + 4H_2 + 4CaO \Longleftrightarrow 2Cu + 2Fe + 4CaS + 4H_2O \quad (18)$$

$$3(NiS \cdot FeS) + 6H_2 + 6CaO = 3Ni + 3Fe + 6CaS + 6H_2O \tag{19}$$

$$Fe_7S_8 + 8H_2 + 8CaO = 7Fe + 8CaS + 8H_2O \tag{20}$$

$$Cu_2S \cdot Fe_2S_3 + 4CO + 4CaO = 2Cu + 2Fe + 4CaS + 4CO_2 \tag{21}$$

$$3(NiS \cdot FeS) + 6CO + 6CaO = 3Ni + 3Fe + 6CaS + 6CO_2 \tag{22}$$

$$Fe_7S_8 + 8CO + 8CaO = 7Fe + 8CaS + 8CO_2 \tag{23}$$

当配入的 CaO 介于低 CaO 和高 CaO 之间，则还原产物之物相为部分硫化物，部分金属的混合物。

2.3 浸出的化学反应

还原产物在 5% HCl 浸出过程中，金属铜和 Cu_2S 均不溶解；但金属铁和镍以及 FeS 及 NiS 则能完全溶解，因此，稀 HCl 的浸出能够达到选择浸溶的效果。实验数据已充分证明此一事实。

$$CaS + 2HCl = CaCl_2 + H_2S \tag{24}$$

$$Fe + 2HCl = FeCl_2 + H_2 \tag{25}$$

$$Ni + 2HCl = NiCl_2 + H_2 \tag{26}$$

$$FeS + 2HCl = FeCl_2 + H_2S \tag{27}$$

$$NiS + 2HCl = NiCl_2 + H_2S \tag{28}$$

实验中铜溶解仅是微量。

2.4 综合利用反应

元素硫的回收问题，本流程采用电积镍的同时，在阳极室氧化产生 $FeCl_3$ 供氧化 H_2S 为元素硫：

$$H_2S + 2FeCl_3 = S^0 + 2FeCl_2 + 2HCl \tag{29}$$

$$2FeCl_2 + 2HCl + 2\oplus = 2FeCl_3 + 2H^+ \tag{30}$$

铁的综合利用，采用喷雾氧化成 Fe_2O_3 并同时回收 HCl，即按式（31）反应：

$$2FeCl_2 + 2H_2O + 1/2O_2 = Fe_2O_3 + 4HCl \tag{31}$$

这些方法已比较成熟，国外已普遍应用。氧化温度可选择 200~400℃。

3 实验操作概要

设备装置如图 6 所示。用 H_2 或 CO 还层硫化矿，还原温度在 500~650℃，当温度超过 700℃ 时发生熔结，不利于还原反应进行。按实验研究，在一定的条件下，影响还原反应的因素为：CaO 量，还原温度及时间，而主要是 CaO 的配入量。为了保证扩散不是过程的限制步骤，还原气体的通入由下而向上对矿粒进行反应，且气体流量最少保持在 12L/h（200CC/分）。这样的措施，经实验证实；保证了热力学反应进行的稳定性。

试料均是 0.15mm（100目筛目）以下，称取 25~50g，配入 CaO 及 H_2O 制粒，粒度约为 3~5mm。试料进入长筒形有底坩埚内，用真空泵抽出空气（瓷管密封），通入 N_2 保护升温达 500℃ 即开始通入还原气体（H_2 或 CO），当给定温度及还原时间到达时，使炉料冷后取出化验并浸溶。

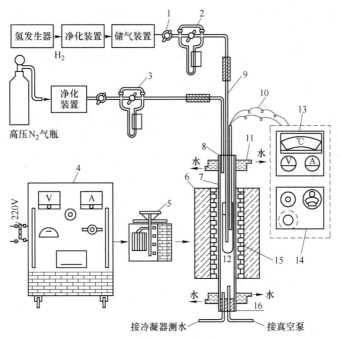

图6 实验设备连接图

1—双通；2，3—膜流量计 4—磁饱和电压稳定器（220~250V）；5—调压变压器（10kV·A）；6—管式电炉；
7—瓷管；8，16—耐温橡皮塞；9—刚玉管；10—铂铑热电偶；11—冷却水套；12—坩埚；
13—配电箱；14—703型电位差计；15—电阻丝

4 H$_2$还原的实验结果

4.1 CaO的影响

按反应（12）~反应（23）可知，增加CaO硫脱铁的反应进行越彻底。由于矿中磁硫铁矿所占比例很大，在低CaO料中磁硫铁矿还原为FeS仍能溶于稀HCl中，因而脱铁脱硫率仍然高。实验证明，在一定温度条件下，低CaO及高CaO的还原—浸溶都可获得高的脱铁、脱镍及脱硫率。图7和图8所示为低CaO及高CaO还原—浸出的效果。

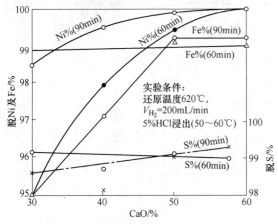

图7 CaO用量对H$_2$还原铜镍硫化矿的影响

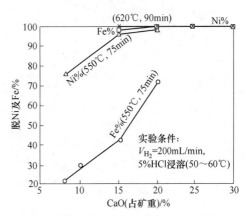

图8 铜镍硫化矿还原效果与CaO的关系

从图 7 和图 8 可以看出，CaO 达 15%上，温度在 600℃以上，还原时间在 60min 以上，铁、镍及硫的脱除均可达到 95%~100%。换言之，经过一次焙烧和浸出，铜镍硫化矿中 Fe、Ni 及 S 基本上全部脱出，而矿中铜视残硫的多少转化为粗铜或高品位冰铜。

4.2 还原温度的影响

在还原焙烧中，温度升高将有利于反应速度的增大。但当温度升高到使矿发生烧结则不利于还原反应的进行。根据实验证实，金平镍类矿熔结温度低，达 700℃以上则发生烧结。因此，在实验中控制温度在 620~650℃效果良好。图 9 所示为还原浸出效果与温度的关系（在高 CaO 条件下）。

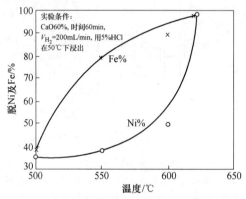

图 9 铜镍硫化矿用 H_2 还原与温度的关系

从图 9 看出，还原浸出的脱 Fe 脱 Ni 率随温度升高而增加，达 620℃时还原浸出率已近 100%。由此证明，还原温度不需要超过 620℃，这为还原设备创造了有利的条件。

4.3 还原时间的影响

图 10 和图 11 所示为低 CaO，低温还原焙烧和高 CaO 高温还原焙烧条件下，脱 Fe、脱 Ni 及脱 S 的效果。

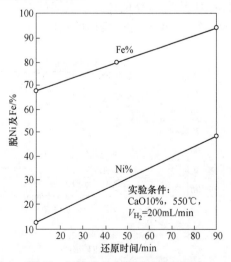

图 10 铜镍硫化矿还原时间的影响

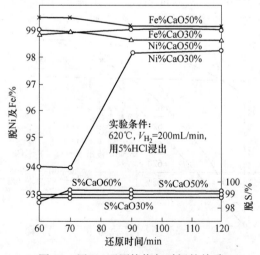

图 11 用 H_2 还原焙烧与时间的关系

从图10看出，当CaO为10%，还原温度仅550℃。脱Fe及脱Ni均随还原时间相应增加。对镍而言，时间达90min的还原脱除仅近50%。但铁的脱除仍可达94%左右。这表明矿中磁硫铁矿（Fe_7S_8）高，易于还原脱硫且还原后的FeS也易溶解在稀HCl中。图中数据表明，在低CaO条件下（小于10%），还原温度为500~550℃，控制还原时间有可能达到选择还原铁和镍的硫化物。换言之，通过两次还原焙烧可使Cu、Fe及Ni的硫化物达到比较彻底的分离。

从图11看出，在30%~50%的CaO含量下，温度为620℃，还原时间仅90min，脱Ni可达98%~99%，而铁的脱除率则可达99%以上。同样，硫的脱除率都可达99%。

硫化铜镍矿用H_2还原后浸出液组成和浸出后铜料矿组成及部分技术指标，见表3和表4。

表3 硫化铜镍矿浸出液组成

编号	样重/g	CaO/%	温度/℃	时间/min	V_{H_2}/mL·min^{-1}	浸出液组成/g·min^{-1} Ni	Fe	Cu	Co	Ni回收率/%	铜精矿产率/%	浸出后pH值
13-1	25	60	620	90	200	6.54	106.3	0.044	—	87.35	3.86	<1
13-4	25	60	620	60	200	6.95	108.4	0.033	—	92.75	3.32	<1
13-5	25	60	620	70	200	6.97	107	0.034	—	93.00	3.61	<1
13-6	25	60	620	120	200	7.23	107	0.030	—	96.20	4.28	<1
14-2	25	50	620	70	200	7.47	107	0.035	—	99.5	3.09	<1
14-3	25	50	620	90	200	7.48	107	0.035	—	99.60	2.88	<1
14-4	25	50	620	60	200	7.41	108.2	0.01	—	98.8	2.83	<1
15-1	25	40	620	70	200	7.42	106	0.032	—	99.05	3.18	<1
15-2	25	40	620	90	200	7.30	108.2	0.034	—	97.6	3.08	<1
15-3	25	40	620	120	200	7.40	108.8	微	—	97.5	3.17	<1
15-4	25	40	620	60	200	7.20	108.2	微	—	96.0	2.68	<1
16-1	25	30	620	90	200	7.24	108.2	微	—	96.5	2.78	<1
16-2	25	30	620	60	200	6.6	108	0.010	—	88	3.61	<1

表4 硫化铜镍矿用H_2还原浸出后铜精矿组成及部分技术指标

编号	矿样重/g	CaO占矿重/%	温度/℃	还原时间/min	浸出率/% Ni	Fe	S	Cu	铜精矿组成/% Ni	Fe[①]	S	铜回收/%	铜精矿产率/%	富集倍数
15-3	25	40	620	120	95.5	99.6	98.8	46.13	5.41	6.96	11.86	97.2	3.14	33
14-4	25	40	620	60	96.0	99.6	98.7	53.46	5.54	8.17	14.73	约100	2.68	38.2
16-1	25	30	620	90	96.5	99.6	98.6	53.56	4.53	8.02	16.10	约100	2.72	38.3
16-3	25	30	620	120	89.4	97.7	98.3	42.67	9.63	30.2	9.66	约100	4.10	30.5
14-2	25	50	620	70	99.0	98.6	98.5	42.35	8.31	19.40	15.80	93.5	3.10	30.3
14-3	25	50	620	90	93.8	99.6	98.9	44.75	7.67	15.20	12.93	92.5	2.88	32.0
15-2	25	40	620	90	95.0	99.6	98.8	46.91	5.91	10.65	12.46	约100	3.07	33.5

①铁在铜精矿的成分是按浸出率计算求得，其他均是化验分子成分。

从表4看出，在一定条件下，CaO 30%~50%，温度620℃，还原时间60~120min，浸出后的铜精矿品位可达42%~53.5%的含铜量，直接回收率达92.5%~100%，平均达97.7%，由于原矿含其他废岩极少，且脱铁脱硫均很高，因而产率很小，仅2.68%~

4.1%，平均不超过 3.13%。原矿含铜仅 1.4%，经过还原浸取处理，富集倍数高达 30~38 倍，平均为 32.7 倍，这是火法熔炼不可能达到的富集程度，即以含铜为 15% 左右的铜矿，电炉一次熔炼冰铜品位不过 40%~50% 富集倍数仅 2.77~3.32 倍，以硫化铜镍矿而言，含 Cu+Ni 为 5%~6% 左右，通过一次电炉熔炼，所获冰铜品位不过 20%，富集倍数仅 4 倍左右。从铜精矿产率来看，与含铜品位的关系可由图 12 看出。

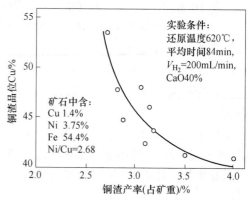

图 12 铜精矿品位 Cu% 与其产率的关系

5 用 CO 还原的实验结果

用 CO 还原硫化铜镍矿，CaO 及还原时间的影响如图 13 和图 14 所示。

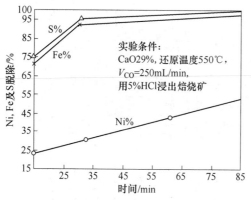

图 13 用 CO 还原硫化铜镍矿还原时间的影响

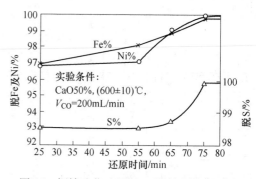

图 14 铜镍硫化矿用 CO 还原与时间的关系

从图 13 看出，在较低 CaO，较低温度条件下，脱铁、脱镍及脱硫率均随还原时间而增加。在 85min 铁和硫的脱除率均可达 95% 以上，但镍的脱除仅 50% 左右。这表明温度及 CaO 量均对镍的脱除有较大之影响。

从图 14 看出，当 CaO 增加达 50%，温度升高到 600℃，则还原时间在 85min，镍、铁及硫的脱除率均能达到 99% 以上。

图 14 与图 11 比较可以看出，当温度在 600~620℃，CaO 达 50%，用 H_2 与 CO 还原，其效果均是一样。因此，在处理矿石原料可按具体条件选用，或者用水煤气（$CO+H_2$）也可。

6 高冰镍的实验研究

6.1 原料的化学成分

原料的化学成分见表 5。

表 5　原料的化学成分　　　　　　　　　　　　（%）

编号	Ni	Cu	Fe	S
1 号	49.44	27.6	2.35	17.69
2 号	41.69	25.63	2.37	17.63

6.2　实验的简要说明

实验的设备装置与还原矿石相同。由于高冰镍含铁很少，因此还原浸出后，镍含量即可达到电积水平。在进入阴极室以前进行净化除铁及少量的铜和钴。因此，通过一次还原浸出即可获得高品位铜精矿（或粗铜）及富镍的电积溶液。铜镍分离彻底，工艺流程简单。

6.3　还原—浸溶的实验结果

图 15 所示为在一定条件下，CaO 对还原—浸出率的影响。

从图 15 看出，镍还原进入溶液随 CaO 增高而增大，在 CaO 45%时，浸出率已趋近 100%，对铁而言，由于在高冰镍中含量很少，还原规律与 CaO 之关系不如镍硫显著。但脱除率也可达 97%。由于高冰镍含铜相当多，还原温度须达 800~900℃ 才可将 Cu_2S 中之硫彻底脱除。本实验未进行高温实验，是因为矿石在高温下易熔结，因而高冰镍的脱硫率一般多在 60% 左右。按高冰镍成分计算，保留铜为 Cu_2S 状态，脱硫率约在 65% 左右，高于此脱硫率而镍和铁又全部脱除，则铜精矿中将有金属铜存在。

图 16 所示为高冰镍用 H_2 还原与温度的关系。

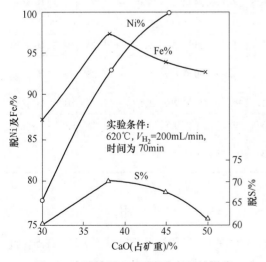 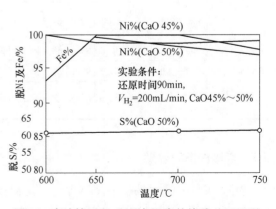

图 15　高冰镍用 H_2 还原时 CaO 的影响　　　图 16　高冰镍用 H_2 还原与温度的关系（5%HCl）

从图 16 看出，配入 CaO 在 45%~50%，温度在 620~700℃，Ni、Fe 及 S 的脱除率均很高，700℃ 以上，铁和镍脱除率均有所下降，可能局部料在 750℃ 开始熔结。

6.4 高冰镍用 CO 还原的结果

高冰镍用 CO 还原的结果如图 17 所示。

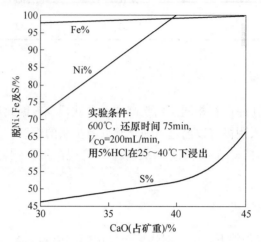

图 17 高冰镍用 CO 还原时 CaO 对浸出脱 Ni、Fe 及 S 的影响

高冰镍还原浸出的结果见表 6。

表 6 高冰镍还原浸出后铜精矿技术指标

编号	CaO占矿重/%	还原温度/℃	还原时间/min	H_2/%	浸出率/%			铜精矿重/g	精矿产率/%	铜精矿组成/%					样重/g	铜直回收/%	备注
					Ni	Fe	S			Cu	Ni	Fe	S	其他			
I-11	50	620	90	100	97.0	92.8	61.2	8.62	34.5	72.0	4.18	0.58	19.70	—	25	97.0	H_2还原
I-14	50	750	90	100	96.0	83.6	62.6	9.15	36.5	68.3	5.34	1.13	18.0	—	25	97.2	H_2还原
I-15	45	620	90	100	97.1	93.7	65.4	8.71	34.8	69.3	4.2	0.45	16.44	—	25	95.70	H_2还原
I-16	45	650	90	100	99.0	98.0	62.0	8.8	35.2	71.5	1.34	0.14	19.7	—	25	98.2	H_2还原
I-20	40	620	120	100(CO)	100	89.0	67.2	7.79	31.0	80.6	0.00	0.835	18.56	—	25	98.4	H_2还原
II-14	35	700	120	100	约100	90.5	61.4	7.92	31.7	74.2	0.085	0.707	21.5	—	25	91.8	CO还原
II-15	35	700	90	100	97.5	93.1	63.2	9.24	37	69.2	3.3	0.45	17.6	—	25	99.70	CO还原
平均	35~50	620~700	90~120	100	96.3	92.2	66.0	—	35	71.62	3.91	0.54	17.93	—	—	98.0	—

6.5 直接浸出的效果

用 10%稀 HCl 直接浸溶高冰镍,维持温度 60℃左右,反应速度较快并产生 H_2S。此 H_2S 收集于 $FeCl_3$ 溶液中析沉为较纯的元素硫,浸溶后的铜精矿可达白冰铜的品位。将此铜精矿配入适当的 CaO 进行还原焙烧,经再次浸溶可获得粗铜。按实验结果,当铜精矿还原温度高于 750~850℃时,粒料将发生局部烧结,效果反而不好。

表 7 列出了直接浸溶高冰镍的实验结果。

表7　高冰镍稀HCl直接浸溶结果

编号	样重/g	HCl/%	时间/h	温度/℃	浸出率/%			铜精矿组成/%				质量/g	产量/%
					Ni	Fe	Cu	Cu	Fe	Ni	S		
D-1	30	10	6	60	96.5	80.2	微	75.58	1.41	5.09	17.5	10.255	34.15
D-2	30	10	4	60	92.6	77.3	微	72.30	1.52	8.65	17.45	10.65	35.5
D-3	30	10	4.5	60	90.55	78.5	微	62.7	1.50	9.1	18.8	12.304	41.01
D-4	30	10	6	60	92.10	82.5	微	66.7	1.4	8.8	18.2	11.662	38.87

从表7可以看出，高冰镍直接用HCl（10%）浸出，镍回收可达90%以下，而铜精矿含铜品位可接近白冰铜组成。

7 铁镍氯化物的分离

应用水解或氧化水解（200℃以上）分离铁（大量）和镍（少量）并回收盐酸及铁（以Fe_2O_3状态存在）是本流程的特点。在湿法冶金中，铁与有色重金属分离的问题，特别是含铁甚高的溶液是一重要课题。现有方法虽多，如氢氧化铁沉淀法，铁矾法（黄钠铁矾法），锌铁矿法等，但均有其弱点。采用喷雾氧化水解法，控制温度不仅可以综合回收铁（Fe_2O_3），再生盐酸，而且可以达到选择分离镍和铁。

7.1 水解氧化反应

$$2FeCl_2 + 1/2O_2 + 2H_2O = Fe_2O_3 + 4HCl \quad (32)$$

$$NiCl_2 + H_2O = NiO + 2HCl \quad (33)$$

$$CuCl_2 + H_2O = CuO + 2HCl \quad (34)$$

$$CoCl_2 + H_2O = CoO + 2HCl \quad (35)$$

$$CaCl_2 + H_2O = CaO + 2HCl \quad (36)$$

$$MgCl_2 + H_2O = MgO + 2HCl \quad (37)$$

上列反应进行的程度与温度及反应时间有关。图18所示为Fe、Ni、Co、Cu、Ca及Mg等氯化物水解反应等压位与温度的关系。

由图18看出，从$CuCl_2$、$NiCl_2$、$CoCl_2$、$CaCl_2$及$MgCl_2$等中选择氧化水解分离$FeCl_2$是完全可能的。$MgCl_2$及$CaCl_2$的水解反应随温度增高，热力学趋势增大。这为回收MgO，CaO和再生HCl提供了依据。

7.2 试料制备及化学分析

为了搞清楚铁、镍、铜、钙等氯化物水解的一些规律，用合成的氯化物粒料在不同温度条件下，通空气和水蒸气进行实验。

粒料成分：Fe 40.2%，Ni 3.56%，Cl 55.5%，Cu 0.896%。

实验装置与图4同，进气管改装为进空气及水蒸气。出气端用标准Na_2CO_3溶液瓶吸收HCl，并用4~5组（每组2~3个）吸收瓶测定盐酸产生的速度。

7.3 实验结果

（1）在一定温度下，水解反应速度及效果。试料经水解后用水浸溶，在水解的同时用

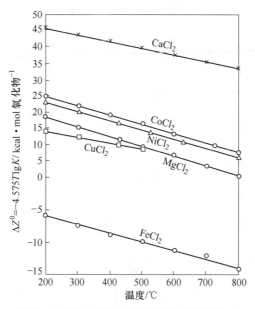

图18 氯化物高温水解等压位与温度的关系

标准 Na_2CO_3 吸收水解所产生的 HCl。残渣用水浸取后为 Fe_2O_3，溶液为 $NiCl_2$。Fe_2O_3 的外观颜色随温度增高由赤红转变为棕红色到猪肝色，过滤迅速。铁渣中含有微量到 1%~3% 的镍。溶液中除 $NiCl_2$ 及 $CaCl_2$ 外，含有微量约 0.2g/L 的铁。

图19 和图 20 所示为不同温度下，铁、镍分离的效果。

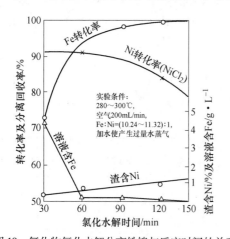 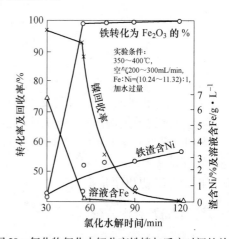

图19 氯化物氧化水解分离铁镍与反应时间的关系　　图20 氯化物氧化水解分离铁镍与反应时间的关系

从图19 及图20 看出，在一定温度条件下，铁镍氯化物水解氧化的规律是：随着反应时间的增长，铁的转化率（转化为 Fe_2O_3）相应增加，而镍进入溶液的回收率则降低。与此同时渣含镍增高，浸溶液中铁量减少。

由图19 看出，当温度在 280~300℃ 时，反应时间在 50~90min 内，铁镍分离效果较好。即浸出液中镍回收率可达 90% 或以上，铁转化率可达 94%~99%。溶液中含铁仅 0.15~0.2g/L，渣含镍不过 0.7% 左右，低者可达 0.02% 左右。这样的分离效果，对于下一步净化除铁提取纯镍十分有利。

由图 20 同样可以看出,当温度在 350~400℃,反应时间控制在 55min 左右,镍回收可达 92.5%,铁转化率可达 99.5%,溶液中铁含量仅 0.15g/L。铁渣含镍低者为 0.5%,平均 1.5% 左右。

(2) 温度对铁、镍氯化物水解氧化的影响。

图 21 所示为温度的影响(在一定反应时间条件下)。

从图 21 看出,随着温度的升高,铁的转化率(转化为 Fe_2O_3)增大,而镍的回收率显著下降,渣中镍增高,溶液中铁量减少,由 0.2g/L 到微量。在 300℃ 左右效果较好。

(3) $FeCl_2$、$CaCl_2$ 氧化水解盐酸回收率与时间的关系。

图 22 所示为 $FeCl_2$(含 $NiCl_2$、$CaCl_2$)与单独的纯 $CaCl_2$ 在一定温度条件下,反应时间与水解产生 HCl 的关系。

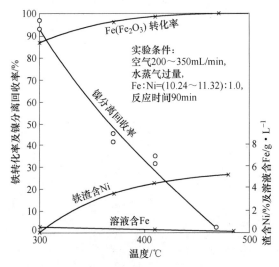

图 21 氯化物水解氧化除铁与温度的关系

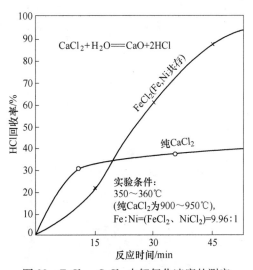

图 22 $FeCl_2$、$CaCl_2$ 水解氧化速度的测定

从图 22 看出,$FeCl_2$ 氧化水解回收 HCl 的百分率很大,几乎全部可以回收。对于 $CaCl_2$ 氧化水解,反应速度较慢,这可能与我们采用通水蒸气的方法有关。如采用通 H_2 和水蒸气,则反应将易于进行,速度增大。按初步实验,H_2 和水蒸气对 $CaCl_2$ 的水解反应约在 600℃ 即可开始。而空气与水蒸气则需要 900℃ 以上才能开始反应。

8 结语

(1) 本流程对硫化铜镍矿(也包括铜矿)及高冰镍的处理采用还原脱硫,稀 HCl 浸出脱铁并将镍与铜分离,效果甚优。脱硫率及脱铁率均可达 98%~100%,镍回收达 95% 以上,铜在铜精矿的回收可达 95%~100%,基本上全部保留于浸出渣中。在镍和铁分离中,镍的分离回收达 90% 以上,而铁和 HCl 基本上全部可以回收。溶液中的 $CaCl_2$ 最后可再生为 CaO 及 HCl。整个工艺流程为一闭路流程,无污染,综合回收全面,流程简化,经济技术指标先进,是值得进一步扩大实验的,具有前途的新工艺流程。

(2) 采用氧化—水解分离铁、镍溶液解决了高铁量(约 100g/L)和低镍(几克/升)

的分离课题。分离方法简单，不用试剂（用空气+水蒸气），效果好的新方法。铁可全部转为 Fe_2O_3 铁渣含镍量约为 0.5%~1.5%，溶液中含铁量仅 0.2g/L 至微量。

（3）本流程盐酸浸出后的铜精矿品位高，富集比达 30 倍以上，含铜量可达 50% 到白冰铜。如原矿熔结温度高，可以一次脱硫达金属铜，即通过一次还原—浸溶可得粗铜。本实验所研究的矿料约在 700℃ 即发生熔结，因而脱硫不能彻底进行到生产粗铜。但我们认为可以采用吹入还原气体使熔体脱硫达到一步炼铜并分离镍、铜、铁、硫的试验研究（造 CaS 渣）。

（4）本流程对于现行传统流程采用氧化脱硫除铁是一个从根本上革新的具有前途的新工艺流程，特别是排除污染、闭路式，基本上不消耗试剂，这是现行传统工艺流程不能相比的。

（5）本流程中，铜精矿含镍还颇高，约 5%，这是由于在浸溶过程中，时间短，盐酸浓度低（仅 5%~10%），浸溶温度不高，也未进行机械搅拌所致。预料在改善浸溶条件之后，镍含量可以降到粗铜精炼的规范要求。

参 考 文 献（略）

铜镍硫化矿的冶炼新工艺研究[1]

刘纯鹏 冯千明 艾荣衡 杨廷忠[2]

摘　要：文章介绍了采用 H_2 及 CO 对铜镍硫化矿进行还原焙烧—浸出，以获得高品位冰铜（或金属铜）；浸出液高温水解分离铁、镍的冶炼新工艺。它具有方法简单，只经还原、浸出、氧化水解等三个工序，即可彻底解决铜、镍、铁的分离，并使硫成元素硫、铁成 Fe_2O_3 回收；试剂盐酸及氧化钙均可再生，达到无废渣，无污染，综合回收全面，回收率高等显著优点。

本文着重研究了用 H_2 及 CO 还原—浸出的效果和高温氧化水解分离镍、铁以及 $CaCl_2$ 高温水解的效果。试验表明脱铁、脱硫率可达 98%~99% 以上；浸出和分离的总回收率，镍大于90%、铁 99% 以上；分离液中的铁含量可降至 0.030g/L 以下。

从目前世界上处理重金属硫化矿的方法来看，主要还是采用氧化脱硫—还原的工艺流程。但是，随着工业技术条件的发展，用 H_2 或 CO 气体还原硫化物（在有 CaO 存在的条件下），以直接获取金属，将是有色冶金、特别是重金属冶金完全不同于现有传统工艺流程的一个新方法，因而，也是一个很有前途的方法。为此，我们用还原—溶浸的新工艺对某地的铜镍硫化矿进行了研究，获得了可喜的结果。

1　金属硫化物还原—溶浸的理论依据

1.1　还原焙烧

用 H_2 或 CO 还原硫化物，其还原反应的热力学趋势是很小的。以氢气而言，反应的平衡常数 p_{H_2S}/p_{H_2} 仅为（800~1500K）[1]：$5\times10^{-3} \sim 7\times10^{-1}$，但当有脱硫剂如 CaO 或 MgO 存在时，反应热力学趋势即增大甚多，动力学条件也有所改善[2]。

$$Cu_2S+H_2+CaO = 2Cu+CaS+H_2O \tag{1}$$

$$Ni_xS+H_2+CaO = xNi+CaS+H_2O \tag{2}$$

$$Co_yS+H_2+CaO = yCo+CaS+H_2O \tag{3}$$

$$Fe_zS+H_2+CaO = zFe+CaS+H_2O \tag{4}$$

$$ZnS+H_2+CaO = Zn+CaS+H_2O \tag{5}$$

$$PbS+H_2+CaO = Pb+CaS+H_2O \tag{6}$$

按热力学数据，计算绘出的平衡常数与温度的关系如图 1 所示。

当温度为 800~1250K 时，从图 1 可以看出，反应平衡常数均是正值，反应能自动向

---

[1] 本文发表于《有色金属（冶炼部分）》，1978（5）：7~13。
[2] 陈枢、郭有根同志参加化验及部分计算、绘图工作。

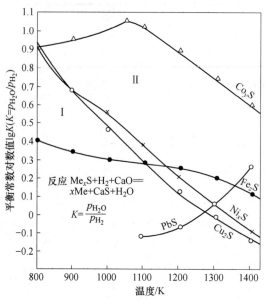

图 1 平衡常数 lg$K$ 与温度的关系

右进行。这就为用 H_2 还原铜镍硫化矿提供了理论依据。对于硫化矿的反应可表示如下：

(1) 低 CaO 反应：

$$Cu_2S \cdot Fe_2S_3 + H_2 + CaO = Cu_2S + 2FeS + CaS + H_2O \tag{7}$$

$$3(NiS \cdot FeS) + H_2 + CaO = Ni_3S_2 + 3FeS + CaS + H_2O \tag{8}$$

$$Fe_7S_8 + H_2 + CaO = 7FeS + CaS + H_2O \tag{9}$$

$$Cu_2S \cdot Fe_2S_3 + CO + CaO = Cu_2S + 2FeS + CaS + CO_2 \tag{10}$$

$$3(NiS \cdot FeS) + CO + CaO = Ni_3S_2 + 3FeS + CaS + CO_2 \tag{11}$$

$$Fe_7S_8 + CO + CaO = 7FeS + CaS + CO_2 \tag{12}$$

(2) 高 CaO 反应：

$$Cu_2S \cdot Fe_2S_3 + 4H_2 + 4CaO = 2Cu + 2Fe + 4CaS + 4H_2O \tag{13}$$

$$3(NiS \cdot FeS) + 6H_2 + 6CaO = 3Ni + 3Fe + 6CaS + 6H_2O \tag{14}$$

$$Fe_7S_8 + 8H_2 + 8CaO = 7Fe + 8CaS + 8H_2O \tag{15}$$

$$Cu_2S \cdot Fe_2S_3 + 4CO + 4CaO = 2Cu + 2Fe + 4CaS + 4CO_2 \tag{16}$$

$$3(NiS \cdot FeS) + 6CO + 6CaO = 3Ni + 3Fe + 6CaS + 6CO_2 \tag{17}$$

$$Fe_7S_8 + 8CO + 8CaO = 7Fe + 8CaS + 8CO_2 \tag{18}$$

实验证明，当配入的 CaO 量介于低 CaO 和高 CaO 之间，还原产物为部分硫化物和部分金属的混合体。

1.2 还原矿的浸出反应

用稀 HCl 浸出还原矿料，金属铜及 Cu_2S 均不溶解，而镍和铁则溶于 HCl 液中。

$$Fe + 2HCl = FeCl_2 + H_2 \tag{19}$$

$$Ni + 2HCl = NiCl_2 + H_2 \tag{20}$$

$$FeS + 2HCl = FeCl_2 + H_2S \tag{21}$$

$$NiS + 2HCl = NiCl_2 + H_2S \tag{22}$$

$$CaS + 2HCl = CaCl_2 + H_2S \qquad (23)$$

1.3 综合回收铁和硫的反应

$$H_2S + 1/2O_2 = H_2O + S^0 \qquad (24)$$

或

$$H_2S + 2FeCl_3 = S^0 + 2FeCl_2 + 2HCl \qquad (25)$$

$$2FeCl_2 \cdot NiCl_2 + 2H_2O + 1/2O_2 = Fe_2O_3 + 4HCl + NiCl_2 \qquad (26)$$

反应（24）是 H_2S 气体通过弱氧化气氛使硫呈元素硫回收。我国胜利油田提取石油分离 H_2S 并回收元素硫工艺已应用于生产[3]。反应（25）及反应（26）已为我们的实验证实是可行的。

2 还原—浸出试验结果

2.1 精矿成分和试验设备装置

试验用精矿的化学成分（%）为：Ni 3.75、Cu 1.40、Fe 54.37、S 33.08、其他 7.40。主要矿物的物相组成为（%）：$3(NiS \cdot FeS)$ 11.345、$CuFeS_2$ 3.621、Fe_7S_8 70.013、CuO 0.183、$NiSO_4 \cdot 7H_2O$ 0.053、$4NiO \cdot 3SiO_2$ 0.0224。

试验设备的装置如图 2 所示。为了保证还原气氛，所用 H_2、CO 及 N_2 气等均经过净化处理。

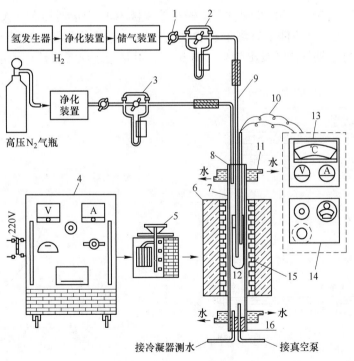

图 2 试验设备连接图

1—双通；2，3—压差流量计；4—磁饱和电压稳定器（220～250V）；5—调压变压器（10kV·A）；
6—管式电炉；7—瓷管；8，16—耐温橡皮塞；9—刚玉管；10—铂铑热电偶；11—冷却水套；
12—坩埚；13—配电箱；14—703 型电位差计；15—电阻丝

2.2 氢气还原浸出

研究了 CaO 用量、温度及还原时间对浸溶效果的影响（见图 3~图 5）。

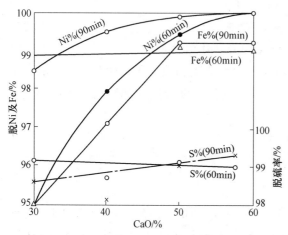

图 3　CaO 用量对 H_2 还原铜镍硫化矿的影响

（实验条件：还原温度 620℃，V_{H_2}=200mL/min，5%HCl 浸出（50~60℃））

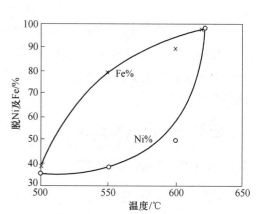

图 4　温度与 H_2 还原铜镍硫化矿的关系

（实验条件：CaO60%，时间 60min，V_{H_2}=200mL/min，5%HCl 在 50℃下浸出）

从图 3 看出，在一定的浸出条件下，浸出效果随 CaO 用量增加而增大。从图 4 看出，提高还原温度，在一定条件下有利于镍和铁的浸出。从图 5 看出，控制还原时间在 60~90min，可获得镍、铁最优的浸出效果。图 6 示出用氢气还原浸出后，铜浓含铜与产率的关系。

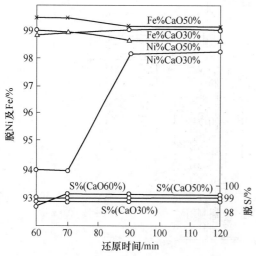

图 5　时间与 H_2 还原焙烧的关系

（实验条件：还原温度 620℃，V_{H_2}=200mL/min，用 5%HCl 在 30~50℃浸出）

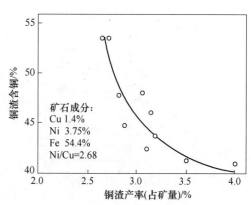

图 6　铜渣含铜与产率的关系

（实验条件：还原温度 620℃，平均时间 84min，V_{H_2}=200mL/min，CaO40%）

从图6看出,产出的铜渣(精矿)含铜达40%~55%,这对于含铜仅1.4%的精矿来说,富集比高达31.4~39倍,而产率只有原精矿重的2.6%~4%。这是传统流程不能比拟的。

2.3 一氧化碳还原浸出

从图7、图8的试验结果可看出:当还原温度为550℃、CaO用量为29%时,还原浸出的镍回收率较差。但当温度控制在600℃、CaO用量为50%时,则脱铁率、脱硫率及镍浸出率均可达99%以上。表1列出了用H_2还原浸出后的部分技术指标和铜精矿组成。

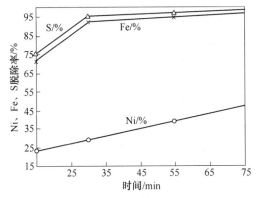

图7 CaO为29%时还原时间对还原结果的影响

(实验条件:CaO 29%,还原温度550℃,V_{H_2} = 250mL/min,用5%HCl浸出焙烧矿)

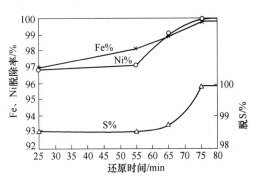

图8 CaO为50%时还原时间对还原结果的影响

(实验条件:CaO 50%,还原温度(600±10)℃,V_{CO} = 200mL/min)

表1 硫化铜镍矿氢还焙烧—浸出技术条件及部分指标

编号	矿样重/g	CaO /%	温度/℃	还原时间/min	浸出率/%				铜精矿组成/%				铜			附注
					Ni	Fe	S	Cu	Cu	Ni	Fe	S	回收率/%	产率/%	富集倍数	
01	25	40	620	120	95.50	99.60	98.80	微	46.13	5.41	6.96	11.86	97.20	3.14	33	一次浸溶
02	25	40	620	60	96.00	99.60	98.70	微	53.46	5.54	8.17	14.73	约100	2.68	38.20	—
03	25	30	620	90	96.50	99.60	98.56	微	53.56	4.53	8.02	16.10	99.70	2.72	38.30	
04	25	30	620	120	89.40	97.70	98.30	0.010	42.80	8.92	12.51	10.56	99.20	4.10	30.5	
05	25	50	620	90	93.80	99.20	98.90	0.0320	44.75	7.56	15.21	12.93	92.50	2.88	33.0	
06	25	40	620	90	95.50	99.40	98.80	0.0340	46.91	5.91	10.65	12.46	约100	3.07	33.50	
07	30	50	700	77	97.50	99.50	98.75	0.022	88.02	微	1.84	10.16	99.64	3.48	62.80	二次浸溶

从表1及图3~图8看出,采用H_2或CO还原—浸出法,脱铁率及脱硫率的技术指标是很高的,基本上完全脱除,而镍回收率达95%以上,98.34%的铜保留于铜精矿中,浸出液中含铜极少,由微量到0.030g/L。以铜精矿组成而言,一次浸出的含镍量还偏高,这是由于浸溶时间短、浸溶温度不高,而HCl浓度为5%~10%。从二次浸溶结果看,精矿含镍量可降至微量,因此,铜精矿中的残镍问题,在提高浸溶温度、盐酸浓度(10%~15%)以及适当延长浸出时间的条件下,可以达到合乎电解精铜进料的要求。

3 金属氯化物的水解分离

应用水解氧化分离铁（大量）、镍及钴（少量）是本流程的特点。在采用喷雾实验前，为了搞清楚铁、镍、钙等氯化物水解分离的一些基本规律，先用合成的氯化物经制备后，在图 2 的设备中用空气及水蒸气进行试验。

3.1 氯化物高温水解分离热力学

几种金属氯化物的水解反应方程如下：

$$2FeCl_2 + 1/2 O_2 + 2H_2O \Longleftrightarrow Fe_2O_3 + 4HCl$$
$$NiCl_2 + H_2O \Longleftrightarrow NiO + 2HCl$$
$$CoCl_2 + H_2O \Longleftrightarrow CoO + 2HCl$$
$$CuCl_2 + H_2O \Longleftrightarrow CuO + 2HCl$$
$$CaCl_2 + H_2O \Longleftrightarrow CaO + 2HCl$$
$$MgCl_2 + H_2O \Longleftrightarrow MgO + 2HCl$$

按热力学数据[4,5]计算求得上列反应的等压位与温度的关系（见图 9）。

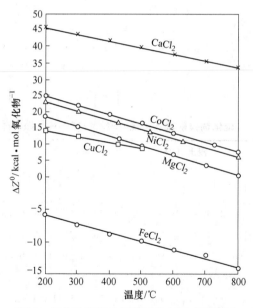

图 9 氯化物高温水解等压位与温度的关系

实验用合成试料的化学成分（%）为：Fe 40.2、Ni 3.56、Cu 0.896、Cl 55.5。

从图 9 可看出，镍、钴及铜的氯化物与氯化亚铁完全能够进行选择性水解分离。氯化钙的水解则需要较高的温度。

3.2 分解试验结果

试料经氧化水解后用水浸出。在氧化水解的同时，用标准 Na_2CO_3 溶液吸收产出的 HCl 以测定反应效果，并与产品分析核对。浸出后的 Fe_2O_3 含镍约千分之几，含 $NiCl_2$、$CaCl_2$ 的浸出液中含铁约 0.2 g/L。

从图 10 和图 11 看出，在一定温度条件下，铁镍氯化物水解氧化的规律是：随着反应时间的延长，铁转化为 Fe_2O_3 的转化率相应增加，而镍进入溶液的回收率则降低。与此同时，渣含镍增高，浸出液中铁量减少。当温度在 280~300℃、反应时间 50~90min 时，铁镍分离效果较好，即浸出液中镍回收率可达 97%，铁转化率 94%~99%。溶液含铁 0.15~0.2g/L，这对下一步净化除铁提取纯镍十分有利。渣含镍 0.7% 左右，最低可达 0.02% 左右。

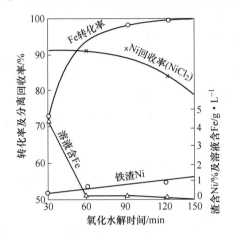

图 10　氯化物氧化水解分离铁镍与反应时间的关系
（实验条件：温度 280~300℃，空气 200mL/min，
Fe：Ni=(10.24~11.32)：1，加水使产生过量水蒸气）

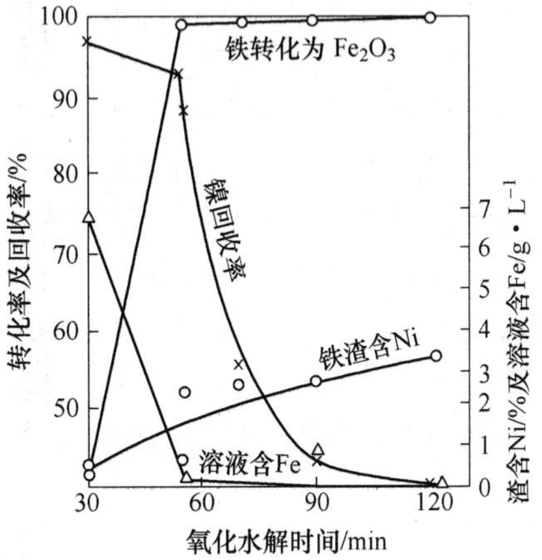

图 11　氯化物氧化水解分离铁镍与反应时间的关系
（实验条件：温度 350~400℃，空气 200~300mL/min，
Fe：Ni=(10.24~11.32)：1.0，加水过量）

由图 12 同样可以看出：当温度在 350~400℃、反应时间控制在 55min 左右，镍回收率可达 92.5%，铁转化率 99.5%。溶液含铁仅 0.15g/L。铁渣含镍最低可达 0.5%。

随着温度升高，铁转化为 Fe_2O_3 的转化率增大，但镍的回收率显著下降，渣含镍增高，溶液含铁 0.2g/L 至微量。但在 300℃ 左右效果较好。

从图 13 可看出，$FeCl_2$ 氧化水解回收 HCl 的回收率是很高的。对于 $CaCl_2$ 来说氧化水

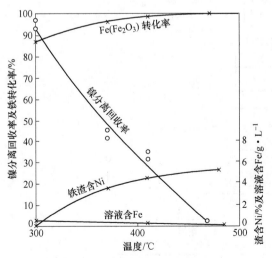

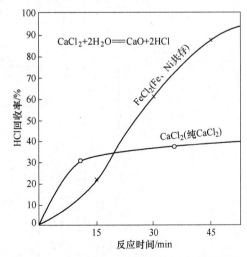

图 12　氯化物水解氧化除铁与温度的关系
（实验条件：空气 200~350mL/min，反应时间 90min，
Fe：Ni=(10.24~11.32)：1.0，水蒸气过量）

图 13　$FeCl_2$、$CaCl_2$ 水解氧化反应速度的测定
（实验条件：温度 350~360℃，Fe：Ni（$FeCl_2$、$NiCl_2$）
= 9.96：1，纯 $CaCl_2$ 氧化水解温度 900~950℃）

解的反应速度较慢,这可能与采用空气加 H_2O 的方法有关。若采用氢气和 H_2O,则反应将易于进行。初步试验表明,H_2 和水蒸气对 $CaCl_2$ 的水解反应在 600℃ 左右即开始进行;而用空气和水蒸气则需 900℃ 以上才能使反应进行较好。

4 新流程及其特点

根据试验研究的结果,拟定出铜镍硫化矿用 H_2 或 CO 还原焙烧—浸出的工艺流程(见图14)。新流程有如下特点:

(1) 流程简单,焙烧温度低,不需要特殊的原材料,所需的 HCl、$CaCl_2$ 能再生返回使用。工艺过程是闭路,无废渣,基本上消除了污染。各种有价元素的综合回收程度高,特别是元素硫和 Fe_2O_3 的综合利用是其他火法处理硫化矿工艺不能相比的。

(2) 用稀盐酸浸出还原矿料,一次即将铜从大量的铁和镍中彻底分离出来,并有可能使铜转化为粗铜(主要取决于还原温度和配入的 CaO 量),实现一步炼铜。

(3) 氧化水解分离铁(大量)和镍(少量),铁、镍分离彻底。如条件控制适当,一次水解分离可以获得合格的含微量铁的富镍溶液。此溶液经回收钴后,可直接送镍系统电

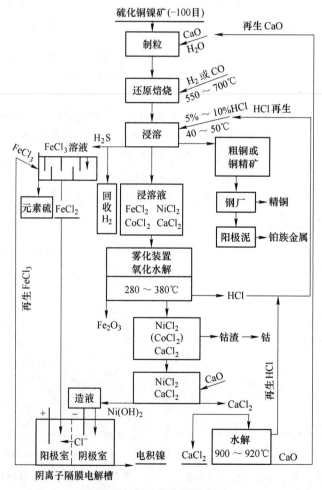

图 14 新工艺流程示意图

解回收镍。

在整个流程中，如一次还原焙烧溶浸获取金属铜的问题，以及喷雾氧化水解扩大试验等，尚须进行深入研究，以使这一新工艺更加完善，为革新传统生产流程，加快有色金属生产而努力攀登新的高峰。

参 考 文 献

[1] Cech R E, Tieman T D. Met. AIME Trans., 1969, 245 (8): 1727.
[2] Fathi Habashi, Dugale R. Met. Trans., 1973, 4 (8): 1865.
[3] 胜利油田. 提取元素硫生产操作规程.
[4] Kubsehevski O, Evans E L. Metallurgical Thermochemistry, 1955.
[5] Kellog H H, Trans. AIME, 1950, 188 (862).

高硅镁低铁硫铜镍矿冶炼工艺研究（二）

刘纯鹏　冯千明　艾荣衡

摘　要：本工艺采用 H_2（或 CO）还原焙烧矿石，利用矿中的 MgO 作脱硫剂，再用稀盐酸浸出过程中所产生的 H_2S 经 $FeCl_3$ 氧化回收为元素硫，产出的 H_2 气可返回使用。浸出液不经过滤即行喷雾氧化水解，使铜、镍（钴）与大量的铁和二氧化硅分离，铁呈 Fe_2O_3 予以回收。含铜、镍（钴）溶液经净化回收铜、钴后送电积回收镍。$MgCl_2$ 液经高温（300~400℃）水解制取纯 MgO 并回收 HCl。

1　实验依据

用 H_2 还原硫化物，在有 MgO 存在条件下，发生如下反应：

$$Cu_2S+MgO+H_2 =\!=\!= 2Cu+MgS+H_2O \tag{1}$$

$$Ni_xS+MgO+H_2 =\!=\!= xNi+MgS+H_2O \tag{2}$$

$$Fe_yS+MgO+H_2 =\!=\!= yFe+MgS+H_2O \tag{3}$$

$$Co_zS+MgO+H_2 =\!=\!= zCo+MgS+H_2O \tag{4}$$

$$Fe_7S_8+MgO+H_2 \longrightarrow 7FeS+MgS+H_2O \tag{5}$$

上述反应向右进行的平衡常数虽然很小，但由于所产生的水蒸气迅速被 H_2 气出于反应体系之外，因而反应仍能彻底向右进行。这已为我们的实验所证实。

浸溶过程中按式（6）回收元素硫：

$$H_2S+3FeCl_3 =\!=\!= S^0+2FeCl_2+2HCl \tag{6}$$

再经 150~200℃ 氧化水解以回收 Fe_2O_3：

$$2FeCl_2(NiCl_2、CuCl_2)+2H_2O+1/2O_2 =\!=\!= Fe_2O_3+4HCl+NiCl_2、CuCl_2 \tag{7}$$

用离子隔膜电积槽进行电积，在阴极室获得纯镍，在阳极室氧化二氯化铁再生三氯化铁，供氧化 H_2S 回收元素硫之用。

$$NiCl_2+2e =\!=\!= Ni^0+2Cl^-$$

$$2Cl^- \rightarrow 隔膜 \rightarrow 阳极室$$

$$2FeCl_2+2Cl^- -2e =\!=\!= 2FeCl_3$$

2　实验结果

（1）精矿化学组成如下（质量分数）：Ni 3.31%，Cu 1.65%，Co 0.112%，Fe

---

❶ 本文发表于《有色金属（冶炼部分）》，1979（3）：5~8。

18.45%，S 8.27%，MgO 19.64%，SiO$_2$ 27.57%，CaO 1.24%，Al$_2$O$_3$ 1.0%，H$_2$O 1.67%。

（2）稀盐酸直接浸溶精矿用 5%～15% 的稀盐酸在 60～70℃ 进行浸出，浸溶率与盐酸浓度的关系如图 1 所示。

（3）还原焙烧温度的影响。图 2 所示为在其他技术条件不变情况下（还原时间 90min、H$_2$ 流量 220～280cm^3/min 等），焙烧温度对金属浸溶率的影响。

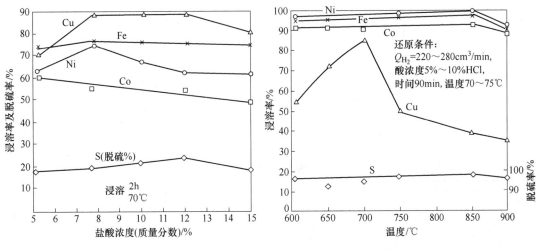

图 1　浸溶率与盐酸浓度关系曲线　　　　图 2　焙烧温度与金属浸溶率的关系

（4）氯化水解。图 3 及图 4 所示为矿石经还原焙烧—浸溶回收硫之后，不经过滤直接进行 150～220℃ 高温氧化水解，分离铁的实验数据。

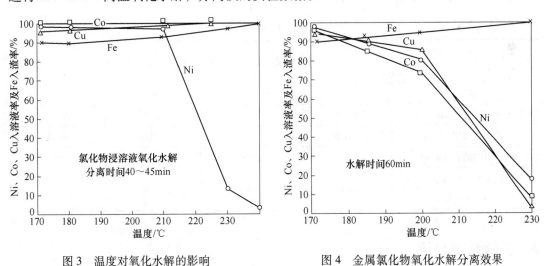

图 3　温度对氧化水解的影响　　　　图 4　金属氯化物氧化水解分离效果

（5）高温水解脱酸（HCl）。图 5 所示为经氧化水解后的固体矿料用水浸出，溶液 pH 值与金属分离效率的关系曲线。

（6）隔膜电积。采用 S/203 离子隔膜电积，试验的原始资料及电积部分的技术指标分别载于表 1、表 2。

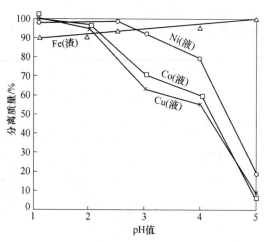

图 5 矿石水浸液中 Ni、Cu、Co 与 pH 值的关系

表 1 原始资料

编号	阴极室 /g·L^{-1} NiCl$_2$	阳极室 /g·L^{-1} FeCl$_3$	阳极有效面积 /m^2	计算电流强度 /A	电流密度 /A·m^{-2}	阴极重/g 电解前	阴极重/g 电解后	实际析出镍重 /g	电积时间 /h	电流强度 /A	槽电压 /V	电解温度 /℃	异极间距 /mm
Ⅰ	50(Ni)	25	0.0048	1.104	230.0	69.30	71.00	1.7	1.5	1.1	3.2	25~30	70
Ⅱ	50(Ni)	25	0.0048	1.150	241.7	69.20	71.05	1.85	2.0	1.16	3.07	25~30	70
Ⅲ	50(Ni)	25	0.0048	1.000	208.3	69.37	70.46	1.092	1.0	1.0	3.0	25~30	70
Ⅳ	50(Ni)	25	0.0048	0.900	187.5	69.30	71.60	2.300	2.5	0.9	3.0	25~30	70

表 2 技术指标

指标 \ 电积液种类	阴极室浸出液 NiCl$_2$，阳极室三氯化铁溶液			
编号	Ⅰ	Ⅱ	Ⅲ	Ⅳ
阴极析出镍/g·(m^2·h)$^{-1}$	242.66	263.75	227	202.4
电流效率/%	94.5	74.0	100	94.0
吨镍电能消耗/kW·h	3100.6	3570	2750	2930
Fe^{2+}在阳极上氧化成 Fe^{3+}量 /g·(m^2·h)$^{-1}$	464	502.6	434	387

3 实验结果讨论

从图 1 看出，矿石直接用盐酸浸出时，脱硫率很低，金属浸溶率也不高。盐酸浓度对各项指标的影响并不显著。因此，用盐酸直接浸溶此类矿石不能获得满意的效果。

还原焙烧时硫的转化率及元素硫的回收效果很好（见图 2）。根据过滤渣的分析，脱硫率可达 96%~98%。与此同时，镍、钴和铁的浸溶率也可得到很好的指标，但铜则分散于溶液和滤渣中。由于矿料中二氧化硅含量很高，致使溶液中含硅胶而难于过滤，因此，给采用焙烧—浸溶—过滤工艺带来一定困难。

图3、图4的实验数据表明，采用还原焙烧浸溶后（H_2S被排出并呈元素硫回收），不经过滤直接氧化水解，可使铁和硅得到有效分离，保证镍、铜、钴进入溶液，金属回收率高。

氧化水解后的残液应保持pH值为2左右，才能获得较好的分离效果（见图5）。

氯化物高温水解的实验还表明，控制恰当的温度对于保证分离铁和镍、钴、铜等的效果十分重要。从图3、图4还可看出，水解温度应控制在170~200℃较好。这与报告一（载《有色金属》"选冶部分"1978年第5期7~13页）研究的结果并不矛盾。报告一所用物料是高铁高硫矿，基本上不含硅镁；而这次实验用精矿含硅很高，致使浸溶液含有大量硅胶，影响铁、钴、镍分离的水解温度，选择分离温度的范围变窄，温度也偏低一些。

水解后的固体料用热水浸溶，浸溶后的溶液和残渣的成分见表3、表4。

表3 溶液组成　　　　　　　　　　　　　　　　　　　　　　（g/L）

组成 样号	Ni	Fe	Cu	Co	Mg	Ni/Fe
1	6.48	1.70	3.17	0.200	22.4	3.81
2	6.50	2.33	3.15	0.210	22.0	2.79
3	6.34	0.80	3.24	0.199	21.5	7.93
4	6.42	1.45	3.25	0.190	23.1	4.42

注：原始精矿 Ni/Fe = 0.189。

表4 残渣组成（质量分数）　　　　　　　　　　　　　　　（%）

组成 样号	SiO_2	Fe_2O_3	Ni	Cu	Co	MgO
1	52.4	44.0	0.129	0.066	0.001	1.00
2	53.0	43.9	0.130	0.064	—	0.80
3	51.5	43.1	0.252	0.033	—	1.90
4	52.4	45.1	0.196	0.032	—	0.55

残渣的金相分析结果说明，经磁选后的Fe_2O_3夹带有SiO_2，非磁性部分SiO_2中夹带有Fe_2O_3，但表明可采用磁选富集Fe_2O_3，提高铁精矿品味。预料采用湿式磁选可使铁精矿品位得到进一步提高。

4　新工艺原则流程

根据实验结果，结合已有的生产工序（净化铜、钴），拟定出图6所示的处理高硅镁低铁硫铜镍矿工艺流程。

新工艺流程具有如下特点：

（1）设备简单，不需要特殊原材料，所用试剂如H_2、HCl、MgO及$FeCl_3$等，均可在流程中再生。整个流程是闭路的无废渣，无污染。

（2）还原焙烧过程利用矿中的MgO作脱硫剂，使硫呈元素硫回收；溶液中的$MgCl_2$

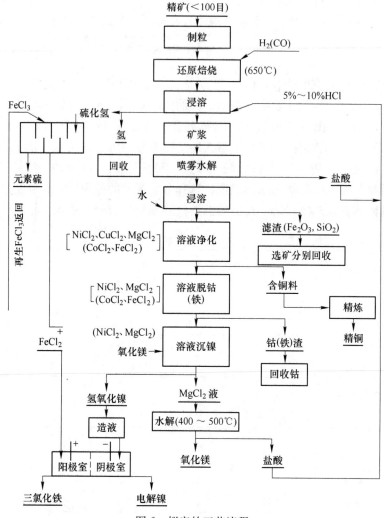

图 6 拟定的工艺流程

经水解呈 MgO 和 HCl 回收。

(3) 浸溶液直接进行喷雾氧化水解以分离镍、钴、铁，使铁呈 Fe_2O_3（铁精矿）回收；铂族金属富集在铁精矿中。因而整个流程的综合利用比较全面，金属回收率也高。

(4) 用 $FeCl_3$ 氧化 H_2S 为元素硫，在常温下进行，容易密封，效果显著。$FeCl_3$ 可通过电积在阳极室再生。

参 考 文 献

[1] Cech R E, Tieman T D. Met. AIME Trans., 1969, 245 (8)：1727.
[2] Habashi F, Dugale R. Met. Trans., 1973, 4 (8)：1865.
[3] 胜利油田. 提取元素硫生产操作规程.
[4] Kubsehevski O, Evans E Li. Met allurgical thermo chemistry, 1955.
[5] Kellog H H, Trans. AIME, 1950, 188 (862).

铜镍铁与硫蒸气在600℃以下的硫化动力学

刘纯鹏　谢宁涛　倪明新

摘　要：本文研究了铜镍铁与硫蒸气在600℃以下的硫化过程。求得这些金属的硫化速率与反应温度和硫蒸气压的关系，由实验数据推导出动力学方程，计算了硫化反应的速率常数，扩散系数及活化能，并探讨了反应机理。

在工业实践中将低品位冰镍吹炼获得高冰镍（接近$Cu_2S-Ni_3S_2$）产品经缓冷、球磨、磁浮得到硫化镍、硫化铜精矿和产率约10%的铜镍合金，在合金中富集了90%以上的贵金属。为进一步提高贵金属品位将合金硫化，再重复上述流程获得二次合金。此工艺已成功地用于生产实践以富集贵金属。

由于上述流程的优越性，为了进一步了解硫化过程的基本原理，有必要进一步研究铜、镍和铁的硫化过程的动力学和机理。

1　实验

实验所用设备如图1所示。用于实验的金属为纯的铜、镍、铁金属片（纯度>99.9%），冲压成直径为2.24cm、中心具有一个0.33cm直径圆孔的圆片，表面经清洁磨光后使用。硫蒸汽源用铂电阻温度计控制。依据已知的硫蒸气压与温度关系的热力学数据，和实验所精确测量的温度值，通过计算可得到实验的硫蒸气压值。实验时，使反应区和硫蒸气发生区分别达到并稳定在预定温度，再将样品放入反应管中间，反应完毕后取出称重。

2　实验结果

2.1　主要计算

（1）硫化层厚度的计算。通过肉眼观察和仪器测量证明反应所产生的硫化层是均匀的，因此可用下面所推导的方程来计算被硫化的金属层的厚度。

设ρ为金属密度，M为被硫化金属的质量，δ为被硫化金属的厚度。由于被硫化的金属质量为被硫化金属厚度的函数，故可用下列微分方程计算被硫化金属的厚度。

$$(R+r)\int_0^\delta \delta \mathrm{d}\delta + \frac{1}{4}\int_0^\delta (R^2+r^2-hR-hr)\mathrm{d}\delta = \frac{1}{8\pi\rho}\int_0^M \mathrm{d}M \tag{1}$$

式中　R——试片半径；

---

❶ 本文发表于《有色金属》，1985，37（1）：75~82。

r——中心孔半径；

h——试样厚度。

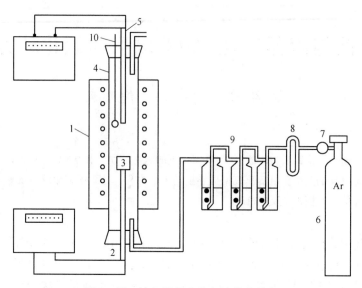

图 1　铜、镍、铁用硫蒸气硫化的设备

1—电炉；2—铂电阻温度计；3—硫蒸气发生器；4—铅氧管；5—铂铑热电偶和 UJ36 电位差计；
6—高压氩钢瓶；7—气压表；8—压力计；9—氩气净化系统；10—送样器

（2）实验数据计算。为使实验数据和计算结果达到可能的最小误差，所有的实验数据均用回归法进行计算。

在不同条件下所生成的金属硫化物的组成通过化学分析，硫化后金属片的增减进行测定，并通过 X 光衍射鉴定。

（3）硫蒸气压的计算。依据已知的硫蒸气压热力学数据用克劳修斯—克拉普隆方程计算：

$$\frac{\mathrm{d}\ln p_{S_x}}{\mathrm{d}T} = \frac{\Delta H}{RT^2} \tag{2}$$

2.2　铜硫化的动力学

依据在 210℃实验获得的数据，铜硫化的厚度与时间的关系如图 2 所示。

从图 2 可知 CuS 的动力学方程为：

$$a\delta^2 + b\delta + c\tau = 0 \tag{3}$$

用最小二乘法可得方程常数，则式（3）为：

$$\frac{1}{2}\delta^2 + 9.2 \times 10^{-4} = 1.84 \times 10^{-6}\tau \tag{4}$$

在 360℃时，金属铜被硫化为 Cu_2S，其被硫化的厚度与时间的关系如图 3 所示。而硫蒸气压对硫化的影响如图 4 所示。

其动力学方程为：

$$\frac{\mathrm{d}\delta}{\mathrm{d}\tau} = k_c \cdot p_{S_x}^n \tag{5}$$

按图 3 所计算的直线斜率即为比速率常在同一硫蒸气压不同温度时所测的数据，用 $\ln K$ 对 $\frac{1}{T}$ 作图，得图 5 所示直线。

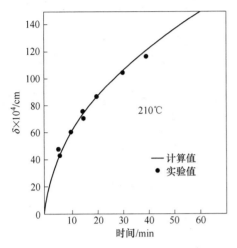

图 2　铜在液态硫中形成 CuS 的速度与时间的关系

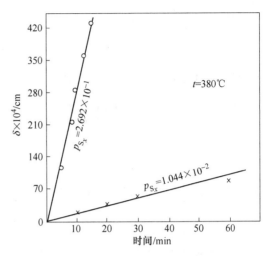

图 3　被硫化的铜的厚度与反应时间的关系

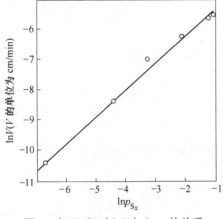

图 4　在 396℃ 时 $\ln V$ 与 $\ln p_{S_x}$ 的关系

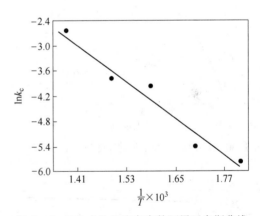

图 5　Cu_2S 生成的比速率常数阿累尼乌斯曲线

2.3　镍和铁的硫化

由温度与组成的相图知，镍与铁的硫化物在不同温度下可形成不同的物相，根据我们的实验结果，在 400~446℃ 范围内，镍是以硫化镍状态存在，而铁硫化后的组成随硫化温度而变（见图 6）。

在一定的温度和硫蒸气压下，NiS 和 FeS 的反应速率如图 7 和图 8 所示。

在一定的温度和反应时间，硫蒸气与铁镍硫化的厚度关系，分别如图 9 和图 10 所示。不同的反应温度时，膜厚与时间的关系如图 11 和图 12 所示。

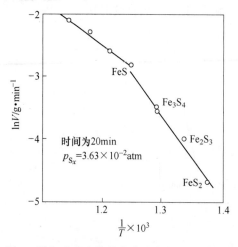

图 6　铁与硫化合物的生成速率与 $1/T$ 的关系

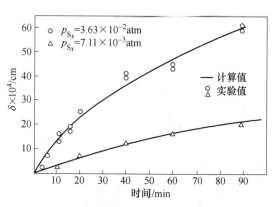

图 7　446℃时被硫化的镍的厚度与温度的关系

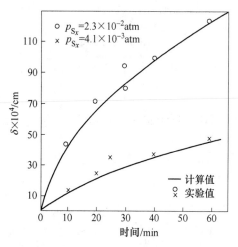

图 8　在600℃时被硫化的铁的厚度与温度的关系

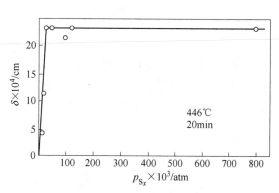

图 9　硫蒸气压与镍硫化速度的关系

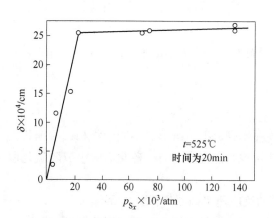

图 10　铁硫化速度与硫蒸气压的关系

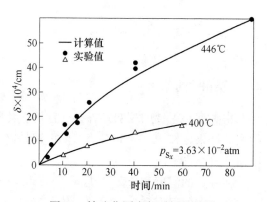

图 11　镍硫化厚度与时间的关系

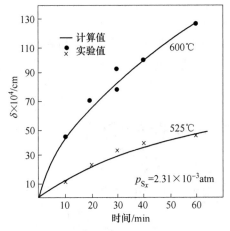

图 12 铁硫化厚度与时间的关系

3 讨论

从热力学数据知,元素硫在很广泛的温度范围内均以 $S_2 \sim S_8$ 的多种形态存在。因此在我们的实验中有理由用 p_{S_x} 来表示反应的硫蒸气压（此处 $x = 2 \sim 8$）。

3.1 铜、镍、铁硫化过程的动力学方程

（1）生成 CuS 的反应方程。方程（4）可得到在 210℃ 以下铜与硫反应生成 CuS 的速率方程：

$$\frac{d\delta}{d\tau} = \frac{1.84 \times 10^{-6}}{\delta + 9.2 \times 10^{-4}} \quad (6)$$

从方程（6）知 CuS 的生成速率随 CuS 厚度的增加而减少。

（2）Cu_2S 的反应方程。在 220℃ 以上，铜与硫反应生成多孔的 Cu_2S 层，其厚度与时间的关系为一直线。因此在一定的温度和蒸气压下，动力学方程为：

$$\delta = K_c \tau \quad (7)$$

或

$$\frac{d\delta}{d\tau} = 常数$$

按图 4 的实验结果和方程（5）计算：

$$n = \frac{d\ln V}{d\ln p_{S_x}} = 0.92$$

$$K_c = 1.12 \times 10^{-2} \text{cm}/(\text{min} \cdot \text{atm}) \quad (396℃)$$

根据以上数据,在 396℃ 时，Cu_2S 反应的动力学方程为：

$$\frac{d\delta}{d\tau} = 1.12 \times 10^{-2} p_{S_x}^{0.92} \quad (8)$$

显然对硫蒸气压的反应级数 $n = 0.92$ 应当取整数，即铜与硫蒸气反应生成 Cu_2S 为一级反应。

（3）NiS 的反应方程。图 11 的曲线可用下列抛物线方程表示：

$$\frac{1}{2}\delta^2 + A\delta = B\tau \tag{9}$$

根据测出的数据,可用回归法计算出方程(9)的常数。用 K_c 和 K_d 分别表示化学速率常数和扩散速率常数,则上述方程可表示如下:

$$\frac{1}{2}\delta^2 + \frac{K_d}{K_c}\delta - K_d \cdot p_{S_x} \cdot \tau = 0 \tag{10}$$

方程(10)中的 K_c 和 K_d 可用以下方程求得:

$$K_d/K_c = A \tag{11}$$

$$K_d \cdot p_{S_x} = B \tag{12}$$

用以上计算方法,可求出图11中镍在448℃时的硫化曲线常数:

$$2(K_d/K_c) = 1.99 \times 10^{-3} \tag{13}$$

$$2K_d \cdot p_{S_x} = 5.48 \times 10^{-7}$$

$$(p_{S_x} = 3.83 \times 10^{-2} \text{atm}) \tag{14}$$

从方程(13)和方程(14)可求出 $K_c = 7.59 \times 10^{-3}$ cm/(min·atm),$K_d = 7.55 \times 10^{-4}$ cm^2/(min·atm),则 NiS 在446℃的反应动力学方程如下:

$$\delta^2 + 1.99 \times 10^{-3}\delta - 5.48 \times 10^{-7}\tau = 0 \tag{15}$$

同理,在400℃时 NiS 的反应动力学方程为:

$$\delta^2 + 1.02 \times 10^{-3}\delta - 1.03 \times 10^{-7}\tau = 0 \tag{16}$$

(4)FeS 的反应方程。从图8和有关数据知,在525℃和600℃之间,铁与硫反应以 FeS 的状态存在。与 NiS 同,根据图12的实验数据,同样可得出在600℃和525℃时 FeS 的动力学方程:

$$\delta^2 + 2.47 \times 10^{-3}\delta - 3.12 \times 10^{-6}\tau = 0 \tag{17}$$

$$\delta^2 + 2.11 \times 10^{-3}\delta - 5.5 \times 10^{-7}\tau = 0 \tag{18}$$

按方程(9)用回归法计算所得到的 A、B 值,可计算不同温度下 CuS、NiS、FeS 的速率常数和扩散系数见表1。

表1 不同温度下 CuS、NiS、FeS 的速率常数和扩散系数

生成硫化物	反应温度/℃	速率常数 K_c/cm·(min·atm)$^{-1}$	扩散系数 K_d/cm^2·(min·atm)$^{-1}$	硫蒸气压 p_{S_x}/atm
NiS	400	2.79×10^{-3}	1.423×10^{-6}	3.63×10^{-2}
NiS	446	7.59×10^{-3}	7.547×10^{-6}	3.63×10^{-2}
FeS	600	5.47×10^{-2}	6.76×10^{-5}	2.31×10^{-2}
FeS	525	1.128×10^{-2}	1.19×10^{-5}	2.31×10^{-2}
Cu$_2$S	396	1.13×10^{-2}	—	不同 p_{S_x}
CuS	210	2.0×10^{-3}	—	

3.2 比速率常数与温度的关系

由阿累尼乌斯经验公式:

$$K_c = A \cdot \exp\left(-\frac{E}{RT}\right) \tag{19}$$

可得到 Cu_2S、NiS 与 FeS 等的速率常数与温度的关系式：

$$K_{Cu_2S} = 2.14 \times 10^3 \exp\left(-\frac{14870}{RT}\right) \quad (T = 493 \sim 873K) \tag{20}$$

$$K_{NiS} = 1.64 \times 10^4 \exp\left(-\frac{20839}{RT}\right) \quad (T = 673 \sim 873K) \tag{21}$$

$$K_{FeS} = 1.07 \times 10^6 \exp\left(-\frac{29120}{RT}\right) \quad (T = 800 \sim 873K) \tag{22}$$

显然，上述方程所计算的活化能的顺序为：

$$E_{FeS} > E_{NiS} > E_{Cu_2S} \tag{23}$$

在同一温度下比速率常数的顺序为：

$$K_{Cu_2S} > K_{NiS} > K_{FeS} \tag{24}$$

3.3 硫化机理

根据吸附理论，按图 9 和图 10 所示的曲线，可用 Ehrlich 所建立的动力学模型解释：

$$\frac{d\delta}{d\tau} = K_c \frac{K p_{S_x}}{1 + K p_{S_x}} (cm/min) \tag{25}$$

式中，K 为物理和化学吸附常数；K_c 为反应平衡常数。

从方程（25）知当硫蒸气压很低时，即小于 2.05×10^{-2} atm 时，$K \cdot p_{S_x}$ 项与 1 相比可略而不计，方程可表示如下：

$$\frac{d\delta}{d\tau} = K_c \cdot p_{S_x} \tag{26}$$

说明在较低硫蒸气压时，生成硫化物的速度正比于 p_{S_x}，硫化过程为一级反应。

当硫蒸气压大于 2.05×10^{-2} atm 时，$K p_{S_x} \gg 1$ 则方程（25）可表示如下：

$$\frac{d\delta}{d\tau} = 常数 \tag{27}$$

在较高硫蒸气压下，反应表面已为硫蒸气完全覆盖，硫化过程与硫蒸气压的关系为零级反应。

此外，在图 2、图 7、图 8、图 11 和图 12 中，铜、镍、铁硫化过程的动力学方程均吻合于抛物线方程，即

$$\frac{1}{2}\delta^2 + A\delta = B\tau \tag{28}$$

或

$$\delta^2 + 2\frac{K_d}{K_c}\delta - 2K_d \cdot p_{S_x} \cdot \tau = 0 \tag{29}$$

微分方程（29）可得到：

$$\frac{d\delta}{d\tau} = \frac{K_d \cdot p_{S_x}}{\delta + \frac{K_d}{K_c}} \tag{30}$$

在反应开始时 Δp_{S_x} 很小，所生成的硫化膜厚度也很薄，当 $\tau \to 0$ 时，$\delta \to 0$，方程（30）变为：

$$\frac{d\delta}{d\tau} = K_c \cdot p_{S_x} \tag{31}$$

在此条件下，硫化速率为化学反应所控制。当反应过程继续进行，金属硫化物膜的厚度不断增长，阻抗随膜厚的增加而加大，增至一定的厚度由量变引起质变，反应由化学控制转变为扩散控制。可用下面导出的方程计算：

$$\frac{d\delta}{d\tau} = \frac{\frac{1}{K_d} p_{S_x}}{\delta + K_c/K_d} \tag{32}$$

在界面上的反应，当化学反应很快时，化学阻抗可略而不计，则方程（32）中（K_c/K_d）可略去，则方程（32）变为：

$$\left.\frac{d\delta}{d\tau}\right|_{K_c \to 0} = \frac{K_d \cdot p_{S_x}}{\delta} \tag{33}$$

说明在一定温度和 p_{S_x} 下，硫化时膜增长速度（$d\delta/d\tau$）与硫化层厚度的倒数 $1/\delta$ 为一直线函数关系。积分式（33）可得到：

$$\delta^2 = 2K_d \cdot p_{S_x} \tau + C(\text{常数}) \tag{34}$$

方程（33）和方程（34）足以证明硫化反应机理为扩散所控制。因此铜、镍、铁与硫蒸气反应生成 CuS、NiS、Cu_2S 和 FeS 能用式（35）综合表示：

$$\frac{d\delta}{d\tau} = K_c \cdot p_{S_x} + K_d \cdot \frac{p_{S_x}}{\delta} \tag{35}$$

综以上所述硫化反应的机理至少有四个明显的阶段：
（1）硫蒸气吸附于金属表面。
（2）发生化学反应。
（3）在金属表面同时发生硫化层的增长。
（4）硫蒸气穿过多孔的金属硫化物层。

3.4 硫化过程的驱动力

在硫化过程中，驱动反应进行的实际动力是反应界面上的硫分压。设硫蒸气经硫化层到达金属反应界面其硫蒸气分压的下降为 Δp_{Sx}，根据方程：

$$\frac{d\delta}{d\tau} = K_d \cdot \frac{p_{SA} - p'_{SA}}{\delta} \tag{36}$$

积分得：

$$\Delta p_{S_x} = p_{S_x} - p'_{S_x} = \frac{1}{2K_d} \cdot \frac{\delta^2}{\tau} \tag{37}$$

Δp_{S_x} 与 $\dfrac{\delta^2}{\tau}$ 的关系如图 13 所示。

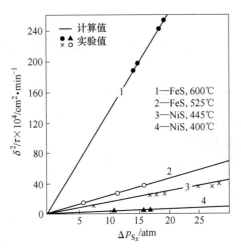

图 13　Δp_{S_x} 与 δ^2/τ 的关系图

p'_{S_x} = 随 δ 增长而降低，如图 14 所示。反应随 δ 增加而逐渐减缓直至界面上的硫分压降至与反应的平衡压力相等时，反应才停止。

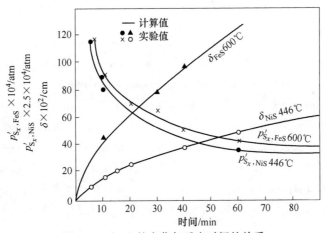

图 14　δ 和 p'_{S_x} 的变化与反应时间的关系

(NiS, $p_{S_x} = 36.3 \times 10^{-3}$ atm, FeS, $p_{S_x} = 23.1 \times 10^{-3}$ atm)

参 考 文 献（略）

Reduction Kinetics of Nickel Sulphide[1]

Liu Zhonghua[2] Liu Chunpeng[3]

Abstract: Reduction kinetics of Ni_3S_2 was experimentally studied by following the time required for completion of the hydrogen reduction reaction in the presence of calcium oxide. A simple empirical integration equation, derived for describing the effect of CaO/S molar ratio, temperature, hydrogen concentration and the average diameter of Ni_3S_2 grains, may be shown as following:

$$t|_{x=1} = 2.317 \times 10^{-6} d_{Ni_3S_2} C_{H_2}^{-1} \beta^{-2.29} e^{13710/T}, \text{ min}$$

The reduction reaction is of first order with respect to hydrogen concentration, and the apparent reaction activation energy is 114.0 kJ/mol. A great majority of metallic Ni reduced from Ni_3S_2 is distributed in products evenly.

Keywords: kinetics; nickel sulphide; reduction

1 Introduction

The conventional techniques of extracting metal from its sulphide minerals, usually including such processes as roasting, smelting, and converting, unavoidably produce a great deal of SO_2, which pollute the atmosphere seriously when evolved from the above operations. In order to avoid air pollution and simplify the processes, in recent years much attention has been paid to the method of directly reducing sulphide minerals with hydrogen in the presence of calcium oxide. This paper is designed to study the reduction reaction kinetics of following reaction by measuring the amount of water generated:

$$CaO_{(s)} + H_{2(g)} + (1/2) Ni_3S_{2(s)} = H_2O_{(g)} + (3/2) Ni_{(s)} + CaS_{(s)} \qquad (1)$$

2 Experimental Results and Discussion

Experiments were carries out in a vertical pipe furnace using Mo wire as a heating element. Samples were charged in a corundum crucible of which on the bottom many small holes had been drilled for reacting gas passing through. A PtRh10/Pt thermocouple was used for determining the temperature. The detailed description of the experimental apparatus may be found elsewhere[1]. Nickel sulphide (Ni_3S_2) was synthesized from pure Ni powder and sublimed sulphur by

---

[1] 本文发表于《Chin. J. Met. Sci. Technol.》, 1991, 7: 25~28。 Manuscript received January 18, 1991.
[2] Department of Metallurgy, Kunming Institute of Technology, Kunming, 650093, China.
[3] To whom correspondence should be addressed.

the method proposed by CSJ[2]. The Ni_3S_2 grain size was determined by an optical microscope and sieve analysis[3]. The specific surface area of calcium oxide (C. P.), measured by S-100 type powder surface area instrumentation, is 15070 cm^2/g, and the equivalent diameter calculated from measured value is 1.19×10^{-4} cm. After Ni_3S_2 and CaO powders were mixed and granulated, the samples were with the average diameter 1.41mm and the porosity 0.4922. The effect of hydrogen flow rate on the reaction had been examined in the initial experiments, and the results showed that the reaction rete is independent of hydrogen flow rate when higher than 800 cm^3/min (STP). In order to insure the elimination of external mass transfer, the hydrogen flow rate chosen in subsequent experiments is 100 cm^3/min (STP) .

Generally speaking, the gas-solid reaction rate may be expressed as following:

$$dX/dt = kf_1(d)f_2(C)f_3(X)f_4(Y) \qquad (2)$$

where X——the conversion of reactant;

t——reaction time;

k——the reaction rate constant, and $k=k_0e^{-E/RT}$;

$f_1(d)$ ——the function of prepared reactant size on the reaction rate;

$f_2(C)$ ——the function of reactant gas concentration on the reaction rate;

$f_3(X)$ ——the function of reactant conversion on the reaction rate;

$f_4(Y)$ ——the function of the other properties of reactant on the reaction rate, CaO/S variable (in molar ratio) being the studied here.

Integration Eq. (2), we have

$$t|_{X=1} = k_0^{-1}e^{E/RT}f_1^{-1}(d)f_2^{-1}(C)f_4^{-1}(Y)\int_0^1 f_3^{-1}(x)dx \qquad (3)$$

in which $t|_{X=1}$ refers to the time required for completion of Ni_3S_2 reduction (i.e. conversion $X=1$) .

2.1 Influence of CaO/S molar ratio

The influence of CaO/S molar ratio β on $t|_{X=1}$ is shown in Fig. 1, where the time required for completion of Ni_3S_2 reduction can be shortened greatly when β increased. A little amount of H_2S is found to exist in gas phase, so Eq. (1) may be considered to carry out as following succeeding reactions:

$$H_{2(g)} + (1/2)Ni_3S_{2(s)} = H_2S_{(g)} + (3/2)Ni_{(s)} \qquad (4)$$

$$H_2S_{(g)} + CaO_{(s)} = H_2O_{(g)} + CaS_{(s)} \qquad (5)$$

The change of conversion of CaO against time under the same condition is shown in Fig. 2. The rate of CaO conversion when $\beta=4$ and $\beta=5$ is consistent on the whole before completion of Ni_3S_2 reduction. Therefore it is reasonable to consider that the rate of overall reduction process that the rate of overall reduction process is dependent upon Eq. (5) . From the data of Fig. 1, Eq. (6) can be obtained:

$$t|_{X=1} = 440.5\beta^{-2.29} \qquad (6)$$

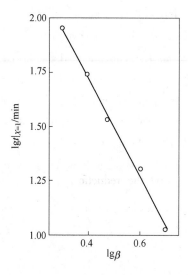
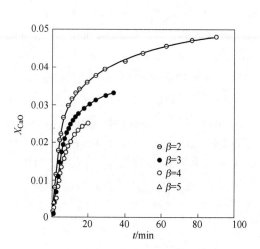

Fig. 1 Relation between CaO/S molar ratio and the time required for completion of Ni_3S_2 reduction
(1033K, $d_{Ni_3S_2}$ = 0.0031cm, p_{H_2} = 81.06kPa)

Fig. 2 Influence of CaO/S molar ratio on the conversion of CaO
(1033K, $d_{Ni_3S_2}$ = 0.0031cm, p_{H_2} = 81.06kPa)

2.2 Effect of reaction temperature

The effect of reaction temperature on the time required for completion of Ni_3S_2 reduction is shown in Fig. 3. It can be seen from Fig. 3 that when the temperature increased from 873K to 1033K the time required for completion of Ni_3S_2 reduction was shortened from 133.5min to 10.6min. Thus the following equation is obtained:

$$t\mid_{X=1} = 1.857 \times 10^{-5} e^{13710/T} \tag{7}$$

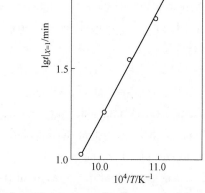

Fig. 3 Effect of reaction temperature on the time required for completion of Ni_3S_2 reduction
(β=5, $d_{Ni_3S_2}$ = 0.0031cm, p_{H_2} = 81.06kPa)

The apparent activation energy calculated from above equation is 114.0kJ/mol, which is close to the value 101.1kJ/mol in the temperature range 773~973K reported by Tan and Ford[4]. It was reported that the activation energy of hydrogen with Ni_3S_2 is 162.3kJ/mol[5], and that the activation energy of hydrogen sulphide with calcium oxide is 76.1kJ/mol[6]. The present value is just between these two values, which shows that calcium oxide as a sulphur scavenger can notably lower the activation energy of system $H_2+Ni_3S_2$.

2.3 Effect of hydrogen concentration

The effect of hydrogen concentration of H_2-Ar mixture on the reduction reaction is shown in Fig. 4. According to Fig. 4 we have

$$t\mid_{X=1} = 1.74 \times 10^{-8} \quad (8)$$

The above equation proves that Eq. (1) is of first order with respect to hydrogen concentration.

2.4 Effect of Ni_3S_2 size

The effect of $d_{Ni_3S_2}$ on $t\mid_{X=1}$ can be seen in Fig. 5. The $d_{Ni_3S_2} - t\mid_{X=1}$ relation can be expressed as

$$t\mid_{X=1} = 5957 d_{Ni_3S_2} \quad (9)$$

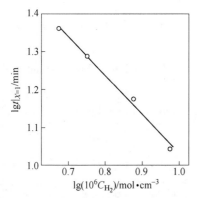
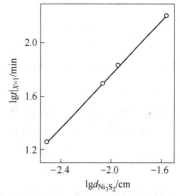

Fig. 4 Effect of hydrogen concentration on the time required for completion of Ni_3S_2 reduction
(1033K, $\beta=5$, $d_{Ni_3S_2}=0.0031$cm)

Fig. 5 Effect of Ni_3S_2 grain size on the time required for completion of Ni_3S_2 reduction
(993K, $\beta=5$, $p_{H_2}=81.06$kPa)

Based on Eqs. (6)~(9) the general expression of the effect of each factor on the time required for completion of Ni_3S_2 reduction may be obtained:

$$t\mid_{X=1} = 2.317 \times 10^{-6} \beta^{-2.29} e^{13710/T}, \text{ min} \quad (10)$$

A comparison between the values calculated from this equation and the experimental results is shown in Fig. 6, from which we can see that the values are coincident well with the results.

2.5 Form of solid product

The form of solid product, photographed by Steroscan 100 scanning electron microscope, is shown in Fig. 7. The results of electronic probe analysis showed that a great deal of metallic Ni is distributed in the product evenly, and that somewhat of it is embedded in the product in the form of small particles (as shown by the arrow).

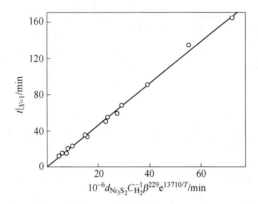

Fig. 6 The comparison between the calculated values and the experimental results

Fig. 7 The SEM second electron image of solid product (913K, $\beta=5$, $d_{Ni_3S_2}=0.0031$cm, $p_{H_2}=81.06$kPa)

3 Conclusions

(1) Under experimental conditions of reducing Ni_3S_2 with hydrogen in the presence of calcium oxide, the time required for completion of Ni_3S_2 reduction may be calculated by following equation:

$$t\mid_{X=1} = 2.317 \times 10^{-6} \beta^{-2.29} e^{13710/T}, \text{ min}$$

(2) The reaction studied is of first order with respect to hydrogen concentration, and the apparent activation energy is 114.0kJ/mol.

(3) A great majority of metallic Ni reduced is distributed in the solid product evenly, and somewhat of it is embedded in the form of small particles.

References

[1] Liu Z H, Liu C P and Xu Y S: China. J. Met. Sci. Technol., 1998, 4, 368.
[2] Handbook of inorganic compounds synthesizing (Vol. 1), edited by Chemical Society of Japan, translated by BAO Wenchu and AN Tiaju, Chemical Industry Press. Beijing, 1983 (in Chinese).
[3] Inorganic chemical industry reaction engineering, edited by Shanghai Chemical Industry College et al, Chemical Industry Press, Beijing, 1981 (in Chinese).
[4] Tan T C and Ford J D: Metall. Trans. B. 1984, 15B, 719.
[5] Chida T and Ford J D: Canad. J. Chem. Eng., 1977, 55, 313.
[6] Wen S and Sohn H Y: Metall. Trans. B, 1985, 16B, 163.

FeS 的水蒸气高温氧化动力学

郭先健　　刘纯鹏

（北京有色金属研究总院）（昆明工学院）

摘　要：通过测定脱硫速率，研究 FeS 的水蒸气高温氧化动力学。FeS 的水蒸气氧化产物为 Fe_3O_4，未反应物转变成类磁黄铁矿相（$Fe_{1-a}S$），反应初期铁先于硫被氧化，较致密的 Fe_3O_4 产物层形成后，硫与铁同时被氧化。实验数据与界面化学反应和固体产物层扩散共同控制数学模型结果相吻合。反应活化能和扩散活化能分别为 122.0kJ/mol 和 90.2kJ/mol。增加水蒸气流量可使产物层粒度变细，孔隙度降低。流量为 240mL/s 时，脱硫速率出现极大值。

关键词：动力学；硫化亚铁；氧化

1 前言

有色金属的硫化矿，多数与铁共存，有的与铁形成复合硫化物，有的以硫化铁矿形式单独存在。在有色金属冶炼及硫化铁综合利用过程中，皆存在 FeS 的氧化。尽管早就提出[1]应当用水蒸气替代空气或富氧空气进行金属硫化物的氧化焙烧，但至今所做的基础研究甚少。Tanaka 等人[2]在探讨 $FeS-H_2S$ 高温循环反应生产氢的热力学时，就对 FeS 的水蒸气氧化做过初步研究。更深入地研究 FeS 的水蒸气氧化过程，无论对现行冶金工艺或开发冶炼新工艺都具有重要意义。

2 实验

2.1 原料

实验用的 FeS 含 Fe 56.63%，S 28.09%。试料压制成直径10mm、高7.0~7.2mm 的圆柱体，试样孔隙度为 0.037。

2.2 方法及设备

氧化速率是通过测定脱硫速率确定的，而脱硫速率是在文献［3，4］中描述的特殊实验装置中测定的。

3 实验结果及讨论

3.1 温度的影响

反应温度对脱硫速率的影响如图 1 所示。图 1 中所有曲线皆呈抛物线形，由此可认

---

❶ 本文发表于《化工冶金》，1994，8，15（3）：209~213。

为：在反应初始阶段产物层阻力较小，反应速率由界面化学反应控制；随着反应的进行，产物层阻力逐渐增加，而过渡到产物层内扩散控制。

根据时间加和定律[5]，其数学模型为：

$$t = dG(x) + qp(x) + c \tag{1}$$

式（1）中

$$d = \frac{\gamma_g \rho}{4kMC_{H_2O}}$$

$$q = \frac{\rho \gamma_g^2 (1+k)}{24 D_e MkC_{H_2O}}$$

$$G(x) = 1 - (1-x)^{1/3}$$

$$p(x) = 1 + 2(1-x) - 3(1-x)^{2/3}$$

用式（1）对图1中的实验数据进行回归，得到 $d/qG(x) + p(x)$ 与 t 的关系如图2所示。从图2可知，实验数据与上述数学模型吻合很好，图2中各直线的相关系数均高于0.959。

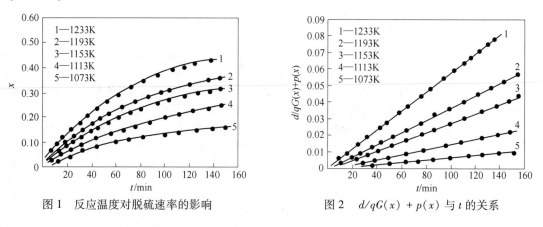

图1 反应温度对脱硫速率的影响　　　　图2 $d/qG(x) + p(x)$ 与 t 的关系

已知 $p = 3.74 g/cm^3$；$r_g = 0.51 cm$；$M = 87.29$；$C_{H_2O} \approx 100\%$ 以及平衡常数 k 值，从图2中各直线关系可计算出各温度下的 k 和 D_e，其值列于表1，取 $\lg k$ 和 $\lg D_e$ 对 $1/T$ 作图如图3所示。从图3得 Arrheliius 经验方程为式（2）和式（3），其相关系数分别为0.985和0.988。

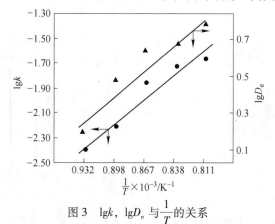

图3 $\lg k$，$\lg D_e$ 与 $\frac{1}{T}$ 的关系

$$\lg k = (-6445/T) + 3.629 \tag{2}$$
$$\lg D_e = (-4726/T) + 4.652 \tag{3}$$

根据式（2）、式（3）求得反应活化能和扩散活化能分别为 122.0kJ/mol 和 90.2kJ/mol。

表 1 反应速率常数和有效扩散系数值

T/K	1073	1113	1153	1193	1233
$k/\mathrm{cm \cdot min^{-1}}$	3.933×10^{-3}	6.108×10^{-3}	1.432×10^{-2}	1.924×10^{-2}	2.047×10^{-2}
$D_e/\mathrm{cm^2 \cdot min^{-1}}$	1.449	3.036	4.382	4.532	6.006

3.2 流量的影响

水蒸气流量对脱硫速率的影响如图 4 所示。

从图 4 可知，流量低于 204mL/s 时，脱硫速率随流量的增大而提高，而流量高于 204mL/s 时，其速率则随流量的增加明显地降低。图 5 是水蒸气流量为 140mL/s 和 560mL/s 条件下反应产物的扫描电镜照片。从图 5 可见，水蒸气流量增大，产物的致密度提高，孔隙度相应降低。将式（1）和图 4 中的实验数据进行二次拟合得出的 D_e 与水蒸气流量的关系如图 6 所示。图 6 表明 D_e 在

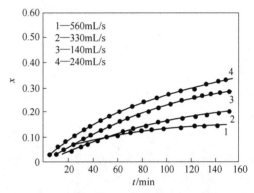

图 4 水蒸气流量对脱硫速率的影响

240mL/s 处出现极大值。由此推断，当水蒸气流量低于 240mL/s 时，产物层的孔隙率降低并未成为影响 D_e 及脱硫速率的主要因素，故脱硫速率随着流量的增大而提高；而当水蒸气流量高于 204mL/s 时，产物层的孔隙率成为影响 D_e 及脱硫速率的主要因素，所以，流量增加，产物层的孔隙率降低，致使 D_e 及脱硫速率降低。

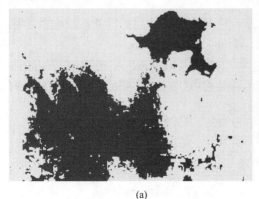

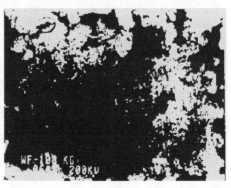

(a)　　　　　　　　　　　(b)

图 5 产物的扫描电镜照片

(a) $Q = 140\mathrm{mL/s}$; (b) $Q = 560\mathrm{mL/s}$

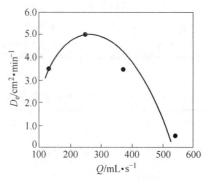

图 6 D_e 与水蒸气流量的关系

3.3 反应机理初步分析

氧化的试样经 X 射线衍射分析结果表明,反应产物为 Fe_3O_4,而未反应物变成类磁黄铁矿($Fe_{1-a}S$)相。从未反应物的相转变可说明在氧化过程中,存在着 Fe 离子从未反应核向反应界面的扩散迁移。引起 Fe 离子迁移的原因是在未反应核内与反应界面之间存在着 Fe 离子的浓度梯度,即反应界面上的 Fe 离子浓度低于未反应核内的 Fe 离子浓度。该浓度梯度的形成,一种可能是铁优先氧化,硫不氧化;另一种可能是铁与硫同时氧化,但铁的氧化速率高于硫的氧化速率。实验观察到反应诱导期为 2~8min,在此时间内,未测定到 SO_2 的逸出。故说明在反应初期试验观察到的诱导期内,铁优先于硫氧化,此阶段的反应速率受 Fe 离子扩散迁移的影响显著。随着铁的氧化,较致密的固体产物 Fe_3O_4 层已形成,Fe 离子从试样内部到反应界面的扩散受阻,此时硫开始与铁共同氧化,反应速率主要取决于水蒸气在产物层内扩散速率。氧化过程中 Fe 离子的扩散迁移主要在反应初期进行。

4 结论

(1) FeS 的水蒸气氧化产物为 Fe_3O_4,未反应物转变成类磁黄铁矿相。反应初期铁优先于硫氧化,由此引起氧化过程中 Fe 离子从未反应核向反应界面的扩散迁移。随着 Fe 的氧化,较致密的 Fe_3O_4 产物层形成之后,硫与铁共同氧化。

(2) 反应速率在反应初期主要受界面化学反应控制,随着反应进行而过渡到由水蒸气在产物层内的扩散控制。实验数据与界面化学反应和固体产物层扩散共同控制数学模型相吻合。反应活化能和扩散活化能分别为 122.0kJ/mol 和 90.2kJ/mol。

(3) 水蒸气流量在 240mL/s 时,脱硫速率出现极大值。原因是流量增加使固体产物的粒度细化,孔隙度降低,导致水蒸气在其内部的有效扩散系数降低,从而成为影响反应速率的主要因素。

符 号 说 明

k 反应平衡常数,cm
γ 反应速率常数,cm/min
D_e 有效扩散系数,cm^2/min
x 脱硫分数
Q 水蒸气流量,mL/min
r_g 试样块体当量半径,g/cm^3

M　质量，g
C_{H_2O}　水蒸气浓度，%
t　反应时间，min
T　温度，K

参 考 文 献

[1] Norman E. E/MJ, 1975, 8: 92~97.
[2] Tanaka T, Shibayana R, Kivchi H. J. Met., 1975, 27 (12): 6~15.
[3] Liu C P, Feng G M, Yan C Y, et al. First-China-USA Bilateral Metallurgy Conference. Beijing, 1981, 137.
[4] 郭先健. 博士论文. 昆明工学院, 1988.
[5] Shon H Y. Met. Trans., 1978, 9B: 89~96.

从镍转炉渣中富集钴机理探讨

彭金辉 刘纯鹏

摘 要：探讨了 FeS、SiO_2、C、CaO 的加入量对镍转炉渣富集钴的影响，得到了 FeS、SiO_2 量与 Fe_3O_4 还原率 R 的关系为：

$R = 95.00 - 275.85$ （FeS%）   FeS<36.5%

$R = 40.70 - 27.20$ （FeS%）   FeS<36.5%

$R = 57.85 + 114.60$ （SiO_2S%）

关键词：镍转炉渣；钴

1 前言

金川公司冶炼厂的镍转炉渣是我国提钴的重要原料。在该流程中，镍转炉渣经电炉贫化富集得到钴冰铜，钴冰铜进行磁选后，钴富集比约为 2 倍，钴合金含钴 2.2%～2.4%，钴直收率仅达 50%～70%。因此，从镍转炉渣中富集钴反应机理的探讨对于进一步提高钴直收率以及寻求新的工艺流程具有重要指导意义。

2 实验

镍转炉渣取自金川公司冶炼厂，其化学成分和物相分析见表 1 和表 2。

表 1 镍转炉渣化学成分

化学成分	Co	Ni	Cu	Fe	S	SiO_2	CaO	MgO
质量分数（转炉渣）/%	0.22	0.46	0.47	48.8	1.47	31.6	0.69	1.28

表 2 镍转炉渣物相分析

物相分析	质量分数/%							
	Co		Ni		Cu		Fe	
金属及硫化物	0.014	6.36	0.269	58.48	0.283	68.03	3.02	6.18
硅酸盐	0.187	85.0	0.182	39.56	0.072	17.31	32.66	66.83
铁酸盐	0.019	8.64	0.0056	1.22	0.061	14.66	6.81	13.93
磁性铁							6.28	14.06
合计	0.22	100	0.46	100	0.41	100	48.8	100

---

❶ 本文发表于《昆明理工大学学报》，1998，23（3）：22～26。

FeS、SiO₂、CaO 为分析纯试剂，C 为石墨炭粉。实验在管式炉中进行。

3 实验结果和讨论

3.1 FeS 的影响

FeS 加入量（占转炉渣质量分数，以下相同）与反应产生的 SO_2 量的关系如图 1 所示。

如果转炉渣中加入一定数量的 FeS，可能会发生表 3 中所示的反应。

表 3　化学反应式及平衡常数

化学反应方程式	平衡常数（1200℃）	序号
$2CoO \cdot SiO_2 = 2FeO \cdot SiO_2 + 2CoS$	9.01	（1）
$2Fe_3O_4 + FeS = 10FeO + SO_2$	1.20×10^{-4}	（2）
$3Fe_3O_4 + FeS + 5SiO_2 = 5(2FeO \cdot SiO_2) + SO_2$	9.26	（3）

从表 3 可看出，1200℃时，反应（3）的平衡常数（9.26）稍比反应（1）的平衡常数（9.01）大，并且镍转炉渣中硅酸钴的浓度很小，仅为 0.187%，转炉渣中 Fe_3O_4 的浓度是硅酸钴的几十倍，因此，反应（3）优先进行。

对只加入 FeS(20%) 后所得的冰铜相进行物相分析，没有发现 CoS 的存在。该结果进一步证实了上述的分析。因此，可以认为，单独的 FeS 对镍转炉渣中以硅酸盐形态存在的钴是难于进行硫化的。

图 1 表明，FeS 加入量的增加与体系产生的 SO_2 量成反比，FeS 加入量越多，产生的 SO_2 量越少。

图 2 所示为 FeS 加入量与 Fe_3O_4 还原率 R 的关系。

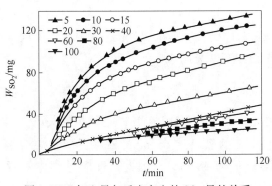 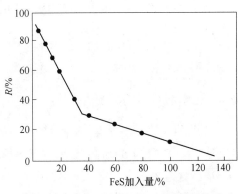

图 1　FeS 加入量与反应产生的 SO_2 量的关系　　图 2　FeS 加入量与 Fe_3O_4 还原率的关系

从图 2 中也可看出，Fe_3O_4 的还原率 R 随 FeS 加入量的增大而线性减少，这可能是熔体中 FeS 对炉渣中 Fe_3O_4 有一定溶解度的缘故[1,2]。当 FeS 加入量较小时，Fe_3O_4 的一部分溶解于 FeS 中，Fe_3O_4 在 FeS 中达到饱和后，其余部分仍存在于炉渣中，相对于 FeS 的溶解度而言，Fe_3O_4 处于过饱和状态，当 FeS 加入量增大时，FeS 所能溶解的 Fe_3O_4 量也增大,相对而言,炉渣中过饱和状态的 Fe_3O_4 量减少,所以体系产生的 SO_2 量也随之减少。图 2 结果经数据处理后的数学表达式为:

$$R = 95.00 - 175.80(FeS\%) \quad FeS < 36.5\%$$
$$R = 40.70 - 27.20(FeS\%) \quad FeS < 36.5\%$$

因此,FeS 主要起到了两方面的作用:一是还原破坏 Fe_3O_4;二是溶解 Fe_3O_4 以及金属硫化物。

3.2 SiO_2 的影响

SiO_2 加入量与体系产生的 SO_2 量的关系如图 3 所示。

图 3 表明,当加入一定数量的 SiO_2 以后,反应过程中产生的 SiO_2 量比不加 SiO_2 时要多,而且产生 SO_2 的化学反应速率也随 SiO_2 量的增加而增大。这说明 SiO_2 能在很大程度上促进 Fe_3O_4 的还原。图 4 也表明,1200℃下,随着 SiO_2 量的增加,Fe_3O_4 的还原率 R 线性增加,即:

$$R = 57.85 + 114.60(SiO_2\%)$$

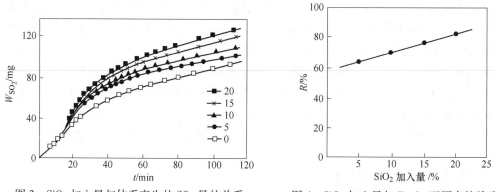

图 3　SiO_2 加入量与体系产生的 SO_2 量的关系　　图 4　SiO_2 加入量与 Fe_3O_4 还原率的关系

然而,大量 SiO_2 的加入,使得炉渣黏度增大,反应受到动力学条件的限制,即使加入的 SiO_2 量已达 20%,Fe_3O_4 的还原率才达 80% 左右(见图 4)。

3.3 还原剂 C 量的影响

图 5 所示为 C 加入量与镍转炉渣中氧化物还原出来的 CO 和 CO_2 的总氧量的关系。图 5 表明,当 C 量为 5% 时,镍转炉渣中被还原出来的氧已达 686mg,超过了镍转炉渣中 Fe_3O_4 所含总氧量(20g 镍转炉渣中 Fe_3O_4 的氧量为 480mg),因此,反应过程中不仅 Fe_3O_4 被还原,而且也有其他氧化物也被还原。

图 6 为 C 还原后所得冰铜的电镜照片。颗粒相为铁钴合金,非颗粒相为以 FeS 为主体的冰铜。

从图 5 和图 6 可知,镍转炉渣中以氧化物形态存在的钴,是通过加入还原剂炭粉之后,经过碳和铁的还原得到铁钴合金,然后,铁钴合金被硫化剂 FeS 所捕集,形成金属化钴冰铜而得到回收。

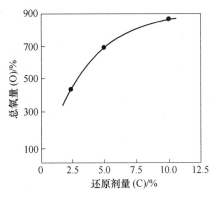

图 5 还原剂 C 量与炉渣中还原出来的总氧量的关系

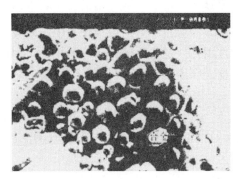

图 6 冰铜的电镜照片

3.4 CaO 的影响

图 7 所示为 CaO 加入量与 Fe_3O_4 还原率的变化关系。

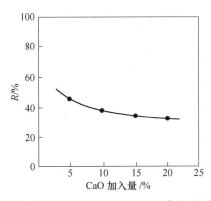

图 7 CaO 加入量与 Fe_3O_4 还原率的关系

图 7 表明,随着 CaO 加入量的增加,Fe_3O_4 的还原率下降,但二者之间没有线性关系。

CaO 碱性较强,易与酸性氧化物相结合。Fe_3O_4 本质上是 Fe_2O_3 在 FeO 中的固溶体,CaO 能与 Fe_3O_4 作用形成更稳定的铁酸盐,如:

$$CaO + Fe_3O_4 = CaO \cdot Fe_2O_3 + FeO$$
$$2CaO + Fe_3O_4 = 2CaO \cdot Fe_2O_3 + FeO$$

另外,CaO 还能起到置换硅酸钴中氧化钴以及促进钴的还原作用:

$$2CoO \cdot SiO_2 + CaO = 2CoO + 2CaO \cdot SiO_2$$
$$2CoO \cdot SiO_2 + 2C + 2CaO = Co + 2CaO \cdot SiO_2 + CO\uparrow$$

CaO 虽不利于 Fe_3O_4 的硫化还原反应,但它能与 Fe_3O_4 作用生成铁酸钙渣,熔点低,而且它还能置换硅酸钴中的氧化钴以及促进钴的还原,因此,CaO 的加入对镍转炉渣提钴具有积极的作用。

4 结论

(1) 单独的 FeS 对镍转炉渣中以硅酸盐形式存在的钴是难于硫化的；FeS 起到了两方面的作用：一是还原破坏转炉渣中的 Fe_3O_4；二是溶解转炉渣中的 Fe_3O_4 和金属及其金属硫化物，Fe_3O_4 还原率 R 与 FeS 量的关系为：

$$R = 95.00 - 175.80(FeS\%) \qquad FeS < 36.5\%$$
$$R = 40.70 - 27.20(FeS\%) \qquad FeS < 36.5\%$$

(2) SiO_2 的加入对转炉渣中 Fe_3O_4 的还原起到了一定的作用，还原率 R 与 SiO_2 量的关系为：

$$R = 57.85 + 114.60(SiO_2\%)$$

(3) 镍转炉渣中以硅酸盐形式存在的钴，是通过加入还原剂以后，经过碳、铁的还原得到铁钴合金，然后，铁钴合金被硫化剂 FeS 所捕集形成金属化钴冰铜而得到回收。

(4) Fe_3O_4 的还原率随 CaO 量增大而下降，但二者没有线性关系，CaO 的加入对镍转炉渣提钴具有积极作用。

参 考 文 献

[1] Kaiura G H, et al. Metallurgical Transactions, 1979, 10 (4): 595.
[2] 彭金辉. 镍转炉渣贫化钴机理探讨及热等离子炉提钴的研究 [D]. 昆明：昆明工学院冶金系，1988.

锡、铅冶金

低品位锡精矿直接烟化新工艺[1]

华一新　刘纯鹏

摘　要：实验研究了低品位含硫锡精矿和锡中矿的直接烟化新工艺，并对 SnO_2 的硫化进行了热力学讨论。实验结果表明，在中性气氛及高温条件下，FeS 可以直接硫化 SnO_2。采用硫化烟化法处理低品位含硫锡精矿和锡中矿在技术上是可行的，锡的挥发率可高达 97.83%～99.89%，烟化含锡达 75.71%～76.01%。根据所得结果提出相应的工艺流程。

随着锡资源的开发和利用，高品位锡精矿逐渐减少，低品位锡精矿的冶炼是大势所趋。当锡精矿的品位降低到 30% 或者更低（1%～5%Sn）时，火法流程一开始就要求进行锡铁分离，否则，渣含锡和渣量将显著增加，并使铁的循环量大得难以控制，从而降低锡的回收率。因此，研究和探讨处理低品位锡精矿的新工艺将具有重要意义。

1　原料及试验

1.1　原料

本研究用的锡矿石化学组成见表 1。实验时将其磨至小于 0.147μm。

表 1　锡矿石的组成　　　　　　　　　　　（%）

组成	Sn	Fe	S	Pb	As	Sb	Cu	SiO_2	Al_2O_3	CaO
含量	21.27	27.90	25.94	1.01	1.79	0.80	0.09	6.06	2.70	2.28

经 X 射线衍射分析证明，锡在矿石中以锡石（SnO_2）的形态存在，铁以黄铁矿（FeS_2）和白铁矿（FeS_2）以及水铁矾（$FeSO_4 \cdot H_2O$）的形态存在。显然，不能对这种矿石直接进行还原熔炼，因为矿石含锡低，而含铁、硫高。但是，根据矿石含铁、含硫高和含锡低的特点，并利用硫化亚锡，在高温下具有较高蒸气压的性质，采用硫化烟化法对矿石进行处理是合理的，具体方法是：

（1）直接烟化。
（2）作为硫化剂与锡中矿一起烟化。

1.2　实验

每次试样的质量恒定为 15g，置于刚玉坩埚（φ2.6cm×5cm），用中心有孔（φ0.8cm）

---

[1] 本文发表于《有色金属》，1990，42（4）：49～52，57。

的盖子盖住坩埚,然后在管状炉中逐渐加热到指定的温度。温度用 Pt(Rh)-Pt 热电偶测量,采用 DWK-702 型精密温度控制仪控制温度。在实验过程中,用一根内径为 0.5cm 的刚玉吹管将净化过的高纯氢气从坩埚盖中心孔吹入坩埚,使烟化过程在中性气氛中进行,同时将挥发出来的 SnS 从坩埚内部带入炉管(ϕ5cm×75cm)。从炉管底部通入空气,使进入炉管的 SnS 氧化成 SnO_2。氢气和空气的流量分别控制在 1000cm^3/min 和 800cm^3/min。实验结束后,根据挥发失重及残渣组成即可计算出锡的挥发率。

2 试验结果及讨论

2.1 SO_2 的产生及矿相的变化

在中性气氛中逐渐加热时,当试样的温度达到 773K 左右,便有 SO_2 从体系中产生。为了查明产生 SO_2 的原因,在 873K 和 973K 的温度下测定了 SO_2 的生成量随时间变化的关系(见图1)。

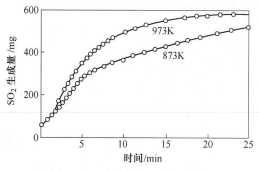

图 1 SO_2 生成量与时间的关系

从图1曲线的斜率可以看出,SO_2 的生成速度在反应初期是比较快的。随着反应的进行,SO_2 的生成速度逐渐降低。当反应进行到一定的程度之后,SO_2 的生成速度便趋于零。此时,将试样快速冷却至室温,对其进行 X 射线衍射分析。分析结身表明,在经加热处理过的矿石中,锡的状态没有发生变化,仍然是 SnO_2,没有发现锡的硫化物(SnS 或 SnS_2)生成。因此,在中性气氛及 873~973K 的温度范围内,从 FeS_2 分解产生的 S_2 不能硫化 SnO_2,产生 SO_2 的原因不是 S_2 和 SnO_2 之间的硫化反应,这一结果得到了热力学计算的进一步支持,因为如下反应的标准吉布斯自由能变化[1~3]为正值(在 873K 为 38.4kJ,在 973K 为 34.6kJ),反应不能向右进行。

$$SnO_2(s) + S_2(g) = SnS(s) + SO_2(g) \quad (1)$$
$$\Delta G^{\ominus}_{T,(1)} = 71390 - 37.77T \quad (1-1)$$

与锡的情况不同,铁的状态则发生了变化,FeS_2 和 $FeSO_4 \cdot H_2O$ 都已分解并转变成了 FeS,但没有发现铁的氧化物(例如 Fe_2O_3、Fe_3O_4 和 FeO)。由此可以认为产生 SO_2 的原因是由下列反应引起的:

$$FeSO_4 \cdot H_2O = FeSO_4 + H_2O \quad (2)$$
$$FeS_2 = FeS + 1/2S_2 \quad (3)$$
$$FeSO_4 + S_2 = FeS + 2SO_2 \quad (4)$$

2.2 SnO₂ 的硫化

如上所述，在中性气氛及较低温度（873~973K）条件下，FeS_2 和 $FeSO_4 \cdot H_2O$ 都已转变成 FeS，而 SnO_2 则没有被硫化。因此，当试样到达指定的温度（1473~1523K）以后，SnO_2 的硫化剂实际上是 FeS，相应的硫化反应及其标准吉布斯自由能变化分别为：

$$SnO_2(s) + 2FeS(l) = SnS(l) + 2FeO(l) + 1/2S_2(g) \quad (5)$$

$$\Delta G^{\ominus}_{T,(5)} = 233030 - 129.3T \text{[1, 2, 4]} \quad (5\text{-}1)$$

$$SnO_2(s) + S_2(g) = SnS(l) + SO_2(g) \quad (6)$$

$$\Delta G^{\ominus}_{T,(6)} = 82920 - 72.33T \text{[1, 2, 3]} \quad (6\text{-}1)$$

式（5-1）和式（6-1）表明，反应（5）和反应（6）的标准吉布斯自由能变化随着温度的升高而变负，即升高温度有助于 FeS 对 SnO_2 的硫化。因此，关于 SnO_2 硫化的热力学将在高温（例如1473K）下进行讨论。

由于 $\Delta G^{\ominus}_{1473,(5)} = 42.6 \text{kJ} \gg 0$，因此从热力学上来说，反应（5）在 1473K 不能自发向右进行。然而，如果能够迅速除去反应（5）产生的 S_2 和 SnS，那么根据 Le Chatelier-Braun 原理[5]，反应（5）将向生成 S_2 和 SnS 的方向进行，其速度取决于 S_2 和 SnS 的除去速度。在实验条件下，反应（6）在 1473K 可以自发向右进行，因为它的标准吉布斯自由能变化为较大的负值（$\Delta G^{\ominus}_{1473,(6)} = -23.6 \text{kJ} \ll 0$），因此，反应（5）产生的 S_2 可以被反应（6）消耗掉。同时，反应（5）和反应（6）产生的 SnS 由于其具有较大的蒸气压（在 1473K，$p^0_{SnS} = 61808 \text{Pa}$[6]）而可以通过挥发进入气相并被载流气体（氢气）带走。因此，只要温度足够高并且反应体系为开放体系，那么反应（5）也可以向右进行。

实验结果表明（见图 2），当混合均匀的分析纯化学试剂混合物（6g SnO_2 和 6.5g FeS）在中性气氛中逐渐加热时，SO_2 在 1253K 时开始产生。这一温度比式（6-1）在 $\Delta G^{\ominus}_{T,(6)} = 0$ 时所对应的 1146K 要高，但相差不算很大。在温度超过 1253K 以后，SO_2 的生成速度随着温度的升高而加快。在恒定温度（1523K）时，SO_2 的生成速度随着反应物（SnO_2 和 FeS）的消耗而减小。实验结束后，在炉管壁上可以看到挥发出来的 SnS，样品失重经测定为 6g，这与按产生的 SO_2 量计算出来的样品失重量一致。这些结果充分地说明，在中性气氛及高温（>1253K）条件下，FeS 可以直接硫化 SnO_2。并不一定像文献 [7] 所指出的那样，SnS 要在 SnO_2 被还原成 SnO 之后，才通过 SnO 与 FeS 之间的化学反应而生成。

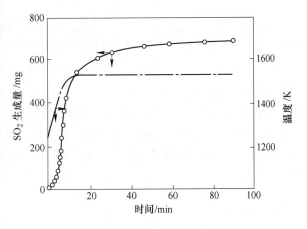

图 2 SO_2 生成量与温度和时间的关系
（SnO_2-FeS-SnS-FeO-SO_2-Ar 体系）

2.3 直接烟化

直接烟化的实验结果列于表2,由表可见,通过烟化残渣含锡可以降低到0.047%~0.099%,锡的挥发率高达99.77%~99.89%,烟尘含锡可达75.71%~76.01%。因此,直接硫化烟化法是处理低品位含硫锡精矿的有效方法。

表2 直接烟化的处理结果 (%)

温度	时间	项目	Sn	Sb	As	Pb
1473K	127min	残渣	0.047	0.68	0.34	1.97
		烟尘	76.01	—	0.20	
		挥发率	99.89	58.35	90.69	4.44
1523K	100min	残渣	0.099	0.76	0.52	1.12
		烟尘	75.71	—	—	
		挥发率	99.77	53.04	85.64	37.3

2.4 锡中矿的烟化

本实验使用的锡中矿含锡10.93%,含铁39.0%。在此矿石中配入低品位含硫锡精矿作为硫化剂,使硫化矿和锡中矿的质量比分别为1∶1和1.5∶1。然后,让这种混合矿在中性气氛及1473K的温度下挥发125min。所得残渣的分析结果及锡的挥发率列于表3。由表可见,增加硫化矿与锡中矿的质量比可以提高锡的挥发率,并使渣含锡降低。在硫化矿∶锡中矿=1.5∶1的条件下,锡的挥发率可达97.83%,因此,混合矿烟化法在技术上是可行的,这种方法对于锡中矿和低品位含硫锡精矿的处理是很有意义的。

表3 混合矿的烟化实验数据 (%)

硫化矿∶锡中矿	残渣组成				锡的挥发率
	Sn	Fe	S	SiO_2	
1∶1	1.30	62.18	2.40	7.65	95.46
1.5∶1	0.66	62.50	5.29	7.18	97.83

必须指出,在本实验中没有在样品里加入还原剂,因此,有一部分硫将作为还原剂与样品中的高价氧化物(例如Fe_2O_3)发生反应,结果使硫的有效利用率降低,进而使锡的挥发率也随之降低。所以,在实际应用时,必须在物料中配以还原剂,使物料中的高价氧化物还原为低价氧化物。这样,一方面可以提高硫的有效利用率,另一方面又能为SnO_2的硫化提供有利的热力学条件[8]。可以推测,在有还原剂的情况下,锡的挥发率将会更高。

2.5 工艺流程

根据所得到的实验结果,直接烟化低品位含硫锡精矿或混合矿烟化可以获得很高的锡挥发率,并产出高品位的氧化锡烟尘,烟尘几乎不含铁。因此,当直接烟化过程与熔炼过程相结合时，熔炼过程将可以产出含铁极低的粗锡，所产粗锡可以直接进行精炼，从根本上消除了铁在熔炼过程中的循环，从而使熔炼流程得以简化，如图3所示。

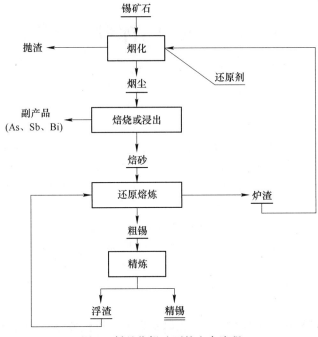

图 3　低品位锡矿石的生产流程

3　结论

（1）在中性气氛中，从 FeS_2 中分解出来的 S_2 在较低温度下（873~973K）不能硫化 SnO_2，但是 FeS 在高温（>1253K）及开放体系中可以硫化 SnO_2。

（2）直接烟化低品位含硫锡精矿和锡中矿在技术上是可行的，锡的挥发率可达 97.83%~99.89%，烟尘含锡高达 75.71%~76.01%。

参 考 文 献

[1] Ranmanrayanan T A, Bar A K. Trant, Metall, B, 1978, 9B: 485.
[2] Floyd J M, Mackey P J, Extraction Metallurgy, 81, The IMM, London, September 1981, 345.
[3] 库巴谢夫斯基 O，奥尔考克 C B. 邱竹贤，等译. 冶金热化学. 北京：冶金工业出版社，1977.
[4] 林传仙，等. 矿物及有关化合物热力学数据手册. 北京：科学出版社，1985.
[5] Walter J. Moore, Physical Chemistry, Longman, London, 1976: 291, 292.
[6] Daver T R A, Joffre J E, Trans, Instn. Min, Metall, September, 1973, C145.
[7] Mueller E A, Erzmetall, 1977, Heff22, S. 54.
[8] Halsall P. Mineral Processing and Extractive Metallurgy: papers presented at: the International Conference, Kunming, 1984, M. J. Jones and P. Gill eds (London, IMM, 1984), 303.

炉渣中 SnS 的挥发速率

华一新　刘纯鹏

摘　要：在中性气氛及1473K的温度下，通过测定试样的失重及其组成，研究了SnS从SnO-FeO-SiO$_2$和SnO-FeO-CaO-SiO$_2$两种炉渣（混以FeS）中挥发的速率。研究表明，在硫化烟化过程中，SnO的挥发与SnS相比可以忽略不计。在炉渣中增加CaO可以加快SnS的挥发速率，挥发的微分速率方程可以表示为：

$$-d(\%Sn)/dt = k(\%Sn)(\%S)$$

其中，表观速率常数 k 分别为 4.20×10^{-3}（SnO-FeO-CaO-SiO$_2$）和 2.88×10^{-3}（SnO-FeO-SiO$_2$）。

关键词：SnS；炉渣；挥发速率；烟化

在Sn的熔炼过程中，由于还原不完全以及物理或机械夹带，部分Sn会损失于炉渣之中。即使经过了两段熔炼，终渣含Sn还可能高于1%，比原矿含Sn还高[1]。这意味着一笔可观的经济损失。对炉渣进行贫化以减少Sn的损失显然是十分必要的。为此，人们提出了许多种Sn渣贫化的方法。SnS的烟化是一种从Sn渣中回收Sn的有效方法。在Sn冶金得到了广泛的应用[2,3]。然而，这一重要而有效的炉渣贫化方法却很少在理论上进行研究。因此，很必要研究烟化过程中的理论问题，尤其是SnS的挥发速率。

1　实验方法

将已制备好的硅酸亚锡（60.32% Sn，30.29% SiO$_2$），硅酸亚铁（53.05% Fe，30.35% SiO$_2$）和氧化钙（98% CaO）按一定的比例混合均匀，然后装入氧化镁坩埚，使其在1473～1523K及中性气氛下加热2h，即可得到渣样。炉渣SnO-FeO-SiO$_2$的分析结果（质量分数）为：SnO 13.63%，FeO 48.17%，SiO$_2$ 35.38%，MgO 2.06%；SnO-FeO-CaO-SiO$_2$的结果为：SnO 14.06%，FeO 37.49%，CaO 16.26%，SiO$_2$ 29.31%，MgO 2.02%。硫化剂采用分析纯 FeS（Fe 64.5%，S 31.06%）。载流气体为高纯氩（>99.99% Ar），进入炉子前再进行净化处理。

实验设备见文献[3]。在炉渣中每次按理论量配入适量的FeS，使试料中Sn和S的摩尔比为1。试料质量恒定为15g，置于直径2.6cm×5cm的刚玉坩埚。实验时，使试样在充满氩气（500cm^3/min）的炉管（直径5cm×75cm）中迅速升温至1473K。当试样在恒定的氩气流量条件下挥发一定的时间之后，迅速使试料离开高温区，加大氩气流量（1500cm^3/

---

[1] 本文发表于《金属学报》，1992，28（1）：B7~11。

min），使试料快速冷却至室温。然后，将坩埚取出，测定试料的失重。打碎坩埚取出渣样，将渣样磨至约 0.07μm 进行化学分析。

2 结果与讨论

实验测定的试样失重以及相应的渣含 Sn 和渣含 S 随时间变化规律分别如图 1 和图 2 所示。

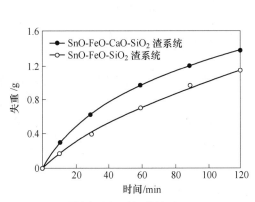

图 1　试样失重与时间的关系（1473K）

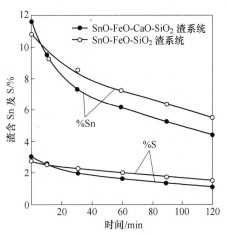

图 2　渣含 Sn 及 S 与时间的关系（1473K）

2.1 硫化挥发和氧化挥发

如果在炉渣中没有 S，SnO 直接从炉渣中挥发是可能的，因为在 1473~1523K 时，SnO 的蒸气压已达 5066~22291Pa[4]。然而，如果在炉渣中加入 S，则 SnO 在烟化过程中随 SnS 同时挥发的可能性将显著减小。因为 SnO 的挥发性与 SnS 相比要小得多。

根据图 1 和图 2 的实验数据，可以计算出残留在炉渣中 S、Sn 的物质的量（n_S，n_{Sn}）及其比值（n_S/n_{Sn}），如图 3 所示。根据质量守恒原理，这个比值可以作为是否存在氧化挥发的判据。从图 3 的数据看，n_S/n_{Sn} 在整个挥发过程中为一常数并接近 1。这一结果证明，在硫化挥发条件下，SnO 的挥发可以忽略不计，挥发的主要物质是 SnS。

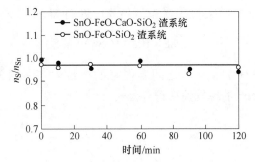

图 3　n_S/n_{Sn} 与时间的关系（1473K）

2.2 SnS 的挥发速率

在挥发过程中，由于氢气流量较大，气相中 SnS 的分压较小。故 SnS 在气-渣界面处的凝结与挥发相比可以忽略不计。挥发速率主要决定于渣相中 SnS 的活度[5]。

$$J_{SnS} = k_f a_{SnS} \tag{1}$$

根据渣相中的平衡反应：

$$(SnO) + (FeS) \Longleftrightarrow (SnS) + (FeO) \tag{2}$$

可得：

$$a_{SnS} = K_2 \frac{(\gamma_{SnO} \cdot N_{SnO})(\gamma_{FeS} \cdot N_{FeS})}{(\gamma_{FeO} \cdot N_{FeO})} \tag{3}$$

由于渣中 SnO 和 FeS 的含量较小，故可以粗略地认为其摩尔分数浓度 N_{Sn}、N_{FeS} 符合下式：

$$N_{SnO} \propto \%Sn, \quad N_{FeS} \propto \%S$$

于是将式（3）代入式（2）并进行整理，可得挥发的微分速率方程：

$$-\frac{d(\%Sn)}{dt} = \frac{100 k_f K_2 k'}{\rho h} \times \frac{\gamma_{SnO}}{\gamma_{FeO}} \times \frac{\gamma_{FeS}}{N_{FeO}} \times (\%Sn)(\%S) \tag{4}$$

式中，k_f、K_2 和 k' 分别为挥发速率常数、反应（2）的平衡常数和比例系数；ρ 和 h 分别是炉渣的密度和深度。

当渣中 FeO 含量为恒量，SnO 和 FeS 含量较小且变化不大时，可以近似认为这些组元的活度系数 γ_{FeO}、γ_{SnO} 和 γ_{FeS} 为常数。故可令

$$k = \frac{100 k_f K_2 k'}{\rho h} \times \frac{\gamma_{SnO}}{\gamma_{FeO}} \times \frac{\gamma_{FeS}}{N_{FeO}} \tag{5}$$

为表观速率常数。从而有

$$-\frac{d(\%Sn)}{dt} = k(\%Sn)(\%S) \tag{6}$$

引入 S 和 Sn 的原子量 M_S 和 M_{Sn}，则

$$-\frac{d(\%Sn)}{dt} = k \frac{M_S}{M_{Sn}} (\%Sn)^2 \tag{7}$$

设 $(\%Sn)_0$ 为 Sn 在炉渣中的初始浓度，积分式（7）得：

$$\frac{1}{(\%Sn)} - \frac{1}{(\%Sn)_0} \approx k \frac{M_S}{M_{Sn}} t \tag{8}$$

将实验数据按式（8）进行整理（见图 4）并作回归分析，得速率方程分别为：
$-\frac{d(\%Sn)}{dt} = 2.88 \times 10^{-3}(\%Sn)(\%S)$，$-\frac{d(\%Sn)}{dt} = 4.20 \times 10^{-3}(\%Sn)(\%S)$。可以看出，$1/(\%Sn)$ 与 t 之间有很好的线性关系，相关系数分别为：0.9912 和 0.9914。由此说明，SnS 的挥发速率符合公式（6）。

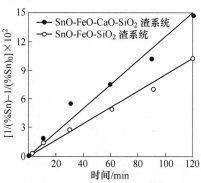

图 4 $[1/(\%Sn)-1/(\%Sn)_0]$ 与时间的关系（1473K）

2.3 CaO 对挥发速率的影响

图 1 和图 4 表明, SnS-FeO-CaO-SiO$_2$ 渣型比 SnO-FeO-SiO$_2$ 渣型更有利于 SnS 的挥发。由此说明, CaO 对 SnS 的挥发速率有很大的影响。

Sn 炉渣中 SnO 和 FeO 的活度系数比 ($\gamma_{SnO}/\gamma_{FeO}$) 与 (%Fe)/(%SiO$_2$), (%Al$_2O_3$) 和 (%SnO) 均无明显的函数关系,而主要决定于炉渣的碱度 (%CaO)/(%SiO$_2$)[6]。对于组成为 (%Fe)/(%SiO$_2$)= 0.14~0.95, (%SnO)= 2~35, (%Al$_2$O$_3$)= 0~21 的炼 Sn 炉渣,($\gamma_{SnO}/\gamma_{FeO}$) 与 (%CaO/%SiO$_2$) 之间有很好的线性关系[6]:

$$\left(\frac{\gamma_{SnO}}{\gamma_{FeO}}\right) = 2.502\left(\frac{\%CaO}{\%SiO_2}\right) + 1.42(1473K) \tag{9}$$

比较式 (5) 和式 (9) 可以看出,表观速率常数 k 也应该与炉渣的碱度成正比,与 FeO 的含量成反比。因此,在炉渣中加入 CaO 必然使 k 值增大,进而使 SnS 的挥发速率加快。

3 结论

在硫化烟化过程中,SnO 的挥发与 SnS 相比可以忽略不计。SnS 的挥发速率正比于炉渣中 Sn、S 的浓度。在炉中加入 CaO 可以使 SnO 和 FeO 的活度系数比 ($\gamma_{SnO}/\gamma_{FeO}$) 增大,使 FeO 的浓度 ($N_{FeO}$) 降低,从而使 SnS 的挥发速率加快。

参 考 文 献

[1] Daver T R A. Joffre J E. Trans Inst Min Metall, Sect. C, 1973, 82: C145.
[2] Wirght P A. Exrraetive Metallurgy of Tin, Amsterdam, Elsevier, 1966: 55.
[3] 华一新, 刘纯鹏. 有色金属 (季刊), 1990, 42 (4): 49.
[4] Floyd J M. In: Cigan J M, Maekey T S, okeefe T J eds, The physical Chemistry of Tin Smeltlng, Lead-Zinc-Tin'80, Proc Conf, Las Vegas, Nevade, February 24~28, 1980, AIME, 1980: 508.
[5] EL-Rahaiby S K, Rao Y K. Metallr. Tans., 1982, 13B: 633.
[6] Rankin W J. Metallr. Tans., 1986, 17B: 61.

Volatilization Rate of SnS from Sn-Fe Mattes[1]

Hua Yixin[2]   Liu Chunpeng

The kinetics of volatilization of SnS from Sn-Fe mattes was investigatd by using a unique experimental method. A water model test was also carried out for the proper interpretation of the experimental results. It has been demonstrated that the volatilization process displays the first order kinetics with respect to the concentration of SnS in the matte. The process is controlled by the mass transport of SnS in gas phase. The apparent activation energy for the process is found to be 127.4kJ/mol. The effect of temperature and carrier gas flow rate on the reaction rate is discussed in accordance with the mathematical model developed.

1 Introduction

The biggest metallurgical problem facing a tin smelter aiming to make a high recovery of tin from iron-bearing concentrates is the coreduction of iron from slags[1]. In order to solve this problem, the sulphide fuming process was developed. By adding a suitable nonvolatile sulphide such as pyrite to the liquid slag bath while blowing combustion mixtures through the tuyers of the fuming furnace, tin can be volatilized as SnS from slags and recovered as oxide by oxidation of SnS above the bath. This process can obtain a clean separation of tin from iron and significantly improve the recoveries of metal. So it is gaining wide applications in the extractive metallurgy of tin[2~4].

However, it is inevitable that some SnS reacts with FeS to form a matte before the SnS vapour escapes into the flue, especially when treating highly sulphidic materials. The activity of SnS is reduced by matte formation and hence the volatilization rate of SnS is decreased[4,5]. In this case, the matte could be produced as a by-product alone and treated separately in an additional operation-matte fuming process. It has been demonstrated that the matte fuming process is effective for the recovery of tin from highly sulphidic materials[3]. The development of the process has led to increased interest in the theoretical study on the matte fuming.

Davey and Flossbach[7] estimated the activities of SnS over Sn-Fe mattes by use of Hann's[8] phase diagram assuming the mattes have regular solution behaviour. Davey and Joffre[4] determined the vapour pressures and activities of SnS in Sn-Fe mattes. However, these studies mainly dealt with the thermodynamics of the matte fuming. Few considerations have been given to kinetics as-

---

[1] 本文发表于《J. Mater. Sci. Technol.》, 1995, 11: 281~286.
[2] To whom correspondence should be addressed.

pects of the process. The mechanism of the process is not well understood still. The purpose of the present work is to study the kinetics and mechanism of the matte fuming process by measuring the volatilization rate of SnS from Sn-Fe mattes.

2 Experimental

2.1 Materials

SnS was prepared by passing H_2S through $SnCl_2$ solution. The purity of SnS obtained was greater than 99.5% by weight. FeS used in this work was analytically pure reagent (64.57% Fe and 31.06% S). The carrier gas was high purity argon (99.99% Ar) and was cleaned by passing it through copper scales heated at 1073~1173K prior to its entry into the furnace.

2.2 Procedures

In the matte fuming process, the volatilization of stannous sulphide (SnS) firstly takes place at the gas-matte interface. The SnS volatilized is then carried to the surface of the melt by bubbles of combustion gases and oxidized into SnO_2 by oxygen in the furnace atmosphere. The process can be described by the following reactions:

$$SnS(matte) \longrightarrow SnS(gas) \tag{1}$$
$$SnS(gas) + O_2(gas) \longrightarrow SnO_2(solid) + SO_2(gas) \tag{2}$$

The experiments were designed to provide as much information as possible on the kinetics of the reactions involved. The apparatus used was arranged in such a way that reactions (1) and (2) took place simultaneously by controlling different atmosphere in two zones, as shown in Fig. 1. A high-purity alumina crucible, 2.2cm in inside diameter and 5cm in depth containing 10 grams of sample was covered with a lid which has a small hole in the centre. In order to make reaction (1) proceed under an inert atmosphere, a purified argon was delivered into the crucible through the small hole of the lid at any required position above the surface of mattes by an alumina tube of 0.4cm in inside diameter. Air was introduced into the furnace tube from the bottom of the furnace to oxidize SnS vapour escaped from the crucible. The SO_2 produced in the oxidation of SnS was determined by standard iodine solution. According to the quantity of SO_2 determined, the volatilization rate of SnS from the mattes was calculated. In each run, the crucible was located initially at the bottom of the furnace on an alumina tube supporter under argon atmosphere. After reaching predetermined temperatures, the crucible was raised into hot zone. Argon and air were separately blown into the crucible and the furnace tube. Zero time of the process was chosen as the time at which the temperatures of the sample became constant. The temperatures were automatically controlled to set points within ±1K in a 6cm long zone. After experiments, the sample was withdrawn from the hot zone to the bottom of the furnace tube and cooled to room temperature by an argon stream with a flow rate of 1500mL/min. The weight loss of the sample was determined by balance and compared with the calculated one according to the quantity of SO_2 produced. A good agreement was obtained. as shown in our previous work[5].

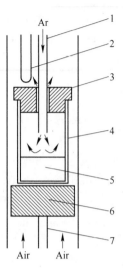

Fig. 1 Schematic diagram of apparatus
1—argonflowtube; 2—thermocouple; 3—crucible cover;
4—crucible; 5—matte sample; 6—upporter; 7—supporttube

In order to interpret the mass transport phenomenon of the fuming process, a water model test was carried out. In a system analogous to that used in the present work, the effect of mass transport in gas phase on the volatilization rate was investigated by measuring the volatilization rate of distilled water at 378K under different gas flow conditions.

3 Results and Discussion

3.1 Water model test

The water model test indicated that at a constant temperature the volatilization rate of the distilled water per unit area was enhanced by increasing the flow rate of carrier gas (Ar) and reducing the crucible radius and the distance between argon tube and water surface. By regression analysis (as shown in Fig. 2), the test results could be represented in the following mass transport correlation at a constant Schmidt number (Sc) of 0.7025:

$$\overline{Sh} = 0.02394 Re^{1.06}(d/r)^{1.2}(d/H)^{0.09} + 1.25 \qquad (3)$$

where $\overline{Sh}$ is average Sherwood number ($=k_G d/D$), Re is Reynolds number ($=du\rho/\mu$), μ is viscosity of argon; ρ is density of argon, D is inter-diffusivity, r is radius of crucible, u is average velocity of argon, k_G is average mass transport coefficient in gas phase, d is diameter of argon tube, and H is distance between argon tube and water surface.

Correlation (3) is in good agreement with that of Rao and Trass [9]. After Sain and Belton [10], a dependente of Sh on $Sc^{1/3}$ was assumed in accordance with simplified theory. The above correlation becomes:

$$\overline{Sh} = 0.02693 Re^{1.06} Sc^{0.33}(d/r)^{1.2}(d/H)^{0.09} + 1.25 \qquad (4)$$

from which the average mass transport coefficient, k_G can be solved:

$$K_G = 0.02693\left(\frac{D}{d}\right)\left(\frac{du\rho}{\mu}\right)^{1.06}\left(\frac{\mu}{\rho D}\right)^{0.33}\left(\frac{d}{r}\right)^{1.2}\left(\frac{d}{H}\right)^{0.09} + 1.25 \tag{5}$$

It is evident that k_G is directly proportional to $u^{1.06}$.

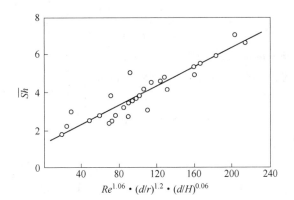

Fig. 2 Water model test results showing the effect of gas flow conditions on average Sherwood number

3.2 Rate equation for the volatilization

Generally, the volatilization process is made up of three steps: (1) transport of SnS through the bulk liquid matte to the matte-gas interface; (2) evaporation of SnS at the interface; (3) transport of SnS vapour through the gas boundary layer to the bulk gas phase. Since SnS vapour formed was immediately carried away from the crucible by argon and then oxidized into SnO_2 by oxygen in the air, the partial pressure of SnS in the bulk gas phase could be neglected. Under these conditions, the overall reaction rate for the matte fuming is derived and can be expressed as:

$$J_{SnS} = \frac{N_{SnS}}{\dfrac{\widetilde{V}}{k_L} + \dfrac{1}{k_E} + \dfrac{RT}{p_{SnS}^0 \gamma_{SnS} k_G}} \tag{6}$$

where J_{SnS} is volatilization rate of SnS, N_{SnS} is mole fraction of SnS in Sn-Fe matte, $\widetilde{V}$ is molar volume of the melt ($= \sum_{i=1}^{n} N_i \overline{V_i}$), $\overline{V_i}$ is partial molar volume of component i, k_L is liquid phase mass transport coefficient, k_G is gas phase mass transport coefficient, k_E is evaporation mass transfer coefficient, p_{SnS}^0 is vapour pressure of pure SnS, γ_{SnS} is activity coefficient. Let

$$\frac{1}{k} = \frac{\widetilde{V}}{k_L} + \frac{1}{k_E} + \frac{RT}{p_{SnS}^0 \gamma_{SnS} k_G} \tag{7}$$

Eq. (6) is simplified as:

$$J_{SnS} = kN_{SnS} \tag{8}$$

For the convenience of integration, J_{SnS} is represented in another form:

$$J_{SnS} = \frac{n_{SnS}^0 d(1-X)}{Adt} \tag{9}$$

where n_{SnS}^0 is initial molar number of SnS in Sn-Fe mattes, A is crucible area, and X is volatilization efficiency of SnS at any time t.

Based on the mass conservation, N_{SnS}, as a function of X, can be expressed as:

$$N_{SnS} = \frac{n_{SnS}^0(1-X)}{n_{FeS}^0 + n_{SnS}^0(1-X)} \quad (10)$$

where n_{FeS}^0 is initial mole number of FeS in Sn-Fe mattes.

Substitution of Eqs. (9) and (10) into Eq. (8) yields:

$$-\frac{n_{FeS}^0}{A(1-N_{SnS})^2}\frac{dN_{SnS}}{dt} = kN_{SnS} \quad (11)$$

Intergration of Eq. (11) gives:

$$\left(\frac{1}{1-N_{SnS}} + \ln\frac{N_{SnS}}{1-N_{SnS}}\right)_t - \left(\frac{1}{1-N_{SnS}} + \ln\frac{N_{SnS}}{1-N_{SnS}}\right)_0 = -\frac{kA}{n_{FeS}^0}t \quad (12)$$

Let

$$F(N_{SnS}) = \frac{1}{1-N_{SnS}} + \ln\frac{N_{SnS}}{1-N_{SnS}} \quad (13)$$

And

$$K_m = \frac{kA}{n_{FeS}^0} \quad (14)$$

Rate equation (12) becomes:

$$F(N_{SnS})_t - F(N_{SnS})_0 = -k_m t \quad (15)$$

3.3 Effect of argon flow rate

The effect of argon flow rate on the SnS content of Sn-Fe mattes as a function of time is shown in Fig. 3. It is evident that the volatilization rate of SnS is enhanced by increasing argon flow rate, which suggests that the mass transport in gas phase plays an important role in the matte fuming process.

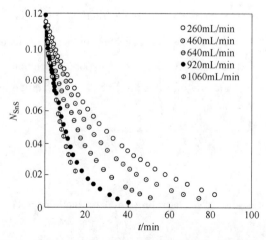

Fig. 3 Effect of Ar flow rate on the volatilization at 1473K

When $F(N_{SnS})_t$ is plotted against time, as shown in Fig. 4, straight lines are observed. This result shows that the rate of matte fuming process is in good agreement with Eq. (12). From the slope of the straight lines and Eq. (14), the apparent rate constant k is calculated and represented a function of argon flow rate (Q_{Ar}), as shown in Fig. 5 and Eq. (16):

$$k = 1.49 \times 10^{-6} Q_{Ar}^{1.06} + 0.000295, \quad \text{mol}/(\text{cm}^2 \cdot \text{min}) \quad (260\text{mL}/\text{min} \leq Q_{Ar} \leq 1060\text{mL}/\text{min}) \quad (16)$$

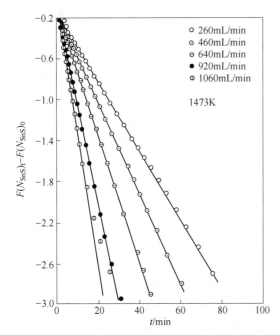

Fig. 4 Effect of Ar flow rate on the volatilization rate at 1473K

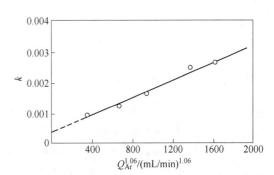

Fig. 5 Apparent rate constant k as a function of Ar flow rate at 1473K

The constant term (0.000295) on the right hand side of Eq. (16) is corresponding to the rate constant at $Q_{Ar} = 0$. Comparing Eq. (16) with Eq. (5), it can be seen that the gas phase transport coefficient k_G and the rate constant k have the same functional relations with respect to the velocity of carrier gas. According to the analogy between the water model test and the matte fuming process in mass transport, therefore, it is reasonable to conclude that the kinetics of the matte fuming is controlled by mass transport in the gas phase. The effect of mass transport in the liquid phase and evaporation at the interface on the overall reaction rate may be neglected, that is,

$$\frac{\tilde{V}}{k_L} + \frac{1}{k_E} \ll \frac{RT}{p_{SnS}^0 \gamma_{SnS} k_G} \quad (17)$$

Thus the rate constant k becomes:

$$k \approx \frac{k_G}{RT} p_{SnS}^0 \gamma_{SnS} \quad (18)$$

After Davey and Joffre[4], γ_{SnS} as a function of the matte composition at constant temperatures, can be described by a regular solution model. When N_{SnS} is small enough ($N_{SnS} < 0.15$), however, γ_{SnS} approaches to a constant and hence may be approximately represented by Henrry's law. Under experimental conditions used in this work ($N_{SnS} < 0.12$), therefore, γ_{SnS} may be replaced by Henrry's activity coefficient γ_{SnS}^0 and accordingly rate equation (6) becomes:

$$J_{SnS} = \frac{k_G}{RT} p_{SnS}^0 \gamma_{SnS}^0 N_{SnS} \quad (N_{SnS} < 0.15) \quad (19)$$

and

$$k = \frac{k_G}{RT} p_{SnS}^0 \gamma_{SnS}^0 \quad (20)$$

At 1473 K, $p_{SnS}^0 = 0.6074$ atm, $\gamma_{SnS}^0 = 1.35$[4]. By substituting these constants into Eq. (20), the mass transport coefficient of SnS in gas phase, k_G can be calculaced for different argon flow rate, as shown in Table 1. It is demonstrated that k_G increases with an increase in argon flow rate.

Table 1　Effect of argon flow rate on k_G at constant temperature

Q_{Ar}/mL · min^{-1}	260	460	640	920	1060
K_G/cm · min^{-1}	134.3	175.4	243.0	368.8	387.2

Note: $T = 1473$K, $p_{SnS}^0 = 0.6075$atm, $\gamma_{SnS}^0 = 1.35$.

3.4　Effect of temperature

The influence of temperatures on the volatilization rate of SnS from the matte is shown in Fig. 6. From a plot of lnk against $1/T$ in temperature range of 1423~1595K, as shown Fig. 7, the temperature dependence of the rate constant k is obtained:

$$k = 31.72\exp(-127370/RT) \quad (21)$$

The apparent activation energy for the process is found to be 127.4kJ/mol, which may be compared with 110kJ/mol estimated in our previous work[5] for the SnS fuming from slags and 105kJ/mol determined by Liu and Jeffes[11] for the evaporation of SnS from molten iron. The higher activation energy seems to indicate that the volatilization process is controlled by chemical kinetics rather than by mass transport in gas phase. However, this is not true. The reason may be discussed as follows: the apparent rate constant k as a function of temperature is related to k_G/RT, γ_{SnS}^0 and p_{SnS}^0 in accordance with Eq. (20). The effect of temperature on k, in fact, is caused by the variation of k_G/RT, γ_{SnS}^0 and p_{SnS}^0 with temperature.

The effect of temperature on k_G may be qualitatively discussed with Eq. (5). Since u, d, r

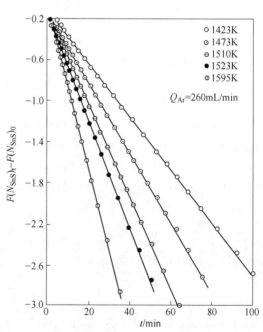

Fig. 6　Effect of temperature on the volatilization at $Q_{Ar} = 260$mL/min

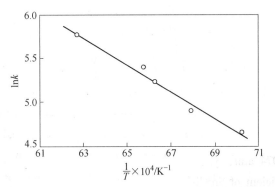

Fig. 7 Temperature dependence of apparent rate constant for the volatilization at $Q_{Ar} = 260$ mL/min

and H are constants under the experimental conditions given, Eq. (5) may be simplified as:

$$k_G \propto \left(\frac{D}{\mu}\right)^{1.06} \left(\frac{\mu}{\rho D}\right)^{0.33} D \qquad (22)$$

In most circumstances, $\rho \propto 1/T$, $\mu \propto T$, and $D \propto T^{1.5}$ for gases. Thus, substitution of these relations into Eq. (22) gives:

$$k_G \propto (1/T)^{0.46} \qquad (23)$$

It is interesting to note that k_G is decreased with an increase in temperature. Using Eq. (20) and experimental data, k_G is calculated at different temperatures, as shown in Table 2. By regression analysis, the relationship between k_G and T is got:

$$k_G = 22370/\sqrt{T} - 438.6 \quad (1423\text{K} \leq T \leq 1595\text{K}) \qquad (24)$$

the correlation coefficient of which is 0.8700. The calculated result is in good agreement with Eq. (23). The fact that the mass transport coefficient in gas phase, k_G, decreases with an increase in temperature was also observed by Ozberk and Guthrie[12] in the vaporization process of impurities from liquid copper. Thus, the temperature dependence of k_G is unfavorable for the increase of k.

Table 2 Effect of temperature on k_G at constant Ar flow rate

T/K	1423	1473	1510	1523	1595
p^0_{SnS}/atm[4]	0.373	0.608	0.854	0.958	1.756
γ^0_{SnS}[4]	1.364	1.350	1.340	1.336	1.319
k_G/cm·min^{-1}	159.0	134.4	131.9	141.4	121.4

Note: $Q_{Ar} = 260$ mL/min.

The effect of γ^0_{SnS} on k may be neglected because temperatures have no appreciable effect on γ^0_{SnS}, as shown in Table 2.

The effect of p^0_{SnS} on k is favorable. According to Davev and Joffre[4], the vapour pressure of pure liquid SnS is given by

$$\ln p^0_{SnS} = -20440/T + 13.378, \text{ atm} \qquad (25)$$

By differentiating Eqs. (21) and (25) with respect to $1/T$, the influence of temperature on the rate constant k and the vapour pressure P^0_{SnS} is respectively given by

$$\frac{\mathrm{d}\ln k}{\mathrm{d}(1/T)} = -15320 \tag{26}$$

$$\frac{\mathrm{d}\ln p_{SnS}^0}{\mathrm{d}(1/T)} = -20440 \tag{27}$$

There is no appreciable difference in values between Eqs. (26) and (27), indicating that the effect of p_{SnS}^0 on the apparent rate constant k is much more obvious than that of k_G and γ_{SnS}^0. Therefore, the dependence of the rate constant k on temperature is most probable due to the increase of p_{SnS}^0 with temperature. This gives a greater driving force for the mass transport of SnS in gas phase, which results in a higher volatilization rate of SnS from Sn-Fe mattes. It is for this reason that a higher activation energy is observed although the volatilization rate is controlled by the mass transport in gas phase.

4 Conclusion

The volatilization rate of SnS from Sn-Fe mattes displays the first order kinetics with respect to the concentration of SnS in the mattes. The kinetics of the volatilization process is controlled by the mass transport of SnS in gas phase. The volatilization rate can be enhanced by increasing the flow rate of cartier gas and the temperature. The increase in the flow rate of carrier gas results in an increase in mass transport coefficient in gas phase, while the increase in temperature causes an increase in driving force for the mass transport.

References

[1] Halsall P. Advance in sulphide smelting, AIME Symposium, ed. by Sohn H Y, George D B and Zunkel A D, 1983, 2, 553.
[2] Hua YX, Liu C P: Acta Metall. Sin., 1992, 28, B7(in Chinese).
[3] Hua YX, Liu C P: Nonferrous Metals, 1990, 42, 49(in Chinese).
[4] Davey T R A, Joffre J E: Trans. Inst. Min. Metall., (Sec. C: Mineral Process. Extr. hletall.), 1973, 82, C145.
[5] Hua Y X. Ph. D. Thesis, Kunming Institute of Technology, 1988.
[6] Wright P A. Extractive Metallurgy of Tin, 2nd edition, Elsevier Scientific Publishing Company, Amsterdam, 1982.
[7] Davey T R A, Flossbach F J. J. Metals, 1972, 24 (5): 26.
[8] Haan N. Metall. Erz., 1913, 10, 831.
[9] Rao V V, Trass O. Can. J. Chem. Eng., 1964. 42, 95.
[10] Sain D R, Belton G R. Metall. Trans. B, 1976, 7B, 235.
[11] Liu X, Feffes J H E. Ironmaking and Steelmaking, 1988, 15, 27.
[12] Ozberk E, Guthrie R L L. Metall. Trans. B. 1986, 17B, 87.

Evaporation Kinetics of SnS from SnS−Cu$_2$S Melts[1]

Hua Yixin[2]   Liu Chunpeng

The kinetics of SnS evaporation from SnS−Cu$_2$S melts was investigated by a unique experimental method. It is shown that the process is controlled by the mass transport of SnS in gas phase. The evaporation rate of SnS is significantly enhanced by increasing temperature and carrier gas flow rate. The apparent activation energy for the process is found to be 204.67kJ/mol. The evaporation rate for the present system is much smaller than that for SnS−FeS system.

1 Introduction

Matte fuming process has been proved to be effective for the recovery of tin from highly sulfuric minerals[1,2]. The development of the process has led to increased interests in the theoretical study on matte fuming. Phase relations and thermodynamics of SnS−Cu$_2$S, SnS−FeS and SnS−Cu$_2$S−FeS systems, which may be encountered in tin-fuming process, have been studied previously[3~5]. However, the kinetics of the process was seldom investigated, and the mechanism of the process is not well understood. The volatilization kinetics of SnS from SnS−FeS melts was studied in our previous work[6]. The present work is to study the evaporation kinetics of SnS−Cu$_2$S system at 1423~1573 K. A knowledge concerning the evaporation kinetics of SnS−Cu$_2$S is of theoretical and practical significance for matte fuming, especially for the treatment of stannite (Cu$_2$S·FeS·SnS).

2 Experimental

2.1 Materials

SnS was prepared by passing H$_2$S through SnCl$_2$ solution. The purity of SnS obtained with this method was greater than 99.5% by weight. Cu$_2$S used in the present work was synthesized by heating mixtures of electrolytic copper powder (99.9%Cu) and distilled sulfur powder (99.9%S) under argon atmosphere. The mixtures were firstly heated from room temperature to 1073K for 4h, during which solid copper reacted with sulfur vapor to form solid copper sulfide. The temperature was then increased up to 1473K to melt and homogenize the sulfide for 3h.

---

[1] 本文发表于《J. Mater. Sci. Tchnol.》, 1995, 14: 45~48。
[2] To whom correspondence should be addressed.

Through such a homogenizing process, the excessive sulfur was eliminated from the molten sulfide because CuS would decompose into Cu_2S at high temperature. At the end of smelting, the molten sulfide was quickly cooled to room temperature under argon atmosphere. X-ray diffraction analysis on the products revealed that Cu_2S was completely formed. According to chemical analysis, the composition of synthesized Cu_2S was 79.31%Cu and 19.66%S, which is very close to the theoretical composition of Cu_2S. The carrier gas was the high purity argon that was further deoxidized by passing through the copper scales heated at 1073~1173 K.

2.2 Procedures

In the matte fuming process, the evaporation of SnS firstly took place at the gas-matte interface. The SnS vapor formed was then carried out of the melt surface by bubbles of combustion gases and oxidized into SnO_2 by O_2 in the furnace atmosphere. The process can be described by the following reactions:

$$SnS(matte) \longrightarrow SnS(gas) \tag{1}$$

$$SnS(gas) + 2O_2(gas) \longrightarrow SnO_2(solid) + SO_2(gas) \tag{2}$$

The SO_2 produced in reaction (2) was determined with standard iodine solution and used to calculate the evaporation rate of SnS. The apparatus employed has been presented elsewhere[6].

3 Results and Discussion

3.1 Rate equation for the evaporation

The evaporation process of SnS from $SnS-Cu_2S$ melts includes: the transport of SnS (l) through the bulk liquid matte to the matte-gas interface, the evaporation of SnS (l) at the interface, and the transport of SnS (g) through the gas boundary layer to the bulk gas phase. For the present study, the SnS vapor formed was immediately carried away from the crucible by argon and then oxidized into SnO_2 by oxygen in the air. Thus, the partial pressure of SnS in the bulk gas phase could be negligible. Under these conditions, the overall rate equation was derived and could be expressed as [6]:

$$J_{SnS} = -\frac{n_{Cu_2S}^0 dN_{SnS}}{A(1-N_{SnS})^2 dt} = \frac{N_{SnS}}{\frac{\overline{V}}{k_L} + \frac{1}{k_E} + \frac{RT}{p_{SnS}^0 \gamma_{SnS} k_G}} \tag{3}$$

where, p_{SnS}^0 is the vapor pressure of pure SnS which is given by [3]:

$$\ln p_{SnS}^0 (MPa) = -\frac{20440}{T} + 11.09 \quad (1143 \sim 1500K) \tag{4}$$

3.2 Effect of carrier gas flow rate

The effect of carrier gas flow rate on the evaporation process of SnS from $SnS-Cu_2S$ system at 1523K is shown in Fig. 1. It is demonstrated that the rate of removal of SnS from the melt is significantly enhanced with an increase in carrier gas flow rate. This result gives a definite indication that the evaporation process is most probably controlled by the mass transport of SnS vapor in the gas phase. In this case, the effect of mass transport in the liquid phase and evaporation mass transfer at the gas-matte interface on the overall reaction rate may be neglected, i.e.,

$$\frac{\overline{V}}{k_L} + \frac{1}{k_E} \ll \frac{RT}{p^0_{SnS}\gamma_{SnS}k_G} \tag{5}$$

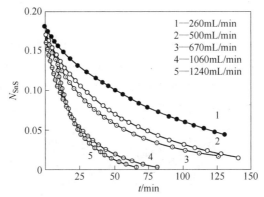

Fig. 1　Effect of carrier gas flow rate on the evaporation rate at 1523K

Substitution of Eq. (5) into Eq. (2) gives

$$-\frac{dN_{SnS}}{dt} = \frac{Ak_G p^0_{SnS}\gamma_{SnS}}{n^0_{Cu_2S}RT} N_{SnS}(1 - N_{SnS})^2 \tag{6}$$

Generally, the activity coefficient, γ_{SnS}, is a function of temperature and composition. According to the activities of SnS-Cu$_2$S binary melts reported by Eric[5], however, γ_{SnS} is not appreciably influenced by temperature when $N_{SnS} < 0.2$, and is mainly determined by composition of the melts. Within the interval $0 < N_{SnS} < 0.2$, γ_{SnS} may be represented by the following equation[5]:

$$\ln\gamma_{SnS} = 3.019 N_{SnS} - 1.228 \quad (r = 0.93) \tag{7}$$

In order to make the integration of Eq. (6) possible, the relationship between γ_{SnS} and N_{SnS} is rearranged by using Eric's data[5] and may be well described by

$$\gamma_{SnS} = 1.09 N_{SnS} + 0.28 \quad (r = 0.99) \tag{8}$$

Comparing the correlation coefficients of Eqs. (7) and (8), it is evident that Eq. (8) is more precise than Eq. (7). Thus, Eq. (8) will be used to calculate the activity coefficient of SnS in the melts. Substitution of Eqs. (8) into (6) gives:

$$-\frac{dN_{SnS}}{dt} = \frac{Ak_G p^0_{SnS}}{n^0_{Cu_2S}RT}(aN_{SnS} + b)N_{SnS}(1 - N_{SnS})^2 \tag{9}$$

where $a = 1.09$ and $b = 0.28$. Integration of Eq. (9) gets:

$$-\frac{1}{a\left(1-\frac{a}{b}\right)^2}\ln(aN_{SnS} + b) + \frac{1}{b}\ln N_{SnS} + \frac{1}{(a+b)(1-N_{SnS})^2} = \frac{Ak_G p^0_{SnS}}{n^0_{Cu_2S}RT} + C \tag{10}$$

Let

$$F(N_{SnS}) = -\frac{1}{a\left(1-\dfrac{a}{b}\right)^2}\ln(aN_{SnS}+b) + \frac{1}{b}\ln N_{SnS} + \frac{1}{(a+b)(1-N_{SnS})^2} \quad (11)$$

And

$$k = \frac{Ak_G p^0_{SnS}}{n^0_{Cu_2S} RT} \quad (12)$$

Equation (10) is simplified as:

$$F(N_{SnS}) = -kt + C \quad (13)$$

When the experimental data is plotted against time in accordance with Eq. (13), as shown in Fig. 2, straight lines are observed. This indicates that the overall rate of evaporation of SnS from SnS–Cu$_2$S melts is in good agreement with Eq. (13), i.e., the evaporation process is controlled by the mass transport of SnS vapor in gas phase.

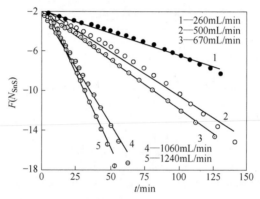

Fig. 2 $F(N_{SnS})$ vs time for different carrier gas flow rate at 1523K

From Fig. 2 the apparent rate constant k as a function of argon flow rate can be obtained, as shown in Fig. 3 and Eq. (14)

$$k = 1.751 \times 10^{-7} Q_{Ar}^2 + 0.03378 \quad (r = 0.9966) \quad (14)$$

for

$$260 \leqslant Q_{Ar} \leqslant 1240 \text{mL/min}, \quad T = 123K$$

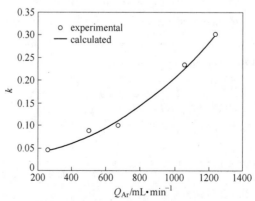

Fig. 3 Rate constant as a function of carrier gas flow rate at 1523K

Eq. (14) indicates that the rate close relationship with carrier gas flow thickness of gas. Since the thickness of gas boundary layer can be reduced with an increase in carrier gas flow rate, the mass transport coefficient k_G and hence rate constant k will be increased with increasing argon flow rate.

3.3 Effect of temperature

Fig. 4 demonstrates that temperature has an obvious effect on the overall evaporation rate of SnS from the melts. From a plot of $\ln k$ against $1/T$ in 1423~1573K, the Arrhenius empirical equation is obtained:

$$\ln k = -\frac{204672}{RT} + 13.0433 \quad (r = 0.9921) \tag{15}$$

which gives the apparent activation energy $E = 204.67 \text{kJ/mol}$. The higher activation energy seems to suggest that the evaporation process of SnS from SnS-Cu$_2$S melts should be controlled chemical kinetics rather than by mass transport in gas phase. For the evaporation process, however, the apparent rate constant k is related not only to the gas mass transport coefficient k_G but also to the stannous sulfide vapor pressure p_{SnS}^0. By differentiating Eqs. (4) and (15) with respect to $1/T$, the temperature dependence of p_{SnS}^0 and k can be presented by

$$\frac{d\ln p_{SnS}^0}{d\left(\frac{1}{T}\right)} = -20440 \tag{16}$$

and

$$\frac{d\ln k}{d\left(\frac{1}{T}\right)} = -24620 \tag{17}$$

The above equations indicate that the temperature dependence of p_{SnS}^0 is very close to that of k in value. Accordingly, the dependence of the rate constant k on temperature in the present system is most probably due to the increase in partial pressure of SnS with temperatures. The higher p_{SnS}^0 gives a greater driving force for the mass transport of SnS in gas phase and results in a higher evaporation rate of SnS from the melts.

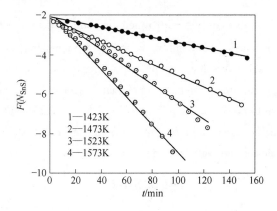

Fig. 4 $F(N_{SnS})$ vs time at different temperature for $Q_{Ar} = 260\text{mL/min}$

3.4 Comparison between SnS-Cu$_2$S and SnS-FeS systems

Using Eqs. (6) and (12), the evaporation rate of SnS from SnS-Cu$_2$S melts can be expressed as:

$$J_{SnS} = \frac{n^0_{Cu_2S}}{A} k \gamma_{SnS} N_{SnS} \quad (18)$$

In the present study, $n^0_{Cu_2S} = 0.0503$ mol, $A = 3.8$ cm^2, $k = 0.0255$ at 1473 K, and $\gamma_{SnS} = 1.09 N_{SnS} + 0.28$. Substituting these values into Eq. (18), the evaporation rate of SnS from SnS-Cu$_2$S melts at 1473K can be calculated, as shown in Table 1. For comparison, the data of SnS-FeS system at the same temperature and carrier gas flow rate[6] is also given. It reveals that the evaporation rate of SnS from SnS-Cu$_2$S melts is much smaller than that from SnS-FeS system, suggesting that the evaporation rate is related to the properties of melts. Since the evaporation rate J_{SnS} is directly proportional to the activity coefficient γ_{SnS}, which is determined by properties of the melts, the changes in activity coefficients will considerably influence the evaporation rate. According to the experimental results reported in literatures, the SnS-Cu$_2$S systems exhibit negative departure from ideal behavior[5], i. e., $\gamma_{SnS} < 1$; while SnS-FeS melts exhibit positive deviation[3,5], i. e., $\gamma_{SnS} > 1$. Therefore, the evaporation rate of SnS from SnS-Cu$_2$S melts will be reduced as compared with that from SnS-FeS systems.

Table 1 Evaporation rate comparison between SnS-Cu$_2$S and SnS-FeS systems at 1473 K

N_{SnS}	0.04	0.08	0.12	0.16
J_{SnS}(SnS-Cu$_2$S)/mol·(cm^2·min)$^{-1}$	1.38×10^{-5}	3.11×10^{-5}	5.22×10^{-5}	7.71×10^{-5}
γ_{SnS}(SnS-Cu$_2$S)[5]	0.32	0.37	0.41	0.45
J_{SnS}(SnS-FeS)[6]/mol·(cm^2·min)$^{-1}$	3.86×10^{-5}	7.72×10^{-5}	11.58×10^{-5}	15.44×10^{-5}
γ_{SnS}(SnS-FeS)[3]	1.50	1.45	1.41	1.37

4 Conclusion

The evaporation process of SnS from SnS-Cu$_2$S melts is controlled by the mass transport of SnS in gas phase. The evaporation rate is appreciably enhanced by increasing the flow rate of carrier gas and the temperature. Increasing the flow rate of carrier gas leads to an increase in mass transport coefficient in gas phase, while raising temperatures mainly cause an increase in partial pressure of SnS in the gas phase. Due to considerable difference in activity coefficient, the evaporation rate of SnS from SnS-Cu$_2$S melts is much smaller than that from SnS-FeS systems. The presence of Cu$_2$S in the melts is unfavorable for the matte fuming process.

List of Symbols

a constant

A crucible area (cm^2)

b constant

C constant of integration

E apparent activation energy (kJ/mol)

J_{SnS} evaporation rate of SnS (mol/(cm^2·min))

k apparent rate constant

k_E evaporation mass transfer coefficient (cm/min)

k_G gas phase mass transfer coefficient (cm/min)

k_L liquid phase mass transfer coefficient (cm/min)

$n^0_{Cu_2S}$ initial molar number of Cu$_2$S in SnS–Cu$_2$S system (mol)

N_{SnS} mole fraction of SnS

p^0_{SnS} vapor pressure of pure SnS (MPa)

Q_{Ar} argon flow rate (mL/min)

r correlation coefficient

R gas constant

t time (min)

T temperature (K)

$\bar{V}$ molar volume of the melt (cm^3/mol)

γ_{SnS} activity coefficient of SnS

References

[1] Hua Y X, Liu C P. Nonferrous Metals, 1990, 42, 49 (in Chinese).

[2] Wright P A. Extractive Metallurgy of Tin, 2nd edition, Elsevier Scientific Publishing Company, Amsterdam, 1982.

[3] Davey T R A, Joffre J E. Trans. Inst. Min. Metall. (Sec. C: Mineral Process, Extr. Metall.), 1973, 82, C145.

[4] Eric R H, Ergeneci A. Miner. Eng., 1992, 5, 917.

[5] Eric R H. Metall. Tuns. B, 1993, 24B, 301.

[6] Hua Y X, Liu C P. J. Mater. Sci. Technol., 1995, 11, 281.

Kinetics of Tin Sulphide Fuming from Slags

Hua Yixin Liu Chunpeng F. R. Sale

Synopsis: The kinetics of the process of tin sulphide fuming from slags has been investigared by measuring the quantities of SO_2 produced from the oxidation of SnS vapour. The effects of argon flow rate, slag composition and temperature on the process were examined. It was found that the evaporation rate of SnS from slags displays the kinetics of a pseudo first-order reaction with respect to the concentration of tin in the slags. The apparent rate constant has a maximum value when the sulphur content of a slag comes close to saturation (3.5%~4.5% S) and will decrease progressively when the sulphur content is less than 3.5% or greater than 4.5% S. Addition of CaO to the slag can accelerate the process. The increase in argon flow rate and temperature is favourable for the volatilization of SnS. The apparent activation energy for the process was estimated to be 110kJ/mol.

1 Introduction

In the smelting of tin one of the most difficult problems is the separation of tin from iron. This is due to the fact that the standard free energy of formation of SnO is almost the same as that of FeO at temperatures between 1373 and 1573K; thus, when tin is reduced iron is also reduced[1]. To solve this problem a two-stage smelting circuit has been used conventionally. The concentrates are smelted with a limited amount of reducing agent to produce a crude tin that contains as little iron as possible and a rich slag that contains high metal values and the bulk of iron. This rich slag is then smelted at a higher temperature and under stronger reducing conditions to give a tin-iron alloy (hardhead) and a waste slag. The hardhead and iron-bearing refinery dross are then returned to the first smelt with the next batch of concentrates.

When high-grade concentrates are being smelted this circuit is fundamentally sound. When lower-grade concentrates (<50% Sn) are being treated, however, the smelting of large quantities of gangue produces large slag volumes and the iron recycle becomes unmanageable. With the best modem practice concentrates with tin contents down to 24% can be treated with difficulty in the conventional circuit[2]. Even after two stages of smelting the final slags may contain more then 1% Sn-frequently a higher concentration than that in the original ores[3].

To avoid the loss of so much tin the sulphide fuming process has been developed. By adding pyrite to the liquid slag bath while combustion mixtures arc blown through the tuyeres of the fuming

---

❶ 本文发表于《Trans. Instn. Min. Metall. (Sect. C: Mineral Process. Extr. Metall.)》, 1997, 106: C128~C132.

fumace tin can be volatilized as SnS from slags and recovered as oxide in the fume by oxidation of SnS above the bath. This process can obtain a cleaning separation of tin from iron and improve recoveries of metal values significantly. It is, therefore, gaining wide application in the extractive metallurgy of tin.[3~5]

With the development of the tin sulphide fuming process its thermodynamics have been widely discussed in the literature[2,6]. Recently, consideration has been given to the kinetic aspects. The factors that may influence the apparent rate of the process have been discussed by several authors[7~10] on the basis of data from production practice. However, few kinetic investigations have been reported and the mechanism of the process is not well understood—probably owing to the difficulty of measuring the rate of the fuming process under expenmental conditions. The purpose of present work was to investigate the kinetics and mechanism of the fuming process by measuring the evaporation rate of SnS from slags.

2 Experimental

2.1 Materials

The slag samples for the investigation were $SnO-FeO-SiO_2$ ternary and $SnO-FeO-CaO-SiO_2$ quatemary systems, which are widely used in the smelting of tin. They were prepared by mixing previously synthesized stannous silicate: (69.53% SnO, 30.29% SiO_2), ferrous silicate (69.60% FeO, 30.35% SiO_2) and calcium oxide (99.5% CaO) in desired proportions. The mixture was then allowed to homogenize in a magnesia crucible under an inert atmosphere for 3h at temperatures ranging frorn 1473 to 1523K. The slags were ground to−150 mesh and analysed.

The sulphidizing agent used in fuming practice is usually pyrite (FeS_2). When FeS_2 comes into contact with slags, however, it dissociates into FeS and S_2. The elemental sulphur volatilizes rapidly and does not contribute greatly to the process. The sulphidizing agent that is effective in the process is, in fact, FeS. For this reason the sulphidizing agent for the present investigation was FeS (64.57% Fe, 31.06% S). The carrier gas was high−purity argon (>99.99% Ar), which was cleaned prior to was entry into the furnace.

2.2 Procedures

In the fuming of tin slags the iron sulphide is distributed in the slag and reacts with stannous oxide at the gas−slag interface to form stannous sulphide:

$$(FeS) + (SnO) = SnS_{(g)} + (FeO) \qquad (1)$$

The stannous sulphide vapour is then carried to the surface of the slag bath by bubbles of combustion gases and oxidized into SnO_2 by oxygen in the furnace atmosphere:

$$SnS_{(g)} + 2O_{2(g)} = SnO_{2(s)} + SO_{2(g)} \qquad (2)$$

The experiments were designed to provide as much information as possible on the kinetics of the reactions. A schematic diagram of the apparatus used is shown in Fig. 1. The high−purity alumina crucible, usually of 2.6cm internal diameter and 5cm in depth, and containing 15g of sample, was sealed with a cover that had a small hole in the centre. To make reaction (1) proceed under an inert atmosphere and to examine the effect of mass transport on the reaction purified argon was delivered into the crucible through the small hole of the cover at any required position above the surface of slags by an alumina tube of 0.4cm internal diameter. Air was introduced into the furnace rube from the bottom to oxidize SnS vapour that escaped from the crucible. The SO_2 produced from the oxidation of SnS was determined by srandard iodine solution and the evaporation race or SnS was calculated on the basis of the quantity of SO_2.

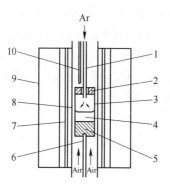

Fig. 1 Schematic diagram of apparatus

1—argon flow cube; 2—crucible cover; 3—crucible; 4—slag sample; 5—supporter;
6—support tube; 7—heating element; 8—furnace tube; 9—furnace; 10—thermocouple

During each run the crucible was locaced initially in the bottom of the furnace on an alumina suppon under an inen atmosphere. After reaching the predetermined temperature the crucible was raised into the hot zone. Argon and air were blown into the crucible and the furnace rube, respectively. The start time of the process, $t=0$, was chosen as the time at which the temperature of the sample became constant. The temperarures were automatically controlled to set points within ±1K in a 6cm long zone. After experiments the sample was withdrawn from the hot zone to the bottom of the furnace and cooled to room temperature by an argon stream at a flow rate of 1500mL/min. The weight loss of the sample was determined by balance and compared with that calculated according to the quantity of SO_2 produced. A good agreement was obtained, as shown in Fig. 2.

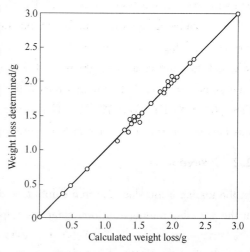

Fig. 2 Weight loss determined versus calculated

3 Results and discussion

3.1 Effect of sulphur content

Sulphur potential is an important factor that influences the thermodynamics of the fuming process[2]

. Its effect on the kinetics of the process is taken into consideration here. In practice the sulphur potential is generally maintained by regular additions of pyrite through the blowdown. Thus, the sulphur potential in the experiments was controlled by changing the sulphur content of the slags, which could be indicated by the initial molar ratio of sulphur to tin in slags, S/Sn. The effect of S/Sn on the fuming rate of SnS from the SnO−FeO−SiO$_2$ ternary system (13.63% SnO, 53.17% FeO, 2.06% MgO, 30.38% SiO$_2$) is shown in Fig. 3. When $\ln[(Sn\%)_t/(Sn\%)_0]$ is plotted against time (Fig. 4) straight lines are observed.

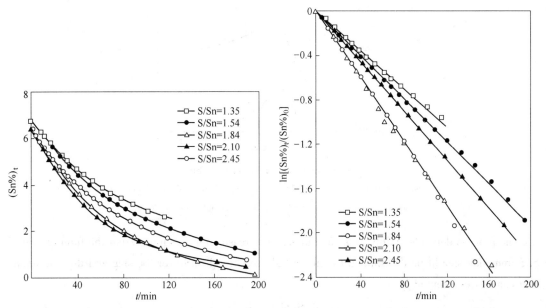

Fig. 3 Tin content of slags as function of S/Sn
and time for SnO−FeO−SiO$_2$ system
(T=1523K; Q_{Ar}=260mL/min; H=2.0cm)

Fig. 4 Effect of S/Sn on fuming rate for
SnO−FeO−SiO$_2$ system
(T=1523K; Q_{Ar}=260mL/min; H=2.0cm)

This shows that the rate of the fuming process is pseudo first-order with respect to the concentration of tin in slags, and the rate equation may be expressed as

$$-\frac{d(Sn\%)}{dt} = k(Sn\%) \qquad (3)$$

Integration of equation (3) gives

$$\ln\frac{(Sn\%)_t}{(Sn\%)_0} = -kt \qquad (4)$$

where $(Sn\%)_t$ and $(Sn\%)_0$ are the tin contents of slags at time t and zero time, respectively and k is the apparent rate constant.

Rate equations (3) and (4) are in good agreement with those found in industrial practice[6~10], suggesting that the rate law obtained can be used in practice. From the slope of the straight lines obtained from the pseudo first-order kinetics model the apparent rate constant, k, for the SnO−FeO−CaO−SiO$_2$ ternary system and the SnO−FeO−CaO−SiO$_2$ quaternary system

(14.06% SnO, 37.49% FeO, 16.26% CaO and 29.31% SiO_2) was calculated and represented as a function of S/Sn (Fig. 5). It can be seen that k increases with S/Sn when S/Sn is less than 2 and decreases with increasing S/Sn when S/Sn is greater than 2. To explain this phenomenon reaction (1) is rewritten in ionic form:

$$(Sn^{2+}) + (S^{2-}) \rightleftharpoons SnS \tag{5}$$

$$[FeS] \rightleftharpoons (Fe^{2+}) + (S^{2-}) \tag{6}$$

where ( ) and [ ] indicate slag and matte phases, respectively.

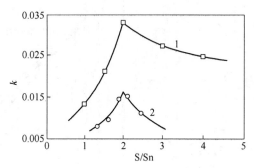

Fig. 5 Rate constant k versus S/Sn
1—$SnS-FeO-CaO-SiO_2$ system ($T = 1473K$; $Q_{Ar} = 264 mL/min$; $H = 2.0 cm$);
2—$SnO-FeO-SiO_2$ system ($T = 1523K$; $Q_{Ar} = 260 mL/min$; $H = 2.0 cm$)

If the process depends mainly on evaporation, it is reasonable to suppose that the fuming rare of SnS from slag should be determined by the partial pressure of SnS over the slag and the rate equation can be represented by

$$J_{SnS} = -\frac{\rho h}{100}\frac{d(Sn\%)}{dt} = \frac{k_G}{RT}(p_{SnS} - p_{SnS}^b) \tag{7}$$

where J_{SnS} is flux of SnS away from the slag, p and h are the density and depth of slag melts, p_{SnS} and p_{SnS}^b are the partial pressures of SnS at the gas-slag interface and in the bulk gas phase, respectively, k_G is mass-transfer coefficient of SnS in the gas phase, R is the gas constant and T is absolute temperature.

According to reaction (5), the partial pressure of SnS at the gas-slag interface can be expressed as

$$p_{SnS} = K_5 a_{S^{2-}} a_{Sn^{2+}} \tag{8}$$

or

$$p_{SnS} = K_5 \gamma_{S^{2-}} \gamma_{Sn^{2+}} (S\%)(Sn\%) \tag{9}$$

where K_5 is the equilibrium constant of reaction (5) and $a_{S^{2-}}$, $a_{Sn^{2+}}$, $\gamma_{S^{2-}}$ and $\gamma_{Sn^{2+}}$ are activities and activity coefficients of Sn^{2+} and S^{2-} in slags, respectively. Substituting equation (9) into equation (7) and ignoring the effect of p_{SnS}^b yield

$$-\frac{d(Sn\%)}{dt} = \frac{100 k_G}{\rho h R t} K_5 \gamma_{S^{2-}} \gamma_{Sn^{2+}} (S\%)(Sn\%) \tag{10}$$

Since the rate of the process is of pseudo first respect to (Sn%), the apparent rate constant,

k, may be expressed as

$$k = \frac{100 k_G}{\rho h r t} K_5 \gamma_{S^{2-}} \gamma_{Sn^{2+}} (S\%) \quad (11)$$

when the concentration of sulphur in slags does not change considerably during the fuming process. It is clear that the increase in concentration of either sulphur or tin will speed up the process under definite conditions. When S/Sn of the initial slags is less than 2 the apparent rate constant is directly proportional to the sulphur content, as shown in Fig. 5 and equation (11). When S/Sn is greater than 2, however, the rate constant decreases with increasing S/Sn. This could be attributed to the formation of a matte phase. It is well known that sulphur negative ions can replace oxygen negative ions in slag melts only to a limited extent. If the sulphur content of the slag is greater than its equilibrium concentration governed by reaction (6), a matte phase will be formed[11]. It is inevitable that some of the SnS produced from reaction (5) dissoives in the matte before the vapor escapes into the gas phase. As a result, the activity of SnS is reduced by matte formation and the fuming process is therefore somewhat impeded. When S/Sn equals 2 the corresponding sulphur content of slags in the present study is 3.5% ~ 4.5% S or 9.6% ~ 12.4% FeS, which may be compared with 9.6% FeS determined by Nagamori[12] for fayalite slag and 15%, FeS reported by Maclean[13] for commercial slag. Accordingly, the further increase in sulphur content is unfavourable for the kinetics of the fuming process when slags are saturated with sulphur. The prevention of matte formation is an important requirement for the operation of the sulphide fuming process.

3.2 Effect of CaO

When the fuming rate of SnS is determined mainly by evaporation a method of speeding up this kind of process would be to increase the partial pressure of SnS over the slags so that a greater driving force for the reaction would result. From reaction (1) the equilibrium partial pressure of SnS can be given by

$$p_{SnS} = K_1 \left(\frac{\gamma_{SnO}}{\gamma_{FeO}} \right) \left(\frac{\gamma_{FeS}}{N_{FeO}} \right) N_{SnO} N_{FeS} \quad (12)$$

where K_1 is equilibrium constant of reaction (1) and γ_i and N_i are, respectively, activity coefficient and molar fraction concentration of component i in the slags.

It is evident that changes in the activity coefficients and concentrations of component of the slag will affect the partial pressures of SnS and, hence, the evaporation rate. Fig. 6 indicates that addition of CaO to a slag can enhance the fuming rate of SnS from the slag significantly. This is due to the effect of CaO on the activities of SnO and FeO in slags. In the fuming of slags not saturated with SiO_2, the activities of SnO and FeO can be increased by adding CaO because CaO reacts wish SiO_2 releasing Sn^{2+} and Fe^{2+}. The effect of CaO on the activities of SnO and FeO can be described by the change in their activity coefficient ratio, $\gamma_{SnO}/\gamma_{FeO}$ with the CaO content of the sing.

According to Rankin[14] $\gamma_{SnO}/\gamma_{FeO}$ depends mainly on the basicity of slags, $(CaO\%)/(SiO_2\%)$.

For tin slags composed of 2%~35% Sn and 0%~21% Al_2O_3, $(Fe\%)/(SiO_2\%) = 0.14~0.95$, $\gamma_{SnO}/\gamma_{FeO}$ could be expressed as a function of $(CaO\%)/(SiO_2\%)$:

$$\frac{\gamma_{SnO}}{\gamma_{FeO}} = 2.502 \frac{CaO\%}{SiO_2\%} + 1.42 \tag{13}$$

If equation (13) is compared with equation (12), it can be seem that the equilibrium partial pressure of SnS at the gas-slag interface is directly proportional to the $(CaO\%)/(SiO_2\%)$ ratio of the slag. Therefore, the increase in CaO content of slaps can result in a higher partial pressure of SnS and hence accelerate the fuming process. Addition of CaO to the sing is favourable for the fuming process.

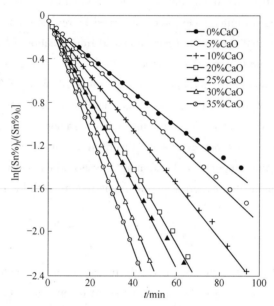

Fig. 6 Effect of CaO on fuming rate for SnO-FeO-CaO-SiO$_2$ System
(T=1523K; Q_{Ar}=260mL/min; S/Sn=2.0; H=2.0cm)

3.3 Effect of argon flow rate

Through changing the flow rate of argon the influence of flow conditions on the fuming process was investigated at 1473K when the distance between the tip of the argon tube and the slag surface, H, was fixed at 2.0cm. The slag composition used was 10.53% SnO, 42.01% FeO, 16.00% CaO, 2.02% MgO and 29.31% SiO_2. From Fig. 7 it is obvious that the rate of the fuming process is enhanced by an increase in the flow rare of argon, implying that mass transport plays an important role in the process. By regression analysis the dependence of the apparent rate constant on argon flow rate was obtained:

$$k = 3.556 \times 10^{-5} Q_{Ar}^{1.06} + 0.01004 \tag{14}$$

where Q_{Ar} stands for argon flow rate, mL/min.

If the argon flow rate is represented in terms of blast intermry (I_{Ar}), i.e. standard cubic meters

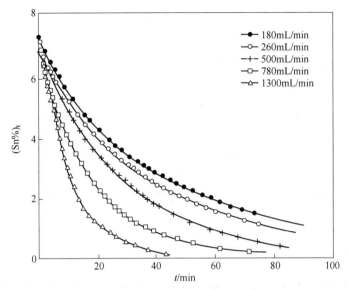

Fig. 7 Effect of argon flow rate on fuming rate for SnO-FeO-CaO-SiO$_2$ System

(T=1473K; S/Sn=2.0; H=2.0cm)

of argon blown per minute tonne of slag (Nm^3/(min·t)), equation (14) can be rewritten as

$$k = 6.275 \times 10^{-4} I_{Ar}^{1.06} + 0.01004 \quad (15)$$

A similar relation was proposed by wright[10] on the basis of operating data:

$$\frac{k}{I} = 40.6 M \times 10^{-5} \exp\left(15.694 - \frac{23.256}{T}\right) \quad (16)$$

where M is mean molecular weight of the slag (close to 70). The increase in blast intensity accelerated the mass transport of SnS in the gas and also reduced the partial pressure of SnS in the bulk gas phase, which promoted, in turn, the tormation of SnS by chemical reaction. The increase in blast intensity also promoted the rapid circulation of the melts and accelerated the mass transport in the slag phase. As a result, the fuming rate of SnS would be increased.

3.4 Effect of temperature

The influence of temperature on the fuming rate of SnS form the SnO-FeO-CaO-SiO$_2$ Quaternary system (10.5% SnO, 42.01% FeO, 16.1% CaO, 29.31% SiO$_2$) was determined at a constant argon flow rate of 260mL/min and a constant molar ratio of tin (S/Sn=2.0). From a plot of ln$k$ against $1/T$ in the tempearure range 1373~1573K (Fig. 8) the temperature dependence of the apparent rate constant, k, was obtained:

$$k = 3.1 \times 10^2 \exp\left(-\frac{110000}{RT}\right) \quad (17)$$

The apparent activation energy for the process was estimated to be 110kJ/mol, which may be compared with 105kJ/mol determined by Liu and Jeffes[15] for the evaporation of tin sulphide from molten iron. The higher activation energy indicates that the process is sensitive to temperature. A higher operating temperature will result in a higher partial pressure of SnS over the slag and a higher fuming rate.

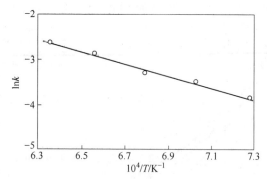

Fig. 8　Apparent rate constant versus temperature for $SnO-FeO-CaO-SiO_2$ System
($Q_{Ar}=260$ mL/min; S/Sn=2.0; H=2.0cm)

4　Conclusions

(1) The sulphur content of slags is an important factor that affects the rate of the fuming process. The apparent rate constant increases with increasing sulphur content when the slag is not saturated with sulphur and decreases with sulphur content when it is saturated. The formation of matte must be prevented.

(2) Any factor that can raise the partial pressure of SnS atthe gas-slag interface will speed up the fuming process. The addition of CaO to slags can acelerate the process by increasing the activity coefficient rate of SnO to FeO in slags and hence the panial pressure of SnS.

(3) The process can be accelerated by increasing the temperature and argon flow rate.

References

[1] Patino J L. The fuming of tin slag in the extractive metallurgy of tin. In the fourth world conference 011 tin (Kuala Lumpur: I. T. C. , 1974), vol. 3, 111~145.

[2] Denholm W T. Developments in the recovery of tin by fuming from sulphide-rich ores and low-grad concentrates. In Extraction metallurgy '81 (London: IMM, 1981), 5~19.

[3] Davey T. 'RA, Joffre J E. Vapour pressures and activities of SnS in an-iron manes. Trans. Instn Min. Metall. (Sect. C: Mineral Proass. Exrr. Metall.), 82, 1973.

[4] Hua Y X, Liu C P. Exaporation rate of SnS from slags. Acia Metallurgica Simca, 1992, 28: B7~11.

[5] Hua Y X, Liu C P. Direct fuming of tin from lowgrade sulphuric cassiterite concentrates and tin middlings. Nonferrous Merai. s, 1990, 42: 49~52.

[6] Floyd J M. The physical chemistry of tin smelling. In Lead-zinc-tin '80 Cigan J. M. , Macke. T. S. and Okeefe T. J. eds (Las Vegas: AIME, 1980), 508~531.

[7] Halsall P. The development of a tin sulphide fuming process at Capper Pass Limited. In Advances in sphide smelting Sohn H. Y. , George D. B. and Zunkel A. D. eds (New-York: TMS-AIME, 1983), vol. 2, 553~582.

[8] Halsall P. Pyrometallgical concenation of low-grade tin ore. In Mineral processing and Extractive metallurgy papers presented at the international conference, Kunmring, 1984 Jones M. J. and Gill P. eds (London: IMM, 1984), 306~323.

[9] Wright P A. Extractive matallurgy of, tin, 2nd edition (Amsterdam: Elsevier, 1982): 329.

[10] Wright P A. Mechanism of the tin sulphide fuming process. Trans. Instn Min. Mezall. (Sea. C: Mineral Proass. Excr. Metal.), 1986, 95: C58~61.
[11] Harns J N. The problem of tin. Reference 6, 733~751.
[12] Nagamori M. Metal loss to slag: Part 1, Sulphidic and oxidic dissolution of copper in fayalite slag from low grade matte. Metall. Trans., 1974, 5: 531~538.
[13] Maclean W H. Liquidus phise relations in $FeS - FeO - Fe_3O_4 - SiO_2$ system, and their application in geology. Econ. Geol., 1969, 64: 865~884.
[14] Rankin W J. The slag-metal equilibrium in tin smelting. Metall. Trans. B, 17B, 1986: 61~68.
[15] Liu X, Jeffes J H E. Vapomation of tin sulphide from molten iron: part 2, chemical reaction process. Ironmak. Steelmak., 1988, 15: 27~32.

Evaporation Kinetics of SnS from SnS−Cu$_2$S−FeS Melts[①]

Hua Yixin Liu Chunpeng

Abstract: The evaporation kinetics of SnS from SnS−Cu$_2$S−FeS ternary system was investigated against matte grade, temperature and carrier gas flow rate. It was demonstrated that the evaporation process is controlled by gas-phase mass transport. The increases of the flow rate of carrier gas and the temperature could increase the gas-phase mass transport coefficient and the partial pressure of SnS over the melts, respectively, and hence would appreciably promote the evaporation process. An increase of matte grade could lower the activity coefficient of SnS in the melts, which in turn would cause the reduction of the evaporation rate of SnS.

Keywords: evaporation kinetics; SnS; SnS−Cu$_2$S−FeS melt

1 Introduction

Matte fuming process is an effective method for the recovery of tin from highly sulfuric materials[1,2]. By this method tin can be volatilized as SnS from the matte and recovered as oxide in the fume by oxidation of SnS above the bath. This process can obtain a cleaning separation of tin from iron and improve recoverise of metal values significantly. The development of the process has led to increasing interests in the theoretical study on the matte fuming. Phase relations and thermodynamics of systems SnS−FeS, SnS−Cu$_2$S and SnS−Cu$_2$S−FeS, which may be encountered in tin-fuming process, have been reported in literatures[3~5]. The volatilization kinetics of SnS from SnS−FeS and SnS−Cu$_2$S binary systems have been studied in our previous work[6,7]. The purpose of the present work is to investigate the evaporation kinetics of SnS from SnS−Cu$_2$S−FeS ternary system at 1473 and 1523K.

2 Experimental

2.1 Materials

SnS was prepared by passing H$_2$S through SnCl$_2$ solution. The purity of SnS obtained with this method is greater than 99.5% by weight. Cu$_2$S was synthesized by heating mixtures of electrolytic

---

[①] 本文发表于《Acta Metallurgica Sinica 金属学报》, 1999, 12 (6): 1273~1279.

copper powder (99.9%Cu) and distilled sulfur (99.9%S) under argon atmosphere. The synthesis method used has been described in detail elsewhere[7]. The chemical composition of synthesized Cu_2S is 79.31%Cu and 19.66%S, which is very close to the theoretical composition of Cu_2S. FeS is analytically pure reagent (64.57%Fe and 31.06%S). The carrier gas is the high purity argon, which is further deoxidized by passing through the copper scales heated at 1073~1173K.

2.2 Procedures

In the matte fuming process, the evaporation of SnS firstly took place at the matte gas interface. The SnS vapor formed was then carried to surface of the melt by bubbles of combustion gases and oxidized into SnO_2 by oxygen in the furnace atmosphere. The process can be presented by

$$SnS(matte) \longrightarrow SnS(gas) \tag{1}$$
$$SnS(gas) + 2O_2(gas) \longrightarrow SnO_2(solid) + O_2(gas) \tag{2}$$

The SO_2 produced from the oxidation of SnS was determined by standard iodine solution and the evaporation rate of SnS was calculated on the basis of the quantity of SO_2. The apparatus used has been presented in our previous articles[6,8].

3 Results and Discussion

3.1 Rate equation for the evaporation

The evaporation process of SnS from SnS–Cu_2S–FeS melts includes: the transport of liquid SnS from the bulk liquid matte to the matte-gas interface, the evaporation of liquid SnS at the interface, and the transport of gaseous SnS through the gas boundary layer to the bulk gas phase. The mass transfer of SnS from a liquid phase to the gas phase may be controlled by one of the above three steps, or by a combination of these steps. In the present study, the SnS vapor formed was immediately carried away from the crucible by argon and then oxidized into solid SnO_2 by oxygen in the air. Thus, the partial pressure of SnS in the bulk gas phase could be neglected. Under the experimental conditions used in this work, the overall rate equation for the evaporation of SnS from SnS–Cu_2S–FeS melts was derived and could be expressed as:

$$J_{SnS} = -\frac{(n_{Cu_2S} + n_{FeS})dN_{SnS}}{A(1-N_{SnS})^2 dt} = \frac{N_{SnS}}{\dfrac{\overline{V}}{k_L} + \dfrac{1}{k_E} + \dfrac{RT}{p^0_{SnS}\gamma_{SnS}k_G}} \tag{3}$$

where, J_{SnS} is evaporation rate of SnS, n_{Cu_2S} is molar number of Cu_2S, n_{FeS} is molar number of FeS, N_{SnS} is mole fraction of SnS in SnS–Cu_2S–FeS system, t is reaction time, A is crucible area, R is gas constant, T is temperature, $\overline{V}$ is molar volume of the melt, γ_{SnS} is activity coefficient of SnS in the melts, k_L is liquid phase mass transport coefficient, k_G is gas phase mass transport coefficient, k_E is evaporation mass transfer coefficient which is given by

$$k_E = \frac{\alpha p^0_{SnS}\gamma_{SnS}}{\sqrt{2\pi RTM_{SnS}}} \tag{4}$$

where, α is evaporation coefficient, M_{SnS} is molecular weight of SnS, and p^0_{SnS} is partial pressure of pure SnS which can be expressed as

$$\ln p^0_{SnS}(\text{MPa}) = -\frac{20440}{T} + 11.09 \quad (1143 \sim 1500\text{K}) \tag{5}$$

Let

$$\frac{1}{k} = \frac{\overline{V}}{k_L} + \frac{1}{k_E} + \frac{RT}{p^0_{SnS}\gamma_{SnS}k_G} \tag{6}$$

Eq. (3) is simplified as

$$-\frac{dN_{SnS}}{dt} = \frac{kA}{n_{Cu_2S} + n_{FeS}} N_{SnS}(1 - N_{SnS})^2 \tag{7}$$

Integration of Eq. (7) yields:

$$\left(\frac{1}{1-N_{SnS}} + \ln\frac{N_{SnS}}{1-N_{SnS}}\right)_t - \left(\frac{1}{1-N_{SnS}} + \ln\frac{N_{SnS}}{1-N_{SnS}}\right)_0 = \frac{kA}{n_{Cu_2S} + n_{FeS}} t \tag{8}$$

Let

$$F(N_{SnS}) = \frac{1}{1-N_{SnS}} + \ln\frac{N_{SnS}}{1-N_{SnS}} \tag{9}$$

and

$$k_m = \frac{kA}{n_{Cu_2S} + n_{FeS}} \tag{10}$$

Eq. (8) becomes:

$$F(N_{SnS})_t - F(N_{SnS})_0 = -k_m t \tag{11}$$

3.2 Effect of matte grade on the evaporation

The effect of matte grade on the evaporation rate of SnS from SnS-Cu$_2$S-FeS ternary system is shown in Fig. 1. The matte grade x_{Cu_2S} used in this paper is calculated by

$$x_{Cu_2S} = \frac{n_{Cu_2S}}{n_{Cu_2S} + n_{FeS}} \tag{12}$$

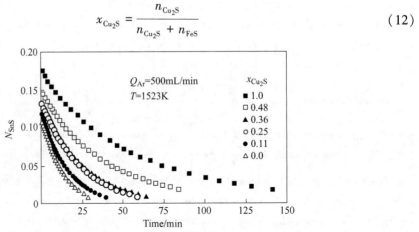

Fig. 1 Effect of matte grade on the evaporation of SnS

It can be seen from this figure that the evaporation rate of SnS is appreciably decreased an increase of the Cu_2S content in the melts. When the experimental data is arranged with Eq. (11), as shown in Fig. 2, straight lines are obtained. This indicates that the overall rate of evaporation of SnS from system $SnS-Cu_2S-FeS$ is in good agreement with Eq. (11). From the slope of the straight lines in Fig. 2, the constant k_m in Eq. (11) can be calculated with regression analysis, and then the apparent rate constant k can be obtained from Eq. (10). The rate constant k as a function of Cu_2S content of the melts under different conditions is presented in Fig. 3. It is evident that the increases of argon flow rate and temperature cause the rate constant k to increase, while an increase of matte grade makes k decrease.

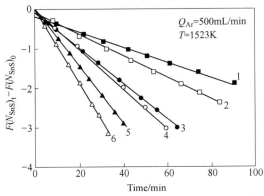

Fig. 2　$F(N_{SnS})$ vs time for different matte grade

1—$x_{Cu_2S}=1.0$; 2—$x_{Cu_2S}=0.48$; 3—$x_{Cu_2S}=0.36$;
4—$x_{Cu_2S}=0.25$; 5—$x_{Cu_2S}=0.11$; 6—$x_{Cu_2S}=0$

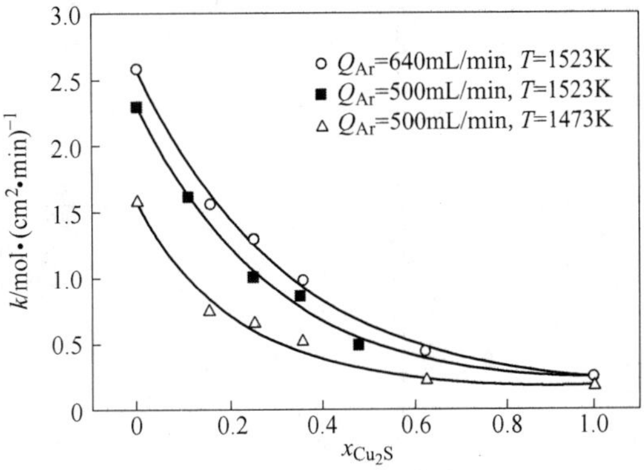

Fig. 3　Effect of matte grade on the rate constant

According to our previous work[6,7], the evaporation rate of SnS from SnS-FeS and $SnS-Cu_2S$ binary systems is mainly controlled by the mass transport of SnS vapor in the gas phase. Therefore, it is reasonable here to consider that the evaporation rate of SnS from $SnS-Cu_2S-FeS$ ternary system is also controlled by gas-phase mass transport. In this case, the effect of mass transport in the liquid phase and evaporation mass transfer at the matte-gas interface on the overall reaction rate may be negligible as compared to that of mass transport in the gas phase, i.e.,

$$\frac{\bar{V}}{k_L} + \frac{1}{k_E} \ll \frac{RT}{p^0_{SnS}\gamma_{SnS}k_G} \tag{13}$$

Thus the rate constant k may be approximately expressed as:

$$k \approx \frac{k_G}{RT} p^0_{SnS} \gamma_{SnS} \tag{14}$$

In Eq. (14), k_G and p^0_{SnS} are constant at constant temperature and argon flow rate. They are not influenced by a change in composition of the melts. The variation of rate constant k with matte grade may be attributed to the effect of composition of the melts on the activity coefficient γ_{SnS} because it is strongly dependent on the composition of the melts. According to the activities of SnS in systems SnS-FeS, $SnS-Cu_2S$ and $SnS-Cu_2S-FeS$ reported by Eric[4,5], the system SnS-FeS exhibits positive departures from ideal behavior, while $SnS-Cu_2S$ melts exhibit negative deviations. Depending on the matte grade, therefore, the activities of SnS in SnS–Cu$_2$S–FeS melts may exhibit positive or negative deviations. When the concentration of SnS keeps constant, the activity coefficient of SnS in SnS–Cu$_2$S–FeS melts may be rearranged as a function of matte grade by using Eric's data[5], as shown in Fig. 4 and Eq. (15).

$$\ln\gamma_{SnS} = -1.775x_{Cu_2S} + 0.8178 \quad (N_{SnS} = 0.1,\ r = 0.9864) \quad (15)$$

When $\ln k$ is plotted against x_{Cu_2S}, as shown in Fig. 5, a good linear relationship is also obtained. The relationships between $\ln k$ and x_{Cu_2S} can be well described by the following equations

$$\ln k = -2.32x_{Cu_2S} + 0.6689 \quad (Q_{Ar} = 500\text{mL/min},\ T = 1523\text{K},\ r = 0.9791) \quad (16)$$
$$\ln k = -2.25x_{Cu_2S} + 0.1611 \quad (Q_{Ar} = 500\text{mL/min},\ T = 1473\text{K},\ r = 0.9523) \quad (17)$$
$$\ln k = -2.30x_{Cu_2S} + 0.8473 \quad (Q_{Ar} = 640\text{mL/min},\ T = 1523\text{K},\ r = 0.9971) \quad (18)$$

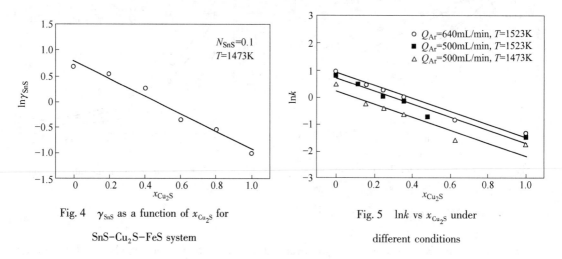

Fig. 4 γ_{SnS} as a function of x_{Cu_2S} for SnS–Cu$_2$S–FeS system

Fig. 5 $\ln k$ vs x_{Cu_2S} under different conditions

It is obvious that $\ln\gamma_{SnS}$ and $\ln k$ have the similar relations with x_{Cu_2S}. According to Eq. (14), one has

$$\ln k = \ln\gamma_{SnS} + \ln\frac{k_G}{RT}p^0_{SnS} = \ln\gamma_{SnS} + C \quad (19)$$

where

$$C = \ln\frac{k_G}{RT}p^0_{SnS} \quad (20)$$

Thus, substitution of Eqs. (15) into (19) will get Eqs. (16), (17) and (18). Since the activity coefficient γ_{SnS} of SnS in SnS–Cu$_2$S–FeS melts decreases with an increase of content of Cu$_2$S of the melts, the rate constant k will be also reduced with increasing Cu$_2$S content. It is the decrease of γ_{SnS} with Cu$_2$S content that results in a reduction of the rate constant k.

3.3 Effect of temperature

From Eq. (14), the rate constant ratio between temperatures T_1 and T_2 can be expressed as:

$$\frac{k_{T_2}}{k_{T_1}} = \frac{T_1 k_G,\ T_2 p^0_{SnS},\ T_2 \gamma_{SnS},\ T_2}{T_2 k_G,\ T_1 p^0_{SnS},\ T_1 \gamma_{SnS},\ T_1} \quad (21)$$

According to Eqs. (16) and (17), the ratio of rate constant k_{1523} at 1523K to k_{1473} at 1473K can be estimated:

$$\frac{k_{1523}}{k_{1473}} = 1.662 \tag{22}$$

By using Eq. (5), the ratio of $p^0_{SnS,1523}$ at 1523K to $p^0_{SnS,1473}$ at 1473K can be calculated:

$$\frac{p^0_{SnS,1523}}{p^0_{SnS,1473}} = 1.557 \tag{23}$$

Eqs. (22) and (23) indicate that k_{1523}/k_{1473} is very close to $p^0_{SnS,1523}/p^0_{SnS,1473}$ in values. Accordingly, the temperature dependence of rate constant k is most probably due to the increase of partial pressure of SnS with temperatures. The higher temperature gives rise to a higher p^0_{SnS} and hence a greater rate constant k.

3.4 Effect of carrier gas flow rate

Fig. 3 shows that the rate constant k is enhanced with increasing argon flow rate. According to Eq. (14), the rate constant k is determined not only by p^0_{SnS}, but also by k_G. Thus the change in gas-phase mass transport coefficient k_G will influence the values of k. Since an increase in carrier gas flow rate can reduce the thickness of gas boundary layer, k_G and hence k will be increased with increasing carrier gas flow rate. The same phenomenon was also observed for the evaporation of SnS from SnS-FeS and SnS-Cu$_2$S binary systems[6,7].

4 Conclusion

The evaporation rate of SnS from SnS-Cu$_2$S-FeS melts is determined by the mass transport of SnS in the gas phase. The evaporation rate is appreciably enhanced with increasing the flow rate of carrier gas and the temperature, but it is reduced with an increase of Cu$_2$S content of the melts. The apparent rate equation can be presented by

$$J_{SnS} = \frac{k_G}{RT} p^0_{SnS} \gamma_{SnS} N_{SnS}$$

Increasing the flow rate of carrier gas makes an increase of gas-phase mass transport coefficient, whereas increasing temperatures mainly leads to an increase of partial pressure of SnS over the melts. The increase of Cu$_2$S content of the melts causes the activity coefficient of SnS in SnS-Cu$_2$S-FeS melts reduced. As a result, the evaporation rate of SnS will be reduced with increasing Cu$_2$S content of the melts.

List of Symbols

A Crucible area (cm^2)
C Constant
J_{SnS} Evaporation rate of SnS (mol/(cm^2 · min))
k_E Evaporation mass transfer coefficient (cm/min)

k_G Gas-phase mass transfer coefficient (cm/min)
k_L Liquid-phase mass transfer coefficient (cm/min)
M_{SnS} Molecular weight of SnS
n_{Cu_2S} Molar number of Cu_2S in $SnS-Cu_2S-FeS$ system (mol)
n_{FeS} Molar number of FeS in $SnS-Cu_2S-FeS$ system (mol)
N_{SnS} Mole fraction of SnS in $SnS-Cu_2S-FeS$ system
p_{SnS}^0 Vapor pressure of pure SnS (MPa)
Q_{Ar} Argon flow rate (mL/min)
r Correlation coefficient
R Gas constant
t Time (min)
T Temperature (K)
$\overline{V}$ Molar volume of the melt (cm³/mol)
x_{Cu_2S} Matte grade ($x_{Cu_2S} = n_{Cu_2S}/n_{Cu_2S} + n_{FeS}$)
γ_{SnS} Activity coefficient of SnS
α Evaporation coefficient

References

[1] Wright P A. Extractive Metallurgy of Tin, 2nd Edition. Elsevier Scientific Publishing Company, Amsterdam, 1982.
[2] Hua Y X, Liu C P. Nonferrous Metals, 1990 (42): 49 (in Chinese).
[3] Davey T R A, Joffre J E, Trans. Ins. Min. Metall. (Sect. C: Mineral Process. Extr. Meall.), 1973 (82): C145.
[4] Eric R H, Ergeneci A. Miner. Eng, 1992 (5): 917.
[5] Eric R H. Metall. Trans. B, 1993 (24B): 301.
[6] Hua Y X, Liu C P. J. Mater. Sci. Technol. 1995 (11): 281.
[7] Hua Y X, Liu C P. J. Mater. Sci. Technol. 1998 (14): 45.
[8] Hua Y X, Liu C P, Sale F R. Trans. Ins. Min. Metall. (Sect. C: Mineral Process. Extr. Meall.), 1997 (106): C128.

PbS 与 PbO 及硅酸铅反应的动力学和 PbO 的活度[①]

陆跃华　刘纯鹏

关键词：固-液界面反应；化学控制；扩散控制；PbO 的活度

为了阐明 QSL 法直接炼 Pb 的化学反应动力学，研究 PbS 与 PbO 及 $xPbO \cdot SiO_2$ 的交互作用是具有实际意义的。为了避免高温造成 PbS 和 PbO 的挥发损失，在较低温度下研究该体系的交互反应动力学，对探索火法炼 Pb 新工艺具有一定价值。

试料是分析纯 PbO 和 PbS 合成的纯 $xPbO \cdot SiO_2$，试料粒度均为 100~120 目，在配比试样中以 PbO：PbS=2：1 作基础并混匀，以便保证按化学计量反应产生 SO_2。装有试料的刚玉坩埚在密封竖直刚玉管底部低温区用 Ar 气保护升温加热，待达到预期温度后，坩埚由密封系统中的活动撑杆推到高温区并同时用 Ar 气载流使产生的 SO_2 连续为碘量法所测定。反应的量度按下列反应所生成的 SO_2 计量，即

$$PbS + 2PbO = 3Pb + SO_2 \tag{1}$$

SO_2 产率

$$\alpha = \frac{W}{W_0}（质量比）\tag{2}$$

实验装置与文献 [1] 类似。

1 Pb-S-O 反应体系

PbS 与 PbO 在 PbO：PbS=2：1 时形成共晶，熔点为 788℃[2]。本实验的温度为 850~1000℃，故为液态均相反应。若用 SO_2 的生成速率 v 表示反应（1）的反应速率，则有：

$$\frac{d\alpha}{dt} = v = kN_S N_O \tag{3}$$

式中　N_S，N_O——熔体中硫和氧的摩尔浓度。由于本实验配料时是按反应（1）的化学计量比例（PbO：PbS=2：1）来配的，反应产生的 Pb 又汇聚下沉脱离反应物熔体，N_S 和 N_O 在反应过程中不变，所以

$$v = k_a = 常数 \tag{4}$$

由实验数据用 α 对反应时间 t 作图，得直线关系，如图 1 所示。

从图 1 求得表观速率常数与温度的关系式：

$$k_a = 4.73 \times 10^6 \exp\left(\frac{-190}{RT}\right) \tag{5}$$

[①] 本文发表于《金属学报》，1988，24（1）：B49~52。

在 850~1000℃ 内，表观活化能 $E=190\text{kJ/mol}$。

2 $x\text{PbO} \cdot \text{SiO}_2\text{-PbS-Pb}$ 体系反应

将实验数据用 α 对 t 作图，不能维持直线关系，如图 2 所示。

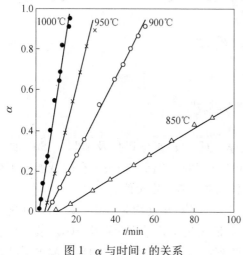
图 1 α 与时间 t 的关系

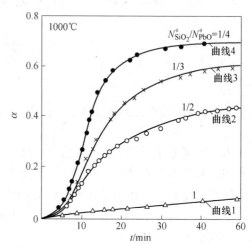
图 2 硅酸铅与 PbS 反应的 α-t 图

这是因为，虽然 PbS 与 PbO 能形成共晶，但 SiO_2 的存在使得 PbO 与 SiO_2 较强烈地结合为硅酸铅而成渣相（1000℃下，$\Delta F^0_{\text{PbO} \cdot \text{SiO}_2} = -25.0\text{kJ/mol}$）[3]。即使硅酸铅渣相对 PbS 有一定的溶解也是有限的，反应体系内始终有 PbS 固相存在，渣中 PbO 不断地与溶解的 PbS 在界面进行反应，同时，反应界面的 PbS 又不断地由固相补充，故可认为 PbS 与硅酸铅的反应是固-液反应。反应式（1）应改写成：

$$2\text{PbO}_{(渣)} + \text{PbS}_{(固)} = 3\text{Pb}_{(液)} + \text{SO}_{2(气)} \tag{1'}$$

在反应过程中，硅酸铅中 PbO 的浓度随反应的进行发生变化，根据文献 [4] 并考虑到反应界面面积基本不变，界面化学反应的速率方程式应为：

$$\frac{\text{d}\alpha}{\text{d}t} = k' c_{\text{PbO}} \tag{6}$$

又由反应（1'）的化学计量比例关系

有
$$c_{\text{PbO}} = \frac{1}{1 + \dfrac{B}{1-\alpha}} \tag{7}$$

其中，$B = \dfrac{N^0_{\text{SiO}_2}}{N^0_{\text{PbO}}}$（原始体系中 SiO_2/PbO 的比值）由式（6）和式（7）推得：

$$F(\alpha) = \alpha - B\ln(1-\alpha) = k't \tag{8}$$

将实验数据用函数 $F(\alpha)$ 对反应时间 t 作图，获得近似两段直线关系，如图 3 所示。

从图 3 可以看出，不同 "B" 值的硅酸铅在开始一段时间（$t<20\text{min}$）速率相差较大，此后硅酸铅中 PbO/SiO_2 比值降低到接近 1，速率发生转折且均为一束平行直线，这表明硅酸铅结构中 a_{PbO} 因 PbO/SiO_2 比值相接近而相等。图中两段直线还表明 $x\text{PbO} \cdot \text{SiO}_2$ 与 PbS

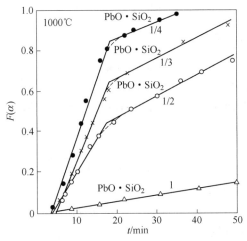

图 3　$F(\alpha)$ 函数与反应时间的关系

的交互作用机理发生显著变化,即在开始阶段 a_{PbO} 或 c_{PbO} 较大,浓差扩散阻力甚小,化学反应是速率控制环节。经过一段时间 PbO 在渣中的浓度减小,交互反应将依靠硅酸铅渣中 PbO 的扩散进行反应,因而扩散成为这阶段的速率限制环节。全过程的动力学方程式应为:

$$\frac{dF(\alpha)}{dt} = k' + k'' \tag{9}$$

式中　k', k''——$t<20$min 时的界面化学反应限制环节的表观速率常数及 $t>20$min 时的扩散限制环节的表观速率常数,后者通过极限薄膜边界层的扩散速率限制环节的方程(10)推导而得[4],即

$$\frac{dn}{dt} = \frac{A \cdot D}{\delta \cdot \sigma} c_{PbO} = k'' c_{PbO} \tag{10}$$

　　n——物质的量;
　　D——扩散系数;
　　σ——化学计量系数;
　　δ——膜层厚度。

3　xPbO·SiO$_2$ 组分活度

利用硅酸铅(xPbO·SiO$_2$)中 PbO 与 PbS 的氧化-还原反应,在一定条件下按计量化学反应(1)测定的 v;用选定纯 PbO 与 PbS 发生交互反应产生 SO$_2$ 的速率常数 k(见图 1)作为标准态,与式(11)所测 v 作比较,求得 xPbO·SiO$_2$ 中 PbO 的活度。类似这样的方法可参看文献 [5,6]。

$$PbO_{(渣)} + \frac{1}{2}PbS_{(固)} = \frac{3}{2}Pb_{(液)} + \frac{1}{2}SO_{2(气)} \tag{11}$$

显然,按反应式(11),在 SO$_2$ 迅速排除于体系之外以及液态铅汇聚下沉的条件下,逆反应可以忽略。根据质量作用定律,式(12)成立:

即
$$v = \frac{d\alpha}{dt} = k_c a_{PbO} \cdot a_{PbS}^{1/2} \tag{12}$$

因 PbS 为固态，则 $a_{PbS}^{1/2} = 1$，有
$$v = k_c c_{PbO} \tag{13}$$

则只要确定出 k_c，就可以用速率 v 求活度 a_{PbO}。

按图 1，纯 PbO 与 PbS 反应在 1000℃ 的 $k_c = 0.065$，此时，$a_{PbO} = 1$，代入式 (13)，得：
$$a_{PbO} = \frac{v}{k_c} = \frac{v}{v^0} = \frac{v}{0.065} \tag{14}$$

按图 2 曲线，经整理求得方程式
$$\alpha = A \cdot \exp(-d/t) \tag{15}$$

式中，A、d 均为常数，其值见表 1。

表 1 B、A、d 值

曲线	曲线 1	曲线 2	曲线 3	曲线 4
B	1.00	0.50	0.33	0.25
A	0.10	0.62	0.91	1.19
d	17.00	15.76	16.30	14.96

注：表中曲线为图 2 中曲线。

将式 (15) 对 t 微分得速率
$$v = \frac{d\alpha}{dt} = \left(\frac{A \cdot d}{t^2}\right) \cdot \exp\left(-\frac{d}{t}\right) \tag{16}$$

按图 2 数据，应用式 (7)，式 (14) 及式 (16) 求得氧化铅活度与浓度的关系，再将由 Gibbs-Duhem 方程式计算得到 SiO_2 的活度一并绘于图 4。

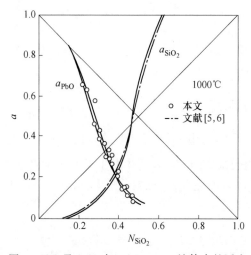

图 4 PbO 及 SiO_2 在 xPbO·SiO_2 熔体中的活度

由图 4 可知，用动力学方法所测活度数据与热力学方法所测数据是吻合的。

研究还表明，在较低温度（1000℃）下实现 PbO 与 PbS 或 xPbO·SiO_2 与 PbS 的交互反应产生金属 Pb 是完全可行的，而部分 PbS 原料可直接作为还原剂生产更多的金属 Pb，这将有利于进一步降低成本，节约能耗。

参 考 文 献

[1] Liu C P, Feng G M, Yan C Y, et al. First China – USA Bilateral Metallurgieal Conferenee, Beijing, 1981: 137.
[2] Фреид Т С, Окисление сулвфндов, Метаппов, Москва: Издателвство "HayKa", 1964: 66.
[3] Shohu H Y, Wodsworth M E. 郑蒂基译. 提取冶金速率过程 [M]. 北京: 冶金工业出版社, 1984.
[4] 李振家, 芦爱春, 孙普庭. 全国第一届冶金过程物理化学学术论文集 [M]. 上海: 上海科学技术出版社, 196.
[5] Riehardson F D, Webb L E. Bull Inst Met, 1955, 64: 529.
[6] Kozuka Z, Samis C S. Met Trans, 1970, 1: 871.

PbS 和 PbO 反应动力学及其机理

李 诚　　　　　刘纯鹏

（北京有色冶金设计研究总院）（昆明工学院）

摘 要：本文得出了 PbS 和 PbO 交互反应的速率方程：$\frac{d\alpha}{dt}=kx_{PbS}^{3}x_{PbO}^{-2}$，发现了反应过程中有过渡产物碱式硫酸铅（$PbSO_4 \cdot 2PbO$），从电子转移角度，探讨了反应机理。

关键词：PbS；PbO；动力学；过渡产物；电子转移

PbS 和 PbO 的交互反应在 Pb 冶炼中有重要意义。文献［1］对反应的动力学做了初步研究，本文进一步推导出了反应速率方程，并探讨了反应机理。

1 实验方法

实验中所用的 PbO 是化学纯试剂（大于98%）。PbS 的制取方法同文献［1］。载流氩气纯度大于 99.99%。

为消除载气对反应速度的影响，做了不同氩气流量下反应速度变化的实验。发现 $V_{Ar} \geqslant 200mL/min$ 时，氩气流量不影响反应速度。因此，实验时将 V_{Ar} 恒定为 $300mL/min$。

动力学实验在密封刚玉管内的刚玉坩埚中进行，控温波动 ±2℃，碘量法测定产生的 SO_2 量。

物相分析实验是在反应进程中，将坩埚快速取出，气流急冷，剖开制样后做电镜扫描，对观察到的物相同时用电子探针进行元素含量分析。将电子探针和衍射结果对照，确定相组成。

由 PbS 和 PbO 的二元系相图知道[2]，本研究反应体系处于匀相液态反应状态。

本文用 SO_2 的生成速率 $\frac{d\alpha}{dt}$ 表示反应速率

$$SO_2 \text{生成率} \qquad \alpha = \frac{W_{SO_2}}{W_{SO_2}^0}$$

式中　W_{SO_2}——反应进行到 t 时生成的 SO_2 量；

$W_{SO_2}^0$——完全反应后应生成的 SO_2 量。

本文用摩尔分数 x 表示浓度。由于生成的金属 Pb 在坩埚中很快下沉[1]，浓度计算时只考虑反应物。

---

❶ 本文发表于《金属学报》，1990，26（2）：B77~81。

2 实验结果

$T=800\sim1000℃$，$n_{PbS}^0:n_{PbO}^0=1:2$ 时反应的 α-t 图如图 1 所示。

$T=900℃$，$n_{PbS}^0:n_{PbO}^0=1:2$、$1:3$、$1:5$、$1:8$ 时反应的 α-t 图如图 2 所示。式中，n_{PbS}^0，n_{PbO}^0 分别为反应开始时 PbS 和 PbO 的物质的量。

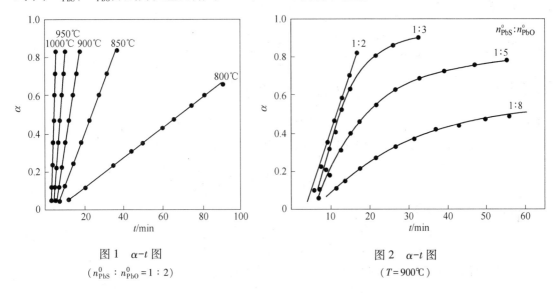

图 1 α-t 图
($n_{PbS}^0:n_{PbO}^0=1:2$)

图 2 α-t 图
($T=900℃$)

3 速率方程推导

PbS 和 PbO 反应的总反应式：

$$PbS+2PbO = 3Pb+SO_2$$

设 PbS 的反应级数为 m，PbO 的反应级数为 n，则反应速率方程

$$\frac{d\alpha}{dt}=kx_{PbS}^m x_{PbO}^n \tag{1}$$

式中 k——反应比速，s^{-1}。

$T=800\sim1000℃$，$n_{PbS}^0:n_{PbO}^0=1:2$ 时

$$x_{PbS}=1/3,\quad x_{PbO}=2/3$$

有

$$\frac{d\alpha}{dt}=k(1/3)^m(2/3)^n \tag{2}$$

从图 1 可见 α-t 呈直线关系，用线性回归求出直线斜率 k 值和线性相关系数 R 值：

$T/℃$	800	850	900	950	1000
k	0.0077	0.0260	0.0595	0.1055	0.2083
R	0.9909	0.9993	0.9992	0.9940	0.9908

$n_{PbS}^0:n_{PbO}^0\leqslant1:2$，$T=900℃$ 时，由图 2 可见，随着 PbO 原始浓度的增加，反应速度反而降低。

可以认为，$n_{PbS}^0:n_{PbO}^0=1:8$ 时，PbO 大量过剩，这时，$x_{PbO}=\text{const}$。这样，式 (1) 可写成：

$$\frac{d\alpha}{dt}=k'x_{PbS}^m$$

其中
$$k' = k \cdot \text{const}$$

由图 2 数据，在 $n_{PbS}^0 : n_{PbO}^0 = 1 : 8$ 时，只有 $1/x_{PbS}^2 - t$ 呈直线。在 $n_{PbS}^0 : n_{PbO}^0 = 1 : 5$ 时，也只有 $1/x_{PbS}^2 - t$ 呈直线关系。

因此 $m = 3$

式（1）为
$$\frac{d\alpha}{dt} = k x_{PbS}^3 x_{PbO}^n$$

式（2）为
$$\frac{d\alpha}{dt} = k(1/3)^3 (2/3)^n \tag{3}$$

由前述知
$$k_{900℃} = 0.0595 = \frac{d\alpha}{dt}$$

于是
$$k_{900℃} = 0.0595 \times 27 \times (3/2)^n$$

$n_{PbS}^0 : n_{PbO}^0 = 1 : 3$ 时，任一时刻的反应物浓度

$$x_{PbS} = \frac{1 - \alpha}{4 - 3\alpha} \qquad x_{PbO} = \frac{3 - 2\alpha}{4 - 3\alpha} \tag{4}$$

这时的速率方程为：

$$\frac{d\alpha}{dt} = k_{900℃} \left(\frac{1 - \alpha}{4 - 3\alpha}\right)^3 \left(\frac{3 - 2\alpha}{4 - 3\alpha}\right)^n \tag{5}$$

k 仅是温度的函数，式（4）代入式（5），整理得：

$$\int \frac{(4 - 3\alpha)^{n+3}}{(1 - \alpha)^3 (3 - 2\alpha)^n} d\alpha = \left(\frac{3}{2}\right)^n \times 27 \times 0.0595 \times \int dt \tag{6}$$

反应开始和结束时不稳定，取积分限 $\alpha_1 = 0.2$，$\alpha_2 = 0.8$，则 $t_1 = 8.3 \text{min}$，$t_2 = 21 \text{min}$。

式（6）为 $\int_{0.2}^{0.8} \frac{(4 - 3\alpha)^{n+3}}{(1 - \alpha)^3 (3 - 2\alpha)^n} d\alpha = 27 \times 0.0595 \times \left(\frac{3}{2}\right)^n \int_{8.3}^{n} dt$

用计算机进行数值计算得：$n = -1.94$

取 $n = -2$

于是，PbS 和 PbO 交互反应的速率方程为：

$$\frac{d\alpha}{dt} = k x_{PbS}^3 x_{PbO}^{-2}$$

反应总级数 $m + n = 1$。

从速率方程知道，x_{PbO} 增大，$\frac{d\alpha}{dt}$ 降低，这同实验指出的一致。

由前面得出的 $n_{PbS}^0 : n_{PbO}^0 = 1 : 2$ 时 T 和 k 值关系可求出反应的活化能 $\Delta E = 181.4 \text{kJ/mol}$。活化能值和文献 [1] 一致。

4 机理探讨

从得出的速率方程看出，PbS 和 PbO 的交互反应是一个复杂反应，X 射线衍射分析（见图 3）表明，反应体系中除含有 PbS、Pb、PbO 外，还有过渡产物碱式硫酸铅（PbSO·2PbO）。

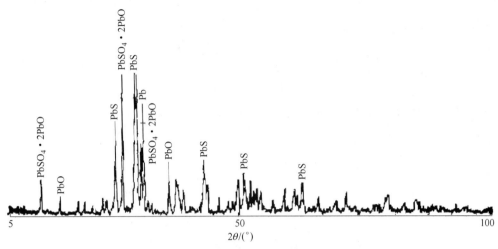

图 3　反应体系的 X 射线衍射图

可以认为，反应经历了下列两个步骤：

$$PbS + 6PbO = PbSO_4 \cdot 2PbO + 4Pb$$
$$PbSO_4 \cdot 2PbO + 2PbS = 5Pb + 3SO_2$$

上两式均是氧化-还原反应，其电子转移过程可分别表达如下：

电子的施出数目和接受数目显然和反应体系中电子施体的寄主 PbS 及电子受体的寄主 PbO 的摩尔分数 x_{PbS}，x_{PbO} 成正比。电子的施出速率和接受速率对反应速率的贡献理应符合质量作用定律。SO_2 的生成速率由串联的基元反应式（a）和式（b）共同决定。电子施体寄主参与反应的总摩尔数为 3，故电子施出数目的反应级数应为 3。电子受体寄主在基元反应式（a）中的摩尔数为 4，在基元反应式（b）中的摩尔数为 2，故电子接受数目的反应级数相应地分别为 4 和 2。按基元反应式（a）的方式接受电子，使 SO_2 被扣留在中间产物 $PbSO_4 \cdot 2PbO$ 中，故对于 SO_2 生成速率的贡献是负面的；按基元反应式（b）方式接受电子，对 SO_2 生成速率给出正面贡献。

在同一化合物分子中电子在离子间的迁移较容易，而在不同分子之间电子的迁移理应较难，所以有理由假定 PbS 中 S^{2-} 的电子向 PbO 中 Pb^{2+} 的迁移是控速环节（电子转移表达中虚线所示）。因此，SO_2 的生成速率可表示为：

$$Rt_{SO_2} = \frac{1}{3} \cdot \frac{d\alpha}{dt} = k(施出电子数)^3 \cdot \frac{[按式(b)接受电子数]^2}{[按式(a)接受电子数]^4} = kx_{PbS}^3 \cdot \frac{x_{PbO}^2}{x_{PbO}^4} = kx_{PbS}^3 x_{PbO}^{-2}$$

由电子转移过程得出的反应速率方程和实验一致。

承蒙查治楷教授审阅全文，并提出建设性建议，特此致谢。

参 考 文 献

[1] 陆跃华，刘纯鹏. 金属学报，1988，24：B49.

[2] Фрснд Т С. Оянспение Супънцов метаппов, Москва: Издателвство "Наука", 1964：66.

PbS 和 PbO·SiO₂ 交互反应动力学[①]

李 诚　　　　　　　刘纯鹏

（北京有色冶金设计研究总院）　（昆明工学院）

摘　要：本文研究了 $T = 900 \sim 1100°C$ 时，PbS 和 PbO·SiO₂ 的交互反应。得出函数 $F(\alpha) = \dfrac{0.5 - \alpha}{(1 - \alpha)^{5/3}}$ 与 t 的直线关系。认为反应前期是化学控制，反应后期是扩散控制，计算出化学反应活化能 $\Delta E = 140 \text{kJ/mol}$，扩散活化能 $\Delta E_D = 105.8 \text{kJ/mol}$。

关键词：PbS；PbO·SiO₂；反应模型；反应界面；活化能

QSL 炼 Pb 工艺中，Pb 的交互反应主要在 PbS 和 PbO·SiO₂ 之间进行。文献 [1] 对 PbS 和 PbO·SiO₂ 的交互作用进行了初步研究。本文进一步提出液-固反应模型，并对活化能进行计算。

1　实验工作

实验用自制的 PbS 和 PbO·SiO₂ 粉末，制取方法同文献 [1]。

实验在管式炉中进行。先在钛坩埚中装入粉状 PbS（120 目），放入刚玉管中，在氩气保护下升温到 1350°C，恒温 20min，使 PbS 熔化。降温冷却取出坩埚后，观察到已熔化后的 PbS 凝固成表面平整且均匀致密的固体。在此 PbS 固体上均匀地覆盖上按 PbS 和 PbO·SiO₂ 摩尔比 1∶2 计盘的 PbO·SiO₂ 粉末（120 目），重新将坩埚放入刚玉管底端，待升温到所需温度时，恒温，通入流量为 300mL/min 的氩气作载气，然后将坩埚送入高温区开始反应。用碘量法测定反应所产生的 SO₂ 量。

预备性实验先测定氩气流量为 300mL/min，外扩散对反应速度的影响可消除。控温波动范围为 ±2°C。

以反应进行到时间 t 时生成的 SO₂ 量，与完全反应后应生成的 SO₂ 量之比，即时间 t 时的 SO₂ 生成率 α 作为实验判据，可以绘出不同反应温度（900°C、1000°C、1100°C）下 α-t 曲线，如图 1 所示。由图 1 可见，温度 900°C 时，反应并未进行。

我们用固体 PbS 的消耗速率 R_1 来表示整个反应的速率。根据实验现象，未反应核

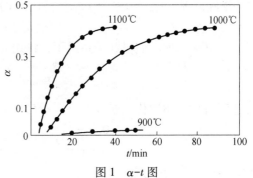

图 1　α-t 图

[①] 本文发表于《金属学报》，1991，27（1）：B68~70。

PbS 固体可以近似看作球体。

设 r_p：固体 PbS 的原始半径；r：固体 PbS 反应过程中任一时刻半径；a_{PbO}：PbO·SiO$_2$ 主体熔体中 PbO 的活度；a'_{PbO}：反应界面上 PbO·SiO$_2$ 中 PbO 的活度。

我们有：

界面化学反应速率
$$R_t = 4\pi r^2 k a'_{PbO} \tag{1}$$

式中 k——反应比速，kg/(s·m^2)。

边界传质速率
$$R_t = 4\pi r^2 \beta (a_{PbO} - a'_{PbO}) \tag{2}$$

式中 β——传质系数，kg/(s·m^2)。

固体 PbS 消耗速率
$$R_t = -\frac{dW}{dt} = -4\pi \rho_{PbS} r^2 \frac{dr}{dt} \tag{3}$$

式中 ρ_{PbS}——PbS 固体密度，kg/dm^3。

由式（1）~式（3）得
$$\left(\frac{k}{\beta} + 1\right)\frac{dr}{dt} = -\frac{K}{\rho_{PbS}} a_{PbO} \tag{4}$$

对球形
$$\alpha = -\alpha_{PbS} = \alpha_{SO_2} = \frac{W_P - W}{W_r} = 1 - \left(\frac{r}{r_P}\right)^3$$

式中 W_P——PbS 的原始质量。

于是
$$r = r_P(1-\alpha)^{1/3}$$
$$dr = -\frac{r_P}{3}(1-\alpha)^{-2/3} d\alpha \tag{5}$$

我们用摩尔分数表示浓度，设 PbO·SiO$_2$ 中任一时刻 PbO 的摩尔分数为 x，根据反应式计量关系，有
$$x = \frac{1-\alpha}{2-\alpha} \tag{6}$$

从 $T=1100$℃，PbO-SiO$_2$ 系中 PbO 活度 a_{PbO} 和摩尔分数 x_{PbO} 的关系[2]，我们发现，在实验浓度范围（$x_{PbO}=0~0.5$），a_{PbO} 和 x_{PbO} 的关系可近似处理成直线，回归并校正后，
$$a_{PbO} = 0.2 x_{PbO} \tag{7}$$

$T=1000$℃时，假设此关系适用，将式（6）代入式（7），则
$$a_{PbO} = 0.2\left(\frac{1-\alpha}{2-\alpha}\right) \tag{8}$$

式（5）和式（8）代入式（4），积分整理得
$$\frac{0.5-\alpha}{(1-\alpha)^{5/3}} = -\frac{0.1}{r_P \rho_{PbS}(1/B + 1/k)} \times t + c \tag{9}$$

式中 c——积分常数。

用 $F(\alpha) = \dfrac{0.5-\alpha}{(1-\alpha)^{5/3}}$ 对 t 作图（见图2）。可见，$F(\alpha)$ 和 t 呈很好的折线。

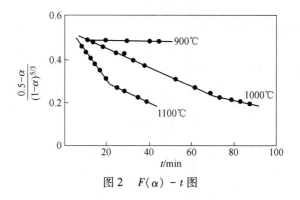

图 2　$F(\alpha)-t$ 图

2　ΔE 和 ΔE_D 的计算

图 2 中，反应进行到某一时刻时，直线发生明显转折（1100℃，$t=22$min，1000℃，$t=70$min），这表明此时反应控制环节发生了改变。

反应前期，PbO·SiO$_2$ 中 PbO 活度较大，PbO 通过流体边界层向 PbS 固体的传质容易，这时反应是化学控制，反应后期，由于 PbO 的消耗，PbO·SiO$_2$ 中 PbO 活度较小，致使 PbO 向 PbS 的传质困难，这时传质过程成了反应的控速环节。

反应处于化学控制时，$1/\beta \ll 1/k$，式（9）为

$$\frac{0.5-\alpha}{(1-\alpha)^{5/3}} = -\frac{0.1}{r_P \rho_{PbS}} kt + c \tag{10}$$

反应处于传质控制时，$1/k \ll 1/\beta$，式（9）为

$$\frac{0.5-\alpha}{(1-\alpha)^{5/3}} = -\frac{0.1}{r_P \rho_{PbS}} Bt + c \tag{11}$$

将图 2 直线分段回归，得如下方程（见表 1）。

表 1　图 2 直线分段回归所得方程

$T/℃$	t/min	直线方程	相关系数 R
1000	<70	$F(\alpha) = -4.54 \times 10^{-3} t + 0.55$	0.999
	>70	$F(\alpha) = -2.27 \times 10^{-3} t + 0.39$	0.995
1100	<22	$F(\alpha) = -1.19 \times 10^{-2} t + 0.56$	0.997
	>22	$F(\alpha) = -4.72 \times 10^{-3} t + 0.39$	0.983

由阿氏经验公式，其化学反应能

$$\Delta E = -\frac{R \ln \frac{k_1}{k_2}}{1/T_1 - 1/T_2} \tag{12}$$

由式（10）及回归方程得

$$\frac{k_1}{k_2} = \frac{k_{1000℃}}{k_{1100℃}} = \frac{-4.54 \times 10^{-3}}{-1.19 \times 10^{-2}}$$

将 $T_1 = 1000℃$，$T_2 = 1100℃$ 代入式（12），计算后，得出化学反应活化能为 $\Delta E =$

140kJ/mol。

温度 T 和扩散系数 D 有如下关系：
$$D = D_0 e^{-\Delta E_D/RT}$$

式中，E_D 为扩散活化能；D_0 为扩散因子。

1000℃和1100℃时的流体有效边界层厚度 δ 可认为变化不大，有
$$\frac{D}{\delta} = \left(\frac{D_0}{\delta}\right) e^{-\Delta E_D/RT}$$

即
$$B = B_0 e^{-E_D/RT}$$

因此
$$E_D = -\frac{R\ln\dfrac{B_1}{B_2}}{1/T_1 - 1/T_2}$$

由式（11）及回归方程，同样可计算出扩散活化能
$$\Delta E_D = 105.8 \text{kJ/mol}$$

承蒙查治楷教授审阅全文，特致谢。

参考文献

[1] 陆跃华，刘纯鹏. 金属学报，1988；24：B50.
[2] Gaskell D R. 中国金属学会编译组译，化学冶金进展评论. 北京：冶金工业出版社，1985：97.

方铅矿的直接还原研究[①]

刘中华 刘纯鹏

摘 要：在873~973K的温度范围内研究了方铅矿的氧化还原反应。结果表明，反应比较彻底，其规律可用在化学控制区的收缩核模型描述。还原反应为氢浓度的一级反应，活化能为79.0kJ/mol。试样的SEM二次电子图像表明，因液态Pb与固态方铅矿间的界面张力很大，反应过程中在方铅矿表面难以形成Pb的液膜。

关键词：气-固反应；方铅矿；直接还原

由方铅矿（PbS）提取金属Pb的火法冶金流程，传统方法是将方铅矿全部或部分地转化为PbO，在高温下通过还原反应或交互反应产出Pb，然后把Pb与以炉渣形式存在的脉石成分分离。该法存在流程复杂、Pb和PbS以及PbO的蒸气压较高使劳动条件恶化、流程中产出的SO_2严重污染环境等弊端。

本研究旨在探索改革传统工艺，把方铅矿在较低温度下（873~973K）直接还原为金属Pb，使流程得到简化，节约能源；还原中产出的H_2S可用多种方法（如石油工业上的Claus过程）转化为元素硫；氢可循环利用。本文的目的就是研究方铅矿的氢还原过程。

1 实验结果与讨论

实验在井式钼丝炉中完成。粉状方铅矿置于经过特殊加工的刚玉坩埚中。在H_2-Ar混合气体中，氢分压的调节由改变H_2和Ar的流量实现。实验装置的详细说明见文献[1]。预备实验表明，当还原剂氢气的流量大于$1000cm^3(STP)/min$时（本实验选定的气体流量），外扩散对反应的影响可略去不计。图1(a)所示为923K时氢分压对方铅矿转化率x的影响，图1(c)所示为温度对x的影响。

若反应

$$H_{2(g)} + PbS_{(s)} = H_2S_{(g)} + Pb_{(l)} \qquad (1)$$

在表观上遵守收缩核模型在化学控制区的反应规律，略去气相中微量H_2S的影响，可以推导出转化率与反应时间的关系[2]：

$$1 - (1-x)^{1/3} = \frac{kC_{H_2}^n}{\rho r_S} t \qquad (2)$$

这里应用了当反应固体为球体时转化率与反应界面半径r的关系式$x = 1 - (r/r_g)^3$。k为反应速率常数；ρ为方铅矿的密度（$31.76 mmol/cm^{3[3]}$）；r_g为方铅矿颗粒反应前的原始半

[①] 本文发表于《金属学报》，1991，27（5）：B356~360。

径，由 S-100 型粉体表面积测定仪测得方铅矿颗粒的比表面积为 $1048cm^2/g$，据此求得方铅矿颗粒的平均半径为 $3.77×10^{-1}cm$；n 为反应级数。

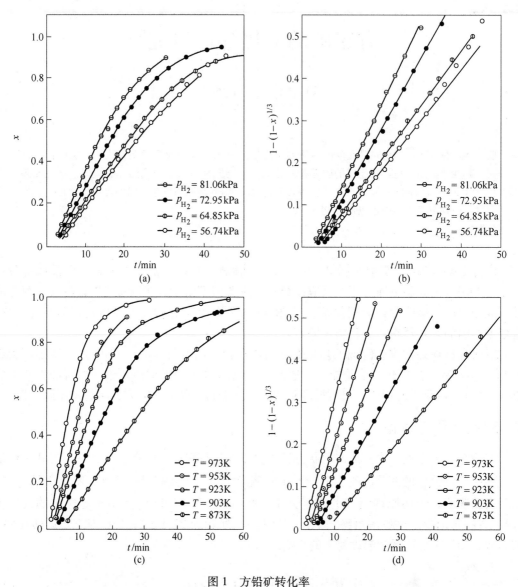

图 1　方铅矿转化率

(a) 氢分压的影响，923K；(b)，(d) $1-(1-x)^{1/3}$ 与 t 的关系；(c) 温度的影响

由图 1(a) 和图 1(c) 可得图 1(b) 和图 1(d)，表明还原过程在 $x=0.85$ 前后都很好地遵守收缩核模型。把由图 1(b) 得到的斜率对相应的氢分压作图可得图 2。根据图 2，斜率与氢分压关系为线性。因为氢浓度 $c_{H_2}=p_{H_2}/RT$，故在式 (2) 中 $n=1$，即为一级反应。由图 1(d) 和式 (2) 可计算出不同反应温度下的 k 值，并可作出方铅矿氢还原的 Arrhenius 图（见图 3），其中 k 与温度的关系可以表示为：

$$\ln k = -9500/T + 6.375 \tag{3}$$

由式 (3) 求得反应的活化能为 79.0kJ/mol。

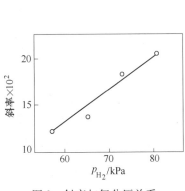
图 2　斜率与氢分压关系

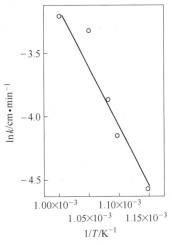
图 3　方铅矿氢还原的 Arrhenius 图

Pb 由于其熔点较低（600K），在对它的硫化物与氢反应的速率有一定要求时所产生的 Pb 为液态。在气-固反应中，液态产物的行为无疑对反应过程有着直接的影响。图 4(a) 所示为反应前粉末状的方铅矿的 SEM 二次电子图像，表明它按 {100} 解理极完全，棱角依然比较分明。图 4(b) 所示为反应开始后液态 Pb 在方铅矿基体上的生成情况，Pb 液首先在基体的棱角处生成，说明棱角处的反应活性较大；生成的 Pb 以球的形态附着在矿体表面上，可见液态 Pb 与方铅矿间的界面张力很大。照片同时表明，一方面，反应产物液态 Pb 珠覆盖了方铅矿的部分反应表面；另一方面，在铅珠形成的同时，由于 Pb 的摩尔比容（18.27cm³/mol）小于方铅矿的摩尔比容（31.49cm³/mol），在反应点处形成一个凹坑，这一凹坑又增大了反应表面。进一步的实验表明，因为液 Pb 的密度大于方铅矿的密度，汇聚后的液 Pb 使固态方铅矿浮在它的液面上，上浮的方铅矿表面既没有 Pb 的液膜，也没有肉眼可见的铅珠。

(a)

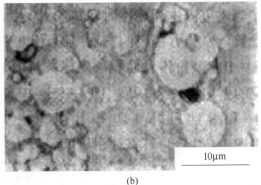
(b)

图 4　反应前后试样的变化
(a) 反应前方铅矿颗粒；(b) 液态 Pb 在方铅矿基体上的生成情况

已经知道，液态 Pb 可溶解一定数量的硫[4~6]，其数值可由式（4）确定[5]：

$$\ln N_S = -9770/T + 5.69 \tag{4}$$

式中　N_S——硫的摩尔分数。在 $T = 873K$ 时 $N_S = 3.2 \times 10^{-3}$，若是方铅矿中的硫通过液态 Pb 扩散至 Pb 液表面，然后与 H_2 反应，必然会在反应开始后不久速率出现很大的改变（因为对于方铅矿而言 $N_S = 0.5$），此假设显然与实验结果不符。又，氢在 Pb 液中的溶解度为[4]：

$$\lg(S/p_{H_2}^{1/2}) = -2450/T - 0.31 \tag{5}$$

　　S——溶解度，$cm^3(STP)/100g\ Pb$；

　　p_{H_2}——氢分压，Pa。

根据式（5），氢在 Pb 液中的浓度应与 $p_{H_2}^{1/2}$ 成正比。若是氢通过扩散在 Pb 液中与硫反应或通过 Pb 液扩散至方铅矿表面与硫反应，则反应速率应与 $p_{H_2}^{1/2}$ 成正比，此假设显然也与实验结果不符。于是可以得出结论，虽然反应中有液相产生，但反应主要发生在气-固界面上，液态 Pb 的影响在所讨论的范围内可略去不计。

2　结论

（1）在 873~973K 的温度范围内，H_2 与方铅矿的反应速率比较大，反应比较彻底，这对开拓炼 Pb 新工艺有重要意义，值得进一步研究。

（2）在实验条件下，反应规律可用在化学控制区的收缩核模型描述，还原反应对氢的浓度而言为一级反应，活化能为 79.0kJ/mol。

（3）在方铅矿转化率达到 0.85 以前，反应主要发生在气-固界面上，液态 Pb 的生成对还原反应的影响很小。

（4）试样的 SEM 二次电子图像证明，由于液态 Pb 与固态方铅矿间的界面张力很大，反应过程中在方铅矿表面难以形成 Pb 的液膜。

参 考 文 献

[1] Liu Z H, Liu C P, Xu Y S. *Chin J Met Sci Technol*, 1988, 4: 368.
[2] Szekely J, Evans J W, Sohn H Y. *Gas-Solid Reactions*, New York: Academic, 1976: 68.
[3] 林传仙, 白正华, 张哲儒. 矿物及有关化合物热力学数据手册 [M]. 北京: 科学出版社, 1985.
[4] Davey T R A, Willis G M. *J Met*, 1977, 29(3): 24.
[5] Smithells C J. *Metals Reference Book*, Vol. II, 3rd ed, London: Butterworths, 1962.
[6] Richardson F D. *Physical Chemistry of Melts in Metallurgy*, Vol. I, London: Academic, 1974.

硫化铅锌锑矿一步获取金属新工艺的研究[①]

王志英 朱祖泽 刘纯鹏

摘 要：根据铅锌锑金属具有易挥发的特征，研究了金属硫化矿物在有 CaO 存在的条件下，用水煤气或氢气低温直接还原（850~900℃），同时固硫，继而高温挥发一步获得金属或合金。

关键词：直接还原；挥发；硫化矿

冶金过程中需要解决的一个重要问题是防止污染、保护环境和改善劳动条件，为防止 SO_2 对大气的污染。近几年来，国内外一些冶金科研工作者对某些金属硫化矿（Ni-Cu 硫化矿、镍的硫化矿物、硫化铜矿物等）不经氧化处理，而在有 CaO 存在的条件下，用水煤气（H_2+CO）或氢气直接还原固硫一步获取粗金属的工艺进行了研究[1~4]。这是一个优点较多、且改革传统工艺的引人注目的新方法。

本文根据所处理的物料的特点以及铅、锌、锑金属具有易挥发和低熔点的特征，针对铅锌硫化矿物、脆硫铅锑矿等，进行了加 CaO，低温还原（850~900℃）固硫，高温挥发获取金属或合金的研究。对硫化锌矿或含锌较高的硫化铅矿，则需预先水蒸气处理。试验研究表明，本文所研究的新工艺在技术上是可行的，且金属回收率高，工艺流程简单（水蒸气处理、还原及挥发均在一个反应器中进行），副产品（CaS）易转化为 $CaSO_4$ 供建筑材料的需要，也可转化为 CaO 循环使用，同时回收元素硫。

1 理论分析

在一般情况下，用氢气直接还原金属硫化矿时，反应平衡常数甚小，反应速率不大，并且有 H_2S 气体产出，污染环境、恶化劳动条件，危害很大。但有 CaO 存在时，在还原条件下，下列反应将能彻底向右进行。

$$PbS_{(s)} + CaO_{(s)} + \begin{array}{c} CO_{(g)} + H_{2(g)} \\ H_{2(g)} \end{array} = Pb_{(l)} + CaS_{(s)} + \begin{array}{c} CO_{2(g)} + H_2O_{(g)} \\ H_2O_{(g)} \end{array} \quad (1)$$

$$ZnS_{(s)} + H_2O_{(g)} = ZnO_{(s)} + H_2S_{(g)} \quad (2)$$

$$H_2S_{(g)} + CaO_{(s)} = CaS_{(s)} + H_2O_{(g)} \quad (3)$$

$$ZnO_{(s)} + \begin{array}{c} CO_{(g)} + H_{2(g)} \\ H_{2(g)} \end{array} = Zn_{(l)} + \begin{array}{c} CO_{2(g)} + H_2O_{(g)} \\ H_2O_{(g)} \end{array} \quad (4)$$

$$Sb_2S_{3(s)} + 3CaO_{(s)} + \begin{array}{c} 3CO_{(g)} + 3H_{2(g)} \\ 3H_{2(g)} \end{array} = 2Sb_{(l)} + 3CaS_{(s)} + \begin{array}{c} 3CO_{2(g)} + 3H_2O_{(g)} \\ 3H_2O_{(g)} \end{array} \quad (5)$$

[①] 本文发表于《昆明理工大学学报》1996，21（6）：148~154。

经计算，上述反应（1），反应（5）的自由能变化，与温度的关系如图1所示。

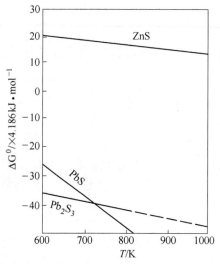

图1　反应 $Me_mS_n+nCaO+nH_2 \rightleftharpoons mMe+nCaS+nH_2O$ 的自由能变化与温度的关系

从图1中可知，ZnS 与还原剂的反应较难向右进行，因此新工艺的试验研究是先用水蒸气处理硫化锌矿，使其发生反应（2），反应（3），生成 ZnO，然后再用水煤气或氢气还原。

经过还原，所生成的金属具有不同的蒸气压，各金属的蒸气压的热力学计算式见表1。

表1　金属蒸气压热力学计算式

金属	Zn(s)	Zn(l)	Pb(l)	Sb(Sb$_2$)
$\lg P \times 1.01325\times 10^5 Pa$	$8.425-6923T^{-1}-0.7523\lg T$ (1)	$5.378-6286T^{-1}$ (2)	$4.911-970T^{-1}$ (3)	$15.66-11170T^{-1}-3.02\lg T$ (4)

试验表明，在还原温度下（850~900℃），锌已部分挥发，这是因为锌蒸气压已达 $1.045\times 1.01325\times 10^5 Pa$ 还原结束后，升温至挥发温度（1100~1200℃），锌即可完全挥发。

当经过还原的铅或锑焙砂进入高温挥发阶段时（1400~1500℃），铅或锑亦得以挥发。金属铅、锑相应的蒸气压分别为：$p_{Pb}=0.2751\times 1.01325\times 10^5 Pa$，$p_{Sb}=0.3540\times 1.01325\times 10^5 Pa$。

铁和其他杂质金属的蒸气压很低，不会挥发出来，而留在残渣中。

2　试验工艺流程及装置

试验工艺流程及试验装置如图2和图3所示。

3　试验研究及结果

试验过程中，试料制成3~5mm的球粒，自然干燥后入炉处理。

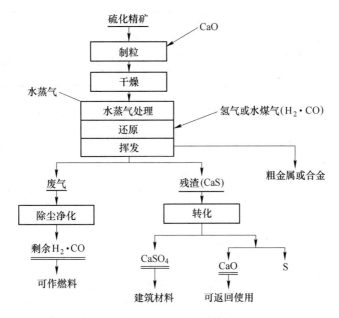

图 2　试验工艺流程图

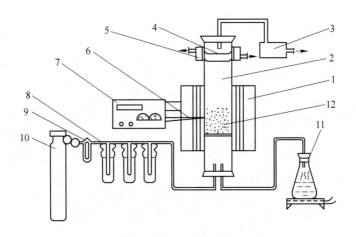

图 3　试验装置示意图

1—管式炉；2—炉管；3—尾气净化器；4—金属收集盘；5—水冷套；6—热电偶；7—温度控制仪；
8—气体净化系统；9—流量计；10—氢气瓶；11—蒸汽发生烧瓶；12—炉料

3.1　铅锌硫化矿的水蒸气处理

由图 1 可知，用水煤气或氢气直接还原闪锌矿或含锌较高的硫化铅矿是不适宜的，因为硫化锌的还原反应较难向右进行，所以对闪锌矿或含锌较高的硫化铅矿先要用水蒸气处理，使硫化锌几乎全部转变成 ZnO，而硫化铅则部分转变成 PbO，然后再进行还原与挥发。

试验所用试料为云南某地产的硫化铅锌矿及闪锌矿，其组成成分列入表 2。

表 2　试料成分　(%)

元素	Pb	Zn	Fe	MgO	CaO	SiO$_2$	Al$_2$O$_3$	Ag	S
1	48.77	10.04	1.19	0.30	5.96	2.23	0.48	0.02	12.29
2	13.78	28.77	5.01	0.59	4.28	8.07	—	—	16.01

试验研究了温度、时间、CaO 用量及试料层厚度对转换率的影响。转换率由下式计算：

$$转换率 = \frac{ZnO（或 PbO）中金属量}{入炉料中相应的金属量} \times 100\%$$

试验结果如图 4~图 7 所示。

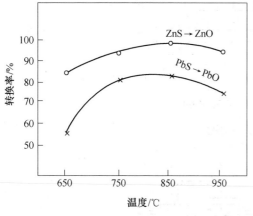

图 4　温度对 ZnS・PbS 转换率的影响
（试验条件：处理时间 1.5h，CaO 用量为矿量的 30%）

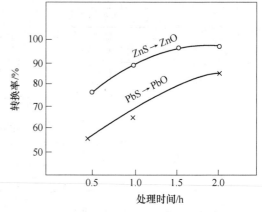

图 5　处理时间对 ZnS，PbS 转换率的影响
（试验条件：温度 850℃，CaO 用量为矿量的 30%）

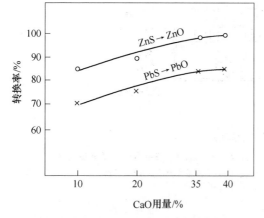

图 6　CaO 用量对 ZnS，PbS 转换率的影响
（试验条件：温度 850℃，时间 1.5h）

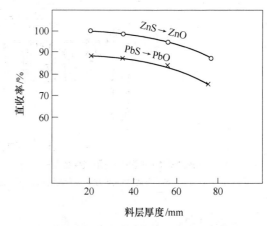

图 7　试料层厚度对 ZnS，PbS 转换率的影响
（试验条件：温度 850℃，时间 1.5h，CaO 用量 30%）

试验结果表明了温度、时间、CaO 用量及试料层厚度对 ZnS、PbS 转换率的影响。从图 4 可以看出，在温度高于 850℃时，PbS 的转换率有明显的下降趋势，这可能是由于温度超过 900℃时，使生成的 PbO 挥发所致（PbO 熔点 886℃、沸点 1472℃，易挥发[5]），因此对含铅较高的硫化锌矿，进行水蒸气处理时，温度不宜超过 900℃，处理时间对转换

率的影响较显著，随时间的增长，ZnS、PbS 的转换率提高。CaO 用量对 ZnS、PbS 的转换率有一定影响，用量增加，转换率增大，但太高的 CaO 用量，会使试料的金属品位降低，对下一步的还原及挥发不利。试料层厚度对 ZnS、PbS 的转换率也有影响，试料层越厚，则转换率越低。在实践中，既要考虑试料与蒸汽的充分接触，又要保证高的生产率，以获得最佳的技术条件。

从试验结果得出水蒸气处理硫化铅锌矿及闪锌矿的最佳条件：处理温度为 850~900℃；处理时间为 1.5~2h；CaO 用量为矿量的 20%~30%；试料层厚度约 55mm。

3.2 水蒸气处理后试料的还原挥发试验

硫化铅锌矿或闪锌矿经水蒸气处理后，98%以上的 ZnS 转变成 ZnO，80%左右的 PbS 转变成 PbO。水蒸气处理后的试料在同一个设备中，在 900℃ 温度下，用氢气还原 1h，而后将温度升至约 1200℃ 使还原生成的金属挥发（对于含铅高的硫化锌矿挥发温度要提高到 1300~1400℃），挥发时间约 1h，挥发时仍通入氢气，挥发效果以残渣中残留的金属量的多少来衡量。

试验结果见表 3。

表 3 还原挥发后残渣中金属含量 (%)

元素	Pb	Zn	(S)	残渣产率
1	1.30	1.76	14.89	40.50
2	1.08	1.53	15.01	42.21
3	1.54	1.89	16.02	39.67
4	0.87	1.07	13.85	57.05

残渣产率按下式计算：

$$残渣率 = \frac{挥发后残渣的质量}{入炉前试料的质量} \times 100\%$$

对从收集盘中获得的金属产物进行了分析，其结果见表 4。

表 4 金属产物的分析结果 (%)

元素	Pb	Zn	元素	Pb	Zn
1	60.10	21.31	3	65.45	27.27
2	59.89	26.01	4	17.83	78.92

3.3 脆硫铅锌矿的还原挥发试验

试料由某矿务局提供，其组成成分见表 5。

表 5 脆硫铅锑矿成分 (%)

元素	Pb	Sb	Zn	S	Fe	Bi	SiO$_2$	Sn	Ag
含量	24.88	17.20	9.66	25.88	9.90	0.30	3.50	微量	0.0028

由图1可知，PbS，Sb_2S 与还原剂反应的热力学趋势较大，在有 CaO 存在的条件，反应（1），反应（5）能彻底向右进行，因此脆硫铅锑矿不需预先水蒸气处理，试料入炉后直接还原挥发。为保证挥发良好，须有足够的料柱横截面，一般横截面/料柱高>1。料柱横截面越大，还原越彻底，挥发效果也越好，挥发出来的金属分两段捕集回收。试验结果见表6和表7。

表6 还原挥发后的残渣成分及残渣产率　　　　　　　　　　　　　　　　（%）

元素	Pb	Sb	Zn	Ag	S	残渣产率
1	1.45	3.35	微	0.128	29.16	57.0
2	0.74	3.42	微	0.017	28.95	55.5
3	0.77	5.16	微	0.123	—	54.0
4	0.97	3.26	微	0.040	—	53.3
5	1.30	2.00	微	0.085	28.09	58.0
6	0.47	2.13	微	0.034	—	55.0

表7 挥发产物合金成分　　　　　　　　　　　　　　　　（%）

序号	一段金属（细粉）				二段金属（粗粒）			
	Pb	Sb	Ag	Zn	Pb	Sb	Ag	Zn
1	47.95	19.13	0.301	9.21	64.12	34.59	0.174	1.19
2	19.04	20.79	0.0205	28.93	62.99	25.34	0.438	0.28
3	—	—	—	—	47.44	26.48	0.345	9.14
4	58.28	19.51	0.324	15.15	56.74	37.10	0.040	3.13
5	22.88	17.18	0.103	28.46	53.98	29.90	0.073	0.86
6	18.97	17.54	0.452	18.11	61.34	32.13	0.0045	2.53

图8所示为温度对金属直收率的影响。

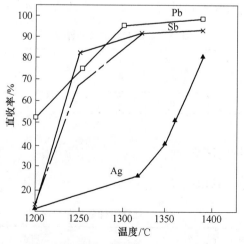

图8 温度对金属直接回收率的影响
（挥发时间 90min）

金属的直接回收率，即金属的挥发率可由下式计算：

$$直收率 = \frac{入炉料中的金属量 - 残渣中的金属量}{入炉料中的金属量} \times 100\%$$

从图 8 可以看出，在挥发温度下（1400℃左右）铅，锑的直接回收率还是很高的。

4 结论

（1）铅、锌、锑硫化矿采用直接还原，使硫固定于 CaS 中，不造成逸出，避免了环境污染，改善了劳动条件。对闪锌矿或含锌高的硫化铅矿，则需预先用水蒸气处理，使 98% 以上的 ZnS，80% 左右的 PbS 转变成相应的氧化物再进行下一步的还原与挥发。

（2）根据铅、锌、锑金属低熔点和易挥发的特性，使还原出来的金属呈蒸气状态挥发出来，达到与脉石和其他杂质金属（铁、铜）的分离。

（3）该工艺流程简单，分段的连续过程可在同一个设备中完成，故从精矿一步直接获取液态金属或合金，有较高的金属回收率。

（4）挥发后的残渣，其成分主要是 CaS 转化成 $CaSO_4$ 后是一种较好的建材原料。CaS 也可转变成 CaO 循环使用，同时回收元素硫。

参 考 文 献

[1] 刘纯鹏，等．铜镍硫化矿的冶炼新工艺研究 [J]．有色金属，1978（5）：7~13．
[2] 刘纯鹏，等．高硅镁低铁硫铜镍矿冶炼新工艺研究 [J]．有色金属，1979（8）：5~8．
[3] Rajamani K, Schn H Y. Kinetics and sulfar fixatino in the keduction or oxidation of metasulfides mixed with lime [J]. Metall, Trans. B. 14B, 1983（2）：175~180.
[4] Udupa R A, Smith K A, Moore J J. Lime-endaneed reduction of sulfide concentrates: a thermodynamic discussion [J]. Metall, Traus, B, 1986, 17B（1）：185~196.
[5] 邱竹贤，等．有色金属冶金学 [M]．北京：冶金工业出版社，1988．

钛、稀贵金属冶金

关于含钛钴土矿综合提取有价金属的讨论[①]

刘纯鹏

1 流程的拟定

我国某地的钴土矿含氧化钴（CoO）2%~3%，含钛氧（TiO_2）达 2%左右，其他如镍与铜也含有千分之几。我们处理此种钴土矿，应尽可能的综合提取所有这些有价金属，尤其是除钴而外，特别应着重于钛、锰、镍的提取。为此，我们提出下列的流程，供实验研究工作中的参考（见图1）。

2 流程的理论分析和讨论

以往氯化法有限于提取贵金属，无疑地，在近代技术条件和卫生措施下，氯化法完全可以考虑作为近代冶金使用的有效方法之一。事实上，已在工业方面用此方法提取某些稀有金属或者其他金属。因此，我们认为氯化法是值得研究应用的一种方法。以氯化焙烧而言，采用的氯化原料为食盐（NaCl），这是一种价廉物美的原材料，此其主要优点之一，而最突出的优点，氯与金属的亲和力很大，且形成的氯化物均多水溶。

2.1 氯化焙烧的反应

在有空气存在下，用 NaCl 与 S（硫）混合，可产生氯气，此氯气即可直接与金属氧化物形成氯化物，其反应如下：

$$2NaCl+S+2O_2 = Na_2SO_4+Cl_2 \qquad (1)$$

$$CoO+2NaCl+S+1.5O_2 = CoCl_2+Na_2SO_4 \qquad (2)$$

$$NiO+2NaCl+S+1.5O_2 = NiCl_2+Na_2SO_4 \qquad (3)$$

$$CuO+2NaCl+S+1.5O_2 = CuCl_2+Na_2SO_4 \qquad (4)$$

$$TiO_2+2Cl_2+S = TiCl_4+SO_2 \qquad (5)$$

现在，我们按上列氯化物的反应，进行一些必要的讨论。

（1）按反应的等压来判断：

$$\Delta Z_T^\ominus = \Delta H_{298}^\ominus - T\Delta S_{298}^\ominus + \int_{298}^T \Delta c_p dT - T\int_{298}^T \frac{\Delta c_p}{T}dT$$

[①] 本文发表于《有色金属（冶炼部分）》，1957-03-17，43~51。

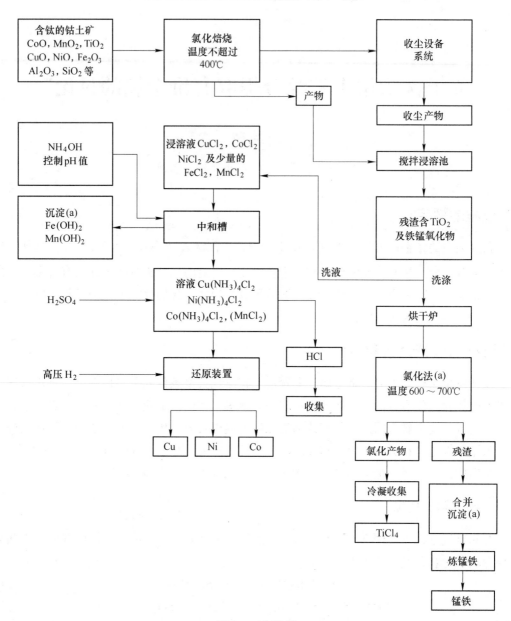

图 1　工作流程

由于温度要求不高（400℃），为了简化计算并做粗略的判断，可以令热容差

$$\Delta c_p = \sum c_{p_2} - \sum c_{p_1} = 0$$

故
$$\Delta Z^{\ominus}_{298} = \Delta H^{\ominus}_{298} - T\Delta S^{\ominus}_{298}$$

由反应（1）：

$\Delta H^{\ominus}_{298} = -133760 \text{cal}$；　　$\Delta S^{\ominus} = S_2 - S_1 = 84.0 \text{cal/℃}$；　　$T = 673K$

因此　　　　　　　　　　　$\Delta Z^{\ominus}_T = -190260 \text{cal}$

由反应（2）：

$$\Delta H_{298}^{\ominus} = -155000\text{cal}; \quad \Delta S^{\ominus} = 97.6\text{cal/℃}; \quad T=673\text{K}$$

因此
$$\Delta Z_{T}^{\ominus} = -221000\text{cal}$$

由反应（3）
$$\Delta H_{298}^{\ominus} = -150340\text{cal}; \quad \Delta S^{\ominus} = 96.1\text{cal/℃}; \quad T=673\text{K}$$

因此
$$\Delta Z_{T}^{\ominus} = -215340\text{cal}$$

由反应（4）
$$\Delta H_{298}^{\ominus} = -149760\text{cal}; \quad \Delta S^{\ominus} = 96.1\text{cal/℃}; \quad T=673\text{K}$$

因此
$$\Delta Z_{T}^{\ominus} = -214760\text{cal}$$

由反应（5）
$$\Delta H_{298}^{\ominus} = 25340\text{cal}; \quad \Delta S^{\ominus} = 15.6\text{cal/℃}; \quad T=673\text{K}$$

因此
$$\Delta Z_{T}^{\ominus} = -38800\text{cal}$$

由上列等压位的计算，其等压位均是负值，即 $\Delta Z_{T}^{\ominus} < 0$，故反应均能自动产生，换言之，均能按上述反应向右进行。

（2）由反应的平衡常数来判断，这里所计算的平衡常数的值，也仅根据上列等压位的计算数字，所以是粗略近似的判断。

反应（2）：
$$\Delta Z_{T}^{\ominus} = -15500\text{cal} = -RT\ln K_{p}$$
$$K_{p} = 1.0 \times 10^{71}$$

反应（3）：
$$\Delta Z_{T}^{\ominus} = -215340\text{cal} = -RT\ln K_{p}$$
$$K_{p} = 2.0 \times 10^{68}$$

反应（4）：
$$\Delta Z_{T}^{\ominus} = -214760\text{cal} = -RT\ln K_{p}$$
$$K_{p} = 1.0 \times 10^{58}$$

反应（5）：
$$\Delta Z_{T}^{\ominus} = -38800\text{cal} = -RT\ln K_{p}$$
$$K_{p} = 5.0 \times 10^{9}$$

由上列反应的平衡常数看出：产物成分（或分压）的乘积要大于反应物的乘积若干倍后，反应才趋于平衡。这说明反应向右进行是剧烈的。

2.2 焙烧的条件

（1）焙烧温度按铜、镍、钴、铁、锰等卤化物分解温度来看，见表1。

表1 氯化物及相应分解温度

氯化物名称	分解温度/℃	氯化物名称	分解温度/℃
$CoCl_2$	410	$MnCl_2$	310
$CuCl_2$	460	$FeCl_3$	395
$NiCl_2$	431		

由表1可知，在焙烧温度不超过400℃时，则 $CoCl_2$ 是不会分解的，在此温度下，$NiCl_2$ 及 $CuCl_2$ 均不致分解，然而铁、锰的氧化物在此温度下已分解。在浸溶后，溶液主要应为 Cu、Ni 及 Co 的氧化物。由于铁、锰在原矿中含量高，且温度控制不易准

确，在浸溶液中必然要含少量的铁、锰。但此点对于我们以后分开少量铁锰是不困难的。

至于在第一次氯化焙烧中，钛氧是否也氧化，可以由下列资料说明。当 TiO_2 在氯化时，在有炭存在的情况下发生下列反应：

$$TiO_2 + 2Cl_2 + C = TiCl_4 + CO_2$$
$$TiO_2 + 2Cl_2 + 2C = TiCl_4 + 2CO$$

形成 $TiCl_4$ 的反应，要在 600~800℃，才具有足够的反应速度。因此，在 400℃ 维持焙烧，对 TiO_2 的氯化作用是不会产生的。在第一次焙烧之后，浸溶出来的溶液应为 $CoCl_2$、$NiCl_2$、$CuCl_2$、TiO_2、Fe_2O_3 及 MnO_2 等按理应保留于残渣内。

（2）焙烧时硫量的配入，应根据矿石成分以及最好的氯化效果来决定。一般以单位质量的铜及钴而言，硫量应不少于 1~2 单位质量。硫过多时，会增加食盐的消耗，且不必要地生成许多 Na_2SO_4，对浸溶引起麻烦。此外，还会引起在焙烧时温度的过分增高，影响到氯化钴的分解。

（3）矿石的性质。含碳酸盐多的矿石是不适宜的，因为钙氧、镁氧与硫化合会有碍于氯化作用，而在浸溶时又会消耗大量的酸。以某地钴土矿而言，含钙氧甚少，仅 0.75% 左右，从这点上看，很宜于氯化处理的条件。

2.3 氯化二氧化钛的问题

按文献 [1，2] 的资料，二氧化钛在 600℃ 及 800℃ 时，氯化的产物成分见表 2。

表 2　氯化物产物成分

温度/℃	成分以分压示出/atm				
	CO	CO_2	$TiCl_4$	$CoCl_2$	Cl_2
600	0.175	0.370	0.455	$5.7×10^{-7}$	$1.47×10^{-5}$
800	0.600	0.047	0.353	$4.9×10^{-7}$	$7.4×10^{-5}$

由表 2 数据可知，二氧化钛的氯化，形成四氯化钛呈气体状态挥发是毫无疑义的。在 600℃ 左右，$TiCl_4$ 的分压达 0.455atm，说明在此情况下，更有利于 TiO_2 的氯化。

再由表 1 的数据可以看出：铁、锰等的氯化物在 600℃ 下早已分解。换言之，在此情况下进行氯化，只有 $TiCl_4$ 生成挥发，而铁锰氧化物则保留于残渣内。由于四氯化钛的水解性较强：

$$TiCl_4 + 3H_2O = H_2TiO_3 + 4HCl$$

不宜与湿室气接触，但可用稀酸收集溶解，一般用冷凝收集法。

2.4 铁、锰的分离

在流程中，部分的 $MnCl_{2~3}$ 及 $FeCl_3$ 含于 Cu、Ni、Co 的浸溶液中，是可以用 NH_4OH 分离的。此点我们可以按其氢氧化合物的溶解积与 pH 值（溶液）的关系得出结论。

（1）以锰而言：

$$Mn(OH)_2 \rightleftharpoons Mn^{2+} + 2OH^-, \quad K_1 = 2×10^{-13}$$

$$Mn(OH)_3 \rightleftharpoons Mn^{3+} + 3OH^-, \quad K_2 = 1.0 \times 10^{-36}$$

（2）以铁而言：

$$Fe(OH)_3 \rightleftharpoons Fe^{3+} + 3OH^-, \quad K_3 = 6 \times 10^{-38}$$

（3）以镍而言：

$$Ni(OH)_2 \rightleftharpoons Ni^{2+} + 2OH^-, \quad K_4 = 1.6 \times 10^{-16}$$

（4）以钴而言：

$$Co(OH)_2 \rightleftharpoons Co^{2+} + 2OH^-, \quad K_5 = 2.5 \times 10^{-16}$$

（5）以铜而言：

$$Cu(OH)_2 \rightleftharpoons Cu^{2+} + 2OH^-, \quad K_6 = 1.6 \times 10^{-19}$$

显然，由上列的数据可以看出：我们控制溶液的 pH 值，可将 3 价铁、锰从 2 价的铁、镍、钴完全分开，但对于 2 价锰的分开则不可能。在原则上讲，在分开铁锰时，溶液的 pH 值控制在 4.0~5.0，不会引起镍、钴的损失。而铁也能沉淀完善。假定溶液的 pH 值为 4，即 $[OH^-] = 10^{-10}$：

按 $K_2 = 1.0 \times 10^{-36}$，则 $[Mn^{2+}] = 1.0 \times 10^{-6}$ mol/L；按 $K_3 = 6.0 \times 10^{-35}$，则 $[Fe^{3+}] = 6 \times 10^{-8}$ mol/L；按 $K_4 = 1.6 \times 10^{-15}$，则 $[Ni^{2+}] = 1.6 \times 10^{-4}$ mol/L；按 $K_5 = 2.5 \times 10^{-16}$，则 $[Co^{2+}] = 2.5 \times 10^4$ mol/L；按 $K_6 = 1.6 \times 10^{-19}$，则 $[Cu^{2+}] = 1.6 \times 10$ mol/L。

由上列计算的资料可知，在 pH 值为 4 时，$[Mn^{2+}]$ 及 $[Fe^{3+}]$ 在溶液中是很小的，反之，Cu、Ni、Co 的浓度则很大，说明在此情况下，把铁锰除去而 Cu、Ni、Co 保留于溶液中是毫无疑义的。

再从它们的浓度比来看：$[Ni^{2+}]:[Fe^{3+}] = 2.6 \times 10^{11}$；$[Ni^{2+}]:[Mn^{3+}] = 1.6 \times 10^{10}$；$[Co^{2+}]:[Fe^{3+}] = 4 \times 10^{11}$；$[Co^{2+}]:[Mn^{3+}] = 2.5 \times 10^{10}$；$[Cu^{2+}]:[Fe^{3+}] = 2.6 \times 10^9$；$[Cu^{2+}]:[Mn^{3+}] = 1.6 \times 10^7$。这说明它们共存时，在 pH 值为 4 的情况下，镍的浓度达到铁的浓度 2.6×10^{11} 倍；钴的浓度达到 4×10^{11} 倍；铜的浓度达到 2.6×10^9 倍，都不会引起三者的沉洗。换言之，在 pH 值为 4 时，分开铁、锰（3 价）是没有问题的。

对于 2 价锰存在于溶液，则不能加 NH_4OH 分开，如果按 Mn/Mn^{2+} 标准电位来说，应该在用高压氢还原 Cu、Ni、Co 之后，保留于溶液中。因为按 Mn/Mn^{2+} 与 Co/Co^{2+} 的电位来看，是相差较大的，前者为 -1.18V，后者为 -0.29V。由此可知，2 价锰在浸溶液中对于将来采用高压氢选择还原，在理论上讲，应该是没有影响的。我们采用铵水来分开 3 价铁，以便下一步骤氢气的选择还原。

2.5 氯化焙烧应用工具

过去氯化焙烧采用的炉子，如反射炉、多床反射炉、机械搅拌炉（Morton 式）、筒形多床机械搅拌炉（Mc Dogall 式）以及筒形转窑等。这些焙烧炉已经不能适应新的要求，主要是由于温度及空气的控制的问题，以及不能保证反应充分进行的效果。为此，我们认为采用沸腾焙烧炉是适宜的，其优点为：矿粒在沸腾中充分地受到应起的反应作用，至于温度与气流的控制也较上列诸炉为准确，生产量也大，传热作用均匀而良好。关于这一方面，已有专家发表专题讨论。至于采用此种炉子焙烧钴土矿，尚应用实验的结果来肯定它的优点。

在第二次氯化提取钛时，可以采用鼓风炉式的焙烧炉（参看《稀有金属冶金》，原版

201页64图）。采用此种炉子，必须由风口鼓入氯气。按个人意见，将炉料事先混以适当的NaCl及炭粉，也可采用鼓入空气（控制供给量），这样，可以节省制造氯气与输送氯气等的设备，并可采用沸腾焙烧炉来进行氯化作用的实验。

3 高压氢气选择还原金属的问题

近年来，利用高压氢气选择还原某些有价金属达到综合提取金属，是一件值得研究并推广到生产单位去的方法。目前，我国对于综合提取某些金属时，甚至在研究机关，也仅仅局限于比较旧的、纯化学式的分开法来研究。事实上，采用那些方法，例如：Ni、Co的分开，加入 NaOCl+NaOH 化学药剂，利用 Ni、Co 氢氧化合物溶解度的差别，控制 pH 值来达到分开，这是既麻烦又受着一定限制的方法。为此，我们值得提出高压氢气选择还原的方法。

3.1 一般理论的认识

利用氢气还原某些金属或其化合物，并不是一种新事，问题在于把它应用于冶金作业中，来综合提取有价金属。事实上，很早就有人知道并且这样做过，把某些金属氧化物用氢还原成金属，在微酸溶液中把氢作为电极与一铜板插入其含 Cu^{2+} 的溶液中，用导线连接此二电极，则见铜由溶液析沉于铜板，这说明氢气可以从溶液中将 Cu^{2+} 还原为 Cu^0。

按氢的标准电位来说，是取其等于零的，这是作为衡量的标准。很自然地，有些元素的电位会比氢气的电位更正一些；有些元素的电位比氢的电位负一些，这就是众所周知的标准电化次序表。以 Cu、Ni、Co 而言，在酸性溶液中，其标准电位如下：$E^{\ominus}_{Cu,Cu^{2+}}$ = +0.34V；$E^{\ominus}_{Ni,Ni^{2+}}$ = -0.23V；$E^{\ominus}_{Co,Co^{2+}}$ = -0.29V。

显然，铜离子较氢更正电性些，易为氢所还原而镍钴离子由于比氢更负电性些，不可能为氢所还原。相反地，它们可以置换氢离子为氢气。但是，物理的条件会影响化学反应的方向。比如说，增加氢气的压力（增大氢的浓度），就完全可以改变上述的情况。

从分开金属的立场看，金属彼此的还原电位相差越大，则有利于将它们分开，而且分开出来的金属品位也可能越高。由能斯特公式可知，任何元素的还原-氧化电位，与绝对温度及其平衡常数有关。此平衡常数的值，乃是还原物浓度与氧化物浓度的一比值，正因为如此，我们可以借变更它们二者的浓度，使二者的比值脱离平衡常数 k 的值。这样，就有可能使反应达到我们所希望的情况。例如以下列反应来讨论：

$$H_2 \longrightarrow 2H^+ + 2e; \quad k = \frac{a_{H^+}}{p_{H_2}}$$

因此 $E_{H_2,H^+} = E^0_H + \dfrac{2.3RT}{nF}\lg K = 0.0002T\lg a_{H^+} - \dfrac{0.0002T}{2}\lg p_{H_2} = -0.0002T\text{pH} - \dfrac{0.0002T}{2}\lg p_{H_2}$ （6）

从上列式子可以看出，增大 pH 值以及增大氢气的压力（p_{H_2}），均足以使 E_{H_2,H^+} 的负值越大，这说明了氢气变为氢离子的负电性越大，可能促使某些金属在标准电位上比氢更负电性而受到还原。当调整上述二项变数时，使 E_{H_2,H^+} 的电位，更负于我们所希望还原的金属离子的电位，则该金属离子即可被还原。利用这样一个原则，不仅可以使我们希望的金属离子受到还原,而且还可以选择还原某些金属离子,这就是所谓利用高压氢气选择还原。

3.2 进行选择还原某些金属离子的基本道理

按 H_2 对于金属离子还原反应来看:

$$Me^{2+}+H_2 \rightleftharpoons Me^0+2H^+$$

$$K=\frac{[H^+]^2}{[Me^{2+}]\cdot[H_2]}$$

上列反应的进行,很显然是关联着 E_{H_2,H^+} 及 $E_{Me^0,Me^{2+}}$;E_{H_2} 的大小取决于其平衡常数 $\left(k_1=\frac{[H^+]^2}{p_{H_2}}\right)$;$E_{Me^0,Me^{2+}}$ 的大小取决于 $E_{Me^0,Me^{2+}}$ 及其平衡常数 $\left(k_2=\frac{[Me^0]}{Me^{2+}}\right)$。

按能斯特公式:

$$E_{Me^0,Me^{2+}}=E_{Me^0,Me^{2+}}-\frac{0.0002T}{2}\lg\frac{1}{[Me^{2+}]}=E^0_{Me^0,Me^{2+}}+\frac{0.0002T}{2}\lg[Me^{2+}] \tag{7}$$

$$E^0_{H_2,H^+}=-0.0002T\text{pH}-\frac{0.0002T}{2}\lg p_{H_2} \tag{8}$$

当趋于平衡时,则 $E_{H_2,H^+}=E_{Me,Me^{2+}}$。

因此

$$E_{Me^0,Me^{2+}}-\frac{0.0002T}{2}\lg[Me^{2+}]=-0.0002T\text{pH}-\frac{0.0002T}{2}\lg p_{H_2}$$

$$\lg[Me^{2+}]=\frac{-\left(0.0002T\text{pH}+\frac{0.0002T}{2}\lg p_{H_2}+E_{Me^0,Me^{2+}}\right)}{\frac{0.0002T}{2}} \tag{9}$$

即

$$\lg[Me^{2+}]=f(p_H,p_{H_2},T)$$

由上式可知,当 T=常数,而 $E_{Me^0,Me^{2+}}$=常数时,则 Me^{2+} 在溶液中的浓度取决于 pH 值及 p_{H_2} 值,增大此二值,$[Me^{2+}]$ 即降低。因此当维持氢气在一定高电压下,控制 pH 值,并按各个要分离的金属的标准点位 E_0 的值,可以达到选择还原。

如果按式(9)将 $\lg[Me^{2+}]$ 作为纵坐标,pH 值作为横坐标,可得 $[Me^{2+}]$ 与 pH 值的关系。例如以 Cu、Ni、Co 而言,如图 2 所示。由图 2 可以看出下列各点:

(1) 各个金属离子,在一定的氢气压力下进行还原。当 pH 值增大时,则金属被还原越多。

(2) 同一金属离子在不同的氢气压力下,虽然在同一 pH 值下,其还原的金属量也随氢气压力而增大。

(3) 两种金属的标准电位相差越大者,在一定的条件下,具有更大值电位的金属最先还原。

(4) 以铜、镍、钴而言,在一定的条件下,最先还原为 Cu,Ni 次之,Co 最后。再按金属的还原电位与其离子浓度的关系来看,根据上述的式(7)及式(8):

$$E_{Me^0,Me^{2+}}=E^0_{Me^0,Me^{2+}}-\frac{0.0002T}{2}\lg[Me^{2+}]$$

或即 $E_{Me^0,Me^{2+}} = \pm\Delta + k \cdot \lg[Me^{2+}]$, $\left(k = \dfrac{0.0002T}{2}\right)$ (10)

T = 常数, 某一定的金属 $E^0_{Me^0,Me^{2+}}$ = 常数。

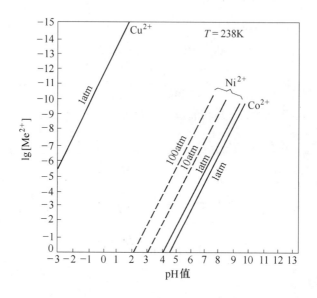

图 2　[Me^{2+}] 与 pH 值的关系

按式（10）可知，当 Me^{2+} 在溶液中的浓度越大时，则 $E_{Me^0,Me^{2+}}$ 的正值越大或负值越小。这说明离子浓度在溶液中大时，较其在溶液中小时容易还原。随着浓度的减少（金属逐渐析出），金属的还原电位越来越成为正值减小或负值增大，以 Cu、Ni、Co 为例，可以看出其关系（见图 3）。

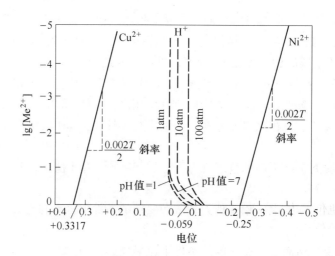

图 3　温度为 25℃ 时金属离子还原的情况与还原电位的关系

图 3 中 pH 值 = 1 及 pH 值 = 7 是表示溶液开始的 pH 值。

3.3 铜镍钴分别还原的具体条件

按还原反应如下：

$$Cu^{2+}+H_2 = Cu^0+2H^+$$

$$Ni^{2+}+H_2 = Ni^0+2H^+$$

$$Co^{2+}+H_2 = Co^0+2H^+$$

$$k_{Cu} = \frac{[H^+]^2}{[Cu^{2+}] \cdot p_{H_2}}$$

$$k_{Ni} = \frac{[H^+]^2}{[Ni^{2+}] \cdot p_{H_2}}$$

$$k_{Co} = \frac{[H^+]^2}{[Co^{2+}] \cdot p_{H_2}}$$

在三离子共存的溶液中，若进行选择还原时，在一定的条件下，不仅与它们彼此间的还原电位有关（已在上面讨论过），且与离子存在于溶液中的浓度有关。因为，按前面所讨论的式（10）及图 3 可以知道，某种金属的还原电位，是受着其本身离子浓度的大小而变更的。当某两种金属离子在电位上差别很大时，但是由于离子浓度的关系，可以使其二者的电位差不大，甚至于相等。在这样的情况下，金属离子就要同时析出，降低析出金属的品位。这个道理是很简单的，我们可按下列推理，求出两种离子在选择还原时的临界浓度比。

现在以 Cu 及 Ni；Ni 及 Co 为例说明如下：

$$E_{Cu^0,Cu^{2+}} = E_{Cu}^0 + \frac{0.0002T}{2} \lg k_{Cu^{2+}}$$

$$E_{Ni^0,Ni^{2+}} = E_{Ni}^0 + \frac{0.0002T}{2} \lg k_{Ni^{2+}}$$

$$E_{Co^0,Co^{2+}} = E_{Co}^0 + \frac{0.0002T}{2} \lg k_{Co^{2+}}$$

当 $E_{Cu^0,Cu^{2+}} = E_{Ni^0,Ni^{2+}}$ 及 $E_{Ni^0,Ni^{2+}} = E_{Co^0,Co^{2+}}$ 时，则 Cu 析出时即有 Ni 析出，而 Ni、Co 也是一样，也就是说，在这样的情况下进行还原，必然同时将铜镍或铜钴析出。

在电位无差别的情况下，即

$$E_{Cu}^\ominus - E_{Ni}^\ominus = \frac{0.0002T}{2} \lg \frac{[Ni^{2+}]}{[Cu^{2+}]}$$

$$E_{Co}^\ominus - E_{Ni}^\ominus = \frac{0.0002T}{2} \lg \frac{[Ni^{2+}]}{[Co^{2+}]}$$

铜镍的标准电位差为 0.57V 左右，镍钴的电位差为 0.060V，将此二值分别代入，则得其浓度比的大约值为：

$$\lg \frac{[Ni^{2+}]}{[Cu^{2+}]} = \frac{2 \times 0.57}{0.059} = 19.321$$

即

$$\frac{[Ni^{2+}]}{[Cu^{2+}]} = 21 \times 10^{18}; \quad \frac{[Co^{2+}]}{[Ni^{2+}]} = 1.0 \times 10^2$$

由上列计算可知：$Ni^{2+}:Cu^{2+}$ 为 21×10^{18}。换言之，铜镍用氢还原极易分开，完全可以达到选择还原。而钴镍的分开，在浓度比上以不超过 100∶1 为宜。倘达到此值，则有 Co 与 Ni 同时析出。以上的理论计算，是以 Cu、Ni 及 Co 等离子在酸性溶液中为标准，倘溶液含铵离子，则这些金属的标准电位，按 W. M. Latimer 数据见表 3。

表 3　金属在溶液中的标准电位（25℃）

金属	复合离子 NH_3 的数目						
	0	1	2	3	4	5	6
Cu^+	0.521	0.156	−0.121	—	—	—	—
Cu^{2+}	0.337	0.215	0.112	0.027	−0.036	−0.021	—
Ni^{2+}	−0.250	−0.333	−0.399	−0.450	−0.485	−0.507	−0.508
Co^{2+}	−0.277	−0.339	−0.387	−0.417	−0.440	−0.445	−0.427
Cd^{2+}	−0.403	−0.481	−0.543	−0.586	−0.613	−0.603	−0.554

Cu、Ni、Co 的铵复合离子的解离如下：

$$Cu(NH_3)_4^{2+} = Cu^{2+} + 4NH_3$$

$$Ni(NH_3)_6^{2+} = Ni^{2+} + 6NH_3$$

$$Co(NH_3)_6^{2+} = Co^{2+} + 6NH_3$$

很显然，这些复合离子解离与 NH_3 的活动度有关，由其平衡常数的一般公式可以看出：

$$K = \frac{a_{Me} \cdot a_{NH_3}^n}{a_{Me(NH_3)_n}}$$

若按 $E_{H_2,H^+} = -0.0002T\mathrm{pH} - \dfrac{0.0002T}{2}\lg p_{H_2}$ 看，当增大氢的压力时，氢的电位越有利于还原金属（前面讨论过），也即必须使下列半电池反应继续进行：$H_2 \to 2H^+ + 2e$。这个反应的进行，是有利于复合离子的解离的。而在铵离子溶液中，Ni^{2+}、Co^{2+} 的标准电位相差为 0.081V，较其在无铵离子情况下为大，更有利于它们的选择还原。在铵离子溶液中，镍、钴可以选择分开的情况，如图 4 所示。

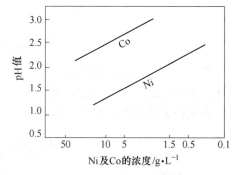

图 4　pH 值与 Ni 及 Co 浓度的关系
（温度 189℃；氢气压 34.5 大气压；$(NH_4)_2SO_4$ 浓度 112g/L）

由图 4 可以看出，在上述条件下，若钴在溶液中约 50g/L 时，将 pH 值控制在 2.2 左右，用氢还原镍，使镍在溶液中降低至约 1g/L 以下不致有钴析出。

3.4　在实践中镍钴选择还原的程度

根据发表的文献，结果见表 4。表 5 表示 Ni、Co 不同比例的选择还原。

表 4　Ni、Co 还原程度

试样号	溶液成分/g·L⁻¹		$p_{H_2} = 34.5$ atm 还原条件		产品成分		
	镍 Ni	钴 Co	温度/℃	最后 pH 值	镍粉/%		滤液 Co：Ni
					Ni	Co	
1	44.9	54.6	204	2.1	99.5	0.47	30：1
2	50.9	49.6	204	1.9	99.4	0.13	10：1
3	40.0	42.0	204	2.0	99.5	0.32	10：1
4	48.9	5.33	189	2.35	99.2	0.23	13：1
5	5.2	23.40	177	2.5	98.0	0.93	26：1

表 5　Ni、Co 不同比例的选择还原

进入的 Ni：Co 比值	还原阶段/次	1-阶段还原 纯镍				2-阶段还原 中间产物				3-阶段还原 纯钴	
		在镍中 Ni：Co 的值	提取 Ni /%	滤液成分/%		提取率/%		滤液成分/g·L⁻¹		钴的提取率/%	Co：Ni
				Ni	Co	Ni	Co	Ni	Co		
10：1	3	350~700	99	0.5	6	—	—	—	—	—	—
1：1	—	100	99	0.3~0.5	35	—	—	—	—	98	100
1：5	3	150~400	75	3~5	58	25~40	10~15	0.1~0.3	50	90	150~500
1：20	2	—	—	—	—	90	15	0.2~0.4	56	90	150~300

3.5　2 价锰共存于 Cu、Ni、Co 溶液中是否可以选择分开

按各个金属在酸性液中的标准电位为：

$$Mn/Mn^{2+} \quad -1.18V \qquad Co/Co^{2+} \quad -0.29V$$
$$Ni/Ni^{2+} \quad -0.23V \qquad Cu/Cu^{2+} \quad +0.34V$$

由上面数据可知，锰较钴不易还原。Cu、Ni、Co 已如上述，完全可以选择分开。至于钴与锰，我们可以由下列的计算得出结论：

$$E_{Mn, Mn^{2+}} = E_{Mn}^{\ominus} + \frac{0.0002T}{2} \lg K_{Mn^{2+}}$$

$$E_{Co, Co^{2+}} = E_{Co}^{\ominus} + \frac{0.0002T}{2} \lg K_{Co^{2+}}$$

当无电位差时，则 $E_{Mn, Mn^{2+}} = E_{Co, Co^{2+}}$；此时，Co、Mn 应同时析出，而分开即成问题，由 Mn 和 Co 浓度比值的大小可以判断。按上式，则

$$E_{Co}^{\ominus} - E_{Mn}^{\ominus} = \frac{0.0002T}{2} \lg \frac{[Mn^{2+}]}{[Co^{2+}]}$$

因

$$K_{Mn^{2+}} = [Mn^{2+}], \qquad K_{Co} = [Co^{2+}]$$

$$\lg \frac{[Mn^{2+}]}{[Co^{2+}]} = \frac{2 \times 0.89}{0.059} = 15.08$$

即
$$\lg \frac{[Mn^{2+}]}{[Co^{2+}]} = 1.2 \times 10^{15}$$

由此可以说明：要使 Co、Mn 同时析出，除非 $[Mn^{2+}]$ 在溶液中超过 $[Co^{2+}]$ 的 1.2×10^{15} 倍。这显然可以说明 Co 与 Mn 的分开是完全肯定的。

3.6 在选择还原时 pH 值的控制限度问题

按公式（9）及图 2 可以看出，增大 pH 值有利于金属的还原，这是由于在一定的条件下，pH 值的增大使氢的电位变为更负电位些。但是这不等于说可以无限制地增大 pH 值，因为在溶液中的金属离子，受着 pH 值增大的影响，某些离子会形成氢氧化合物的沉淀而析出来。换言之，pH 值增大，不应该引起某些金属离子的浓度与氢氧根离子浓度的溶解积超过其溶解积常数，这就是在选择还原中应该控制的 pH 值的最大限度。兹以 Cu 与 Ni 的选择分开为例说明。

（1）在无铵离子存在的溶液中。假定 $NiSO_4$、$CuSO_4$ 的浓度均为 0.1mol/L 其解离度也假定均为 75%，控制 pH 值 = 6，pH 值 = 7 等值。

又
$$K_{Ni(OH)_2} = 1.6 \times 10^{-16}$$
$$K_{Cu(OH)_2} = 1.6 \times 10^{-19}$$

当 pH 值 = 6 时，则 $[Ni^{2+}] \times [OH^-]^2 = 7.5 \times 10^{-18} < 1.6 \times 10^{-16}$；当 pH 值 = 7 时，则 $[Ni^{2+}] \times [OH^-]^2 = 7.5 \times 10^{-16} < 1.6 \times 10^{-16}$。

由上列数字可知，在 pH 值 = 7 时，Ni 已形成氢氧化合物沉淀，而 Cu 则更先析沉为 $Cu(OH)_2$，因此，对于选择还原已失去意义，只有在 pH 值很小的范围才行。

（2）在有铵离子存在的盐溶液中。由于有铵离子的存在，所以，Ni 和 Co 视铵离子的浓度而形成不同数目的铵络离子。这些络离子的解离度，比 $NiSO_4$、$CuSO_4$ 的解离度不知小了若干倍，这就促使 Ca、Ni、Co 的选择还原，在变动比较大的 pH 值范围内，成为有利的条件。自然，由于络离子的形成，在两种离子的电位差，也较无铵溶液为大，前已谈到，这也是促使选择还原的有利条件。当铵离子存在于溶液中，Cu、Ni、Co 的氢氧化合物就不易形成而析出。这个道理非常简单，兹以 Ni 为例：

$$\begin{aligned} Ni(OH)_2 &\rightleftharpoons Ni^{2+} + 2OH^- \\ (NH_4)_2SO_4 &\rightleftharpoons 2NH_4^+ + SO_4^{2-} \\ 2NH_4^+ + 2OH^- &\rightleftharpoons 2NH_4OH \end{aligned} \quad (11)$$

铵盐解离出来的 NH_4^+ 与 OH^- 结合成为 NH_4OH，解离度小，因而降低了 OH^- 的浓度，不足以使 $Ni(OH)_2$ 所需要的 OH^- 的浓度达到其溶解积常数。

$$Ni^{2+} + nNH_3 \rightleftharpoons Ni(NH_3)_n^{2+} \quad (12)$$

形成络合离子，其解离度极小，例如：
$$K_{Ni(NH_3)_6^{2+}} = 1.8 \times 10^{-9}$$
$$K_{Cu(NH_3)_4^{2+}} = 4.7 \times 10^{-15}$$

$$K_{Co(NH_3)_6^{2+}} = 1.25 \times 10^{-5}$$

又由络离子一般的水解反应来看:

$$[Me(NH_3)_n]SO_4 + nH_2O \rightleftharpoons Me(OH)_2 + (n-2)NH_4OH + (NH_4)_2SO_4$$

很显然,由上列水解反应可知,增加 $(NH_4)_2SO_4$ 或 NH_4OH 的浓度,可以促使反应向左进行。现在我们按此反应,来计算络合物在什么情况下,可以发生氢氧化物沉淀。假定溶液中的 $(NH_4)_2SO_4$ 的浓度为 1mol/L,而 NH_4OH 的浓度则为 0.5mol/L、1mol/L,2mol/L。首先算出在此种情况下的 pH 值。

按公式:
$$pH = PK_W - PK_{NH_4OH} - \lg 2\gamma \pm m_{(NH_4)_2SO_4} + \lg m_{NH_4OH}$$

式中,$PK_W = 14$,$PK_{NH_4OH} = -\lg(a_{H^+} \cdot a_{OH^-}/a_{NH_4OH}) = 4.75$。

当 $m_{(NH_4)_2SO_4} = 1mol/L/1000g\ H_2O$ 时,$\gamma = 0.16$;代入各值则

$$pH = 9.75 + \lg m_{NH_4OH} \tag{13}$$

兹以 $NH_4OH = 0.5mol/L$,则 $pH = 9.45$,$p_{OH} = 4.55$。

以 Ni 而言,假定其在溶液中,完全结合成 $Ni(NH_4)_6^{2+}$,并具有 1mol/L 的浓度,且 Ni 的离解离浓度应为:

$$[Ni^{2+}] = \frac{1.8 \times 10^{-9} \cdot [Ni(NH_3)_6^{2+}]}{[NH_3]^6} = 1.8 \times 10^{-9}$$

上式计算是假定 $(NH_4)_2SO_4$ 的解离为 50%,相当的 NH_3 浓度即为 $0.5 \times 2 = 1mol/L$,故:

$$[Ni^{2+}] \times [OH^-]^2 = 1.8 \times 10^{-9} \times (10^{-4.55})^2 = 1.8 \times 10^{-18.1} < K_{Ni(OH)_2}$$

因此,Ni 在此情况下,不可能析出 Ni(OH) 的沉淀。依同理,可以计算出铜在此情况下,也不致析沉为 $Cu(OH)_2$。

当 $NH_4OH = 2mol/L$ 时,则上式依同理计算出:

$$[Ni^{2+}] \times [OH^-]^2 = 1.8 \times 10^{-9} \times 10^{-7} = 1.8 \times 10^{-16} > K_{Ni(OH)_2}$$

此时,必然产生 $Ni(OH)_2$ 的沉淀。

由上面的讨论,得出以下结论:

1) 当有铵盐存在于溶液中时,Cu、Ni、Co 析沉为氢氧化合物,所需的 pH 值是大大地增加了,这是有利于选择还原条件之一。

2) 在一定的铵盐浓度时,若增加 NH_4OH,当增加 pH 的值达某一定的程度,必然会引起氢氧化合物的沉淀。但这一 pH 值比无铵离子存在时要大得多。

3) 在无铵溶液中进行选择还原,所控制的 pH 值是非常有限的,因而影响到氢的还原电位,可由 E_{H_2,H^+} 公式看出。

3.7 在铵盐溶液中氢电位的讨论

按公式:

$$E_{H_2,H^+} = -0.0002T\,pH - \frac{0.0002T}{2}\lg p_{H_2}$$

将公式 (13) 代入,则:

$$E_{H_2,H^+} = -0.0002T(9.75 + \lg m_{NH_4OH}) - \frac{0.0002T}{2}\lg p_{H_2} \tag{14}$$

当 $t=25°C$ 时，$T=298K$ 则：
$$E_{H_2,H^+} = -0.58 - 0.059 \lg m_{NH_4OH} - 0.0295 \lg p_{H_2}$$

上列式（14），很明显的说明：影响氢的还原电位应为 NH_4OH 浓度以及氢氧的压力。换言之，增加此二者之值，会有利于选择还原的。

3.8 高压氢气还原金属离子的速度问题

从上面的讨论，我们认识到高压氢气选择还原 Cu、Ni 及 Co 的条件，但对于金属离子还原速度的条件则未谈及。无可否认，反应进行的速度关联着催化剂的使用、一定的某个高温以及一定形式的金属络合铵离子。这些问题都需要在分别的金属离子溶液中，进行反应机构的研究。以钴而言，按发表的文献，有关还原的速度保持下列条件为最好：

（1）Co 的络合离子以铵络合物，即 $Co(NH_3)_2^{2+}$ 为佳。

（2）加入石墨粉或氢醌（hydroquinone）为触媒剂，可增加还原的速度，尤其是后者的使用。

（3）溶液的其他条件，如以前所谈应维持高温、高压。

4 结论

采用氯化焙烧—高压氢气选择还原法，分别提取矿石中的有价金属，应该是我们综合利用金属时值得研究的方法。按上列流程的分析，我们认为此法对于处理含钛的钴土矿是适宜的，而且还应该指出：此流程比较我国目前的研究机关所进行的流程，具有很大的优越性：

（1）流程简化。

（2）达到综合提取矿中的金属的目的。

（3）可以提取稀有金属钛。

（4）钴的生产速率应该比电解钴大。

（5）由于流程的简化（例如，旧法利用化学沉淀法分开铜、镍、钴等的反复操作），金属回收率肯定应该是高一些。

此流程的缺点在于焙烧温度低（400°C），并要准确地控制温度；可以稍偏低但不应偏高，这样可以使钴的提取率增高。因此氯化焙烧提钴，只宜于低温，增长焙烧时间是获得优良效果的条件。

在第二次氯化提钛时，由于原矿含钛低，因此残渣于洗涤之后，可考虑再用稀 HCl 在常温下使铁、锰溶去一部分，以增高含钛量，然后再进行氯化法提钛。溶解后的含铁、锰液经适当处理后合并流程中沉淀（a）一道处理。关于 HCl 的供应可由流程中取得一部分。

参 考 文 献（略）

LUDA钛铁矿等离子熔炼研究

兰尧中　　朱祖泽　刘纯鹏

（攀枝花钢铁研究院）　（昆明工学院）

摘　要：本文借助于自行设计的等离子枪，研究了LUDA钛铁矿等离子熔炼工艺，结果表明，预还原铁矿经等离子熔炼，得到含二氧化钛90%~98%的富钛渣。

关键词：LUDA钛铁矿；还原；等离子；富钛渣

我国有丰富的钛铁矿资源。最近地质工作者又在我国云南省发现大型优质钛铁矿矿床——LUDA钛铁矿[1]。为了生产海绵钛和钛白，必须除去钛铁矿中的铁。传统的钛铁矿除铁方法——电弧炉还原熔炼及酸浸方法，由于钛渣特殊的物理化学性质及环境污染，人们正在采用新的技术开发新的钛铁矿除铁工艺[2]。等离子在冶金领域中的应用已取得了很大进展[3]，它是处理高熔点物质的有力工具，但未见用于钛铁矿熔炼。本文借助于自行设计的等离子枪，试研究云南LUDA钛铁矿等离子熔炼工艺。

1　试验方法

实验采用转移弧等离子发生器，阴极和阳极用水冷却，阴极用铜制成。等离子枪结构和实验装置如图1所示，工艺操作参数：电流400~750A；弧电压150~200V；功率60~150kW；弧长0.1~0.25m；弧直径0.05m；氩气流量3.3m³/h（标态），钛铁矿及焦粉化学组成（质量分数）为：TiO_2 51.21%，FeO 46.52%，MnO 0.62%，SiO_2 0.26%，MgO 1.09%，CaO 0.12%，固定碳86.65%，挥发分1.78%，水分3.28%，灰分8.40%。试验时加入一定的钛铁矿与焦粉的混合物（1~5kg）或预还原钛铁矿于等离子炉，放下等离子枪与试料接触起弧。结束时逐渐降低电动机电压，断弧。

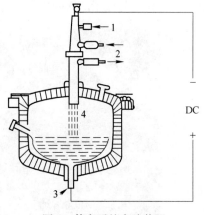

图1　等离子炉实验装置
1—氧气入口；2—水入口和出口；
3—底电极；4—等离子体

2　实验结果

2.1　钛铁矿直接加入等离子炉还原熔炼

测定了渣中氧化亚铁量随还原熔炼时间的关系如图2所示，在最初的12min内。渣中

---

❶ 本文发表于《金属学报》，1991，27（4）：B283~285。

FeO 急剧下降,说明大部分钛铁矿中的 Fe 被还原,随后渣中 FeO% 随熔炼时间的变化不明显。渣中 FeO 还原的速率方程由式(1)表示:

$$-\frac{\mathrm{d}a_{\mathrm{FeO}}}{\mathrm{d}t} = kA(a_{\mathrm{FeO}} - a_{\mathrm{eq}})^m p_{\mathrm{CO}}^n \tag{1}$$

式中　k——反应速率常数;
　　　A——反应表面积,cm^2;
　　　p_{CO}——气相中一氧化碳分压,Pa;
　　　m,n——指数常数,m 一般取 1。

Smith 和 Bell[4] 的工作揭示 FeO-TiO$_2$ 二元系中 a_{FeO} 呈负偏差,则 $a_{\mathrm{FeO}} - a_{\mathrm{eq}}$ 还原推动力小,还原速率 $-\frac{\mathrm{d}a_{\mathrm{FeO}}}{\mathrm{d}t}$ 低。图 2 还原后期渣中 FeO% 随熔炼时间的变化不明显是这一规律的体现。故从熔融渣中还原氧化铁较困难。随着还原的进行,钛的低价氧化物及碳化物将生成。电镜分析表明,钛的碳化物集中在铁珠的周围,阻止了铁珠的合成并长大和沉降。图 3 (a) 所示是钛渣电镜扫描图像,金属铁在钛渣中呈点状分布,沿其周边是碳化铁。另外,扫描分子中还发现渣中一部分 TiO$_2$ 与铁珠形成包裹状如图 3 (b) 所示。这是由于钛的碳化物形成,改变了渣的表面性质,特别是降低了渣铁间界面张力,使渣铁分离更困难。

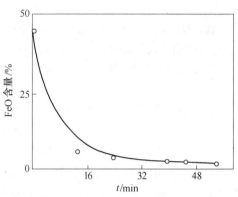

图 2　铁渣中 FeO 含量与熔炼时间的关系

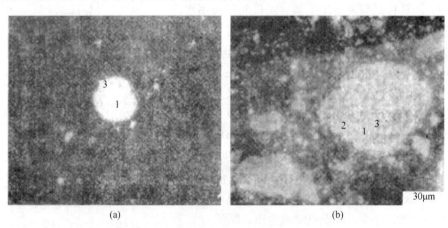

图 3　钛渣扫描图像
(a) 钛渣;(b) 包裹金属块
1—Fe;2—TiO$_2$;3—TiC

2.2　钛铁矿预还原等离子熔炼

钛铁矿预还原条件:还原温度 1150℃,还原时间 1.5h,配碳量 15%,金属化率 80%~85%。预还原试样电镜扫描如图 4 所示。钛铁矿中的铁大部分被还原。

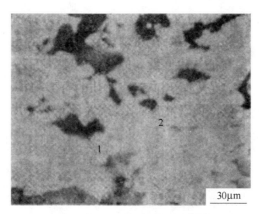

图 4 预还原钛铁矿扫描图像
1—Fe；2—TiO_2

将预还原钛铁矿加入等离子炉中熔化分离。钛渣经一次磁选的二氧化钛量（质量分数）为：89.21%，91.86%，93.71%，88.11%，90.28%，88.75%，98.60%，94.92%，92.00%，96.13%；Fe 含量为：7.21%，2.93%，3.07%，8.24%，4.28%，4.80%，1.40%，1.67%，5.89%，2.93%。渣含 TiO_2 90%~98%。钛渣经 X 射线衍射分析表明主要物相为二氧化钛。钛铁矿的还原避免了钛的低价氧化物和钛的碳化物生成，等离子的高温特性使钛渣流动性得到改善，便于金属铁珠的汇集和沉降，提高了渣中二氧化钛品位。

3 结论

钛铁矿直接加入等离子炉中还原熔炼，渣中铁与二氧化钛分离不理想。预还原钛铁矿中的铁与二氧化钛能在等离子炉中良好分离。

参 考 文 献

[1] 兰尧中. 昆明工学院博士学位论文. 1989.
[2] Brown R A S. Can Metall Q, 1971, 10：47.
[3] Huczko A, Meubus P. Metall Trans, 1988, 19B：927~933.
[4] Smith I C, Bell H B. Trans Inst Min Metall, 1970, 79：C253~258.

钛磁铁矿还原动力学

兰尧中　　　刘纯鹏

（攀枝花钢铁研究院）（昆明工学院）

摘　要：借助于差重分析法，测定了钛磁铁矿在 700~1100℃ 氢还原动力学。试验结果表明，钛磁铁矿球-氢还原初期受化学团扩散混合控制；后期受气体通过产物铁层的扩散控制。

关键词：钛磁铁矿；氢还原；动力学

钛磁铁矿属于共生矿，含有多种有价金属铁、钒、钛、钪等元素。为了充分利用钛磁铁矿资源，国内已做了许多研究工作，但主要侧重于工艺研究。相比之下，钛磁铁矿还原机理等理论方面的研究则进行较少，所得结论也不一致[1,2]。

氢无污染，便于储存运输，标准状态下扩散能力比 CO 大 2.5 倍[3]，高温下的还原性比 CO 强。氢还原矿物的研究在国内外都是一个十分活跃的领域。因此，研究钛磁铁矿氢还原动力学是有意义的。

1　试验原料及方法

钛磁铁矿化学组成（%）为：TFe 50.97、Fe^{2+} 25.25、SiO_2 2.26、Al_2O_3 3.84、CaO 2.36、MgO 3.49、V_2O_6 1.78、TiO_2 10.38。X 射线衍射分析和矿相显微镜观察表明，钛磁铁矿主要矿物为磁铁矿，其次是钛铁矿、钛铁晶石。将钛磁铁矿磨至 0.074mm，加入适量水，制成不同粒级的球团烘干保存备用。还原剂氢来自钢瓶，经脱水处理满足实验要求。

从已有的资料看，国内外研究无腐蚀性气体产生的反应动力学一般都采用差重天平法。这种方法的准确性高，试样可大可小，使用方便，故为本实验选用。天平感量为 0.1mg，加热元件为硅碳棒，恒温带长 55mm。温度由 DWK-702 型精密温度控制器控制，控温精度±2℃。各次试验均在恒温条件下进行。试验时，将装入一定试样的吊篮放入恒温区，然后开始升温，升温过程用氢气保护，当温度达到指定温度时，关闭氩气通入氢气，启动天平记录失重量。还原度的计算按式（1）：

$$F = \frac{\Delta W_t}{\Delta W_0} \tag{1}$$

2　试验结果处理与讨论

实验首先在 900℃ 测定了还原气体流速对钛磁铁矿球团（$d \approx 10mm$）还原速率的影响。当气体流速增至 800mL/min。还原速率不再随气体流速的增加而增加，即外扩散的影

---

[1] 本文发表于《有色金属》，1992，44（2）：59~63。

响可忽略。为便于比较,确定本实验还原气体临界流速为 1000mL/min。

动力学需要考虑的另一因素是球团粒度对其还原速率的影响。图 1 所示是在 900℃ 当还原度达 75%、90% 和 95% 时,不同粒度的球团氢还原所需的时间。如还原速率主要受界面化学反应控制,由界面化学反应速率方程可知,对于一定的还原度,还原所需时间 t 与球团直径成正比。图 1 并不反映这一规律。当球团直径大于 4mm,气体通过产物层的扩散对还原速率起重要作用,当粒度较小时,粒度的影响不明显。

图 2 所示为温度对球团 ($d \approx 10$mm) 还原速率的影响,随温度的升高,还原速率增加。

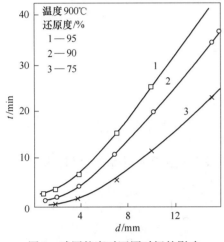

图 1　球团粒度对还原时间的影响

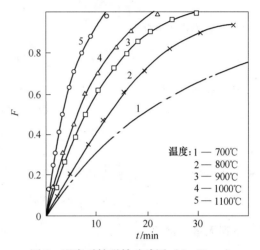

图 2　温度对钛磁铁矿球团 ($d \approx 10$mm) 还原速率的影响

部分还原试样显微结构分析表明,对于孔隙度为 10% 的球团,还原金属铁层与未还原氧化物层之间无明显的反应界面,未还原层中有一部分已被还原成金属铁,这意味着在未还原层中有一定的气体扩散,某些氧化物的还原在界面之前发生,其结构示意图如图 3 所示。

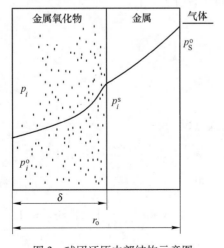

图 3　球团还原内部结构示意图

对于两组分气体 H_2-H_2O,组分的扩散能力与气体的组成无关。由于还原产物铁层的多孔特性，球团内的总压假定恒定并与主体气体压力相等。假定（1）维氏体孔壁上的反应与气体扩散同时发生；（2）孔洞相互连通，切面上均匀，在还原过程中空隙结构不发生变化。在稳态恒温恒压下，质量平衡方程用于图 3 的还原层与未还原层区有：

铁氧化物层 $0<r<\delta$

$$\frac{1}{r^2}\frac{d}{dr}\left(r^2\frac{dp_i}{dr}\right) = \frac{S\rho K_1}{D'_e}\left(p_i - \frac{p-p_i}{K_0}\right) \tag{2}$$

铁层稳态扩散 $\delta<r<r_0$

$$\frac{1}{r^2}\frac{d}{dr}\left(r^2\frac{dp_i}{dr}\right) = 0 \tag{3}$$

边界条件 B、C

$$dp_i(r=0) = 0$$
$$p_i(r=r_0) = p_i^s$$
$$\delta(i=0) = r_0$$

由式（2）、式（3）求出 p_i 后，则总的还原速率为局部还原速率的总和，即：

$$\bar{R} = \int_0^\delta 4\pi r^2 S\rho K_i \frac{p_i - (p-p_1)/K_0}{RT}dr \tag{4}$$

引入下列无量纲常数

$$Y = \frac{p_i}{p} - \frac{1}{1+K_0}; \quad x = \frac{r}{r_0}; \quad \varepsilon = \frac{\delta}{r_0}; \quad \tau = \frac{D_e t}{r_0}$$

则式（2）、式（3）变为：

$$\frac{1}{x^2}\frac{d}{dx}\left(x^2\frac{dy}{dx}\right) = \phi^2 y \quad 0 \leq x \leq \varepsilon \tag{5}$$

$$\frac{1}{x^2}\frac{d}{dx}\left(x^2\frac{dy}{dx}\right) = 0 \quad \varepsilon \leq x \leq 1 \tag{6}$$

边界条件 B、C 为：

(1) $\frac{dy}{dx(x=0)} = 0$。

(2) $y(x=1) = y_s$。

(3) $\varepsilon(\tau=0) = 1$。

用边界条件（1）积分式（5）得：

$$y_w = c_1 \frac{\sinh(\phi x)}{x} \quad 0 \leq x \leq \varepsilon \tag{7}$$

用边界条件积分式（6）得：

$$y_f = y_g + c_2\left(1 - \frac{1}{x}\right) \quad \varepsilon \leq x \leq 1 \tag{8}$$

又

$$y_{w(x=\varepsilon)} = y_{f(x=\varepsilon)}$$
$$D'_e \frac{dy_w}{dx}(x=\varepsilon) = D_e \frac{dy_f}{dx}(x=\varepsilon) \tag{9}$$

联解式(7)~式(9)并代入式(4)得：

$$\bar{R} = \frac{4\pi r_0 D_e Y_s p}{RT} \cdot \frac{1 - \frac{1}{\phi\varepsilon}\tanh(\phi\varepsilon)}{\frac{c_3}{\phi\varepsilon}\tanh(\phi\varepsilon) + c_4} \tag{10}$$

式中，$c_3 = \frac{1}{\varepsilon} + \theta\left(1 - \frac{1}{\varepsilon}\right)$；$c_4 = \theta\left(\frac{1}{\varepsilon} - 1\right)$；$\theta = \frac{D_e}{D_{e'}}$；$y_s = \frac{p_i^s}{p} - \frac{1}{1 + K_0}$；$\phi = r_0\left(\frac{1 + K_0}{K_0}\right)^{\frac{1}{2}} \cdot \left(\frac{s\rho K_1}{D_e}\right)^{\frac{1}{2}}$。

在铁与铁氧化物界面有

$$\frac{D_e \rho}{RT} \frac{1}{r_0} \frac{dy}{dx}(x = \varepsilon) = -\rho r_0 \frac{d\varepsilon}{dt} \tag{11}$$

联解式(7)~式(9)及式(11)并用边界条件 $\varepsilon(\tau = 0) = 1$ 得：

$$\frac{1}{\phi\theta}(1 - \varepsilon) + \frac{1}{2}(1 - \varepsilon^2) - \frac{1}{3}(1 - \varepsilon^8) + \frac{1}{\theta\phi^2}\ln\left(\frac{\phi - 1}{\phi_\varepsilon - 1}\right) = \frac{Y_s p}{RT\rho\theta}\tau \tag{12}$$

当球粒直径较大时，$\tanh\phi \approx 1$；$\phi - 1 \approx \phi$；
又 $\varepsilon = 1$ 时，$c_3 = 1$，$c_4 = 0$，故式(10)简化为：

$$\bar{R} = 4\pi r_0^2 (S\rho K_1 D_e)^{\frac{1}{2}} \left(\frac{1 + K_0}{K_0}\right) \frac{Y_s p}{RT}$$

联解式(12)得：

$$1 - (1 - F)^{\frac{1}{3}} = \frac{1}{pr_0}(S\rho K_1 D_e)^{\frac{1}{2}} \cdot \left(\frac{1 + K_0}{K_0}\right)^{\frac{1}{2}} \frac{p_i^s - p/(1 + K_0)}{RT} t \tag{13}$$

根据式(13)和图2数据，用 $[1 - (1 - F)^{1/3}]$ 对 t 作图，如图4所示，还原反应初期线性关系良好。但从式(13)可知，还原速率并不是处在单纯的界面化学反应控制

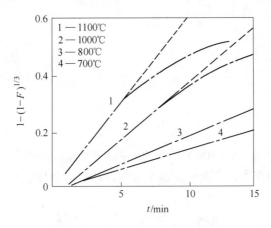

图4 $[1 - (1 - F)^{1/3}]$ 与 t 的关系

区，而是处于界面化学反应与扩散控制共同作用的混合控制区。以前均认为只要$[1-(1-F)^{1/3}]$与t成线性关系，还原速率一定处在界面化学反应控制区，由此而求出活化能。由式（13）看出，所求活化能是D_e、K_1、S综合作用的结果，而不是内在的活化能。

随着还原的进行，还原产物铁层变厚，从图4看出，按式（13）计算的值偏离直线，说明反应机理发生变化。这时$\varepsilon \ll 1$，而ϕ较大，式（12）简化为：

$$\frac{1}{6} - \frac{\varepsilon^2}{2} + \frac{\varepsilon^8}{3} = \frac{\tau y_g p}{\rho \theta RT}$$

而$F = 1 - \varepsilon^8$代入得

$$3 - 2F - 3(1-F)^{\frac{2}{3}} = \frac{6D'_e}{\rho r_0^2} \left[\frac{p_i^s + p/(1+K_0)}{RT} \right] t \tag{14}$$

用式（14）中$[3 - 2F - 3(1-F)^{\frac{2}{3}}]$对还原时间$t$作图，如图5所示，式（14）能很好地解释实验结果。随着还原的进行，还原产物铁层变厚，还原速率逐渐由混合控制向扩散控制过渡。取有关常数和图5直线斜率，用Arrhenius方程作图6，用线性回归求得D_e与温度的关系为：

$$\lg D_e = -3537.1/T + 2.0874$$

扩散活化能$E_A = 68 \text{kJ/mol} H_2 (700 \sim 1100℃)$。

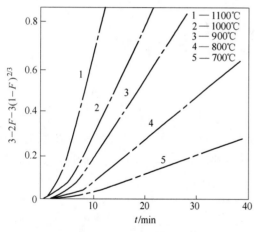

图5　$3 - 2F - 3(1-F)^{2/3}$与t的关系

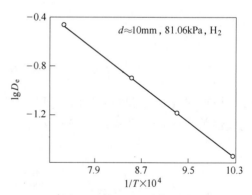

图6　氢还原钛磁铁矿球团有效扩散系数与温度关系

3　结论

氢还原钛磁铁矿球团（$d \approx 10$mm）在700~1100℃温度范围还原初期速率受界面化学反应与气体的扩散共同作用，后期还原速率受气体通过产物层的扩散控制。扩散系数与温度的关系：

$$\lg D_e = -3537.1/T + 2.0874$$

扩散活化能$68 \text{kJ/mol } H_2 (700 \sim 1100℃)$。

符 号 说 明

ΔW_0 试样初始含氧量，g
ΔW_t t 时刻试样失重量，g
r_0 球团初始半径，cm
r t 时刻未还原层半径，cm
δ 试样未还原层厚度，cm
ρ 球团内氧的含量，g/cm³
p 还原气体与生成气体压力之和，kPa
S 孔洞表面积，cm²
p_i^f 还原气体主体压力，kPa
D_e' 氧化物层中气体的有效扩散系数，cm²/s
p_i 还原气体局部分压，kPa
D_e 铁层中的有效扩散系数，cm²/s
p_i^s 还原气体平衡压力，kPa
F 还原度
K_0 化学反应平衡常数
t 还原时间
K_1 反应速率常数，cm²/s
$\bar{R}$ 球团还原总速率，g/s

参 考 文 献

[1] 彭瑞伍. 全国第一届冶金过程物理化学学术报告论文集. 1965, 114~121.
[2] 何其松. 钢铁, 1973 (2): 40~45.
[3] Elatahechy S K. Metall Trans, 1979, 10B: 257.

催化还原碳钛磁铁矿反应动力学[1]

兰尧中　刘纯鹏

（云南师范大学）（昆明工学院）

摘　要：本文借助于热重分析法，测定钛磁铁矿碳热还原动力学。试验结果表明，添加碱金属碳酸盐能够加速钛磁铁矿碳热还原反应。催化作用顺序 $Na_2CO_3 > Li_2CO_3$。

关键词：钛磁铁矿；碳还原；碱金属碳酸盐；催化反应动力学

在我国攀西地区，有着丰富的钛磁铁矿，高炉冶炼是处理钛磁铁矿的有效方法，但这一工艺需要大量的优质冶金焦，渣中的有益元素 Ti 不能很好地利用。为了充分利用钛磁铁矿资源，综合回收有益元素 Fe、Ti、V，国内开展了直接还原钛磁铁矿制取微钛铁粉和富集二氧化钛的试验工作。钛磁铁矿碳热还原是直接还原钛磁铁矿制取微钛铁粉和富集二氧化钛的重要化学反应。加速该化学反应的速率对于增加产率、节能降耗有实际意义。本文旨在考察碱金属碳酸盐 Li_2CO_3、Na_2CO_3 对钛磁铁矿碳热还原的催化反应动力学。

1　实验和结果

钛磁铁矿及还原剂木炭的化学组成（质量分数）为：TFe 50.97%；Fe^{2+} 25.25%，SiO_2 2.26%，Al_2O_3 3.84%，CaO 2.36%，TiO_2 10.38%，MgO 3.49%，V_2O_5 1.78%；固定碳 95.05%，挥发分 1.80%，水分 2.50%，灰分 2.65%，二者的粒度均为 $-76\mu m$。添加剂 Li_2CO_3、Na_2CO_3 为试剂纯，反应管为高铝管，内径为 50mm，恒温带长 50mm，温度由精密温度计控温。通入 Ar 气载流，当反应管的温度达到指定温度，将均匀混合的试样放入恒温区，启动天平自动记录失重量。

当 $C/(Fe, Ti)_3O_4 = 4 : 1$ 时，分别添加 5% Li_2CO_3，5% Na_2NO_3 均能对钛磁铁矿的碳热还原反应起催化作用，未添加碱金属碳酸盐的则不能，Li_2CO_3 的催化作用与 Na_2CO_3 的催化作用相比，$Na_2CO_3 > Li_2CO_3$。

用 $\ln(1-R)$ 对 t 作图分别处理实验数据，R 是应变温度 t 对试样中碳和氧的质量损失与理论损失之比，处理后的数据如图 1 所示。借助于 Arrhenius 关系式，采用最小二乘法，可求出速率常数与温度的关系为：

$$\lg k_1 = -11260.6/T + 7.4876, \quad E_{a1} = 215 kJ/mol (900 \sim 1150℃)$$

添加 5% Li_2CO_3 时，$\lg k_2 = -9740.3/T + 6.5113, \quad E_{a2} = 186 kJ/mol (900 \sim 1050℃)$

添加 5% Na_2CO_3 时，$\lg k_3 = -9115.7/T + 6.3771, \quad E_{a3} = 174 kJ/mol (900 \sim 1050℃)$

---

[1] 本文发表于《金属学报》，1996，32（5）：502，503。

Li$_2$CO$_3$ 和 Na$_2$CO$_3$ 的熔点分别为 726℃ 和 850℃，在本实验温度范围它们呈融熔状态均匀分布于碳表面。

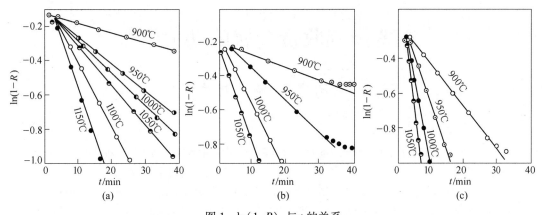

图 1　ln(1−R) 与 t 的关系
(a) 无催化剂；(b) 5%Li$_2$CO$_3$；(c) 5%Na$_2$CO$_3$

2　结论

钛磁铁矿碳热还原反应速率受碳的气化反应控制，当添加 5%Li$_2$CO$_3$ 和 5%Na$_2$CO$_3$ 时，反应活化能由 215kJ/mol 分别降为 186kJ/mol 和 174kJ/mol，催化作用 Na$_2$CO$_3$>Li$_2$CO$_3$。

铜置换回收贵金属的动力学

熊宗国　王瑛　刘纯鹏

摘　要：本文研究了 Pt、Pd、Au、Rh 及 Ir 在盐酸介质中用铜置换的动力学。通过体系电位的测定，了解到贵金属置换率与体系电位的关系，并与计算所得的结果一致。研究了置换速度与温度、酸度及搅拌速度的关系。其结果为：温度对 Au、Ir 的反应速度无明显影响，而对 Pt、Pd 及 Rh 影响较大，大于 60℃时能加快其反应速度，并在 60℃均有转折。酸度时 Ir 的置换无影响，酸度增加能使 Au 的置换速度减慢，酸度在 1.75~2.14mol/L 对 Pt、Pd 及 Rh 均有较好的效果。当温度大于 60℃时，置换速率常数对数值与搅拌速度成直线关系增加。

实验证明：铜置换贵金属为一级反应，即 $\lg \dfrac{C_0}{C_t}$ 与反应时间成直线关系。置换反应速度大小顺序为：Au>Pd>Pt>Rh>Ir。Ir 在各实验条件下均不被置换。通过显微镜观察及 X 射线结构分析，研究了晶核生成速度及晶粒生长速度与温度、时间的关系。讨论了该过程的反应机理。

在贵金属冶金过程中，用铜从含大量贱金属、少量贵金属混合液中，分离、富集贵金属早已得到应用，但对该过程的动力学及反应机理的研究，迄今报道很少。

该法的特点是：能处理高酸度、贱金属含量高，贵金属含量低的溶液，直收率高，适宜于处理低品位物料及废液、废料的回收。

1　试液配制及实验方法

试液用英国 J.M.C 出品光谱纯 Na_2PtCl_8、Na_2PdCl_8、$(NH_4)_3RhCl_8$、$(NH_4)_2IrCl_6$（铵盐用盐酸反复处理）及纯度 99.99% 的 Au 经溶解后与一定量的铜、镍离子配制而成，其浓度见表 1。

表 1　试液成分

金属	Pt	Pd	Au	Rh	Ir	Cu	Ni
浓度/g·L^{-1}	0.225	0.225	0.270	0.075	0.044	13.09	23.95
浓度/mol·L^{-1}	1.15×10^{-3}	2.11×10^{-3}	1.37×10^{-3}	0.73×10^{-3}	0.22×10^{-3}	206×10^{-3}	408×10^{-3}

实验在 1000mL 玻璃缸中进行，每次用试液 600mL，玻璃缸上加盖并装有冷凝器，温度计及甘汞-铂电极。恒温器加热（温差±0.5℃）。铜片制成圆形，有效面积 201.28cm^2，旋转速度 280r/min，用饱和甘汞-铂电极测定体系电位。

---

[1] 本文发表于《贵金属》，1982，3（1）：1~11。

2 实验结果及讨论

2.1 贵金属氯络离子置换反应分析

在进行用铜置换过程中,首要的问题应该从热力学上了解的是离解后的自由离子被还原或者络合物中心离子直接被还原为金属。

金及铂族金属氯络离子的不稳定常数很小[1]。结合本实验所配制的浓度计算出离解的自由离子浓度见表2。

表2 贵金属氯络离子不稳定常数及计算的自由离子浓度

络离子离解反应	不稳定常数 K	按表1浓度计算的自由离子浓度/mol·L^{-1}
$AuCl_4^- \rightleftharpoons Au^{3+}+4Cl^-$	5×10^{-22}	1.18×10^{-24}
$PtCl_4^{2-} \rightleftharpoons Pt^{2+}+4Cl^-$	1×10^{-16}	2.00×10^{-19}
$PdCl_4^{2-} \rightleftharpoons Pd^{2+}+4Cl^-$	1×10^{-7}(1×10^{-17})	4.92×10^{-17}
$RhCl_6^{3-} \rightleftharpoons Rh^{3+}+6Cl^-$	1×10^{-12}	3.07×10^{-15}
$IrCl_6^{3-} \rightleftharpoons Ir^{3+}+6Cl^-$	1×10^{-14}	4.63×10^{-17}

注:在计算时氯离子浓度均取1mol。

根据贵金属氯络离子及自由离子的浓度以及它们的标准还原电位可以计算出体系的还原电位和还原反应自由能,见表3。

表3 置换反应自由离子及氯络离子反应自由能比较

离子反应	$E_M^{\ominus}$/V	$E_{Cu}^{\ominus}$/V	E/V	$\Delta F=-nEF$/kJ·mol^{-1}
$Au^{3+}+1.5Cu \rightleftharpoons Au+1.5Cu^{2+}$	1.5	0.34	0.69	-199.900
$Pd^{2+}+Cu \rightleftharpoons Pd+Cu^{2+}$	0.987	0.34	0.167	-32.230
$Pt^{2+}+Cu \rightleftharpoons Pt+Cu^{2+}$	1.20	0.34	0.0995	-19.200
$Rh^{3+}+1.5Cu \rightleftharpoons Rh+1.5Cu^{2+}$	0.86	0.34	0.178	-51.530
络离子反应	$E_{MX_m^{n-}}^{\ominus}$	$E_{Cu}^{\ominus}$		
$AuCl_6^{3-}+1.5Cu \rightleftharpoons Au+1.5Cu^{2+}+6Cl^-$	1.00	0.34	0.63	-182.000
$PdCl_4^{2-}+Cu \rightleftharpoons Pd+Cu^{2+}+4Cl^-$	0.64	0.34	0.252	-48.500
$PtCl_4^{2-}+Cu \rightleftharpoons Pt+Cu^{2+}+4Cl^-$	0.73	0.34	0.33	-64.000
$PtCl_6^{2-}+2Cu \rightleftharpoons Pt+2Cu^{2+}+6Cl^-$	1.45	0.34	1.08	-416.800
$IrCl_6^{3-}+1.5Cu \rightleftharpoons Ir+1.5Cu^{2+}+6Cl^-$	0.72	0.34	0.333	-96.538

注:Cu^{2+}及贵金属离子浓度均按表1;自由离子浓度按表2;氯离子浓度按实验所用取为1mol。

从计算的数据可知,金的置换两种情况都可能,钯和铂则氯络合离子被置换的趋势稍大一些。四价铂的氯络离子被置换的趋势最大。

2.2 置换体系电位变化与置换率的关系

根据表3数据,置换反应用氯络离子直接与铜发生还原反应进行计算电位变化与置换率的关系是合理的。按 Nernst 公式氧化还原体系变化与离子浓度的关系可用式(1)

计算[2]：

$$E = E^{\ominus} + \frac{0.060}{n} \lg \frac{[\mathrm{MCl}_m^{x-}]}{[\mathrm{Cu}^{2+}]^{\frac{m-x}{2}}} \tag{1}$$

式中　E——体系中的还原电位；

　　　$E^{\ominus}$——贵金属络合离子及铜离子标准还原电位的代数和；

　　　M——贵金属；

　　　x——络离子电荷；

　　　m——络离子中心离子配位数。

按式（1）计算出电位变化与置换率的关系，如图1所示。

根据实验所得电位变化与置换率的关系，如图2所示。

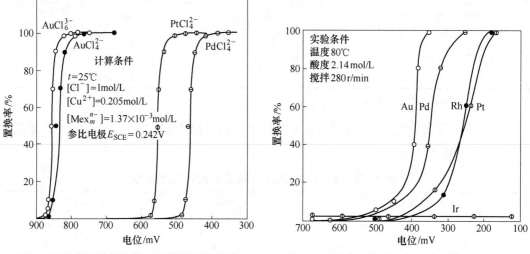

图1　置换率与体系电位（计算值）的关系　　图2　置换率与体系电位（实测值）的关系

由图1及图2比较可以看出，它们变化的规律是一致的，即置换率（%）随体系电位的减小而增大。实验和计算的电位均以饱和甘汞电极作参比（$E_{\mathrm{SCE}}=0.242\mathrm{V}$）。

2.3　置换反应方程式及速率常数

由电化学推导出置换反应速度方程式为[3]：

$$\frac{\mathrm{d}C_{\mathrm{M}}}{\mathrm{d}t} = K_t \cdot C_{\mathrm{M}} \left\{ 1 - \frac{C_{\mathrm{M}^{n_1/n_2}}}{C_t} \exp\left[\frac{-n_1(\varepsilon_2^{\ominus} - \varepsilon_1^{\ominus})F}{RT}\right] \right\} \tag{2}$$

式中　C_{M}——贵金属离子在t时间的浓度；

　　　C_t——贱金属离子在t时间的浓度；

　　　n_1，n_2——相应金属离子电荷；

　　　$\varepsilon_1^{\ominus}$，$\varepsilon_2^{\ominus}$——相应金属的标准电位；

　　　K_t——置换反应速率常数。

在所研究的置换体系中，贵金属离子浓度很小而贱金属离子浓度很大（为模拟生产实际溶液特配有较多的铜、镍离子），特别是在置换反应进行中铜离子浓度不断升高，贵金属离子不断下降，则 $C_{M^{n_1/n_2}}/C_t$ 的值变为极小，以致式（2）右边括号中第二项可以忽略。

故
$$\frac{dC_M}{dt} = K_t C_M \tag{3}$$

积分式（3）得
$$\lg \frac{C_0}{C_t} = K_t \cdot \frac{A}{2.303} t \tag{4}$$

式中 C_0——贵金属离子初始浓度；

C_t——贵金属离子在 t 时间的浓度；

A——置换铜片的面积；

t——反应时间；

K_t——置换反应速率常数。

由式（4）可知，$\lg \frac{C_0}{C_t}$ 与时间 t 成直线关系。

实验数据经过整理，用 $\lg \frac{C_0}{C_t}$ 对时间作图，在各温度下获得一直线关系如图 3 所示。

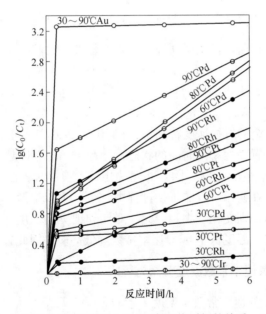

图 3　不同温度下 $\lg C_0/C_t$ 与反应时间的关系

按图 3 求直线斜率并应用式（4）可以计算求得置换反应速率常数。从图 3 可以看出，在开始一段时间（即在半小时以内）在各温度下，金及铂族金属为铜置换的反应速度均较快，特别是金和钯。在 20min 以后，速度转慢，直线斜率减小，这是符合置换规律的[4,5]。其原因是由于铜的表面在开始一段时间沉积物很少，贵金属离子浓度也比较大，传质较快。自此以后，置换沉积物增多，离子扩散变为过程的限制步骤，速度减慢并发生转折[4]。按图 3 求置换反应速率常数并以其对数值对温度倒数作图获得直线关系如图 4 所示。

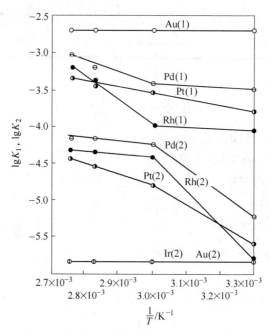

图 4　速率常数对数值与温度（1/T）的关系

从图 4 看出，在初始阶段的贵金属速率常数均较大，它们的大小顺序为：

$$K_{Au(1)} > K_{Pd(1)} > K_{Pt(1)} > K_{Rh(1)} > K_{Ir(1)} \tag{5}$$

在第二阶段反应中，大小顺序为：

$$K_{Pd(2)} > K_{Rh(2)} > K_{Pt(2)} > K_{Au(2)} = K_{Ir(2)} \tag{6}$$

除 Au 和 Ir 而外（金的置换速度特别快，在 20min 左右基本上已置换 99% 左右，而铱则置换非常慢，原始的置换速率与时间的状态图已略），温度对钯、铂及铑的置换速度影响颇大而且在 60℃ 均有转折。文献 [4] 报道，用锌置换镉时，在 30℃ 左右也具有转折。

从图 4 中还看出，在初始阶段的置换过程中，在 60℃ 以上速率常数增大更为显著，特别是铑，其次是钯，而铂则变化较小。因此，对铑和钯提高温度在 60℃ 以上效果较显著。第二阶段置换速度表明，温度低于 60℃ 速率常数降低甚多，因此置换温度应大于 60℃。

2.4　置换反应活化能及速率常数温度关系方程式

按图 4 求 60℃ 以上的速率常数与温度关系的方程式见表 4。

表 4　活化能及速率常数温度关系方程式

贵金属	活化能/kJ·mol^{-1}	速率常数方程式/(min·cm^2)$^{-1}$
Au（1）	0	$K_{Au(1)} = 1.9 \times 10^{-3}$
Pd（1）	30.639	$K_{Pd(1)} = 2.48 \times 10 \exp\left(\dfrac{-30639}{RT}\right)$
Pt（1）	17.508	$K_{Pt(1)} = 1.5 \times 10^{-1} \exp\left(\dfrac{-17508}{RT}\right)$
Rh（1）	61.677	$K_{Rh(1)} = 5.7 \times 10^5 \exp\left(\dfrac{-61677}{RT}\right)$

续表 4

贵金属	活化能/kJ·mol^{-1}	速率常数方程式/(min·cm²)$^{-1}$
Ir（1）	0	$K_{Ir(1)} = 1.15 \times 10^{-5}$
Au（2）	0	$K_{Au(2)} = 1.49 \times 10^{-8}$
Ir（2）	0	$K_{Ir(2)} = 1.49 \times 10^{-8}$
Pd（2）	9.710	$K_{Pd(2)} = 1.95 \times 10^{-3} \exp\left(\dfrac{-9710}{RT}\right)$
Pt（2）	27.100	$K_{Pt(2)} = 2.9 \times 10^{-1} \exp\left(\dfrac{-27100}{RT}\right)$
Rh（2）	7.640	$K_{Rh(2)} = 6.75 \times 10^{-4} \exp\left(\dfrac{-7640}{RT}\right)$

注：（1）为初始还原阶段；（2）为最后还原阶段。

2.5 盐酸浓度对反应速率的影响

将原始数据经过整理用 K_M 对盐酸浓度（mol/L）作图如图 5 所示。

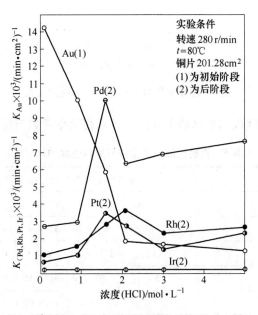

图 5 速率常数与酸度的关系

从图 5 中看出，盐酸浓度的增加对金置换速度是不利的。对 Pd、Pt 及 Rh 来说，盐酸浓度在 1.75~2.14mol/L 均具有较好的效果。对铱来说置换速度本来就很小，盐酸浓度对其置换反应速度没有作用。

2.6 搅拌速度的影响

将原始数据经过整理用 $\lg K_{M(2)}$ 对搅拌速度作图获得直线关系如图 6 所示。从图 6 可知，置换速率常数对数值随搅拌速度增加而增大，求直线斜率得：

$$\frac{d\lg K_{M(2)}}{d\omega} = \beta' (\text{常数}) \tag{7}$$

因此
$$\lg K_{M(2)} = \beta'\omega + C \tag{8}$$

$$K_{M(2)} = C\exp(\beta\omega) \tag{9}$$

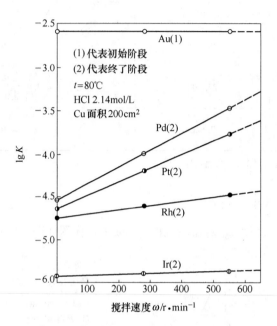

图 6 速率常数对数值与搅拌速度的关系

速率常数与搅拌速度成指数函数关系。由此求得速率常数与搅拌速度的计算式见表5。

表 5 置换反应速率常数与搅拌速度的计算式

贵金属	速率常数与搅拌速度关系计算式
Au	$K_{Au(1)} = 3.06 \times 10^{-3}$(与 ω 无关)
Pd	$K_{Pd(2)} = 3.1 \times 10^{-5} \exp(4.4 \times 10^{-3}\omega)$
Pt	$K_{Pt(2)} = 2.34 \times 10^{-5} \exp(3.6 \times 10^{-3}\omega)$
Rh	$K_{Rh(2)} = 1.80 \times 10^{-5} \exp(1.05 \times 10^{-3}\omega)$
Ir	$K_{Ir(2)} = 1.35 \times 10^{-6} \exp(5.02 \times 10^{-4}\omega)$

2.7 置换反应机理

按文献 [5] 铂族金属卤素络离子的特征，氧化还原反应要能发生于中心离子与配位卤素离子之间并建立平衡关系，例如：

$$[PtCl_6]^{2-} \rightleftharpoons [PtCl_4]^{2-} + Cl_2 \tag{10}$$

$$[PdCl_6]^{2-} \rightleftharpoons [PdCl_4]^{2-} + Cl_2 \tag{11}$$

特别是四价钯是不稳定的，自由的氯能够容易在体系中被发现，而 $[PtCl_6]^{2-}$ 还原为

[PtCl$_4$]$^{2-}$时，P_{Cl_2} = 10^{-20}数量级。另外的例子是亚铁（Fe^{2+}）在强碱性介质中不仅把[PtCl$_6$]$^{2-}$还原成[PtCl$_4$]$^{2-}$而且还原成金属铂[1]。这是因为Fe^{2+}在碱性溶液中溶度积非常小。显然可以推断当有较强的还原剂如铜存在时，铂族金属氯络离子的配位离子团将受到破坏并脱落，中心离子被还原成金属。表3的数据表明，氯络离子直接被铜还原的热力学趋势是相当大的。

置换反应的进行首先由金属铜作为阳极基底与溶液中贵金属络合离子或离解的自由离子组成氧化还原体系。此体系借助于贵金属离子由主体溶液向沉积-溶液界面的扩散，与此同时电子由溶解金属表面位置传送到沉积的表面位置上，使被还原的贵金属离子沉积于基底金属上，或合并生长于已沉淀的金属上。此时，失去电子的基底金属离子（Cu^{2+}）进入溶液向沉积-溶液界面和主体溶液扩散转移。整个反应过程可由图7阐明。

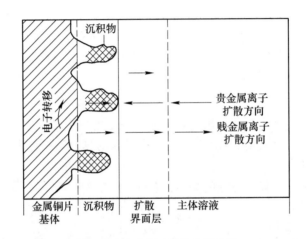

图7 置换反应过程机理示意图

由于贵金属氯络离子团及自由离子半径均较大，移动较慢。所以置换体系反应中络离子或自由离子向沉积-溶液界面扩散是过程的限制步骤。实验数据证明，增加搅拌速度，置换速度随之增大（见图6及表5）。

2.8 置换沉积物晶粒生成速度

晶粒的粗细大小，取决于晶核生成速度与晶粒生长速度之比。若成核速度远远大于晶粒生长速度，则沉积物将为细粉末状。反之，沉积物将为粗大颗粒。在该实验条件下，贵金属氯络离子在铜表面接受电子后还原为原子状态，沉积于基底铜表面，随着置换反应进行，晶粒变得粗大直至形成块状从铜片表面脱落。由此可知，该过程是晶粒生长速度远远大于晶核的生成速度[7]。图8所示为贵金属沉积物晶粒大小与温度的关系图。从图8可以看出，低温（21℃）晶粒成长缓慢，经1h，沉积物仍是细粉末状，置换速度也很慢。当温度为80℃或90℃时，晶粒成长加快，沉积物晶粒变为粗大，不到1h，形成块状从铜表面脱落。由此可知，温度对置换速度及晶粒成长速度的影响均很大，置换贵金属温度宜在80℃左右为佳。

贵金属置换沉积物经X射线衍射结构分析，为多组分的混合物，无合金状态存在。

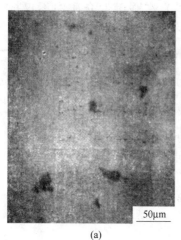  

图 8　晶粒成长速度与温度的关系
(a) 21℃, 60min; (b) 80℃, 60min; (c) 90℃, 60min

3　结语

（1）按热力学计算贵金属氯络离子和离解后的自由离子被铜置换的自由能均为负值，两者相差不大，对于铂和钯氯络离子直接为铜所还原的热力学趋势更大一些。因此，两种离子均可能为铜所置换。

（2）贵金属置换率与体系点位的关系符合

$$E = E^{\ominus} + \frac{RT}{nF}\ln\frac{C_M}{C_N}$$

并结合实验所用金属离子浓度计算了置换率与电位变化的关系与实验所测得的状态曲线做了比较是一致的。

（3）贵金属置换的无因次浓度比 $\left(\lg\dfrac{C_0}{C_t}\right)$ 与时间成直线关系并有转折点，表明初始浓度反应速度较快，二阶段（转点以后）是扩散限制步骤，搅拌速度的影响以及二阶段活化能均小于10kcal/mol（即小于41.75kJ/mol）。

（4）验证：贵金属置换反应是一级反应。

（5）置换的贵金属沉积物易脱落，是由于晶粒生长速度大于晶核生长速度所致。

参考文献（略）

选择氯化分离贵金属的动力学研究[①]

熊宗国 王瑛 刘纯鹏

摘 要：控制体系电位在400mV下，研究Cu_2S、Cu、Ni在盐酸溶液中氯化浸溶的动力学，考察温度、酸度、氯气流量及搅拌速度对反应速度的影响。最后得速率常数、活化能及动力学方程式。

1 前言

控制体系电位选择性氯化分离贵贱金属虽然用于工业生产[1,2]，但尚存在着贱金属分离不够彻底，贵金属（Os、Ru）有一定的损失等问题。本文从动力学方面对该过程进行研究，找出影响贱金属浸出效果及反应速度的各种因素，以提高反应速度、分离效果及贵金属的回收率。由于贵金属在电位400mV下，除Os、Ru有少量溶解外，其余贵金属均不转入溶液，对它们在各电位下的溶出情况已经做过详细考查[1]，本文仅对贱金属（CuS、Cu及Ni）氯化过程动力学进行研究。

2 实验部分

实验所用的试料纯度、比表面及平均直径列于表1。实验用单一试料、在2500mL五口烧瓶中进行。水浴加热（温差±0.5℃）机械搅拌（转速750r/min），氯气流量用毛细管流量计计算，用铂-饱和甘汞电极、PXD-2型离子计测定体系电位。

表1 试料性状

试料	Cu_2S	Cu	Ni
纯度/%	德国 E.M.D 出品含 S：20.54	99.95	99.9
比表面/$m^2 \cdot g^{-1}$	0.71	0.42	0.54
平均直径/μm	1.47	1.60	1.25

实验中按拟定条件控制温度、酸度、搅拌速度及氯气流量，测定其体系电位。随反应的进行及电位的变化，定时取样分析，计算出各物料在相应时间及电位下的浸溶率及反应速度。当电位400mV时，停止实验，绘制出各物料在不同条件下的关系曲线。

[①] 本文发表于《贵金属》，1986，7（3）：6~15。

3 实验结果

3.1 浸溶率-电位图

Cu_2S、Cu 及 Ni 在浸溶过程中电位变化与浸溶率的关系如图 1 所示，电位变化与浸溶时间的关系如图 2 所示。

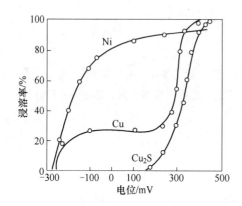

图 1 浸溶率与体系电位的关系
（温度 80℃，酸度 2mol/L，转速 750r/min，Q_{Cl_2} 90cm³/min）

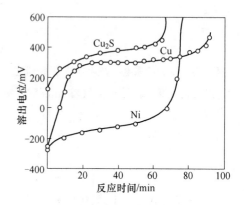

图 2 溶出电位与时间的关系
（温度 80℃，酸度 2mol/L，转速 750r/min，Q_{Cl_2} 90cm³/min）

不同物料有不同的溶出电位。在实验条件下，80% 的 Ni 是在负电位下溶出，而 Cu_2S 则是在正电位 150~450mV 溶出，Cu 在加料时电位出现负值，而 80% 的 Cu 是在 300~350mV 下溶出。由此看出，当体系电位控制在 400mV 时，Cu、Ni 等贱金属及其化合物基本上全部转入溶液。

图 2 中各电位曲线的平缓段为物料在该电位下进行溶解，突跃段为物料在该电位下不发生反应或接近溶解完全，氯气过剩，电位急剧上升。图 3 所示为以高冰镍磨浮所产的磁性铜镍合金，经盐酸浸出后的含贵金属铜渣为原料，用控制电位选择性氯化分离贵贱金属所得的结果。从图 1 和图 3 可以看出，当体系电位控制

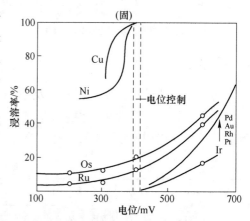

图 3 电位与金属浸溶率的关系
（温度 80℃，酸度 2mol/L，转速 750r/min，Q_{Cl_2} 90cm³/min，固：液 = 1∶10）

400mV 时，98% 以上的 Cu、Ni 等贱金属转入溶液，而贵金属除溶解少量 Os、Ru 外均不溶解留于渣中，可见应用该法分离贵贱金属能获得满意的效果。

3.2 Cu_2S 氯化浸溶

（1）温度影响。图 4 所示为 Cu_2S 在其他条件一定时，温度对浸溶速度的影响。实验

数据的处理是用剩余反应层分数的平方值 $(1-\delta)^2$ 与时间 t 作图，获得较好的线性关系（图中反应层分数 $\delta = 1 - \sqrt[3]{1-\dfrac{x}{100}}$，$\dfrac{x}{100}$ 为物料反应率，下同）。

（2）氯气流量。图 5 所示为 Cu_2S 在其他条件一定时，氯气流量对浸溶速率的影响。Q_{Cl_2} 代表 Cl_2 流量（cm^3/min）。

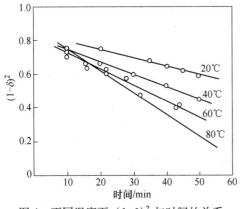

图 4　不同温度下 $(1-\delta)^2$ 与时间的关系
（酸度 2mol/L，转速 750r/min，Q_{Cl_2} 90cm³/min）

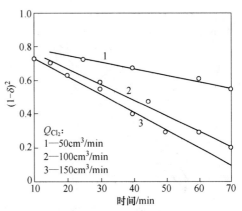

图 5　不同氯气流量时 $(1-\delta)^2$ 与时间的关系

（3）酸度。图 6 所示为 Cu_2S 在其他条件一定时，盐酸浓度对浸溶速率的影响。

（4）Cu_2S 在氯化浸溶中 Cu^+ 与 Cu^{2+} 生成速率比与时间的关系。图 7 所示为在不同温度下 Cu^+ 与 Cu^{2+} 在浸溶过程中的 $v_{Cu^+}/v_{Cu^{2+}}$ 比值与浸溶时间的关系。由图 7 看出，$v_{Cu^+}/v_{Cu^{2+}}$ 比值在低温（21℃）时，随反应时间增长而增大，即在低温下 Cu^+ 生成速率大于 Cu^{2+}，在 40~80℃则与此相反。这表明提高温度有利于 Cu^+ 受 Cl_2 的氧化，由此也证明 Cu_2S 氯化浸溶的反应机理，即两种状态的铜离子生成速率与温度和时间的关系。

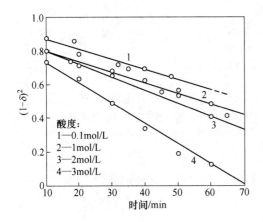

图 6　不同酸度中 $(1-\delta)^2$ 与时间的关系
（条件同前，Q_{Cl_2} 100cm³/min）

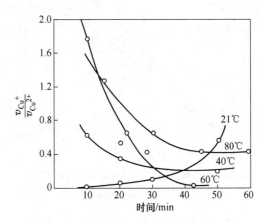

图 7　Cu^+ 和 Cu^{2+} 生成速度比值与时间的关系
（条件同前，速度 $v = \dfrac{\Delta x\%}{\Delta t}$）

3.3 Cu 的氯化浸溶

（1）温度影响。在其他条件一定，温度对 Cu 氯化浸溶的影响，其结果用反应层分数与时间 t 作图（见图 8）。

（2）氯气流量。Cu 在其他条件一定，氯气流量对浸溶速率的影响如图 9 所示。

（3）盐酸浓度。Cu 在其他条件一定，盐酸浓度对浸溶速率的影响如图 10 所示。

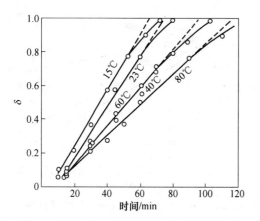

图 8　不同温度反应层分数 δ 与时间的关系
（条件同前，固∶液 = 1∶100）

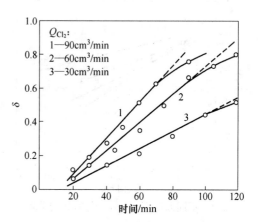

图 9　不同氯气流量反应层分数 δ 与时间的关系
（条件同图 8）

3.4 Ni 的氯化浸溶

（1）Ni 在其他条件一定，温度对浸溶速率的影响如图 11 所示。

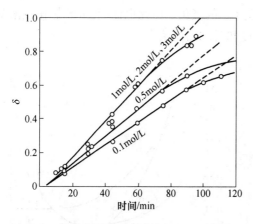

图 10　不同酸度，反应层分数 δ 与时间的关系
（条件同图 8，Q_{Cl_2} = 90cm³/min）

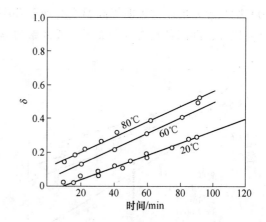

图 11　不同温度，反应层分数 δ 与时间的关系
（条件同前，Q_{Cl_2} = 60cm³/min）

（2）Ni 在氯化浸溶中其他条件一定，氯气流量对浸溶速率的影响如图 12 所示。

（3）Ni 氯化浸溶在其他条件一定，盐酸浓度对浸溶速率的影响如图 13 所示。

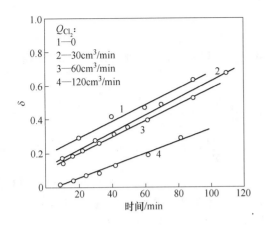

图 12 不同氯气流量反应层分数 δ 与时间的关系
（条件同前）

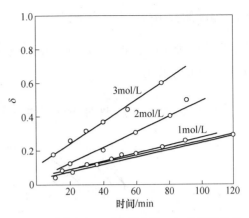

图 13 不同酸度，反应层分数 δ 与时间的关系
（条件同前）

4 讨论

4.1 动力学方程式及控制环节

按图 4 可知，$(1-\delta)^2$ 与时间成直线关系，由此得各温度下共通的动力学方程式：

$$(1-\delta)^2 = -K_{Cu_2S}t + A \tag{1}$$

式中　K_{Cu_2S}——氯化浸溶中 Cu_2S 的速率常数，是温度的函数，由各直线斜率可以求得；

　　　A——另一常数，由直线截距求得。

由动力学方程可知，Cu_2S 的氯化浸溶为氯气扩散限制环节[3,4]。

从图 8~图 10 可知，Cu 的氯气浸溶反应层分数（δ）对时间 t 作图，其状态曲线均是由直线关系转变为抛物线关系，其共通的动力学方程为：

$$\frac{d\delta}{K_t} + \frac{d(1-\delta)^2}{K_p} = dt \tag{2}$$

式中　K_t——直线速率常数；

　　　K_p——抛物线速率常数。

由式（2）可知，在开始一段时间的直线关系，由于产物（Cu^{2+}、Cu^+）浓度很稀，是化学反应限制环节。随着反应的进行产物浓度增大，就转变为扩散限制环节。温度越低、氯气量越大、酸度越高，转变的时间越短。

按图 11 可知，Ni 的氯化浸溶反应层分数（δ）与时间 t 成直线关系，其动力学方程式为：

$$\delta_{Ni} = K_{Ni} + B \tag{3}$$

式中　δ_{Ni}——反应层分数；

　　　K_{Ni}——速率常数，是温度的函数，由各直线斜率求得；

　　　B——常数，由各直线截距求得。

由动力学方程（3）可知，Ni 的氯化浸溶是化学限制环节[5]。

4.2 温度的影响和速率常数方程式

将上列式（1）、式（3）分别用反应时间 t 对 $(1-\delta)^2$ 及 δ_{Ni} 进行微分，则得 Cu_2S、Cu 及 Ni 的速率常数。

$$K_{Cu_2S} = 2(1-\delta)\frac{d\delta}{dt} \tag{4}$$

$$K_t + K_p = d\delta/dt + 2(1-\delta)\frac{d\delta}{dt} \tag{5}$$

$$K_{Ni} = d\delta/dt \tag{6}$$

按式（4）~式（6）分别由图4、图8及图11的实验数据求得各温度下的速率常数，并以其对数值与相应温度（$1/T$）作图获得线性关系（见图14）。

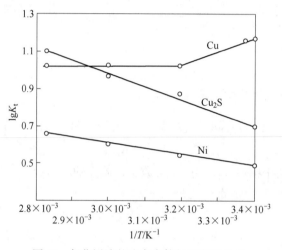

图14 氯化浸溶的速率常数与温度的关系
（条件同前）

根据图14数据分别求得 Cu_2S、Cu 及 Ni 在氯化浸溶中的速率常数-温度（$1/T$）方程及活化能（见表2）。

表2 Cu_2S、Cu 及 Ni 反应速率常数方程式及活化能

反应物	活化能/kcal·mol^{-1}	速率常数方程式 $K_t = A\exp\left(\dfrac{-E}{RT}\right)$	
Cu_2S	3.203	$1.21\exp\left(\dfrac{-3.203}{RT}\right)$	(7)
Cu(15~40℃)	-3.545	$3.5\times10^{-5}\exp\left(\dfrac{-3.545}{RT}\right)$	(8)
Cu(40~80℃)	0	1.2×10^{-2}（常数）	(9)
Ni	1.386	$3.3\times10^{-2}\exp\left(\dfrac{-1.386}{RT}\right)$	(10)

从图 14 及表 2 看出，温度对 Cu_2S 在氯化过程中的影响颇大，这是由于 Cu_2S 在反应中所产生的元素硫膜层随温度升高进行结聚，有利于氯的扩散，直接与未反应的 Cu_2S、CuS 继续发生反应。

图 8 及图 14 表明 Cu 在氯化浸溶过程中，温度在 15~40℃ 范围内速率常数随温度升高而降低，在 40~80℃ 范围内速率常数与温度无关。其原因可解释如下：由公式（5）及图 8 可知，Cu 的氯化浸溶先是 Cl_2 与 Cu 的化学反应限制环节，后转为 Cu^{2+}、Cl_2 的扩散控制环节，因而在溶液的浓度和表面吸附起着决定性的作用。温度与氯气浓度（也包括氯气的吸附）对 Cu 在溶液中的氯化反应速率起着正反两种作用，即升高温度固然有利于提高反应速率常数，但同时又降低 Cl_2 在溶液中的浓度，因而不利于下列反应向右进行。

$$Cl_2(气) \rightleftharpoons Cl_2(溶) \tag{11}$$

$$Cu(固) + Cl_2(溶) \rightleftharpoons Cu-2Cl(吸) \longrightarrow CuCl_2 \tag{12}$$

而促进反应速率降低，即

$$-\frac{d[CuCl_2]}{dt} = K_{Cu}[Cl]^2 \tag{13}$$

反应速度随温度升高而降低，将导致 Arrhenius 经验式中的活化能为负值，这种情况不仅是 Cu 在溶液中的氯化速度，如 2NO 与 O_2 的反应也是这样[5]。按碰撞理论速率常数随温度升高而降低，是由于频率因素与温度的三次方倒数成比例，即 $A = \text{const} \times 1/T^3$。还由于多相体系的反应中频率因素的值是很小的原因。

Ni 的标准还原电位比氢更负一些，在酸性溶液中 Ni 与 H^+ 反应将置换出 H_2 而溶解，因而在酸性溶液中升高温度可使镍的溶解速率增大。

4.3 氯气流量的影响

按图 5、图 9 及图 12 求各直线斜率分别得 Cu_2S、Cu 及 Ni 反应速率常数与氯气流量的关系（见图 15）。

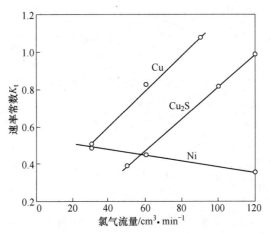

图 15 速率常数与氯气流量的关系
（条件：20℃，2mol/L HCl，750r/min）

按 Cu_2S 氯化浸溶动力学方程式（1）可知，反应速率既然是受 Cl_2 气扩散限制，所以增大 Cl_2 气的流量将有利于 Cl_2 的扩散，因而反应速率随之增大，即图中 $d(1-\delta)^2/dt$ 负值增大。速率方程式为：

$$-\frac{d(1-\delta)^2}{dt} = 0.88 \times 10^{-2} Q_{Cl_2} - 0.040 \tag{14}$$

按 Cu 氯化浸溶方程式，Cl_2 与 Cu 的化学反应及 Cl_2 的扩散为限制环节，故增大氯气流量有利于化学反应的进行，速率与流量的方程式为：

$$\frac{d\delta}{dt} = 0.95 \times 10^{-2} Q_{Cl_2} + 0.224 \tag{15}$$

由于 Ni 的溶解受 HCl 浓度的支配，加入 Cl_2 不但 Ni-HCl 界面间浓度降低，而且使 Ni 表面生成氧化膜，反而不利于 Ni 的溶解，因此由实验数据得反应速率方程式：

$$\frac{d\delta}{dt} = 0.543 - 1.33 \times 10^{-3} Q_{Cl_2} \tag{16}$$

4.4 酸度的影响

按图 6、图 10 及图 13 求各直线斜率从而得到反应速率常数与盐酸浓度的关系（见图 16）。

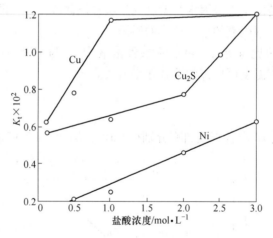

图 16 反应速度与盐酸浓度的关系

（条件：80℃，Q_{Cl_2} = 100cm³/min）

由图 16 求得动力学方程式：

Cu_2S_2
$$-\frac{d(1-\delta_{Cu_2S})^2}{dt} = 1.1 \times 10^{-1} [HCl] + 0.552 (0.1 \sim 2 mol/L) \tag{17}$$

$$-\frac{d(1-\delta_{Cu_2S})^2}{dt} = 4.3 \times 10^{-1} [HCl] + 0.09 (2 \sim 3 mol/L) \tag{18}$$

Cu
$$\frac{d\delta_{Cu}}{dt} = 6.0 \times 10^{-1} [HCl] + 0.55 (0.1 \sim 1 mol/L) \tag{19}$$

$$\frac{d\delta_{Cu}}{dt} = 1.18 \quad (>1\text{mol/L}) \tag{20}$$

Ni $\quad\dfrac{d\delta_{Ni}}{dt} = 1.6 \times 10^{-1}[\text{HCl}] + 0.135 \quad (0.1 \sim 3\text{mol/L}) \tag{21}$

反应机理及反应速率与 HCl 浓度对反应级数的关系均可由式（17）~式（20）予以说明。

4.5 搅拌速度的影响

由不同的搅拌速度得到 $(1-Cu_2S)^2$、δ_{Cu} 与时间的关系，从而求得各转速下的直线斜率，并由斜率得到各转速下的反应速率常数。用速率常数对数值对搅拌速度作图，获直线关系（见图17）。

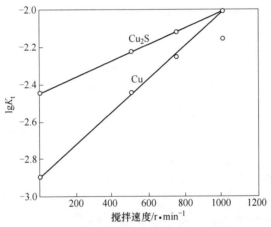

图17 搅拌速度对氯化浸出的影响
（条件：80℃，2N，$Q_{Cl_2}=90\text{cm}^3/\text{min}$）

按图17分别求得 K_{Cu_2S}、K_{Cu} 与搅拌速度（w）的方程式：

$$\lg K_{Cu_2S} = 4.5 \times 10^{-4} w - 2.45 \tag{22}$$

$$\lg K_{Cu} = 8.9 \times 10^{-4} w - 2.901 \tag{23}$$

从以上一系列实验可知，在氯化浸溶过程中，Cu_2S 是扩散限制环节，Cu 前期属化学限制环节，后期属扩散限制环节，Ni 为化学限制环节。

5 结论

（1）从 Cu_2S、Cu 及 Ni 的氯化浸溶过程电位变化及动力学研究表明：在电位 400mV 下，Cu_2S、Cu 及 Ni 都有较大浸溶速度。Cu 及 Ni 在此电位下接近反应完全，而要使 Cu_2S 完全转入溶液，电位需提高到 450mV。在 400mV 电位下，除 Os、Ru 有较小溶解率外，其余贵金属的浸溶速率均接近于零，回收率近100%。

（2）通过实验研究得到下列技术条件供生产参考采用：1）对 Cu 和 Ni 的氯化浸溶以控制电位 400mV 为宜；2）对含有 Cu_2S 的物料，需控制电位在 450mV 才可使其完全浸出；3）Cu_2S 及 Ni 的氯化浸溶在 80℃可获得较快的浸溶速率，而 Cu 的氯化浸溶则在 40℃以下为宜；4）对 HCl 浓度而言，Cu_2S 及 Ni 的浸溶均需要在较高的 HCl 浓度（2~3mol/L），但 Cu 的浸溶则不需要高浓度 HCl（约 1mol/L 即可）；5）Cu 需要高氯气流量，Cu_2S 需要适量氯气流量，而 Ni 的溶解不需要氯气。

（3）根据上述技术条件可以针对物料含贱金属的种类和数量做综合处理，例如含 Cu 较高的物料，可先在低温、高氯气流量和低酸度下（1mol/L HCl）浸溶 Cu；然后再提高酸度和温度，保持适量氯气流量脱出 Cu_2S 和 Ni。

参 考 文 献

[1] 熊宗国，等. 有色金属，1980（2）：21~26.
[2] Hougen L R. J. Metals，1975（5）：6~9.
[3] Liu C P, et al. Nonferrous metals，1983，34（3）：52.
[4] 刘纯鹏，周月华，等. 金属学报，1958，3（2）：99.
[5] Gilbert W, Castallan. Physical Chemistry First Printing，1964（631）.

硫化银氢还原的动力学研究

刘中华　刘纯鹏

（昆明工学院）

摘　要：在 713~773K 的温度范围内用分析气相中硫化氢的方法研究了氢与硫化银反应的动力学。试验结果表明，该反应为氢浓度的一级反应，表观反应活化能为 399.7kJ/mol，扩散活化能为 109.4kJ/mol。在试验条件下化学反应和扩散共同控制着反应速率，在较低温度下和反应初期，前者起主要作用；在较高温度下和反应后期，后者起主要作用。扫描电镜二次电子图像表明还原出的银粒很小，还原后试样的孔隙度很大。

1　引言

硫化物还原获取金属由于其直接、无污染等特性而引起人们的极大兴趣。在有色金属硫化矿中，常常伴生有银，银有时以辉银矿形态包裹于这些矿物中，有时则以置换固溶体的形态与其他矿物成为一体。为了回收银，有必要对 Ag_2S 的还原过程加以考察。同时，在照相工业中银消耗量约占世界总需要量的 1/2[1]。在洗印黑白片时，80%以上的银进入定影液，在洗印彩色片时，几乎 100%的银进入定影液[2]。从定影液中回收这些溶解的银，通常方便有效的方法是以硫化钠作为沉淀剂，利用硫化银溶度积非常小（$6.3×10^{-50}$）[3]这一特性，把银全部沉淀为硫化银，对硫化银再进一步处理。本文的目的就是研究氢与硫化银还原反应的动力学。

2　试验

试验装置为井式铂丝炉。硫化银由 $AgNO_3$（化学纯）水溶液通入 H_2S 气体时产生的沉淀经洗涤干燥后获得。用 BC-1 型表面积测定仪（旅顺仪表元件厂制造）测得硫化银颗粒的比表面积 S_g 为 $13700cm^2/g$，硫化银的密度 $\rho=7.248g/cm^3$[4]，于是可求得其颗粒的平均半径 $r_0 = 3/(S_g\rho) = 3.02×10^{-6}$ cm。试验前，硫化银粉料在螺旋压力机上压成直径 10.40mm、厚 0.70mm 的薄片，然后放进底部多孔的刚玉坩埚。试验时反应气体经薄片穿过坩埚出炉管进行成分分析。反应动力学的测定基于如下反应：

$$Ag_2S(s) + H_2(g) = H_2S(g) + 2Ag(s) \qquad (1)$$
$$H_2S(g) + I_2(sol) = 2HI(sol) + S^0(s) \qquad (2)$$

反应（1）放出的 H_2S 气体按反应（2）被标准碘液吸收，于是可定量地确定硫化银的转化率（X）。

---

❶ 本文发表于《有色金属》，1991，43（2）：39~43。

3 结果与讨论

3.1 氢流量的影响

在753K温度下氢流量对硫化银转化率的影响如图1所示,显然,当氢流量大于800cm³(STP)/min时外扩散的影响可略去不计。为确保外扩散不影响反应体系,试验中选定的氢流量为1000cm³(STP)/min。

3.2 氢分压的影响

733K时 H_2-Ar 混合物中氢分压对硫化银转化率的影响如图2所示。氢分压对反应的影响是很显著的。

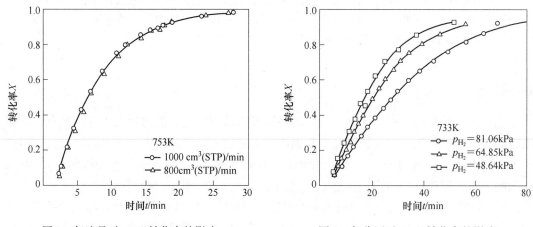

图1 氢流量对 Ag_2S 转化率的影响　　图2 氢分压对 Ag_2S 转化率的影响

3.3 反应温度的影响

在一定的氢分压条件下,反应温度对硫化银转化率的影响如图3所示。可以看出,反应对温度非常敏感。

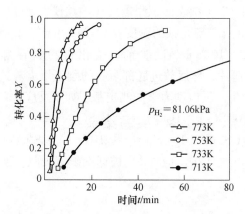

图3 温度对 Ag_2S 氢还原时转化率的影响

3.4 动力学及机理

在试验中,实测得反应试样的表观密度 ρ_0 为 $2.009 \mathrm{g/cm^3}$。令 ε 为试样的孔隙度,则 $\varepsilon = 1 - \rho_0/\rho = 0.723$。设试样可看做是尺寸均匀的无孔颗粒的集合体,且设颗粒间氢气浓度与气流主体内氢气浓度的差别可以忽略(因为试样的孔隙度很大,反应温度不高),那么单个颗粒的反应速率可表示为:

$$-(1/M)\mathrm{d}W/\mathrm{d}t = k \cdot 4\pi r_c^3 C_{H_2}^n \tag{3}$$

式中 M——硫化银的相对分子质量;
  W——时间 t 时颗粒内硫化银的质量;
  k——反应速率常数;
  r_c——无孔颗粒反应界面的半径;
  C_{H_2}——反应界面处氢气的浓度;
  n——反应级数。

此处由于 H_2S 浓度远小于氢浓度,其影响略去不计。

将 $W = (4/3)\pi\rho r_c^3$ 代入式 (3),有

$$-\frac{\rho}{M} \cdot \frac{\mathrm{d}\left(\frac{4}{3}\pi r_c^3\right)}{\mathrm{d}t} = k \cdot 4\pi r_c^2 \cdot C_{H_2}^n \tag{4}$$

其初始条件为 $r_c|_{t=0} = r_0$ 在反应进行的同时,气体通过固体产物层银的扩散速率为:

$$J = -4\pi r_c^2 D_e \frac{\mathrm{d}C_{H_2}}{\mathrm{d}r}\bigg|_{r=r_c} = \frac{4\pi D_e C_{H_2b}}{\frac{1}{r_c} - \frac{1}{r_0}}\left(1 + \frac{1}{K}\right) \tag{5}$$

式中 D_e——氢通过固体产物层的有效扩散系数;
  C_{H_2b}——气流主体内氢气的浓度;
  K——反应 (1) 的平衡常数,由热力学数据[4]求得 700K 和 800K 时的值分别为 0.3228 和 0.2698。

根据反应时间加和定律[5,6],反应达到一定转化率所需时间,等于无反应气体在颗粒内扩散阻力时达到同一转化率所需时间与反应气体在颗粒内处于扩散控制条件下达到该转化率所需时间之和,对于球形颗粒而言 $r_0 - r_c = r_0[1-(1-X)^{1/3}]$,令 c 等于在实际试验过程中观察到的反应诱导期,联立求解式 (4) 和式 (5) 可得

$$t = ag(x) + bp(x) + c \tag{6}$$

其中 $a = \left(\frac{6KMC_{H_2b}^n}{r_0\rho}\right)^{-1}$, $g(x) = 1 - (1-X)^{\frac{1}{3}}$, $b = \left(\frac{6KMD_e C_{H_2b}}{r_0\rho}\right)^{-1}$

$$p(x) = 3\left\{\frac{Z - [Z + (1-Z)(1-X)]^{\frac{2}{3}}}{Z-1} - (1-X)^{\frac{2}{3}}\right\}$$

$Z = 0.6009$,为产物银和反应物硫化银的体积比。

对图 2 和图 3 进行回归分析可得图 4 和图 5。可以看出,试验中的诱导期为 2~6min,

它随反应温度的降低而增加。在温度不变时，$\dfrac{1}{a} = \dfrac{kMC_{H_2b}^n}{r_0\rho} = f(C_{H_2b})$。由图4的结果，以$1/a$对$C_{H_2b}$作图可得图6。$1/a$-$C_{H_2b}$的关系为线性，这意味着氢还原硫化银的反应对氢浓度而言为一级反应，即式（4）中$n=1$。由图5，根据a、b可求出不同温度下的k和D_e。k和D_e与温度的关系如图7和图8所示，由此可求出Arrhenius经验式

$$\lg k = -\dfrac{20880}{T} + 25.93 \tag{7}$$

$$\lg D_e = -\dfrac{5716}{T} - 2.155 \tag{8}$$

由此可求得表观反应活化能为399.7kJ/mol，扩散活化能为109.4kJ/mol。

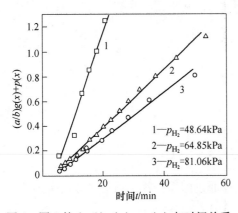

图4　图2的$(a/b)g(x)+p(x)$与时间关系

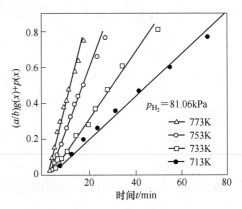

图5　图3的$(a/b)g(x)+p(x)$与时间的关系

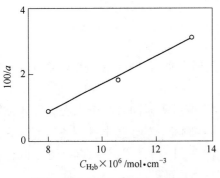

图6　图4的$1/a$与C_{H_2b}的关系

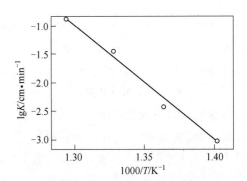

图7　速率常数与温度的关系

化学阻力和扩散阻力对反应的影响不但在温度不同时不同，而且在同一温度下随着反应的进行也在变化着。阻力越大，达到一定转化率所需时间越长。由反应时间加和定律，定义f为达到同一转化率时扩散所需时间与化学反应所需时间之比，即

$$f = bp(x)/ag(x) \tag{9}$$

可得到图9所示的f随t的变化情况。从图9，由$f>10/1$，$f<1/10$和$1/10 \leqslant f \leqslant 10/1$时可以认为反应分别处于扩散控制、化学控制和混合控制的区域内。

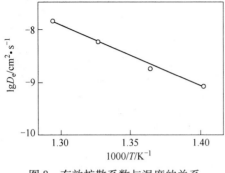
图 8　有效扩散系数与温度的关系

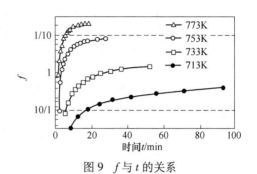
图 9　f 与 t 的关系

3.5　产物银的微观结构

图 10 所示为反应后试样的扫描电镜（STEREOSCAN 100，Cambridge）二次电子像。图 10 表明，还原出的银粒比较致密，大的颗粒由几个轮廓分明的较小的颗粒组成，颗粒之间比较疏松，孔隙度较大，与处理本试验结果时假设的前提一致。

图 10　产物银的二次电子像

4　结论

在试验条件下，硫化银氢还原的反应动力学可用收缩核反应模型来描述。反应为氢浓度的一级反应，表观反应活化能为 399.7kJ/mol，扩散活化能 109.4kJ/mol。根据试验结果，化学反应和扩散共同控制着反应速率。在较低温度下和反应初期，前者起主要作用，在较高温度下和反应后期，后者起主要作用。根据定义的 f 值，可以区分出反应所处的控制区域。

参 考 文 献

[1]　田中一诚. 贵金属. 江达泽译. 1982, 3（2）：65.
[2]　田广荣. 贵金属, 1982, 3（2）：43.
[3]　张向宇. 实用化学手册. 北京：国防工业出版社, 1986.
[4]　林传仙, 等. 矿物及有关化合物热力学数据手册. 北京：科学出版社, 1985.
[5]　Szeely J, et al. Gas-Solid Reactions. Academic Press, New York, 1976.
[6]　Sohn H Y. Metallurgical Treatises. TMS-AIME, 1981, 23.

微波冶金和其他技术冶金

激光相变热处理工艺参数的研究[1]

丁健君　刘纯鹏　　　刘效曾

（昆明工学院）　　（江苏激光所）

摘　要：本文从热传导方程出发讨论了激光相变热处理过程中激光工艺参数及处理效果间的关系，并建立一参数方程，以此解析和揭示了某些规律，为有关的研究和生产过程提供了设计和调整激光工艺参数的理论依据。

激光相变热处理中 CO_2 激光束对涂复吸收层的金属表面辐照形成一个表面高能密度热源，辐照的瞬间通过热传导形成高温表面层、随即由自淬火效应获得表面硬化层。硬化层即指自表面起达到材料相变温度 A_{c_1} 激光热作用区域，激光工艺参数指材料表面所吸收的激光功率密度 F 和光束对材料表面某点处的辐照时间 t。

1　激光作用下的固体热传导方程

激光束辐照材料表面时，表层内的温度随激光作用时间而变化，属不稳定导热过程。当一功率密度均匀的圆形激光束加热金属表面时，材料被辐照面中心 Z 轴上的温度随激光作用时间 t 而变化的热传方程为：

$$T_{Z \cdot t} = \frac{2F}{K}\sqrt{\kappa t}\left(\mathrm{ierfc}\frac{Z}{2\sqrt{\kappa t}} - \mathrm{ierfc}\frac{\sqrt{Z^2 + a^2}}{2\sqrt{\kappa t}}\right) \tag{1}$$

式中　　K——材料的导热系数，$Cal/(cm \cdot s \cdot ℃)$；

　　　　κ——材料的热扩散系数，cm^2/s，$\kappa = K/\rho c$；

　　　　a——圆形激光束半径，cm。

通常做扫描处理时可满足 $\dfrac{a}{2\sqrt{\kappa t}} > 1$ 的条件，可略去式（1）中的第二项，得到：

$$T_{Z \cdot t} = \frac{2F}{K}\sqrt{\kappa t}\,\mathrm{ierfc}\frac{Z}{2\sqrt{\kappa t}} \tag{2}$$

当 $Z = 0$，则表面温度为：

$$T_{0 \cdot t} = \frac{2F}{K}\sqrt{\frac{\kappa t}{\pi}} \tag{3}$$

2　热传导方程与实验结果

激光相变热处理中，$T_{0 \cdot t}$ 的最大值为材料的熔化温度，可定义为相变上临界温度；而

---

[1] 本文发表于《新技术新工艺》，1989（4）：8~9。

相变深度 Z 处的温度 $T_{Z\cdot t}$,可定义为被处理材料的激光相变临界温度。将式（2）与式（3）相比,得到：

$$\frac{T_{Z\cdot t}}{T_{0\cdot t}} = \sqrt{\pi}\,\text{ierfc}\,\frac{Z}{2\sqrt{\kappa t}} \tag{4}$$

对一给定的材料,若加热条件已知,即可得到关于相变硬化深度 Z 的解：

$$Z = M_1\sqrt{t} \tag{5}$$

式中　M_1——关于材料的加热条件和在该条件下材料所固有的热物性参数的综合参数。若表面加热温度在一较小的范围内,M_1 也可近似为常数,并可由计算或试验予以确定。

由式（5）可以清楚地看出,在一定的加热条件下材料的相变深度 Z 与 $\sqrt{t}$ 成比关系。

我们在铸铁试样上的工艺试验表明,当通过调整激光功率密度 F 与扫描速度使试样的表面温度均为 1200℃ 左右,实验值与理论值基本一致,参见表 1,该种材料的 M_1 值约为 0.113。

表 1

试样编号	辐照时间 t/s	硬化层深度实验值 Z/mm	硬化层深度理论值 Z/mm
1	0.032	0.20	0.20
2	0.026	0.15	0.18
3	0.023	0.155	0.17
4	0.024	0.18	0.175
5	0.048	0.23	0.24
6	0.018	0.16	0.15
7	0.015	0.15	0.16

图 1 所示为 J. Benedek 等人对 AISI1045 钢关于相变硬化深度与激光功率密度的典型关系,分别标出了 5 种扫描速度的 Z-F 关系曲线。但本文所感兴趣的是该图中未曾被人们所讨论的两条线,并借此说明有关问题,特标注 T_c 和 T_m 字样。

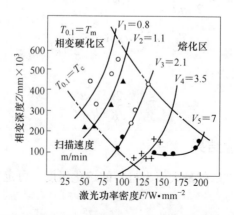

图 1　AISI1045 钢的 Z-F 关系曲线（功率 150~1500W、束斑 3mm）

由式（3）可对此做这样的解析：当 $F\sqrt{t}$ 趋近个常数，则 $T_{0,t}$ 值恒定；故在这类关系图中，理论上应存在一系列由 $F\sqrt{t}$ 相同的点所组成的曲线，可将其定义为激光表面等温加热线。可以看出图 1 中 T_c、T_m 线上各自所对应的 Z 和 t 值的关系与式（5）所表达的相一致。

同样也可将式（3）改写成下面的形式：

$$F\sqrt{t} = \frac{T_{0,t}K}{2}\sqrt{\frac{\pi}{\kappa}} = M_2 \tag{6}$$

这时的 M_1 与 M_2 的性质相同。上述两个实验结果也证实了式（6）的规律。

在有关试验中，研究者们通常是将 F 值固定来观察 Z 与 t 间的关系；或固定值观察 Z 与 F 的关系。我们认为这与图 1 原作者一样忽略了对各硬化深度上相应的激光加热温度的考虑。我们知道淬硬层中的硬度值与激光加热时内部的温度分布有关；且不同的表面加热温度也相应有不同的表面硬度。

3 参数方程及激光等温加热 F-Z 关系

为使激光工艺参数 F、t 与相变深度 Z 紧密地联系起来，并考虑加热状态对处理效果（硬度）的影响，将式（5）与式（6）联列便建立起以 t 为参变量的参数方程：

$$Z = M_1\sqrt{t} \qquad F = \frac{M_2}{\sqrt{t}} \qquad \left(t < \frac{\alpha^2}{4\kappa}\right) \tag{7}$$

式（7）表明，对一给定的材料当与激光热处理的工艺条件有关 M_1、M_2 确定后，便可根据需要设计工艺参数或估计相变深度。

若将参数方程的两式相乘便得到 F 与 Z 的直接关系：

$$F \cdot Z = M_1 \cdot M_2 \longrightarrow 常数 \tag{8}$$

可以用示意图（见图 2）表达式（8）。

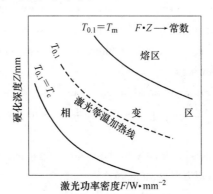

图 2 激光表面等温加热态 F-Z 关系

图 2 中的激光等温加热线的位置和曲率取决于 $M_1 \cdot M_2$ 的数值，即取决于表面温度及与材料有关的热物性参数。T_m 和 T_c 分别为相变上临界温度线和下临界表面温度线。

Application of Microwave Radiation to Extractive Metallurgy[①]

Liu Chunpeng（刘纯鹏）[②③] **Xu Yousheng（徐有生）[②]**
Hua Yixin（华一新）[②]

Abstract: In applying the microwave radiation to extractive metallurgy, it is essential first of all to find the extent of microwave energy absorbed by various minerals expertmentally. In this paper, more than 25 kinds of common useful minerals have been individually irradiated by a 500W/2450MHz microwave source in an enclosed quartz crucible to ascertain their heating temperature in a definite time. In addition, the reduction and chloridization tests were also carried out on the titanomagnetite concentrate and pentlandite with microwave heating, respectively. These experiments indicate potential applications of utilizing microwave energy in extractive metallurgy.

Keywords: microwave radiation; extractive metallurgy; titanomagnetite; pentlandite

1 Introduction

In conventional pyrometallurgical process fossil fuels are used as a chief source of energy for producing metallic products. The heat is transferred only from the surface to the interior portion of raw materials or ores and the rate of heat transfer and temperature-rising are very slow. On the contrary, the microwave energy, not depending on thermal conductivity, can penetrate minerals and produce heat internally, so the time required to heat a mineral can be significantly shortened. The advantages of microwave heating as an attractive alternative to conventional heating methods in extractive be summarized as followingy[1]:

(1) Selective effect of microwave on different materials; some materials absorb microwave energy readily whereas others do not, this is the basis of selective effect on thermal action and chemical reactions;

(2) Rapid heating of materials internally to the desired temperature;

(3) Small heating reactor and high efficiency;

(4) Catalyst for the reactions dependent on excited species:

The disadvantages, however, somewhat are consumption of electric energy in producing microwave and difficulty in controlling temperature.

[①] 本文发表于《Chin. J. Met. Sci. Technol.》1990, 6: 121~124。
[②] Kunming Institute of Technology, Kunming, 650093, China.
[③] To whom correspondence should be addressed.

2 Experimental

The experiments were run in a 500W and 2450MHz commercial microwave oven. A water load was maintained for protecting the power tube from excess microwave reflection. Samples were irradiated in a closed system under an inert or controlled atmosphere. Each sample was placed in a 50mL transparent to radiation quartz crucible and enclosed in a glass cover, as shown in Fig. 1.

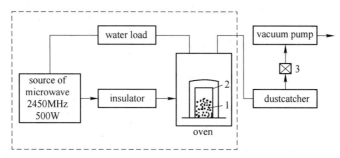

Fig. 1 Schematic representation of microwave heating equipment
1—sample; 2—quartz crucible; 3—electromagnetic valve

3 Results and Discussion

3.1 Microwave irradiation on minerals

Twenty six species of minerals were prepared by grinding to −200 mesh and weighing 50g and subjected one by one to microwave irradiation for energy absorption. The temperature of sample was immediately measured with an infrared pyrometer through a small opening hole while the microwave irradiation was stopped. The recorded temperatures are summarized in Table 1.

Table 1 Effect of microwave heating on the temperature of various minerals

Minerals	Chemical composition	Time/min	Temperature/℃
jamesomte	Pb, Sb, S, ZnS	2	>850
titanomagnetite	$xTiO_2 \cdot yFe_3O_4$	4	>1000
galena	PbS	4	>650
chalcopyrite	$CuFeS_2$	4	>400
pentlantite	$(Fe, Ni)_{9-x}S_8$	4	>440
nickel pyrrhotite	$(Fe, Ni)_{1-x}S$	4	>800
Cu−Co sulphide concentrate	$xCu_2S \cdot yCoS$	4	>800
sphalerite	ZnS	4	>160
molybdenite	MoS_2	4	>510
stibnite	Sb_2S_3	4	room temp.
pyrrhotite	$Fe_{1-x}S$	4	>380
bornite	Cu_5FeS_4	4	>700

Continued Table 1

Minerals	Chemical composition	Time/min	Temperature/℃
hematite	Fe_2O_3	4	>980
magnetite	Fe_3O_4	4	>700
limonite	$mFeO_2 \cdot nH_2O$	4	>130
cassiterite	SnO_2	4	>900
cobalt hydrate	$CoO \cdot nH_2O$	4	>800
lead molybdenate	$PbMoO_4$	4	>150
iron titanite	$FeTiO_3$	4	>1030
rutile	TiO_2	4	room temp.
lead carbonate	$PbCO_3$	4	>180
zincspar	$ZnCO_3$	4	>48
siderite	$FeCO_3$	4	>160
serpentine	$Mg(Si_4O_{10})(OH)_3$	4>	>200
melaconite	$(Cu_{2-x}Al_x)H_{2-x} \cdot (Si_2O_3)(OH)_4$	4	>150
antimony oxide	Sb_2O_3	4	>150

The experimental results in Table 1 indicate the significantly selective effect of microwave heating on the minerals. Most common useful sulphide and oxide minerals, such as jamesonite, galena, chalcopyrite, nickel pyrrhotite, copper-cobalt sulphide concentrate, bornite, titanomagnetite, hematite, magnetite, cassiterite and ilmenite are very effective in absorbing microwaves, whereas carbonate minerals, sphalerite, stibnite, antimony oxide as well as rutile are not appreciably heated. Furthermore, according to the investigation given by Chen et al[1]. common host rock minerals, such as quartz, calcite and felspar, are not heated. Therefore, the valuable minerals within the host rock can be selectively heated by microwaves without the necessity of heating the whole rock mass. This selective heating by microwaves has potential applications in extractive metallurgy.

3.2 Reduction of titanomagnetite with lignite

The chemical composition of titanomagnetite used in this work is Fe 51, TiO_2 11~12, S 0.52, CaO 2.99, V 0.7 (wt%). The sample of titanomagnetite concentrate mixed with excess lignite powder and $CaCO_3$ reagent was charged into a quartz crucible and then subjected to microwave irradiation in the oven with frequency 2450MHz and power 500W. The metallization of reduction of titanomagnetite in relation to the irradiation time was measured, as shown in Table 2 and Fig. 2, on which the experimental results by conventional heating[2] are reproduced too. The reduction by microwave heating is faster than that by conventional heating, suggesting that microwave irradiation can enhance reaction rate.

Table 2 Efficiency of reduction of titanomagnetite

No.	Ore/g	Lignite/g	CaCO$_3$/g	Wt. after reduction/g	Time/min	Fe$_m$/%	Fe$_r$/%	Metallization/%
01	100	50	15	122.5	15	16.4	42.0	39.1
02	100	50	15	110.5	20	30.0	46.2	64.9
03	100	50	15	107.5	25	38.3	47.1	81.3
04	100	50	15	89.1	30	54.2	58.3	93.7
05	100	55	17	93.2	35	46.8	47.4	98.8
06	100	60	20	106.5	40	46.4	46.8	99.3

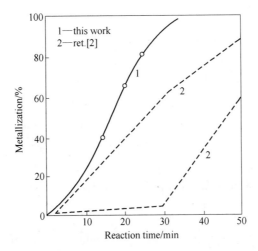

Fig. 2 Efficiency of titanomagnetite reduction

3.3 Chloridization of pentlandite with FeCl$_3 \cdot x$H$_2$O

The chemical composition of pentlandite concentrate used in the present stusy is Ni 1.19, Fe 50.38, S 24.7, Cu 0.5, Co 0.2, CaO 0.81, MgO 3.77, SiO$_2$ 2.99 (wt%). In each experimental run, the concentrate was blended with FeCl$_3 \cdot x$H$_2$O. The blend was placed in a quartz crucible and irradiated by microwaves at 500W and 2450MHz under a chlorine atmosphere for 8~23min. Then it was leached by water for 0.5h at pH 2 and room temperature. The recovery of Ni in the leaching solutions was determined, as shown in Fig. 3. The results show that the Ni can be satisfactorily recovered as NiCl$_2$ in the leaching solutions if the irradiation time was controlled in 14~17min. However, if the irradiation time is less than 14 min or greater than 17 min, the Ni recovery will decrease progressively. The reason may be attributed to the incomplete chloridizing of nickel sulphide or the evaporation loss of nickel chloride formed during microwave irradiation process due to its high vapor pressure[3]. Therefore, it is important to control irradiation time and hence reaction temperature for the recovery of Ni.

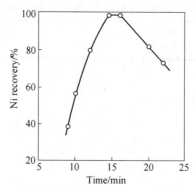

Fig. 3 Nickel recovery vs time

4 Conclusion

Application of microwave energy in the field of extractive metallurgy will promote the reaction rate, enhance greatly the efficiency of metal recovery and reduce the energy consumption. A major part of common useful minerals as tabulated in Table 1 can readily absorb microwave energy, hence it is of practical importance to treat such minerals by microwave heating. Furthermore, the operation of heating materials is convenient and without fuel combustion pollution.

Acknowledgement

The authors are grateful to China National Nonferrous Metals Industry Corporation for the financial support during the present investigation.

References

[1] Chen T T., Dutrizac J E, Haque K E. et al. Can. Metall. Q., 1984, 23 (3): 349.
[2] Chen S F. Steel-Iron-Vanadium Titanium, 1981, (2): 17 (in Chinese).
[3] Anthony M. in Symp. Int. Conf. on Mineral Processing and Extractive Metallurgy, Kunming, 1984, M. J. Jones and P. Eds. (Gill London: IMM, 1984), 1~13.

微波场中 $FeCl_3$ 溶液浸出闪锌矿动力学

彭金辉 刘纯鹏

摘 要：该文研究微波场中 $FeCl_3$ 溶液常压浸出闪锌矿动力学。考查了微波场中温度、$FeCl_3$ 浓度及粒度对 Zn 浸出率的影响，得到了非恒温动力学方程，并且证明微波辐照加热方式较传统加热方式的 Zn 浸出速率快。

关键词：微波场；$FeCl_3$；闪锌矿；浸出动力学

文献 [1~4] 报道过用传统方式加热，$FeCl_3$ 溶液浸出闪锌矿的动力学研究结果。本文则率先利用微波加热，研究 $FeCl_3$ 溶液浸出闪锌矿动力学，旨在为改革传统方法、探求湿法冶金新工艺进行基础研究。

1 实验方法

在改装过的常用微波炉中进行实验，最大功率 650W，频率 2450MHz。溶液温度是在微波辐照停止后，用迅速从测温孔中插入的温度计进行测定的，经空白实验证实，其温差范围不超过 ±1℃。升温速率则由微波功率调节。

闪锌矿的主要化学成分（质量分数）为 Zn 48.40%，S 25.18%，Fe 6.49%，Pb 1.03%，粒度为 98~76μm。浸出实验所用溶液用化学纯三氯化铁、盐酸及蒸馏水配制。实验中盐酸浓度固定为 0.1mol/L[1]。

2 实验结果与评论

2.1 Zn 的浸出速率

由图 1 可见，在相同温度、浓度和粒度条件下，微波辐照下的 Zn 浸出速率较传统加热方式快。加热约 30min 后，微波辐照下的 Zn 浸出率达 59.3%，而传统方式加热下只有 28.4%。这一对比显示了微波辐照加热方式的优越性。

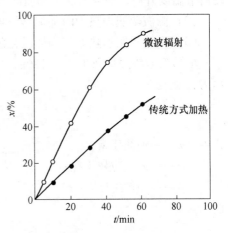

图 1 微波辐照与传统加热方式下的 Zn 浸出率 x 与加热时间 t 的关系

（实验条件：T368K；$FeCl_3$ 1.0mol/L）

---

❶ 本文发表于《中国有色金属学报》，1992，2（1）：46~49。

2.2 温度的影响

微波场中 Zn 浸出率 x 与加热时间 t 的关系如图 2 曲线 1 所示，溶液温度 T 与加热时间 t 的关系如图 2 曲线 2 所示。微波场中 Zn 浸出率 x 与温度 T 的关系如图 3 所示。

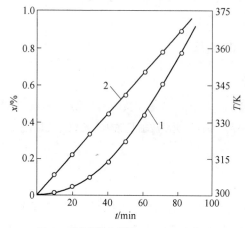
图 2　非恒温过程的 x/t 及 T/t 关系
（实验条件 $FeCl_3$ 0.1mol/L）

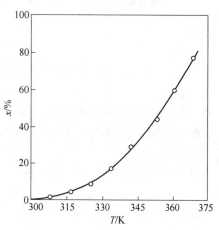
图 3　Zn 浸出率 x 与温度 T 的关系
（实验条件：$FeCl_3$ 0.1mol/L）

图 2 和图 3 表明，随着微波辐照加热，溶液温度逐渐升高，反应速率明显加快；微波场中的液固反应在达到溶液沸点以前是非恒温过程。

微波辐照加热的特性为：

（1）在外加电场作用下，极性分子迅速改变方向进行高速振动，不仅产生了热量和促使溶液温度升高，而且增加了物质间的相互碰撞，强化了反应速度。

（2）微波辐照加热为内部加热，可避免传统加热方式中固相的"冷中心"现象[5]。

（3）微波辐照加热促使固体微粒破裂和暴露出新鲜表面，有利于液固反应的进行[6]。

根据微波辐照加热的上述特性，可以认为液固反应为化学控制，其反应速率 v 可表示为：

$$v = -\frac{dw}{dt} = -\frac{d(4\pi r^3 \rho/3)}{dt} \tag{1}$$

式中　w——颗粒质量；
　　　r——未反应核半径；
　　　ρ——颗粒密度。

而

$$v = kc^n \tag{2}$$

$$k = A \cdot e^{-\frac{E}{RT}} \tag{3}$$

式中　k——表观速率常数；
　　　c——浓度；
　　　n——反应级数；
　　　A——频率因子；
　　　E——活化能。

由式（1）~式（3）得

$$-\frac{dr}{dt} = \frac{Mc^nA}{\rho}e^{-\frac{E}{RT}} \tag{4}$$

因为

$$-\frac{dr}{dT} \cdot \frac{dT}{dt} = -\frac{dr}{dt} = \frac{Mc^nA}{\rho} \cdot e^{-\frac{E}{RT}} \tag{5}$$

式中 M——常数。

令 $dT/dt = B$（由图 2 中曲线 2 求得 $B = 0.8371$，B 称升温速率常数），则

$$dr = \frac{Mc^nA}{B\rho}e^{-\frac{E}{RT}}dT \tag{6}$$

令 r_0 表示初始颗粒半径，T_0 表示初始温度。在 $[r_0, r]$ $[T_0, T]$ 上积分，并把 $x = (r/r_0)^3$ 代入式中得

$$1 - (1-x)^{\frac{1}{3}} = \frac{Mc^nAE}{B\rho R}P(\theta) \tag{7}$$

式中，$P(\theta) = (e^\theta/\theta^2)(1 + 2!/\theta + 3!/\theta^2 + \cdots)$；$\theta = -E/RT$。

取 $P(\theta)$ 的前两项，并取对数，即得动力学数学模型：

$$\ln\left[\frac{1-(1-x)^{\frac{1}{3}}}{T^2}\right] = \ln\frac{Mc^nAR}{B\rho E}\left(1 - \frac{2RT}{E}\right) - \frac{E}{RT} \tag{8}$$

以 $\ln\left[\frac{1-(1-x)^{\frac{1}{3}}}{T^2}\right]$ 对 $1/T$ 作图[7]，得图 4 及

$$\ln\left[\frac{1-(1-x)^{\frac{1}{3}}}{T^2}\right] = 4.1865 - \frac{6186.8470}{T} \tag{9}$$

其线性回归相关系数为 0.9973，由此求得 $E = 51.41 \text{kJ/mol}$，$A = 1.52 \times 10^4$。

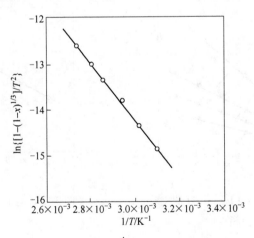

图 4 $\ln\{[1-(1-x)^{\frac{1}{3}}]/T^2\}$ 与 $1/T$ 的关系

2.3 $FeCl_3$ 浓度的影响

不同 $FeCl_3$ 浓度下 Zn 浸出率与时间的关系如图 5 所示。

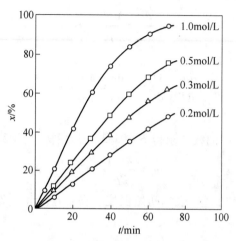

图 5　不同 FeCl$_3$ 浓度下 Zn 浸出率与时间的关系

（实验条件：$T=386K$）

图 5 表明，随着 FeCl$_3$ 浓度的增加，浸出反应速率也增加。根据图 5 的数据，以 $1-(1-x)^{1/3}$ 对 t 作图，得图 6，其直线过原点。由此可得 0.2mol/L、0.3mol/L、0.5mol/L、1.0mol/L 时的表观速率常数 k 分别为 8.7755×10^{-3}、5.4299×10^{-3}、3.9006×10^{-3}、2.8756×10^{-3}；其线性相关系数分别为 0.9991、0.9994、0.9978、0.9995。再以 $\ln k$ 对 $\ln$(FeCl$_3$ 浓度)或者说 $\ln(M_{FeCl_3})$ 作图，得图 7，由此得反应级数为 0.69，其线性相关系数为 0.9997。

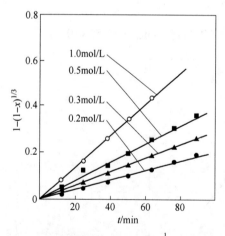

图 6　不同 FeCl$_3$ 浓度下 $1-(1-x)^{\frac{1}{3}}$ 与 t 的关系

（实验条件：$T=368K$）

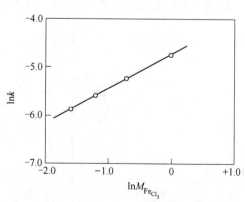

图 7　$\ln k$ 与 $\ln M_{FeCl_3}$ 浓度的关系

2.4　粒度的影响

不同粒度下的 Zn 浸出率与反应时间的关系如图 8 所示。

图 8 表明，随着闪锌矿的粒径减小，浸出反应速率增加且与化学控制模型符合良好，

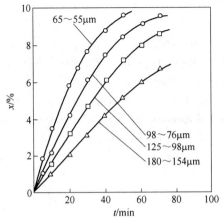

图8 不同粒度下的 Zn 浸出率 x 与时间 t 的关系

(实验条件：$T=368K$；$FeCl_3$ 1.0mol/L)

如图9所示。以图9中所求得的 k 对 $1/r_0$ 作图，得图10。图10表明，k 与 $1/r_0$ 成线性关系。图10的结果进一步证实了浸出反应受化学控制。

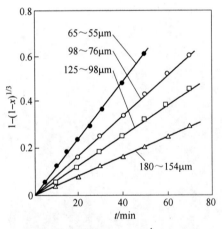

图9 不同粒度下 $1-(1-x)^{\frac{1}{3}}$ 与 t 的关系

(实验条件：$T=368K$；$FeCl_3$ 1.0mol/L)

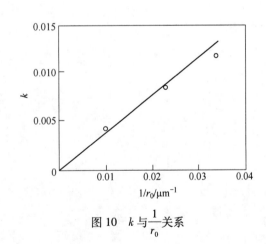

图10 k 与 $\dfrac{1}{r_0}$ 关系

3 结论

(1) 微波场中 $FeCl_3$ 溶液浸出闪锌矿的行为，在所实验的范围内，遵从化学控制动力学模型，其表观总反应速率 φ 可表示为

$$\varphi = 1.52 \times 10^4 C_{FeCl_3}^{0.60} r_0^{-1} e^{-\frac{5.14 \times 10^4}{RT}} t$$

(2) $FeCl_3$ 溶液浸出闪锌矿时，用微波辐照加热能较传统的加热方式获得高的浸出速率。它表明微波辐照加热有利于强化浸出过程，且在湿法冶金领域中颇具应用前景。

参考文献

[1] Jin Z M, Warren G W. Henein H. Metall Trans. B, 1984, 15B: 5~12.
[2] Dutrizac J E, MacDonald R J C. Metall. Trans. B, 1978, 9B: 543~551.
[3] Venkataswamy Y, Khangaookr R P. Hydrodroetallugly, 1981, 7: 1~5.
[4] Rath P C, Paramguru R K, Jena P K. Hydrometallurgy, 1981, 6: 219~225.
[5] Standish N, Worner H. Journal of Mierowave Powerand Eleetromagnetie Energy, 1990, 25 (3): 177~180.
[6] Nadkarni R A. And. ohem, 1984, 56 (12): 2233~2237.
[7] Doyle C D. J. Appl. Polym. Sci, 1961 (5): 285.

Kinetics of Oxidative Dearsenication of Niccolite Ore with Microwave Radiation[1]

Tao Dongping   Liu Chunpeng

Abstract: The rate processes of oxidative dearsenication of niccolite ore in microwave oven and in conventional furnace were measured with thermogravimetric technique. The results show that the dearsenication rate of niccolite ore with microwave heating becomes faster than that with conventional heating.

Under the conditions of an approximate linear heating and a definite air flow, the oxidative dearsenication process of niccolite ore is mainly controlled by interfacial chemical reaction. The experimental data are in agreement with the kinetic model of linear heating as follows:

$$\ln\{[1-(1-\alpha)^{\frac{1}{3}}]/T\} = \ln\frac{pAM}{r_0\rho\varphi E}\left(1-\frac{RT}{E}\right) - \frac{E}{RT}$$

Thus the apparent activation energies of oxidative dearsenication of the niccolite ore containing different additions have been obtained from the model.

Keywords: kinetics; dearsenication; niccolite ore; microwave radiation

1 Introduction

Although the niccolite ore is a kind of minor mineral which is about 1% of the total in production of commercial nickel, a considerable amount of high grade nickel ore containing niccolite in some local district is available for the production of both nickel and arsenic trioxide.

However, up to now there is still no effective method to treat this ore advantageously. Some of new technologies for the treatment are under investigation. Therefore this paper aims at using microwave radiation to remove arsenic as As_2O_3 from niccolite ore and concentrate the nickel in oxidation atmosphere.

2 Experimental Procedure

The chemical composition of niccolite ore is Ni 32.67%, As 42.66%, Fe 1.56%, S 4.87% and the sketch of microwave heating and weight loss measurement system is shown in Fig. 1.

Each sample weighed 4~5g with grain size <80 mesh and compressed as a cylinder was placed in the quartz basket hung on a balance beam. During experiment a definite air flow about 250mL/min was passed through the bell into the bottom of basket and sample, and the weight of evaporating arsenic carried away with a stream of airflow was continuously recorded by a function

---

[1] 本文发表于《Chin. J. Met. Sci. Tehnol.》, 1992, 8: 115~118。

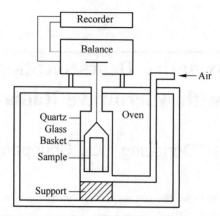

Fig. 1 Sketch of microwave heating and weight loss measurement

recorder. Thus a plot of weight loss of the sample against time was obtained.

The apparatus and procedure of temperature measurement of the sample under microwave radiation were reported previously[1] and the accuracy of the thermocouple data was within ±1% from the measurement made on boiling water. The plots of temperature against time of the samples in a microwave field are shown in Fig. 2.

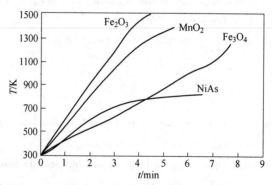

Fig. 2 Plots of temperature against time of the compounds (Fe_3O_4, Fe_2O_3 and MnO_2) and niccolite (NiAs) in a microwave field

3 Results and Discussion

The effects of various promoters on the efficiency of arsenic oxidation (α) against time in a microwave oven and in a conventional furnace are shown in Fig. 3. It can be seen that the rate of arsenic oxidation with microwave heating is faster than that with conventional heating, especially within 6 min. Hereafter, the rates of oxidative dearsenication process of both methods slow down due to the formation of low melting point Ni-As complex compounds as shown by X-ray diffraction analysis in Fig. 4. As to the efficiency of dearsenication, the preferable addition of promoter is 10% Fe_3O_4 as shown in Fig. 3.

For a sample composed of m components, assuming its heat capacity to be constant within a temperature interval $[T, T_0]$, the absorbed heat of the sample (Q) can be described as:

$$Q = n\bar{c}(T - T_0) \tag{1}$$

where, n and $\bar{c}$ are the molar number and the average heat capacity of the sample respectively. Then the rate of heat absorption of the sample per unit time can be written from Eq. (1):

$$dQ/dt = n\bar{c}(dT/dt) \tag{2}$$

Let $dT/dt = \varphi$, the heating rate of the sample, and according to $Q = \sum Q_i$ (Q_i the absorbed heat of component i), equation (2) becomes

$$n\bar{c}\varphi = \sum_i^m n_i \bar{c}_i \varphi_i \tag{3}$$

or

$$\varphi = \sum_i^m \left(\frac{\bar{c}_i}{\bar{c}}\right) x_i \varphi_i \tag{4}$$

where, n_i, x_i, $\bar{c}_i$ and φ_i are the molar number, molar fraction, average heat capacity and heating rate of component i respectively, and $\bar{c} = \sum_i^m x_i \bar{c}_i$, $\bar{c}_i$ obtained from Ref. [2].

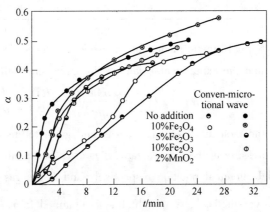

Fig. 3 Effect of various promoters on the efficiency of arsenic oxidation

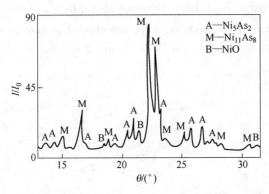

Fig. 4 X-ray diffraction pattern of niccolite ore after oxidation

From Fig. 2 it can be seen that the heating rates of the samples in a microwave field are approximately constant within a short time (3~7min) such as φ(NiAs) = 2.33K/s (3min), φ(MnO$_2$) = 3.86K/s (4min), φ(Fe$_2$O$_3$) = 4.80K/s (4min) and φ(Fe$_3$O$_4$) = 1.90K/s

(7min). Thus the corresponding values of α vs T can be calculated from Fig. 3 based on the formula $T = T_0 + \varphi t (dT/dt = (T - T_0)/(t - t_0)$, $T_0 = 298K$ and $t_0 = 0s$), as shown in Table 1.

Table 1 Values of α vs T under various conditions

Microwave heating								Conventional heating			
no addition φ = 2.33K/s		10%Fe$_3$O$_4$ 2.25K/s		5%Fe$_2$O$_3$ 2.57K/s		10%Fe$_2$O$_3$+2% MnO$_2$ 2.84K/s		no addition 0.2K/s		10%Fe$_3$O$_4$ 0.2K/s	
α	T	α	T	α	T	α	T	α	T	α	T
0.1032	405	0.0714	504	0.0731	684	0.0741	554	0.1300	729	0.1234	690
0.1315	440	0.1038	573	0.0970	761	0.1054	639	0.1700	754	0.1645	714
0.1582	475	0.1395	642	0.1367	838	0.1346	724	0.2350	790	0.1987	738
0.1831	510	0.1833	710	0.1669	915	0.1723	809	0.3108	850	0.2467	762
0.2114	545	0.2254	779	0.1987	992	0.2049	894	0.3874	886	0.3187	786
0.2347	580	0.2578	848	0.2368	1069	0.2287	980	—	—	—	—

By applying the nonisothermal kinetic models of gas-solid reactions[3,4] to the data fitting of Table 1, it has been found that the experimental data are in agreement with the following model:

$$\ln\{[1 - (1 - \alpha)^{\frac{1}{3}}]/T\} = \ln\frac{pAM}{r_0\rho\varphi E}\left(1 - \frac{RT}{E}\right) - \frac{E}{RT} \qquad (5)$$

where, M, ρ and r_0 are the molecular weight, density and grain radius of the solid reactant respectively, p the partial pressure of the gas reactant, A and E the apparent index factor and activation energy of interfacial chemical reaction respectively and R the gas constant. After plotting $\ln\{[1 - (1 - \alpha)^{\frac{1}{3}}]/T\}$ versus $1/T$, a straight line is obtained from each case of Table 1 as shown in Fig. 5 and the apparent kinetic parameters (A and E) are listed in Table 2. It can be seen that the activation energy of oxidative dearsenication process of niccolite ore in a microwave oven is much less than that in a conventional furnace whether promoters added or not. Maybe the microwave irradiation exerts a catalytic action on chemical reaction.

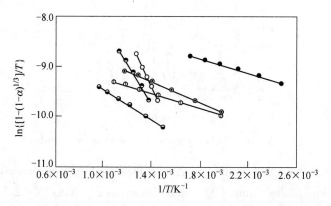

Fig. 5 Plots of $\ln\{[1-(1-\alpha)^{1/3}]/T\}$ vs $1/T$, the signs same as in Fig. 3

Table 2 Activation energies of oxidative dearsenication of niccolite ore under various conditions

Heating method	Addition	$A\times 10^8$/cm·s^{-1}	E/kJ·mol^{-1}	Related coefficient
microwave	no addition	0.251	5.702	0.9963
microwave	10%Fe$_3$O$_4$	0.239	8.882	0.9983
microwave	5%Fe$_2$O$_3$	0.306	12.418	0.9967
microwave	10%Fe$_2$O$_3$ 2%MnO$_2$	0.360	6.728	0.9954
conventional	no Addition	1.252	32.950	0.9917
conventional	10%Fe$_3$O$_4$	7.186	40.702	0.9966

4 Conclusions

(1) The rate of oxidative dearsenication of niccolite ore in microwave oven is significantly faster than that in conventional furnace and the addition of Fe$_3$O$_4$ as promoter is advantageous for removing arsenic from the ore.

(2) The microwave radiation is of certain catalytic action on chemical reaction.

Acknowledgement

This work is supported by the National Natural Science Foundation of China.

References

[1] Liu C P, Xu Y S, Hua Y X. Chin. J. Met. Sci. Technol., 1990, 6: 121.
[2] Kubaschewski O., Alcock C B. Metallurgical, Thermochemistry, London: Pergamon Press, 1979, 219, 443.
[3] Tao D P. Thermochimica Acta, 1989, 145, 165.
[4] Tao D P. Eng. Chem. & Metall., 1989, 9 (4): 84 (in Chinese).

碱式碳酸镍在微波辐射下的热分解动力学

陶东平　刘纯鹏

摘　要：本文采用热重法研究了碱式碳酸镍在微波辐射下的热分解过程。实验结果表明该化合物在有少量添加剂（NiO）存在时，其升温速率 φ 与 T 的关系是非线性的，并符合下列方程：

$$\ln\varphi = \frac{a}{T} + b$$

依据此式导出了非线性升温的热分解动力学方程：

$$\ln\left[\frac{-\ln(1-a)}{T^2}\right] = \ln\left[\frac{AR}{\varphi_0(E+aR)}\left(1-\frac{2RT}{E+aR}\right)\right] - \frac{E+aR}{T}$$

碱式碳酸镍的热分解数据与此式符合良好。

关键词：动力学；热分解；碱式碳酸镍；微波辐射

碱式碳酸镍是镍电解过程中的副产品，一般用它来制取氧化镍出售，但目前所采用的燃煤加热法会造成严重的喷料现象，生产效率低、能耗高且劳动条件恶劣，因此亟待改进。

应用微波加热技术处理这种物料，在工艺上已取得成功。本文旨在工艺研究的基础上进一步探讨该物料在微波辐射下热分解过程的速率，建立描述该过程的动力学方程。

1　实验

本实验采用某厂提供的待处理碱式碳酸镍，但由于该化合物的结晶极差，用 X 射线衍射分析无法确定其化学结构式，故将该化合物试样和进口纯碱式碳酸镍试剂（$NiCO_3\cdot Ni(OH)_2\cdot H_2O$）一同做了热分析和化学分析测定，结果列于表 1 中，故该化合物的化学结构式可为：$NiCO_3\cdot Ni(OH)_2\cdot H_2O$。

表 1　碱式碳酸镍试样的结构式分析结果

碱式碳酸镍	第一吸热峰		第二吸热峰		$NiCO_3\cdot Ni(OH)_2\cdot$	
	起始温度/℃	峰顶温度/℃	起始温度/℃	峰顶温度/℃	H_2O（质量分数）/%	
化学试剂	43	74	229	276	49.98	97.66
试样	45	112	251	296	48.58	94.93

实验装置如图 1 所示，其中微波炉为 NE-6790 型。微波频率为 2450MHz，功率为

---

❶ 本文发表于《有色金属》，1992，44（4）：48~51。

50~600W，电子天平为 MP120-1 型，误差为±0.002g；函数记录仪为 XWT-264 型。实验时，称取 3~5g 试样，压成圆柱体，置于石英吊篮上，从底部通入流量为 150mL/min 的空气，微波以最大功率连续辐射，同时记录试样失重随时间的变化曲线。

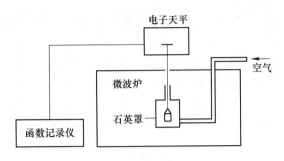

图 1　在微波辐射下的热重实验示意图

试样在微波辐射下的温度由带有金属屏蔽套的热电偶测得，这是目前所报道的较为可靠的测温方法。如图 2 所示，在微波辐射下，碱式碳酸镍属于弱吸波物质，在温度 400K 左右只能脱除部分结晶水而不能脱除 CO_2；但氧化镍却属于吸波物质，温度可达 700K 左右。因此，若将产品氧化镍作为添加剂配入碱式碳酸镍试样中，可起到间接诱导加热升温作用。事实上，这在由碱式碳酸镍制取氧化镍的工艺研究中已得到证实，其产物的 X 射线衍射分析如图 3 所示。

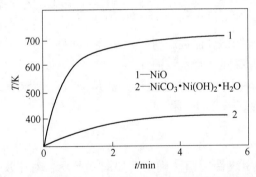

图 2　在微波辐射下，氧化镍和碱式碳酸镍的升温曲线

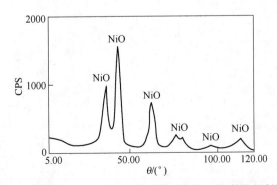

图 3　碱式碳酸镍在微波辐射后的残留物的 X 射线衍射图

2 实验结果及讨论

2.1 试样的升温速率与温度的关系

配有不同比例氧化镍的试样在微波辐射下的热分解率 α 与时间 t 的关系如图 4 所示，其中增加了含 10%NiO 试样的升温曲线 2′。可以看出，NiO 的比例对热分解率的影响相当显著，5%NiO 试样的热分解速率较慢，15%NiO 试样的较快。就动力学分析而言，10%NiO 试样较为适宜，因为它能较明确地呈现出碱式碳酸镍热分解的反应过程：

反应（1）： $NiCO_3 \cdot Ni(OH)_2 \cdot H_2O(g) = NiCO_3 \cdot NiO(s) + 2H_2O(g)$

反应（2）： $NiCO_3 \cdot NiO(s) = 2NiO(s) + CO_2(g)$

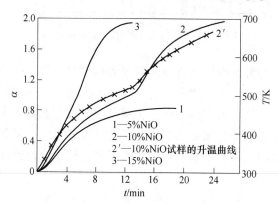

图 4 碱式碳酸镍的热分解率 α 与时间 t 的关系

另外，升温曲线 2′表明试样温度与时间存在着非线性关系，这与大多数矿物或化合物在微波辐射下所测得的升温曲线是一致的。

试样的升温速率功 $\varphi = dT/dt$ 可用数值微分法从曲线 2′上求得，再将 φ 对 T 作图，便得到图 5。对曲线进行函数拟合的结果

$$\ln\varphi = \frac{a}{T} + b \tag{1}$$

式中 a，b 为常数，可用线性回归法确定，如图 6 所示，对于反应（1）：$a=2074$，$b=-5.935$，线性相关系数 $r=0.9937$；对于反应（2）：$a=4272$，$b=-8.565$，$r=0.9945$。

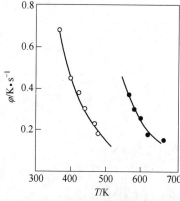

图 5 升温速率 φ 与温度 T 的关系

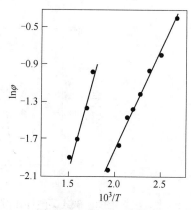

图 6 $\ln\varphi$ 与 $1/T$ 的关系

2.2 非线性升温的动力学方程

假设试样的温度分布均匀，热分解反应气体产物的扩散阻力很小，则碳酸盐热分解反应的速率式为：

$$\frac{da}{dt} = k(1-a)^n \tag{2}$$

式中 n——反应级数；

k——速率常数。

按照 Doyle 的思路将式（1）中 $\varphi = \varphi_0 \exp(a/T)$ 及 $k = A\exp(-E/RT)$ 代入式（2），并取 $n=1$，则式（2）变为：

$$\int_0^a \frac{da}{(1-a)} = \int_{T_0}^T \frac{A}{\varphi_0} \exp\left(-\frac{E+aR}{RT}\right) dT \tag{3}$$

令 $x = -(E+aR)/RT$，$dT = Rdx/(E+aR)x^2$，则式（3）变为：

$$\int_0^a \frac{da}{(1-a)} = \int_{T_0}^T \frac{A(E+aR)}{\varphi_0 R} \cdot \frac{e^x}{x^2} dx \tag{4}$$

积分式（4）得

$$-\ln(1-a) = \frac{A(E+aR)}{\varphi_0 R} \cdot p(x) \tag{5}$$

其中，$p(x) = (e^x/x^2)(1+2!/x+3!/x^2+\cdots)$。取 $p(x)$ 的前两项，再将式（5）两边去对数，得

$$\ln\left[\frac{-\ln(1-a)}{T^2}\right] = \ln\left[\frac{AR}{\varphi_0(E+aR)}\left(1-\frac{2RT}{E+aR}\right)\right] - \frac{E+aR}{T} \tag{6}$$

式（6）即为非线性升温的热分解动力学方程。

用式（6）以 $\ln\{[-\ln(1-\alpha)]/T^2\}$ 对 $1/T$ 作图，整理图 4 中曲线 2 的实验数据，其结果如图 7 和表 2 所示。这些数据表明碱式碳酸镍在微波辐射下的热分解过程的速率可用式（6）描述，实验结果与动力学方程符合良好。

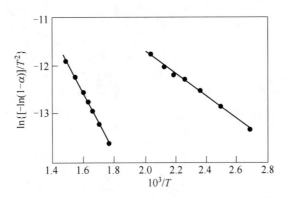

图 7 $\ln\{[-\ln(1-\alpha)]/T^2\}$ 与 $1/T$ 的关系

表2 碱式碳酸镍热分解反应的表观动力学数据

反应	E/kJ·mol^{-1}	A/s^{-1}	相关系数	温度/K
(1)	3.080	1.113×10^{-2}	0.9963	373~489
(2)	15.094	9.043×10^{-2}	0.9970	563~669

3 结论

(1) 配有氧化镍的碱式碳酸镍在微波辐射下可全部分解为氧化镍,无喷料现象,其反应速率可以通过调整添加剂比例或调节微波功率加以控制。

(2) 碱式碳酸镍在微波辐射下的热分解过程主要由脱除结晶水和脱除二氧化碳两个阶段组成,该过程的速率可用非线性升温动力学方程描述。

(3) 本研究对已研制成功的碱式碳酸镍热分解在技术上具有重要的指导意义,并且对其他碳酸盐的分解也有参考价值。

参 考 文 献

[1] Walkiewicz J W, et al. Minerals & Metallurgical Processing, 1988 (2).
[2] Liu C P, Xi Y S, Hua Y X. Chin J. Met. Soc. Technol., 1990, 6: 43.
[3] Wendlandt W W. Thermal Analysis, Third edition. John Wiley & Sons, 1986.
[4] Doyle C D. J Appl. Polymer. Sci., 1961 (5): 285.

微波辐照下 PbS 和 PbO 的升温速率及其反应动力学[①]

彭金辉　刘纯鹏

摘　要：研究了 PbS 和 PbO 在微波辐照下的升温速率及其反应动力学。结果表明，微波辐照下 PbS 和 PbO 的交互反应是一非恒温过程且动力学方程为 $\ln\alpha=\ln[Am/(E+aR)-(E+aR)]/(RT)$ 微波辐照下 PbS 与 PbO 的交互反应与传统方式加热下的相比较，其活化能降低，化学反应速度加快。

关键词：微波辐照；PbS；PbO；非恒温动力学

文献［1,2］采用传统加热方式对 PbS 与 PbO 的交互反应动力学做了较深入的研究。本文则在微波辐照下，分别研究 PbS 和 PbO 的升温速率及其交互反应动力学，旨在为探求新的炼铅技术提供依据。

1　实验方法

为了与文献［1,2］的结果进行比较，本实验所用的试料、反应速率表示法和 SO_2 测定法均与文献［2］相同。每次试料用量为 50g。

加热设备是经过改装过的常用微波炉，最大功率 650W，频率 2450MHz。微波辐照下试样的温度由带有屏蔽套的热电偶连续测得[3~5]实验在 Ar 气保护下进行。

2　实验结果与讨论

2.1　PbS 和 PbO 在微波辐照下的升温速率

从图 1 可知，在 Ar 气保护下，PbS 在微波辐照下的升温速率大于 PbO 的升温速率。30s 内，PbS 的温度即从室温升至 1000K，而 PbO 的温度仅升高至 420K，这主要是因为不同物质在微波辐照下所产生的热量及电特性不同的缘故[6]。

图 1 表明，试样的吸热升温可分为两个阶段。初始阶段是快速升温过程（见图 1 中 ab 段），在

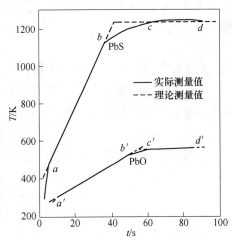

图 1　微波辐照下 PbS 和 PbO 的温度 T 升高和时间 t 的关系

[①] 本文发表于《中国有色金属学报》，1993，3（1）：25~27，31。

此阶段中，物质吸收微波能后快速升温。之后自动进入第二阶段，此时温升缓慢（见图1中 ac 线）；升温速率逐渐趋近于零（见图1中 cd 线），试样温度达最大值，被其吸收与散失到环境中的热达到平衡。

具有内热源的物料，单位体积的热平衡条件为：

$$\mathrm{div} q = Q - c\partial T/\partial t \tag{1}$$

式中　q——热流密度，按 Fourier 传热定律，热流密度 q 的大小与试料温度梯度成正比，但方向相反

$$q = -\lambda \mathrm{grad} T \tag{2}$$

Q——内热源密度，其值应为试料所吸收的微波功率 P 与试料的化学反应热 W 之和，即

$$Q = P + W \tag{3}$$

$$P = 2\pi f F^2 \varepsilon_r \tan\delta \tag{4}$$

c——物料比热容；
λ——试料导热率；
f——微波频率；
F——微波电场强度；
ε_r——试料介电常数；
$\tan\delta$——介电损耗系数。

将式（2）~式（4）代入式（1）得

$$\mathrm{div}\,\mathrm{grad}\,T = \nabla^2 T = c/\lambda\,\partial T/\partial t - (2\pi f F^2 \varepsilon_r \tan\delta + W)/\lambda \tag{5}$$

式中

$$\nabla^2 T = \partial^2 T/\partial x^2 + \partial^2 T/\partial y^2 + \partial^2 T/\partial z^2 \tag{6}$$

本实验中，由于试料量较大，热损失较小，而且微波辐照试料较全面，试料在较短时间内升至较高的温度，故认为试料内温度均匀分布，可以忽略热传递，因此，$\mathrm{div} q = 0$，即 $\nabla^2 T = 0$。

在惰性气氛中，由于试料在低于其分解和熔化温度下不产生化学反应热，故 $W = 0$。

假定试料中电磁场均匀，试料的比热容、热导率、介电常数和介质损耗系数随温度的变化很小，可视为常数[4]，则 $P =$ 常数。所以式（5）可简化为

$$\partial T/\partial t = 常数 \tag{7}$$

即温度与时间维持线性关系。这与下面根据实验结果获得回归方程是一致的。

对 PbS：

$$T = 22.03t + 370.19\,(440\mathrm{K} < T < 1100\mathrm{K}) \tag{8}$$

$$\mathrm{d}T/\mathrm{d}t = 0\,(T = 1240.5\mathrm{K}) \tag{9}$$

$r = 0.9987$

对 PbO：

$$T = 5.22t + 267.78\,(320\mathrm{K} < T < 510\mathrm{K}) \tag{10}$$

$$\mathrm{d}T/\mathrm{d}t = 0\,(T = 561.2\mathrm{K}) \tag{11}$$

$r = 0.9973$

2.2 PbS 与 PbO 的交互反应动力学

图 2 所示的曲线 5 表明，微波辐照下 PbS 与 PbO 的交互反应是一非恒温过程，随着试料温度的逐渐升高，交互反应能不断进行。

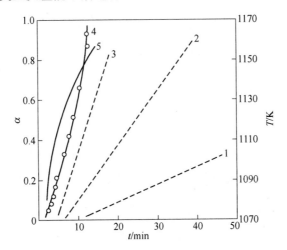

图 2　反应率 α 及温度 T 与时间 t 之间的关系

1，2，3—传统方式下的 α-T 关系[2]，其 T 分别为 1707K、1123K、1173K；
4—微波辐照下的 α-t 关系图；5—微波辐照下的 T-t 关系图

对曲线 5 进行函数拟合，便可得到交互反应时间（t）与试料温度（T）的变化关系

$$\ln t = -a/T + b \tag{12}$$

$$t = ce^{-a/T} \tag{13}$$

式中，$a = 31232.21$，$b = 29.63$，$c = e^b$，线性相关系数 $r = 0.9996$。

从图 2 还可以看出，微波辐照下 PbS 与 PbO 交互反应在低温下（1070~1170K）进行的速度很快，约 13min，交互反应已完成 90% 以上；而在相应的时间（13min）和相应的温度（1073K，1123K，1173K）条件下，传统恒温加热下的交互反应才分别完成约 8%、20%、60%。从中可看出微波加热具有的优越性。

微波辐照下 PbS 与 PbO 交互反应所产生的 SO_2 的生成速率 α 与试料温度 T 的变化关系如图 3 所示。

设 PbS 与 PbO 的氧化-还原反应式为：

$$PbS + 2PbO = 3Pb + SO_2 \tag{14}$$

用 SO_2 的生成速率表示反应式（14）中的反应速率，则有

$$d\alpha/dt = k N_S N_O \tag{15}$$

式中 N_S，N_O——熔体中硫和氧的摩尔浓度。

由于本实验按反应（14）的化学计量比例（PbO/PbS = 2/1）进行配料，故 N_S 和 N_O 在反应过程中不变[1]，所以

$$d\alpha/dt = k \cdot l \tag{16}$$

式中　l——常数，$l = N_S N_O$；
　　　k——反应速率常数。

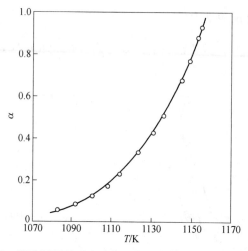

图 3 微波辐照下反应速率 α 与反应体系温度 T 的关系

而
$$k = A e^{-E/RT} \tag{17}$$

式中 A——频率因子。

所以
$$d\alpha/dt = A \cdot l \cdot e^{-E/RT} \tag{18}$$

因为
$$d\alpha/dt = d\alpha/dT \cdot dT/dt = Al e^{-E/RT} \tag{19}$$

$$d\alpha/dT = dt/dT \cdot Al e^{-E/RT} \tag{20}$$

根据式（13）
$$dt/dT = c \cdot e^{-a/T} \cdot a/T^2 \tag{21}$$

将式（21）代入式（2）中，得
$$d\alpha/dt = Alc e^{-E+aR/RT} \cdot a/T^2 \tag{22}$$

即
$$d\alpha = aAlcR/(E+aR) \cdot e^{(-E+aR/RT)} d[(-E+aR)/RT] \tag{23}$$

积分
$$\int_0^a d\alpha = \int_{T_0}^T aAlcR/(E+aR) \times e^{(-E+aR/RT)} d[(-E+aR)/RT] \tag{24}$$

得
$$\alpha = aAlcR/(E+aR) e^{(-E+aR)/RT} \tag{25}$$

令
$$alcR = m = 常数 \tag{26}$$

即得动力学方程
$$\alpha = Am/(E+aR) \cdot e^{(-E+aR/RT)} \tag{27}$$

两边取对数，便得
$$\ln\alpha = \ln(Am/E+aR) - (E+aR)/RT \tag{28}$$

以 $\ln\alpha$ 对 $1/T$ 作图（见图4），即得
$$\ln\alpha = 41.93 - 48396.59/T \tag{29}$$

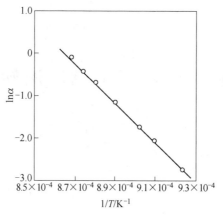

图 4　微波辐照下 $\ln\alpha$ 与 T 的关系

其线性相关系数为 0.9994，交互反应的表观活化能 E 为 142.76kJ/mol。文献[1，2]的活化能分别为 190kJ/mol、181kJ/mol，与之相比，微波辐照下的交互反应活化能降低。

3　结论

微波辐照下 PbS 与 PbO 能在较低的温度下进行较快的交互反应。该方法利用了微波加热的优越性，不仅加快了反应速度，减少了能耗，而且避免了高温过程中 PbS 和 PbO 的挥发损失，对探索炼铅新工艺具有参考价值，并对改革传统工艺，开拓微波能在冶金中的应用都具有积极的意义。

参 考 文 献

[1] 陆跃华，刘纯鹏．金属学报，1988，24：B49.
[2] 李诚，刘纯鹏．金属学报，1990，26：B77.
[3] Standish N, Worner H. Journal of Microwave Powerand Electromagnetic Energy, 1990, 25 (3)：177.
[4] Standish N, Worner H, Gupta G. Journal of Microwave Power and Electromagnetic Energy, 1990, 25 (2)：75.
[5] Walkiewicz J W, kazonich G, Mcgill S L. Minerals & Metallurgical Processing, 1988, 5 (1)：39.
[6] 钱鸿森．微波加热技术及应用 [M]．哈尔滨：黑龙江科学技术出版社，1985.

微波辐照下硫化铅矿常压溶解动力学

彭金辉　刘纯鹏

摘　要：本文研究了微波辐照下 $FeCl_3$ 溶液常压溶解硫化铅矿动力学。结果表明，微波辐照加热下铅溶解速率较传统加热下铅溶解速率快。考查了微波辐射下温度、$FeCl_3$ 浓度和粒度对铅溶解速率的影响。根据非恒温动力学方程，求得反应活化能。表观总速率方程为：

$$\varPhi = 1.12 \times 10^5 C_{FeCl_3}^{1.12} \cdot r_0^{-1} \cdot e^{-\frac{5.56 \times 10^4}{RT}} \cdot t$$

关键词：微波辐照；硫化铅矿；溶解动力学

硫化铅矿的 $FeCl_3$ 溶液溶解动力学研究曾有人做过[1~8]，但都采用传统加热方式；而在微波辐照加热下的硫化铅矿溶解动力学仍缺乏报道。本文利用微波辐照加热的优越性（如内部加热、高频振动、无其他搅拌装置等），研究了 $FeCl_3$ 溶液常压溶解硫化铅矿动力学，旨在改革传统方法，探求湿法冶金新工艺。

1　实验

实验在改装过的常用微波炉中进行，微波炉最大功率为 650W，频率为 2450MHz。溶液温度待微波辐照停止后迅速从测温孔中插入温度计进行测定，经空白实验，温度误差范围为±1℃。升温速率由微波功率调节。溶液蒸汽由冷凝管冷凝回流。

硫化铅矿主要化学成分（质量分数）：Pb 82.42%，S 12.92%，Fe 0.09%，Zn 0.12%。矿样进行筛分、分级。溶解实验所用溶液为化学纯三氯化铁、盐酸、分析纯氯化钠及蒸馏水配置。

实验中 HCl 和 NaCl 浓度分别为 1mol/L 和 3mol/L。[1]

2　实验结果与讨论

2.1　微波辐照加热方式与传统加热方式铅溶解速率的比较

在相同温度、$FeCl_3$ 浓度和粒度条件下，微波辐照加热方式与传统加热方式铅溶解速率对比如图 1 所示。

图 1 表明，在相同温度、$FeCl_3$ 浓度和粒度条件下，微波辐照下铅溶解速率较传统加

---

❶ 本文发表于《有色金属》，1993，45（1）：68~72。

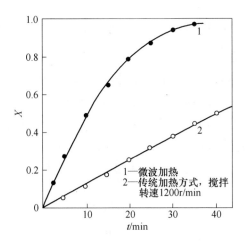

图 1　不同加热方式下溶解率对比

(3mol/L NaCl, 1mol/L HCl, 0.6mol/L FeCl$_3$, T: 368K, 粒度: 98~76μm)

热方式下铅溶解速率快。微波辐照约为 30min，铅溶解速率 93%，而传统加热下只有 37%，这显示了微波辐照加热方式的优越性。

2.2　温度的影响

微波辐照下铅溶解速率与时间变化关系如图 2 曲线 1 所示；溶液温度与时间变化关系如图 2 曲线 2 所示；铅溶解速率与温度变化关系如图 3 所示。

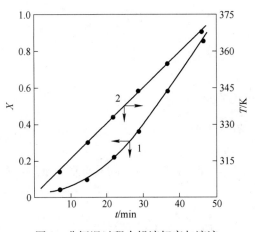

图 2　非恒温过程中铅溶解率与溶液
温度同时间变化关系

(0.5mol/L FeCl$_3$, 3mol/L NaCl,
1mol/L HCl, 粒度: 98~76μm)

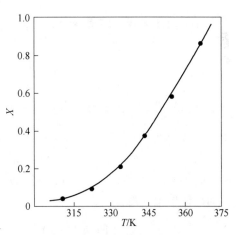

图 3　铅溶解率与温度变化关系

(0.5mol/L FeCl$_3$, 3mol/L NaCl,
1mol/L HCl, 粒度: 98~76μm)

图 2 和图 3 表明，随着微波辐照加热，溶液温度逐渐升高，反应速率明显加快；微波辐照下的溶解反应在达到溶液沸点以前是非恒温过程。

2.3 非恒温溶解动力学方程的推导

微波辐照加热的特性为：

（1）微波辐照加热为内部加热，避免了传统加热方式中固相的"冷中心"现象[9]。

（2）微波辐照加热促使微粒易破裂，暴露出新鲜表面，有利于液固反应的进行[10]。

（3）在加热电场作用下，极性分子迅速改变方向进行高速振动，不仅产生了热量，而且增加了物质间的相互碰撞，强化了反应的进行。

根据微波辐照加热的上述特性，可以认为溶解反应为化学控制，则反应速率可以表示为：

$$v = -\frac{dW}{dt} \tag{1}$$

式中

$$W = \frac{4}{3}\pi r^3 \rho \tag{2}$$

而

$$v = k \cdot c \tag{3}$$

$$k = A \cdot e^{-\frac{E}{RT}} \tag{4}$$

由式（1）~式（4）得

$$-\frac{dr}{dt} = \frac{MC \cdot A}{\rho} e^{-\frac{E}{RT}} \tag{5}$$

因为

$$-\frac{dr}{dT} \cdot \frac{dT}{dt} = -\frac{dr}{dt} = \frac{MC \cdot A}{\rho} \cdot e^{-\frac{E}{RT}} \tag{6}$$

令 $\frac{dT}{dt} = B$（由图2线2求得 $B = 0.7199$）

则

$$-dr = \frac{MC \cdot A}{B\rho} \cdot e^{-\frac{E}{RT}} dT \tag{7}$$

在 $[r_0, r]$，$[T_0, T]$ 上积分，并把 $X = 1 - \left(\frac{r}{r_0}\right)^3$ 代入式中得：

$$1 - (1-x)^{\frac{1}{3}} = \frac{MC \cdot AE}{B\rho R} p(\theta) \tag{8}$$

式中，$p(\theta) = (e^{\theta}/\theta^2)(1 + 2!/\theta + 3!/\theta^2 + \cdots)/\theta = -E/(RT)$，取 $p(\theta)$ 的前两项，并取对数，即得非恒温溶解动力学方程：

$$\ln\left[\frac{1-(1-x)^{\frac{1}{3}}}{T^2}\right] = \ln\left[\frac{MC \cdot AR}{B\rho E}\left(1 - \frac{2RT}{E}\right)\right] - \frac{E}{RT} \tag{9}$$

以 $\ln\left[\frac{1-(1-x)^{\frac{1}{3}}}{T^2}\right]$ 对 $\frac{1}{T}$ 作图[11]（见图4），得

$$\ln\left[\frac{1-(1-x)^{\frac{1}{3}}}{T^2}\right] = 5.7673 - \frac{6684.8068}{T} \tag{10}$$

由此求得反应活化能 $E = 55.6$（kJ/mol），其线性回归相关方程系数为 0.9986。

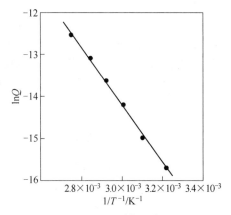

图 4 $\ln\{[1-(1-x)^{1/3}]/T^2\}$ 与 $1/T$ 关系

(纵坐标 $Q = \{[1-(1-x)^{1/3}]/T^2\}$)

2.4 $FeCl_3$ 浓度的影响

不同 $FeCl_3$ 浓度下铅溶解速率与时间变化关系如图 5 所示。

图 5 表明 $FeCl_3$ 浓度增加，溶解速率也随之增大。根据图 5 数据，以 $1-1(1-x)^{\frac{1}{3}}$ 对 t 作图（见图 6），直线过原点，由此可得 0.2mol/L，0.4mol/L，0.6mol/L，0.8mol/L 时的表观速率常数 k 分别为 $5.5914×10^{-3}$ min^{-1}，$1.0552×10^{-2}$min^{-1}，$1.9330×10^{-2}$min^{-1}，$2.5445×10^{-2}$min^{-1}，其线性回归相关系数分别为 0.9981，0.9993，0.9998，0.9997，以 $\ln k$ 与 $\ln[FeCl_3]$ 作图（见图 7），得反应级数为 1.12，其线性回归相关系数为 0.9947。结合式（9）和式（10），可求得 $A = 1.12×10^5$。

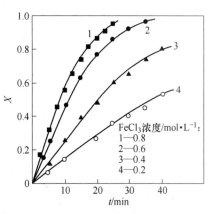

图 5 $FeCl_3$ 浓度的影响

(3mol/L NaCl，1mol/L HCl，T：368K，粒度：98~76μm)

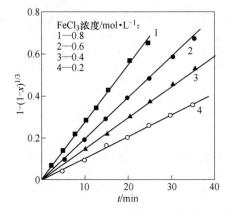

图 6 不同 $FeCl_3$ 浓度下 $1-1(1-x)^{\frac{1}{3}}$ 与 t 关系

(3mol/L NaCl，1mol/L HCl，T：368K，粒度：98~76μm)

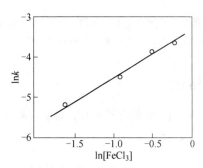

图 7 $\ln k$ 与 $\ln[FeCl_3]$ 关系

2.5 粒度的影响

不同粒度下铅溶解速率与时间变化关系如图 8 所示。结果表明，随着硫化铅矿粒径减少，溶解速率增快且与化学控制模型符合良好（见图 9）。以图 9 中求的 k 对 $1/r_0$ 作图，得图 10。图 10 表明，k 与 $1/r_0$ 成线性关系，其线性回归相关系数为 0.9986，进一步证实了溶解反应受化学控制。

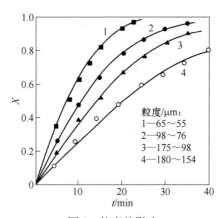

图 8 粒度的影响
(3mol/L NaCl, 1mol/L HCl, 0.6mol/L FeCl$_3$, T: 368K)

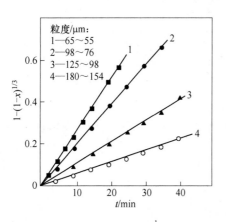

图 9 不同粒度下 $1-(1-x)^{\frac{1}{3}}$ 与 t 的关系
(3mol/L NaCl, 1mol/L HCl, 0.6mol/L FeCl$_3$, T: 368K)

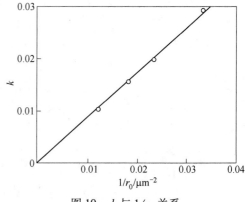

图 10 k 与 $1/r_0$ 关系

3 结论

（1）微波辐照下 FeCl$_3$ 浓度溶解硫化铅矿在实验范围内遵从化学控制动力学模型，其表观总速率方程为：

$$\Phi = 1.12 \times 10^5 \cdot C_{FeCl_3}^{1.12} \cdot r_0^{-1} \cdot e^{-\frac{5.56 \times 10^4}{RT}} \cdot t$$

（2）FeCl$_3$ 浓度溶解硫化铅矿，微波辐照加热方式较传统加热方式的铅溶解速率快。微波辐照加热有利于强化溶解过程，在湿法冶金领域中颇具应用前景。

符 号 说 明

v	反应速度	W	颗粒质量
t	时间	r	未反应核半径
r_0	初始颗粒半径	k	速率常数
ρ	颗粒密度	n	反应级数
C	浓度	E	活化能
A	频率因子	T	温度
B	升温速率常数	Φ	表观总速率
x	溶解率		

参 考 文 献

[1] Fuerstenau M C, Chen C C, Han K N, et al. Met. Trans., 1986, 17B: 415.
[2] Awakura Y, Kamei S, Majima H. Met. Trans., 1980, 11B: 377.
[3] Scott P D, Nicol M J. Trans. IMM, 1976, 85C: 40.
[4] Rath P C, Paramguru P K, Jena P K. Trans. IMM, 1988, 97C: 159.
[5] Sohn H Y, Baek H D. Met. Trans., 1987, 18B: 59.
[6] Kim S H, Henein H, Warren G W. Met. Trans., 1986, 17B: 29.
[7] Morin D, Gaunand A, Renon H. Met. Trans., 1985, 16B: 31.
[8] Dutrizac J E. Met. Trans., 1989, 20B: 175.
[9] Standish N, Worner H. Journal of Microwave Power and Electromagnetic Energy, 1990, 25: 177.
[10] Nadkarni R A. Anal. Chem., 1984, 56 (12): 2233.
[11] Doyle C D. J. Appl. Polym. Sci., 1961 (5): 285.

微波辐照下镍磁黄铁矿空气氧化动力学

彭金辉　刘纯鹏　苏永庆　宋宁

摘　要：研究了微波辐照下镍磁黄铁矿空气氧化动力学。结果表明，氧化过程中，物相的转变，物质固有特性对微波的吸收性和化学反应热等因素的影响，致使脱硫反应是非线性升温过程，反应前期和后期分别为化学控制和扩散控制。

关键词：微波辐照；镍磁黄铁矿；空气氧化；非恒温动力学

文献［1~3］报道过用传统方式加热的镍磁黄铁矿氧化焙烧研究结果。本文则率先利用微波辐照加热，研究镍磁黄铁矿空气氧化动力学，旨在为改革传统方法，探求冶金新工艺提供依据。

1　试验

加热设备是改装过的常用微波炉，功率为650W，频率为2450Hz，反应中释放出来的SO_2用标准碘液法进行测定。

镍磁黄铁矿主要成分（质量分数）：Ni 4.08%，Fe 33.02%，S 20.32%。

2　试验结果

镍磁黄铁矿经过氧化焙烧以后，由于物相的转变，产生了Fe_3O_4和Fe_2O_3等物质（见图1）。

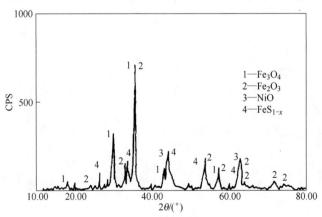

图 1　氧化后的镍磁黄铁矿焙砂产物 X 射线衍射分析
（空气流量：280mL/min，氧化时间：30min）

---

❶ 本文发表于《昆明工学院学报》，1993，18（2）：22~27。

这些物质与镍磁黄铁矿比较，更易吸收微波能，因此，物相的转变，物质固有特性对微波的吸收性和化学反应热等因素的影响，致使脱硫反应是非线性升温过程[4~6]，如图2所示。从图2可知，过大或过小的反应气体流量对升温速率均不利，当反应气体流量为280mL/min时，升温速率最快，对图2中曲线4进行函数拟合，得脱硫反应时间与试料温度变化的关系：

$$\ln t = f - g/T \tag{1}$$

即

$$t = h \cdot e^{-g/T} \tag{2}$$

反应前期（999K<T<1025K，x<0.35）：

$$h = 5.35 \times 10^{19}, \quad g = 44727.69$$

反应后期（1075K<T<1117K，x>0.75）：

$$h = 2.19 \times 10^{8}, \quad g = 17669.50$$

图3表明，反应气体流量为280mL/min时，脱硫率为最快。结合图2和图3还可看出，升温速率快者，脱硫率也快。

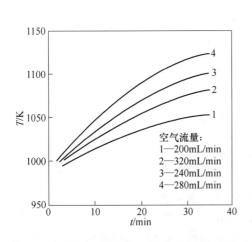

图2 脱硫反应时间与试料温度变化关系

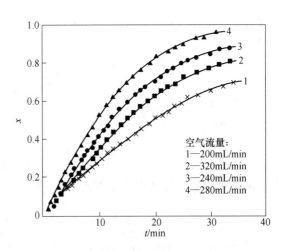

图3 脱硫率与时间的变化关系

3 非恒温脱硫动力学数学模型

从图3可知，反应初期矿表面迅速氧化，反应受化学控制，随着脱硫反应的进行，外层不断为固体Fe_3O_4、Fe_2O_3及NiO等所包裹，并逐渐形成未反应核，气体扩散阻力越来越大，最后反应过程转化为扩散所控制。设脱硫反应为：

$$A(g) + bB(s) = cC(g) + dD(s) \tag{3}$$

则非恒温条件下的化学控制和扩散控制动力学数学模型可表达为：

3.1 化学控制动力学模型

对于不可逆一级反应，化学反应的速度为：

$$-\frac{dG_A}{dt} = k 4\pi r_c^2 C_{Ab} \tag{4}$$

$$-\frac{dG_A}{dt} = -\frac{dG_B}{b\,dt} = -\frac{4\pi r_c^2 \rho_B}{bM_B}\frac{dr_c}{dt} \tag{5}$$

把式（4）代入式（5），整理得

$$\frac{bM_B C_{Ab}}{\rho_B}k\,dt = -dr_c \tag{6}$$

因为

$$k = Ae^{-\frac{E}{RT}} \tag{7}$$

根据式（2）

$$dt = he^{-\frac{g}{T}}d\left(-\frac{g}{T}\right) \tag{8}$$

把式（7）和式（8）代入式（6），得

$$\frac{bM_B C_{Ab} AgR}{\rho_B (E+Rg)}e^{-\frac{E+Rg}{RT}}d\left(-\frac{E+Rg}{RT}\right) = -dr_c \tag{9}$$

在 $[r_o, r_c]$ 和 $[T_o, T]$ 上积分，并把 $X = 1-\left(\dfrac{r_c}{r_o}\right)^3$ 代入式中，整理得

$$1-(1-x)^{\frac{1}{3}} = \frac{bM_B C_{Ab} AgR}{\rho_B (E+Rg)}e^{-\frac{E+Rg}{RT}} \tag{10}$$

令 $\dfrac{bM_B gR}{\rho_B} = m =$ 常数，则

$$1-(1-x)^{\frac{1}{3}} = \frac{mC_{Ab}A}{E+Rg}e^{-\frac{E+Rg}{RT}} \tag{11}$$

两边取对数，得动力学方程式

$$\ln\left[1-(1-x)^{\frac{1}{3}}\right] = \ln\frac{mC_{Ab}A}{E+Rg} - \frac{E+Rg}{RT} \tag{12}$$

在反应前期（999K<T<1025K，x<0.35）根据图2和图3数据，以 $\ln[1-(1-x)^{1/3}]$ 对 $1/T$ 作图，如图4所示。

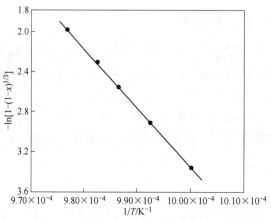

图4 $\ln[1-(1-x)^{1/3}]$ 与 $1/T$ 关系

（空气流量：280mL/min）

$$\ln[1-(1-x)^{1/3}] = 52.33 - \frac{55633.01}{T} \tag{13}$$

其线性回归相关系数为 0.9959，从而可求得化学控制的活化能为 90.62kJ/mol。

3.2 扩散控制动力学模型

按扩散定律：

$$-\frac{dG_A}{dt} = 4\pi r_c^2 D_e \frac{dC_A}{dt} \tag{14}$$

假定体系为准稳态，则

$$\frac{dG_A}{dt} = 常数 \tag{15}$$

在 $[0, C_{Ab}]$，$[r_c, r_s]$ 上积分，得

$$\frac{dG_A}{dt} = -4\pi D_e \frac{r_s r_c}{r_s - r_c} C_{Ab} \tag{16}$$

因为

$$\frac{dG_A}{dt} = -\frac{dG_B}{bdt} = \frac{4\pi r_c^2 \rho_B}{bM_B} \frac{dr_c}{dt} \tag{17}$$

把式（17）代入式（14）中，整理得

$$-\frac{bM_B D_e C_{Ab}}{\rho_B} dt = \left(r_c - \frac{r_c^2}{r_s}\right) dr_c \tag{18}$$

把 $D_e = D_0 e^{-\frac{E}{RT}}$，$dt = h e^{-\frac{g}{T}} d\left(-\frac{g}{T}\right)$ 代入式（18），并在 $[r_0, r_c][T_0, T]$ 上积分，由于反应前后颗粒的尺寸不变，所以 $r_s = r_0$，$x = 1-(r_c/r_0)^3$。即

$$1 - 3(1-x)^{\frac{2}{3}} + 2(1-x) = \frac{6bM_B C_{Ab} gRD_0}{\rho_B r_0^2 (E + Rg)} e^{-\frac{E+Rg}{RT}} \tag{19}$$

令 $\frac{6bM_B Rg}{\rho_B r_0^2} = n = 常数$，两边取对数，得：

$$\ln[1 - 3(1-x)^{\frac{2}{3}} + 2(1-x)] = \ln\frac{nC_{Ab}D_0}{E+Rg} - \frac{E+Rg}{RT} \tag{20}$$

在反应后期（1075K<T<1117K，x>0.75），根据图2和图3数据，以 $\ln[1-3(1-x)^{2/3}+2(1-x)]$ 对 $1/T$ 作图（见图5）得：

$$\ln[1 - 3(1-x)^{\frac{2}{3}} + 2(1-x)] = 20.83 - \frac{23722.89}{T} \tag{21}$$

其线性回归相关系数为 0.9971，从而可求得扩散控制的活化能为 50.35kJ/mol。

4 结论

（1）微波辐照下物质的升温过程取决于其自身对微波的吸收性；由于化学反应的发生，物相转变等因素，致使脱硫反应系非线性升温过程。

（2）反应气体流量对升温速率和脱硫率有较大的影响。在实验范围内，当流量为

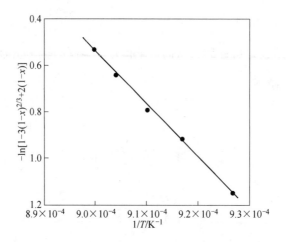

图 5　$\ln[1 - 3(1-x)^{2/3} + 2(1-x)]$ 与 $1/T$ 关系

(空气流量：280mL/min)

280mL/min 时，反应体系升温速率最快，脱硫率最高。

(3) 脱硫反应前期受化学控制，后期受扩散控制，其动力学模型与实验数据符合良好。

符 号 说 明

t	时间	M_B	固体 B 的相对分子质量
T	温度	k	化学反应速率常数
x	脱硫率	A	频率因子
r_0	初始颗粒半径	De	反应气体的有效扩散系数
r_e	时间 t 时未反应核半径	E	活化能
r_s	固体产物层半径	R	气体常数
ρ_B	固体 B 的密度	G_A	物质 A 的物质的量
C_A	物质 A 的体积摩尔浓度	b、c、d	化学计量数
C_{Ab}	气体反应物在气流主体中的浓度	f、g、m、n	常数

参 考 文 献

[1] 郭先健. 博士论文. 昆明工学院, 1988.

[2] 毛长松, 柳建设. 硫化镍精矿焙烧动力学研究. 中南矿冶学院学报, 1988, 19 (3).

[3] 昊半秋, 黄健康, 陈新民. 镍黄铁矿氧化动力学研究. 全国第五届冶金过程物理化学年会论文集, 下册, 中国, 西安, 1984.

[4] 彭金辉. 博士论文. 昆明工学院, 1991.

[5] Standish N, Worner H. Microwave applieation in the reducation of metal oxides with carbon. Jounral of Microwave Power and Electromagnetic Energy, 1990, 25 (3).

[6] Walkiewiez J W, Kazonieh G, McGill S L. Microwave heating charactaristics of selected minerals and compounds. Minerals & Metallurgical Processing, 1988.

Heating Rate of Minerals and Compounds in Microwave Field[0]

Hua Yixin Liu Chunpeng

Abstract: More than 40 kinds of selected minerals and compounds were individually irradiated by microwaves under an inert atmosphere, and the temperatures of samples were measured with a metalshcathed thermocouple inserted into the samples directly. The results indicated that most sulphide and some oxide minerals and compounds could be healed to high temperatures in a short time, whereas the common gangue minerals, some oxide find oxy-salt minerals or compounds could not. The sulphide minerals had faster heating rate than the oxide minerals containing the same cations. The impurities of minerals had significant effect on the healing rate. The selective heating characteristics of microwaves on different minerals and compounds could be attributed to the differences in their conductivities or dielectricloss factors and bonding properties.

Keywords: microwave heating; minerals and compounds; mineral; processing; extractive metallurgy

1 Introduction

Microwave heating has found wide applications in the production of engineering materials, especially in the field of drying, curing and sintering. The applications of microwave in mineral processing and extractive metallurgy are still at the development stage, but many attractive research results have been made, which include the drying of coal, the grinding of ores, the pretreatment of refractory gold concentrate and the recovery of gold from low grade ores and tailings, the extraction of rare earths and heavy metals from ores, the carbothermic reduction of iron ores and titanomagnetite, the processing of lunar materials and industrial wastes and the like, demonstrating the potential applications of microwaves in mineral processing and extractive metallurgy, although many practical problems remain to be solved.

Microwave heating as an alternative to conventional heating has many advantages. It does not rely entirely on the heat conduction from surface of the materials to the interior as conventional heating does with most other forms of energy, because heat is generated directly due to the dissipation of microwave energy within the materials. Depending on the properties of materials (conductivity, permeability and permittivity), microwave can effectively and instantaneously generate heat throughout materials, selectively heat materials[1] and stimulate certain chemical reactions[2]. Besides, smelting and some hightemperature chemical reactions seem to take place at significantly

---

❶ 本文发表于《Transactions of NFsoc》, 1996, 6 (1)。

lower temperatures when using microwaves instead of conventional heating[2]. The special features of microwave heating are obviously of practical importance for mineral processing and extractive metallurgy. So it is very necessary to study the microwave heating properties of minerals and compounds as a first step towards investigating the applications of microwaves in metallurgical industry. Although the microwave heating characteristics of some minerals and compounds were reported[3], the heating rate of a mineral may vary from place to place due to the differences of its impurities. A further study on the microwave heating rates of minerals and compounds is still needed. The present study has been conducted to determine the microwave power absorbed by various minerals and compounds by measuring temperatures of the samples.

2 Experimental

2.1 Materials

The minerals used in the present work were selected from natural ores, and the associated gangue minerals were removed by handpicking. The minerals selected were examined by X-ray diffraction analysis. The purity of the minerals was greater than 95% by weight. The chemical compounds used were analytically pure reagents. The particle size of samples was in −100+180 meshes and the sample weight was 30g.

2.2 Procedures

Experiments were conducted in a 650W, 2450MHz microwave oven (NE-6790). Each sample was placed in a quartz crucible (7cm×d3cm) which was inclosed in a quartz container (13cm×d5cm) with an inlet and an outlet for gas flow. Purified argon was blown into the quartz container at 2.5mL/s during microwave irradiation so that samples were heated under an inert atmoshpere. A schematic diagram of the apparatus used is shown in Fig. 1.

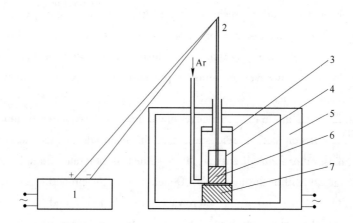

Fig. 1 Schematic diagram of the apparatus
1—recorder; 2—thermocouple; 3—quartz container; 4—quartz crucible;
5—microwave oven; 6—sample; 7—corundum supporter

In the past, the surface temperatures of minerals during microwave irradiation were determined by an infrared technique. The precision of the measurement was unsatisfied because the surface temperture is usually lower than that of the interior of samples. For this reason, a metal-sheathed Ni (Cr) - Ni (Si) thermocouple (WRNK - 102) was used instead of infrared pyrometer. However, the thermocouple can not be inserted into the sample during microwave irradiation because microwaves may discharge on the surface of thermocouple and hence a positive deviation will be caused. In each run, therefore, the thermocouple was immediately inserted into the sample through the outlet of gas for the direct measurement of temperature as soon as the microwave irradiation was stopped.

The temperatures measured were recorded by a function recorder (LZ3-104). The results determined by this method are slightly lower than the real temperatures of samples, but the errors are acceptable and the inlerference of thermocouple with microwave heating is eliminated. According to the blank test made on boiling water, the measurement error is less than 2%.

3 Results and discussion

The temperatures of selected minerals and compounds heated by microwaves were summarized in Tables 1~3, respectively. It can be seen that the temperatures achieved for various minerals and compounds in a definite time are obviously different. Most sulphides and some oxide minerals and compounds which absorb microwaves readily can be heated to high temperatures in a short time. However, silicate, some oxy-salt and oxide and a few of sulphide minerals, which can not or only partially absorb microwaves, can only be heated to low temperatures. The gangue minerals co-existing with the ore minerals such as quartz (SiO_2) and calcitc ($CaCO_3$) can hardly be heated. Therefore, valuable minerals within the hot rock can be selectively heated without the necessity of heating the whole rock mass.

Table 1 Effect of microwave heating on the temperatures of sulphide minerals and compounds

Minerals or compounds*	Chemical composition	T/K	t/s	ΔT: Δt/K·s^{-1}
silver sulfie*	Ag_2S	422	150	0.83
cobalt sulfide*	Co_9S_8	892	150	3.96
cuprous sulfide*	Cu_2S	1026	160	4.55
carrollite	$Cu(Co, Ni)_2S_4$	970	150	4.48
chalcopyrite	$CuFeS_2$	980	60	11.37
bornite	Cu_5FeS_4	1250	150	6.35
ferrous sulfide*	FeS	800	100	5.02
pyrrhotite	$Fe_{1-x}S$	955	40	16.43
pentlandite	$(Fe, Ni)_9S_8$	752	150	3.03
nickel pyrrhotite	$(Ni, Fe)_7S_8$	956	150	4.39
molybdenite	MoS_2	1060	150	5.08

Continued Table 1

Minerals or compounds*	Chemical composition	T/K	t/s	ΔT: $\Delta t/K \cdot s^{-1}$
nickel sulfide*	Ni_3S_2	690	150	2.61
galena	PbS	1010	120	5.93
jamesonite	$Pb_4FeSb_6S_{14}$	800	30	16.73
lead-zinc sulfide concentrate	PbS-ZnS	720	150	2.81
stibnite	Sb_2S_3	450	150	0.51
stannous sulfide*	SnS	1090	100	7.92
sphalerite	ZnS	432	150	0.89

Table 2 Effect of microwave heating on the temperatures of oxide minerals and compounds

Minerals or compounds*	Chemical composition	T/K	t/s	ΔT: $\Delta t/K \cdot s^{-1}$
alumina*	Al_2O_3	430	150	0.88
calcium oxide*	CaO	449	150	1.01
cuprous oxide*	Cu_2O	1395	120	6.87
magnetite	Fe_3O_4	1026	150	4.85
hematite	Fe_2O_3	455	420	0.37
ilmenite	$FeTiO_3$	1260	150	6.41
vanadium titanomagnetite	$(V, Ti, Fe)Fe_3O_4$	1260	190	5.06
magnesia*	MgO	362	150	0.43
manganese dioxide*	MnO_2	1378	100	10.80
lead oxide (yellow)*	PbO	489	150	1.27
antimony oxide*	Sb_2O_2	370	120	0.60
quartz	SiO_2	346	150	0.32
cassiterite	SnO_2	1480	60	19.70
stannic oxide (pure)*	SnO_2	1010	150	4.75
titania*	TiO_2	323	240	0.10

Table 3 Effect of microwave heating on the temperatures of oxy-salt minerals and compounds

Minerals or compounds*	Chemical composition	T/K	t/s	ΔT: $\Delta t/K \cdot s^{-1}$
calcium carbonate*	$CaCO_3$	498	150	1.33
siderite	$FeCO_3$	546	150	1.65
cerussite	$PbCO_3$	510	180	1.18
smithsonite	$ZnCO_3$	406	180	0.60
calcium hydroxide*	$Ca(OH)_2$	440	150	0.95
limonite	$FeOOH \cdot nH_2O$	350	150	0.35

Continued Table 3

Minerals or compounds *	Chemical composition	T/K	t/s	ΔT: $\Delta t/K \cdot s^{-1}$
acbolite	(Mn, Co, Ni)(O, OH)	670	200	1.86
wulfenite	$PbMoO_4$	475	180	0.98
chrysocolla	$(Cu, Al)_2H_2Si_2O_6 \cdot (OH)_4 \cdot nH_2O$	440	180	0.79
garnierite	$(Ni, Mg)_3Si_2O_5 \cdot (OH)_4$	525	180	1.26
serpentine	$Mg_6Si_4O_{10}(OH)_3$	460	180	0.90

3.1 Effect of Conductivity on Heating Rate

The energy dissipation of microwaves in unit volume of a material can be given in terms of the power density as [4]:

$$P = 2\pi f \varepsilon_0 \varepsilon'' E^2 \qquad (1)$$

where, P is power density absorbed by materials, W/cm^3; f is frequency of microwaves, s^{-1}; ε_0 is dielectric constant in vacuum, $8.854 \times 10^{-14} F/cm$; ε'' is dielectric loss factor of complex dielectric constants, $\varepsilon = \varepsilon' - j\varepsilon''$; E is electric field strength, V/cm.

If the heat loss due to radiation is not taken into consideration, the rate of the material in the microwave field can be determined by:

$$dT/dt = 2\pi f \varepsilon_0 \varepsilon'' E^2 / \rho c_P \qquad (2)$$

where, ρ is bulk density of the material, g/cm^3; c_p is specific heat capacity, $J/(g \cdot K)$.

Substituting the relationship between ε'' and conductivity[5]

$$\varepsilon'' = \sigma / 2\pi f \qquad (3)$$

into Eq. (2) gives:

$$dT/dt = \sigma E^2 / \rho c_P \qquad (4)$$

Since only throughout its interior can a material be heated efficiently by microwave, the penetration depth into the material where the power falls to one half its value on the surface should be considered. The penetration depth D_P, when ε'' is small, is given by:

$$D_P \propto \lambda_0 \sqrt{\varepsilon'/\varepsilon''} \qquad (5)$$

where, λ_0 is wavelength of microwave, cm.

The above equations demonstrate that the heating rate of a material and the penetration depth of microwave into the materials are determined by dielectric loss factor or conductivity. Based on the experimental results of this work and the electrical conductivity of minerals given by Keller[6], the conductivity dependence of microwave heating rate can be obtained, as shown in Table 4. It can be seen that the insulator-type minerals and compounds ($\sigma = 10^{-8} \Omega^{-1} \cdot m^{-1}$) absorb little microwave energy and appear almost transparent to microwaves; while for those with high conductivities

($\sigma < 10^6 \, \Omega^{-1} \cdot m^{-1}$), the energy loss is high, penetration depth is low and most energy is reflected; and the semiconductor-type minerals and compounds ($\sigma = 10^{-8} \sim 10^6 \, \Omega^{-1} \cdot m^{-1}$) can be heated well because their dielectric loss factors are considerably large and the penetration depth of microwave into these minerals and compounds is not small.

Table 4 Effect of conductivity on heating rate

Minerals or compounds*	Chemical composition	Conductivity/$(\Omega \cdot m)^{-1}$	ΔT: $\Delta t/K \cdot s^{-1}$
magnesia*	MgO	1.61×10^{-11}	0.42
sphalerite	ZnS	$2.5 \times 10^{-5} \sim 2.5 \times 10^{-4}$	0.89
molybdenite	MoS_2	$1.0 \times 10^{-6} \sim 8.3$	5.08
haematite	Fe_2O_3	$1.0 \times 10^{-4} \sim 4.8 \times 10^2$	0.37
cassiterite	SnO_2	$1.0 \times 10^{-4} \sim 2.2 \times 10^2$	19.70
stibnite	Sb_2S_3	$1.0 \times 10^{-2} \sim 1.0 \times 10^2$	0.51
chalcopycite	$CuFeS_2$	$6.3 \times 10^{-1} \sim 5.0 \times 10^4$	11.40
jamesonite	$Pb_4FeSb_6S_{14}$	$6.67 \sim 5.0 \times 10^2$	16.70
silver sulphide*	Ag_2S	$5.0 \times 10^2 \sim 6.5 \times 10^2$	0.83
ilmenite	$FeTiO_3$	$2.5 \times 10^{-1} \sim 1.0 \times 10^2$	6.41
manganese oxide*	MnO_2	$1.0 \sim 6.67 \times 10^2$	10.80
cuprous sulphide*	Cu_2S	$2.4 \times 10^1 \sim 1.3 \times 10^4$	4.55
magnetite	Fe_3O_4	$1.4 \sim 6.7 \times 10^4$	4.86
bornite	Cu_3FeS_4	$1.7 \times 10^2 \sim 6.3 \times 10^5$	6.35
pyrrhorite	$Fe_{1-x}S$	$6.3 \times 10^3 \sim 5.0 \times 10^6$	16.40
galena	PbS	$1.7 \sim 1.0 \times 10^6$	5.93
pentlandite	$(Fe, Ni)_1S_8$	$9.1 \times 10^4 \sim 1.0 \times 10^6$	3.03

3.2 Effect of composition and structure

According to Eqs. (2) and (4), the heating rates of minerals mainly depend on ε'' or σ, which are determined by compositions and structures of minerals. Thus, the heating rate is directly related to ionic type, ionic radius, bond type and impurities of minerals.

3.2.1 Sulphide minerals

As shown in Table 1, most of the sulphide minerals and compounds has fast heating rate, which is in good agreement with their greater dielectric constants ($\varepsilon' = 4.44 \sim 600$, $\varepsilon'' = 0.025 \sim 90.0$[7]) at microwave frequency band. However, the heating rates are different for different positive ions in the minerals and compounds. The sulphide minerals and compounds containing Fe^{2+}, Co^{2+}, Ni^{2+}, Mo^{4+}, Cu^+, Sn^{2+} and Pb^{2+} have fast heating rate, whereas those containing Sb^{3+}, Zn^{2+} and Ag^+ can not be heated well by microwaves. The reason may be attributed to the differences in the bonding properties of these minerals and compounds.

Sulphur anion S^{2-} is easily polarized by cations due to its larger radius (18.4 nm). When S^{2-}

and a metallic cation combine to form a mineral or compound, the polarization between the anion and cation will be significant. The ionic polarization adds the partial covalent character to the ionic bond[8]. As a result, most of the sulphide minerals and compounds such as those containing Fe^{2+}, Co^{2+}, Ni^{2+}, Mo^{4+}, Sn^{2+} and Pb^{2+} would have bond type transition from ionic to covalent. If cations such as Ag^+, Zn^{2+} and other cations with d^{10} electrons are also easily polarized by anions, the inter-polarization of anion and cation may result in the obvious deformation of electron cloud and change ionic bond to covalent bond [8]. Since the minerals and compounds with bond-type transition are good conductors and purely covalent or ionic minerals and compounds are insulators under most circumstances[7], the dielectric loss factor is greater for the former, and smaller for the latter. Accordingly, the microwave heating rates are faster for the sulphide minerals and compounds with bond-type transition such as Cu_2S, SnS, PbS and transition-metal sulphide minerals and compounds, and slower for those with covalent bonds such as ZnS, Ag_2S and Sb_2S_3.

3.2.2 Oxide minerals

For oxide minerals and compounds which contain Mn^{2+}, Fe^{3+}, Fe^{2+}, Cu^{2+}, Sn^{4+}, Pb^{2+} and Sb^{3+}, as shown in Table 2, the effect of cation type on the heating rate is similar to that for the corresponding sulphide minerals and compounds. However, the oxide minerals and compounds containing rare-gas cations (Mg^{2+}, Al^{3+}, Si^{4+}, Ca^{2+}) can not be heated well and their heating rates are the slowest among the oxide minerals and compounds determined. This result is correspondent to the fact that their positive nuclei are effectively shielded, their radii and polarizabilities are smaller, and hence they can combine with O^{2-} to form ionic minerals and compounds, making electrical conductivity or dielectric loss factor smaller.

Comparing Table 1 with Table 2, it can be found that most oxide minerals and compounds have slower heating rates than the corresponding sulphide minerals and compounds with the same cations. Hence the effect of anion type on the heating rate is significant also.

3.2.3 Oxy-salt minerals

The heating rates of oxy-salt minerals and compounds are usually slower in comparison with those of other minerals and compounds, as shown in Table 3. This is duo to their smaller dielectric constants ($\varepsilon' = 3.58 \sim 4.0$, $\varepsilon'' = 0.025^{[7]}$).

3.2.4 Impurities of minerals

The heating rate is also influenced by the impurities of minerals apart from the types of positive and negative ions. When a mineral contains impurities, there are structure defects in it, such as vacant lattice, interstitial atoms and dislocation. Though the amount of these defects is often small, they can sharply decrease the energy gap between valence and conduction bands and thus increase the electrical conductivity[9]. So the heating rates of minerals will be changed due to the presence of impurities. For instance, it is due to the differences between the impurities that the heating rare of cassitcritc is different from that of the pure stannic oxide, although their chemical compositions are the same (SnO_2) (see Table 2).

4 Conclusions

(1) The abilities for minerals and compounds to absorb microwaves are mainly determined by

their compositions, structures and impurities. In respect to the electrical conductivity, the semiconductor-type minerals and compounds are more effective than the insulator-type in absorbing microwaves. In respect to the bonding properties, the minerals and compounds with metallic bonds can more effectively absorb microwaves than those with purely ionic or covalent bonds.

(2) Most sulphide minerals and compounds have faster heating rates than do the oxide minerals containing the same cations.

(3) Impurities of minerals and compounds have significant influence on the heating rate.

References

[1] Liu C P, Xu Y S, Hua Y X. Chin. J. Met. Sci. Technol., 1990, 6: 121.
[2] Barnsley B P. Metals and Materials, 1989, 5 (11): 633.
[3] Walkiewicz J W, Kazonich G, McGill S L. Minerals and Metallurgical Processing, 1988: 39.
[4] Standish N, Worner Gupta G. J Microwave Power and Electromagnetic Energy, 1990, 25 (2): 75.
[5] Solymav L, Walsh D. Lectures on the Electric Properties of Materials. London: Oxford University Press, 1976.
[6] Keller G V. In: Sydey P, Clark J R (eds), Handbook of Physical Constants (Revised Edition). New York: The Geological Society of American, 1966.
[7] Xia J K. Remote Sensing and Environment (in Chinese), 1988, 3 (2): 135.
[8] He F C, Zhu Z H. Structural Chemistry. Beijing: Peopled Education Press, 1980.
[9] Wright P A, et al. J Mater. Sci., 1989, 21 (4): 1337.

Microwave-Assisted Carbothermic Reduction of Ilmenite

Hua Yixin Liu Chunpeng

Abstract: The micromave-assisted carbothermic reduction of ilmenite was investigated by thermogravimetric analysis under argon atmosphere. A comparison between microwave-assisted reduction and the conventional one was made. It was demonstrated that the instantaneously volumetric heating of microwaves could significantly enhance the overall reduction process. By microwave application, the reduction could take place at much lower temperatures and the activation energy for the process could be lowered. The mechanism of the reduction was discussed according to the experimental data.

Keywords: microwave; carbothermic reduction; ilmenite

1 Introduction

The carbothermic reduction of ilmenite ($FeTiO_3$) as the first step for the production of titanium dioxide is industrially important. However, its practical application is restricted due to the slaw reduction rate. In order to enhance the reduction rate, the catalysts such as ferric chloride and alkali carbonates were used in the reduction process[1,2]. The addition of catalysts improved the overall rate and extend of reduction, but it also increased the production cost because the catalyst used could not be recovered from the process. Therefore, it is still necessary to find other more promising and effective ways of promoting the reduction process.

Microwave heating is an attractive alternative to conventional conductive heating for introducing energy into reactions. When a material is irradiated by microwaves, the heat is generated throughout the material and internal heating does not rely entirely on conduction from the surface as it does with most other forms of energy. Microwaves can thus efficiently and instantaneously generate heat throughout materials, selectively heat materials, and selectively stimulate certain chemical reactions[3]. In this paper, the microwave heating has been used to the carbothermic reduction of ilmenite with the aim of obtaining higher reduction rates at lower operating temperatures.

2 Experimental

2.1 Materials

The reduction experiments were conducted with mixtures of natural ilmenite and chemically pure

---

❶ 本文发表于《Acta Metallurgica Sinica (English Letters)》1996, 9(3): 164~170。

char powders (99.5% C). X-ray diffraction (XRD) analysis of the ilmenite revealed that the major phase present in the ore is ilmenite ($FeTiO_3$). Other minor oxides, such as CaO, MgO, SiO_2, Al_2O_3, MnO_2, V_2O_5 and Cr_2O_3, may also have been present but their amounts are below the detection limit of the instrument. The chemical analysis of the ilmenite is indicated in Table 1. The particle sizes of the ilmenite and char powders are <180 mesh and <20 mesh, respectively. High purity argon (99.99% Ar), which was further deoxidized by passing it through copper turnings heated at 1073~1173K prior to its entry into the reaction chamber, was used to maintain an inert and flushing atmosphere in the chamber with a flow rate of 50mL/min.

Table 1 Chemical composition of ilmenite   (%)

TiO_2	Fe	CaO	MgO	SiO_2	Al_2O_3	MnO_2	V_2O_5	Cr_2O_3	S	P
49.88	35.12	0.22	2.21	0.86	0.39	0.70	0.28	0.01	0.02	0.005

2.2 Preparation of ilmenite-char pellets

Before mixing, all the reagents were dried in an oven at 378K for 24h to remove most of the moisture present in the raw materials. The dried ilmenite and char were thoroughly mixed for at least 2h and the mixtures were then pressed in a closed die of 1.2cm in diameter by hand to obtain a homogeneous cylindrical pellet. The carbon content of the reduction mixtures was varied from 9% to 30% by weight. The samples used were 45~50g for microwave reduction and 25~30g for the conventional one, respectively.

2.3 Apparatus and procedure

The reduction experiments were carried out in a 2450MHz and 650W microwave oven (NE-6790) and in a vertical tube furnace, respectively. The pellets of reduction mixtures were placed in a quartz crucible 7cm in length and 3cm in diameter which was enclosed in a quartz reaction chamber (15cm in length and 5cm in diameter) for microwave reduction or in an alumina furnace tube (75cm in length and 5cm in diameter) for the conventional one. In both cases the crucible was suspended from an electronic balance (MP120-1) for the determination of weight loss. The weight loss for microwave reduction was measured as soon as microwave energy was supplied, whereas that for the conventional one was determined at constant temperatures.

The temperature for conventional heating can be directly measured by a thermocouple. During microwave irradiation, however, the thermocouple cannot be directly used to measure the temperature of samples because microwaves may directly heat the thermocouple. For this reason, the microwave heating temperatures were determined by immediately inserting a metal-sheathed Ni(Cr)-Ni(Si) thermocouple into the smaple as soon as the microwave irradiation was stopped. The results measured by this method are slightly lower than the real temperatures of smaples, but the errors are acceptable. According to the blank test made on boiling water, the measurement error of present method is less than 2%.

3 Results and Discussion

The experimental results are presented in terms of percent weight loss versus time. The percent weight loss W_1 is defined as

$$W_1 = \frac{W_0 - W_t}{W_0} \times 100 \tag{1}$$

where, W_t is weight of the sample at time t, and W_0 initial weight of the sample. The overall fractional conversion of ilmenite, F, can be calculated from the following equation:

$$F = \frac{W_0 - W_t}{MW_0} \times 100 \tag{2}$$

where, M is percent weight loss corresponding to complete reduction according to the stoichiometry of reaction:

$$FeTiO_3 + C = Fe + TiO_2 + CO(g) \tag{3}$$

which assumes $CO(g)$ to be the sole gaseous product of the reaction process. The values of M corresponding to mixtures of 9%, 15%, 20%, 25%, and 30% C by weight were 16.83%, 15.73%, 14.80%, 13.88% and 12.95%, respectively.

3.1 Microwave heating rate of samples

The effect of microwave heating on the temperature of samples was determined, as shown in Table 2. The indicated temperature was the maximum obtained, and the time was the interval to attain maximum from room temperature (293~298K). It is evident that the temperatures observed decrease slightly with increase in the carbon content of samples. The reason may be discussed as follows.

Table 2 Effect of microwave heating on the temperature of reduction mixtures

Carbon content/%	0	10	20	30
Temperature/K	1263	1193	1153	1123
Time/min	3	5	7	8

Since there is a chemical reaction in the present system, the original microwave heating rate equation[4] should be modified as:

$$\frac{dT}{dt} = \frac{1}{\rho c_p} \left[2\pi\varepsilon_0 \varepsilon'' fE^2 - e\alpha \left(\frac{A}{V}\right) T^4 - n\Delta H_T^0 \frac{dF}{dt} \right] \tag{4}$$

where, T is the temperature, t the time, ρ the density, c_p the specific heat capacity, ε'' the dielectric loss factor, ε_0 the dielectric constant in vacuum, f the frequency of microwaves, E the electric field intensity, e the sample emissivity, α the Stefan-Boltamann constant, A the area of sample, V the volume of sample, n the molar number of ilmenite in unit volume sample, and ΔH_T^0 the heat effect of reaction. The resulting temperature rise is thus determined by the dielectric loss, specific heat capacity, emissivity of the sample, heat effect of the reaction, and reaction rate as well as the strength of the applied field. These physical and chemical properties of the reduction mixtures are all dependent on temperature and composition, making the complete theoretical analysis of dielectric heating very complex. For simplicity, the emphasis of analysis will be put upon the effect of ΔH_T^0 and reaction rate dF/dt on the overall heating rate.

From the thermodynamic data[5], the carbothermic reduction of ilmenite is highly endothermic ($\Delta H_{298}^0 = 181.513$ kJ/mol $FeTiO_3$) so that the overall heating rate will be decreased with increase in the reaction rate, as shown in Eq. (4). According to the experimental results (Figs. 1 and 2), the increase in carbon content of reduction mixtures can enhance the reaction rate. Therefore, the temperature of the samples will be reduced with increasing carbon content.

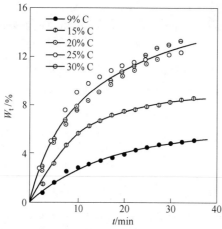

Fig. 1 Percent weight loss vs time for microwave reduction with different carbon content

Fig. 2 Effect of carbon content on reduction rate for different reaction time

3.2 Characterization of microwave reduction

The percent weight loss against time for the various initial carbon content of mixtures is shown in Fig. 1. It is interesting to note that the reduction started as soon as the microwave energy was applied although the bulk temperature in the initial period was not high enough to initiate the reaction. This special feature which has never been observed in conventional heating could be discussed as follows. According to Booske and co-workers[6], a portion of microwave energy could be concentrated into hot spots by the localized resonant coupling of microwave energy to point defects or weak surface bonds of the solid materials. The temperature of these hot spots was much higher than that of the other regions of the surface. Thus the chemical reaction could be initiated by these hot spots, and the microwave hot spot centre was also the reaction centre[7]. Besides, the points at which reactions are taking place can experience atomic or molecular vibrations that satisfy the laws of thermodynamics[3]. This may also lower the temperatures to initiate the chemical reactions. It is due to the presence of these microwave hot spots and the atomic or molecular vibrations that the microwave-assisted carbothermic reduction of ilmenite could take place at much lower temperatures. It is of practical importance for the lowering of energy consumption.

3.3 Effect of carbon content on reduction

From Fig. 1, the percent weight loss as a function of carbon content in various reaction periods can be obtained in Fig. 2. As carbon content of mixtures is increased up to 20%, the rate of reduction is increased significantly, but as shown in Fig. 2 when the carbon content is beyond 20%, the further increase of carbon will have no obvious effect on the rate. This result can not be explained by solid-solid reaction mechanism. In reality, solid-solid reduction (3) is made of two gas-solid reactions:

$$FeTiO_3 + CO(g) = Fe + TiO_2 + CO_2(g) \qquad (5)$$
$$CO_2(g) + C = 2CO(g) \qquad (6)$$

Depending on the carbon content, the overall process may be controlled by gaseous reduction (5) or by Boudouard reaction (6). When carbon content is less than 20%, the process is most probably determined by the Boudouard reaction because the overall rate is significantly increased with increasing carbon content. In this case, the increase in carbon content can accelerate the generation of CO(g) due to the increase in reaction surface of carbon, and hence promote the overall process. When carbon content is beyond 20%, however, the process is probably controlled by the gaseous reduction since the overall rate is independent of the carbon content.

3.4 Comparison between microwave and conventional reduction

The experiments of conventional reduction were carried out in the temperature range of 1173~1273K. The carbon content of the reduction mixtures was fixed at 20% by weight. As shown in Fig. 3, the conventional reduction data has been found to fit into the conversion-time relationship:

$$1 - (1 - F)^{1/3} = k_c t \qquad (7)$$

where, k_c is apparent rate constant for conventional reduction. Eq. (7) suggests that the overall process is mast probably controlledby the gaseous reduction (5), i.e., the chemical reaction at the interface between the unreduced ilmenite and the reduction products ($Fe+TiO_2$). For comparison, the microwave reduction data is also shown in Fig. 3. Clearly, the microwave reduction is more effective than the conventional one.

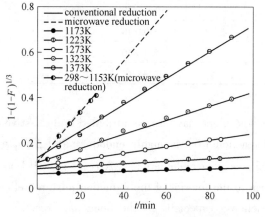

Fig. 3 Effect of temperature on reduction rate

From the slope of straight lines in Fig. 3, the rate constant k_c can be calculated and rearranged as a function of temperature:

$$k_c = 1.706 \times 10^6 \exp(-222067/RT) \quad (8)$$

where, R is gas constant. The apparent activation energy E_c for the conventional reduction was found to be 222.07kJ/mol.

The rate constant k_m in the range from 298 to 1153K for microwave reduction can also be calculated from Fig. 3 as follows:

$$k_m = 1.186 \times 10^{-2} \quad (9)$$

If k_m and k_c have the same frequency factor, substituting $k_m = 1.186 \times 10^{-2}$ and $T = 1153$K into Eq. (8) gives the activation energy for microwave reduction: $E_m = 180.07$kJ/mol. As compared with conventional reduction, the activation energy is lowered by microwave application ($\Delta E = E_c - E_m = 42.00$kJ/mol). The lowering of activation energy is probably due to the higher local temperatures on the molecular level and the faster heating rates affecting the chemical rate constants[8].

Using k_m and k_c, the rate enhancement factor, Q, for microwave reduction may be given by the ratio:

$$Q = k_m/k_c \quad (10)$$

The calculated results are tabulated in Table 3. It is evident that the microwave reduction is much faster than the conventional one (79.06 times faster at 1153K). The rate of microwave reduction at 1153K can be compared with that of the conventional one at 1422K. The difference in temperatures between them is as high as 269K, indicating that the reduction of mixtures could be carried out at significantly lower temperatures when using microwaves instead of conventional heating.

Table 3 Q **values for different temperatures** ($k_m = 1.186 \times 10^{-2}$)

T/K	k_c	Q
1153	1.50×10^{-4} *	79.06
1173	2.30×10^{-4}	51.61
1223	5.10×10^{-4}	23.27
1273	1.34×10^{-3}	8.86
1323	3.05×10^{-3}	3.89
1373	5.94×10^{-3}	2.00
1422	1.18×10^{-2} *	1.00

* Values estimated by Eq. (8).

In addition, the rate enhancement may also be attributed to the fast volumetric heating of microwaves. Since Boudouard reaction (6) is highly endothermic ($\Delta H_{298}^0 = 172.450$kJ/mol CO_2[5]) and gaseous reduction (5) is also endothermic ($\Delta H_{298}^0 = 9.063$kJ/mol CO[5]), conventional heating can not supply heat to the interior of the reduction mixture pelletsfast enough to cover the heat consumed by the reactions, especially by the Boudouard reaction, resulting in pellets with "cold centres"[8]. The cold centres will lower the gas concentrations and hence the reduction rate.

Microwaves can volumetrically and rapidly heat the reduction mixtures so that the problem of "cold centres" can be naturally solved and the reduction rate will be enhanced.

4 Conclusions

(1) The carbothermic reduction of ilmenite was significantly promoted by microwave volumetric heating. With increase in carbon content of the mixtures, the reduction rate was increased, but the sample temperature reached was slightly decreased. The overall process was most probably controlled by Boudouard reaction when carbon content was less than 20%, and by gaseous reduction of ilmenite when carbon content was beyond 20%.

(2) The reduction could take place at much lower temperatures when using microwaves instead of conventional heating. The lowering of temperature is as high as 269K, and hence the energy consumption for the process can be reduced considerably.

(3) The activation energy for the process could be lowered by microwave application ($\Delta E =$ 40.00kJ/mol). This will lead to increase in rate constant and therefore to increase in the reduction rate.

(4) The problem of "cold centres" with conventional heating can be solved by microwave heating, resulting in a fast reaction rate.

References

[1] Gupta Suresh K, Rajakumar V, Grieveson P. Metall. Trans., 1987(18B): 713.
[2] Mohanty B P, Smith K A. Tmns. Inst. Min. Metatt. Sect., 1993(163): 0102.
[3] Barnsley B P. Metals and Materials, 1989(5): 633.
[4] Mingos D M P, Baghurst D R. Chem. Soc. Rev., 1991(20): 1.
[5] Lin C X, Bai Z H, Zhang Z R. Thermodynamic Data Handbook of Minerals and Related Compounds, (Science Press, Beijing, 1985) (in Chinese).
[6] Booske J H, Cooper R F, Dohson I. J. Mater. Res., 1992(7): 495.
[7] Chen C L, Ph. D. Thesis, Jilin University, China, 1995.
[8] Standish N, Worner H. J. Microwave Power and Electromagnetic Energy, 1990(25): 177.

微波场中矿物及其化合物的升温特性[①]

彭金辉　刘纯鹏

摘　要：研究了微波场中矿物及其化合物的升温特性，并对其升温曲线进行了定量描述，旨在为探求冶金新工艺提供理论依据。结果表明，矿物在微波场中的升温速率取决于其自身特性以及对微波的吸收性，其升温速率方程可表达为：$T=at+b$（第一阶段）和 $T=(ct+d)^{1/2}$（第二阶段）。

关键词：矿物；微波；升温特性

尽管有关矿物在微波场中的加热温度的研究已见报道[1~4]，但这些工作仅仅测定了各种矿物的升温曲线及最高温度，而对矿物的升温过程没有进行定量描述。

本文利用微波加热的特性，结合所测定的矿物及其化合物的升温曲线，推导计算了微波场中矿物的升温速率方程，对微波场中矿物及其化合物的升温过程进行了定量描述，为进一步研究矿物在微波场中的反应机理提供了理论依据。

1　实验方法

加热设备是改装过的常用微波炉，功率 650W，频率 2450MHz。每次试验的用料量为 50g，试样粒度为小于 200 目。矿物原料选自天然矿石，所用其他原料均是化学纯。升温过程在氢气保护下进行。实验装置如图 1 所示。

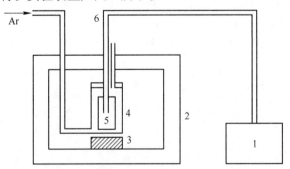

图 1　实验装置图
1—函数记录仪；2—微波炉；3—支撑架；4—石英容器；
5—试样；6—带屏蔽套的热电偶[1,5,6]

[①] 本文发表于《中国有色金属学报》，1997，7（3）：50~51，84。

2 实验结果

钴、镍矿物及其化合物在微波场中的升温曲线如图2和图3所示。对铁、铜、铅、锑、锡、钛、锌等矿物及其化合物,也测定了它们在微波场中的升温曲线,其走向与图2和图3大体相似。

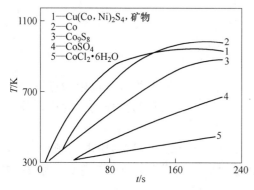

图2 钴矿物及其化合物在微波场中的升温曲线

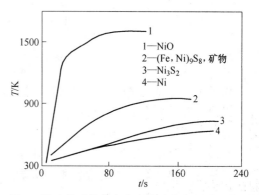

图3 镍矿物及其化合物在微波场中的升温曲线

3 升温速率方程的推导

从图2和图3可以看出,尽管各种物质在微波场中的升温速率存在着差异,但其升温曲线却极为类似,即试样的吸热升温过程分为两个阶段。以镍磁黄铁矿为例,初始阶段是物质快速升温过程,此过程为物质吸热升温的最主要阶段。由于镍磁黄铁矿易吸收微波能,微波辐照后试样温度迅速升高,差不多能在60s内升高达830K;此后进入第二阶段,试样温度升高缓慢并在100s后升温速率趋近于零,此时试样温度达最大值,试样与周围环境达到热平衡而保持恒温。

3.1 第一阶段升温速率方程

按Fourie传热定律,热流密度q的大小与温度梯度成正比,但方向相反:

$$q = -\lambda \,\mathrm{grad}\, T \tag{1}$$

式中 λ——物料的热导率;

T——温度;

q——热流密度;

$\mathrm{grad}\, T$——温度梯度。

具有内热源的物料,单位体积的热平衡条件为:

$$\mathrm{div} q = Q - c\partial T/\partial t \tag{2}$$

式中 Q——内热源密度,其值应为试料吸收的微波能P与化学反应热W之和,即

$$Q = P + W \tag{3}$$

$$P = 2\pi f E^2 \varepsilon \tan\delta \tag{4}$$

c——比热容;

t——辐照时间;

E——电场强度；
f——微波频率；
ε——介电常数；
$\tan\delta$——正切损耗系数。

将式（2）～式（4）代入式（1）中，得：

$$\mathrm{divgrad}T = \nabla^2 T = \frac{C}{\lambda}\frac{\partial T}{\partial t} - \frac{P+W}{\lambda} \tag{5}$$

$$\nabla^2 T = \frac{\partial T^2}{\partial X^2} + \frac{\partial T^2}{\partial Y^2} + \frac{\partial T^2}{\partial Z^2} \tag{6}$$

由于本实验试料量较大，与试料的快速升温相比较，试料散失到环境中的热量较小，并且微波辐照试料全面，试料在较短时间内升至较高温度，故认为试样内温度均匀分布，可以忽略热传递，因此 $\mathrm{div}q = 0$，即 $\nabla^2 = 0$。

在惰性气氛中，试料一般不发生化学反应，故 $W = 0$。又假定试料中电磁场均匀，试料的比热容、热导率、介电常数和正切损耗系数随温度变化很小，可视为常数，则 $P =$ 常数[6]。所以方程（5）简化为：

$$\partial T/\partial t = \mathrm{Const} \tag{7}$$

由式（7）得：

$$T = at + b \tag{8}$$

式中，a 和 b 为常数，即温度与时间维持线性关系。图2和图3数据与推导的公式是吻合的。

3.2 第二阶段升温速率方程

从图2和图3可知，与第一阶段升温过程相比较，第二阶段试样温度升高缓慢，试样温度升高与时间成曲线关系。以 $T = (ct + d)^{1/2}$ 对曲线进行函数拟合，与方程吻合良好。

参 考 文 献

[1] Wallciewiez J W, et al. Minerals Metallurgical Processing, 1988: 36.
[2] Chen T T, et al. Canadian Metallurgical Quartly, 1984, 23 (3): 349.
[3] Liu C P, et al. Chinese Journal of Metal Science and Technology, 1990, 6 (2): 121.
[4] Ford J D, et al. Journal of Microwave Power, 1967, 2 (2): 61.
[5] Standish N, et al. Journal of Microwave Power and Electro-Energy, 1990, 25 (3): 177.
[6] Standieh N, et al. Journal of Microwave Power and Electro-Energy, 1990, 25 (2): 75.

微波场中水蒸气焙烧镍磁黄铁矿获得元素硫

彭金辉 刘纯鹏

摘 要：对微波场中水蒸气焙烧镍磁黄铁矿获得元素硫的方法进行研究，比较微波炉中和传统管式炉中镍磁黄铁矿水蒸气脱硫速率，认为微波炉中的脱硫速率较传统管式炉快，考察了水蒸气流量对脱除硫形态的影响。

关键词：微波；水蒸气；焙烧；镍磁黄铁矿；元素硫

水蒸气焙烧硫化矿获得元素硫，避免焙烧中 SO_2 的形成，是一种经济、无污染的方法，已引起人们的关注[1~5]。但是研究者们都采用传统加热方式，而在微波加热下水蒸气焙烧镍磁黄铁矿的研究则缺乏报道。本文利用微波加热的优越性，探求水蒸气焙烧镍磁黄铁矿直接获得元素硫的行为，旨在开拓冶金新工艺。

1 实验

镍磁黄铁矿主要成分（质量分数）：Ni 1.19%，S 20.32%，Fe 33.02%，密度：3.44g/cm³。其主要组成物相为：$(Fe, Ni)_9S_8$、FeS、FeS_2、SiO_2、S 等。

镍磁黄铁矿磨至 97μm，用水调和，利用其本身的自黏性，黏结成直径为 5~10mm 的颗粒，在 70℃烘烤 24h 后入炉焙烧。

微波场中水蒸气脱硫采用固定床焙烧方法，每次实验加入料重 50g，装置如图 1 所示[6]。

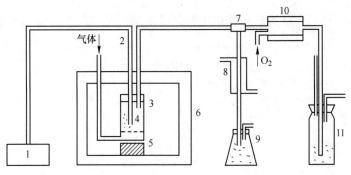

图 1 实验装置图

1—函数记录仪；2—带屏蔽套的热电偶[7,8]；3—石英容器；4—试样；5—支撑架；6—微波炉（650W，2450MHz）；7—开关；8—冷凝器；9—元素硫回收瓶；10—燃烧炉；11—碘液滴定器

---

❶ 本文发表于《有色金属》，1998，50（1）：67~69。

水蒸气氧化焙烧脱除的硫直接以元素硫形态回收，仅产出少量 H_2S 气体。元素硫产出量以测定焙烧过程中产生的 H_2S 气体量和化学分析焙烧中的残硫量来确定。H_2S 气体的测定采用标准碘液法，尾气中的 H_2 含量由奥氏气体分析仪分析[5]。

2 实验结果与讨论

2.1 微波炉和管式炉中镍磁黄铁矿脱硫的速率比较

微波炉中和传统管式炉中水蒸气焙烧镍磁黄铁矿脱硫速度的对比如图2所示。

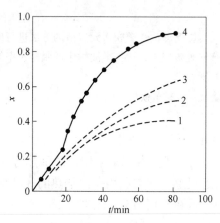

图 2 微波炉和传统管式炉中镍磁黄铁矿脱硫速率
1~3—传统管式炉，温度分别为：800℃、880℃、920℃[5]；
4—微波炉，温度为 720~920℃

从图 2 中可看出，微波炉中水蒸气焙烧镍磁黄铁矿的脱硫速率较传统管式炉中的快。80min 内，微波炉中的脱硫率约为 90%（温度 720~920℃），传统管式炉中的脱硫率仅为 40%（温度 800℃），50%（温度 880℃），60%（温度 920℃）。微波加热具有明显的优越性。

2.2 微波场中脱除硫的形态与水蒸气流量的影响

图 3 所示为微波场中从镍磁黄铁矿中脱除硫的形态与水蒸气流量的关系。

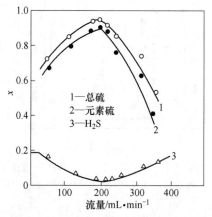

图 3 微波场中脱除硫的形态与水蒸气流量的关系

图 3 表明，在实验范围内，过大或过小的水蒸气流量对总脱硫率、元素硫以及 H_2S 量均不利。

当水蒸气流量为 180~240mL/min 时，元素硫产出率最高（大于 90%），H_2S 量为最小（小于 10%），尾气中含 H_2 为 70%~75%。

3 结论

（1）微波场中水蒸气焙烧镍磁黄铁矿可直接获得元素硫，其脱硫速率比传统焙烧方法快。

（2）微波场中从镍磁黄铁矿脱除的硫的形态受水蒸气流量的影响。在实验范围内，当水蒸气流量为 180~240mL/min 时，元素硫产出率高于 90%。

参 考 文 献

[1] Tanak T, et al. Journal of Metals, 1975, 12: 8.
[2] Soliman M A, et al. Can. J. Chem. Eng., 1975, 53 (4): 164.
[3] Richarols J H. Trans IMM., 1973, 81C: 182.
[4] Parsons H W, et al. Mines. Brch. Can., 1970, 242: 61.
[5] 郭先键. 昆明工学院博士论文, 1988.
[6] 彭金辉. 昆明工学院博士论文, 1992.
[7] Walkiewicz J W, et al. Minerals and Metallurgical Processing, 1988: 39.
[8] Standish N, et al. Journal of Microwave Power and Electromagnetic Energy, 1990, 25 (3): 177.

微波促进 MnO_2 分解的动力学

华一新　　刘纯鹏　　　　乐莉

（昆明理工大学冶金系）（昆明冶金高等专科学校）

摘　要：将微波加热用于从 MnO_2 制备 Mn_3O_4，测定了 MnO_2 和 Mn_3O_4 的微波加热升温速率，并用差重法研究了在空气气氛中 873~1273K 之间 MnO_2 分解过程的动力学。结果表明，MnO_2 很容易被微波加热，而 Mn_3O_4 则几乎不吸收微波；MnO_2 分步进行分解：$MnO_2 \rightarrow Mn_2O_3 \rightarrow Mn_3O_4$，其中第一步的速率受通过产物层的传热控制，第二步受化学动力学控制。用微波代替传统方式加热能显著地提高分解速率，并能降低过程的能耗。

关键词：微波；分解动力学；MnO_2；Mn_3O_4

在用铝热还原法生产金属锰时，在 MnO_2、Mn_2O_3、Mn_3O_4 和 MnO 中，Mn_3O_4 具有最佳的含氧量，它既能保证反应以适当的速率进行，产生足够高的温度，又能保证过程安全进行。含氧量过高将会导致爆炸或使过程失去控制，而含氧量过低则会使反应热不足以使物料熔化，致使金属和炉渣不能很好地分离。因此，为了使反应能够顺利进行，必须对氧化物的含氧量进行调整。调整含氧量的方法之一是在 1273~1373 K 的温度下通过热分解将 MnO_2 转变成 Mn_3O_4[1]。本文研究应用微波加热取代传统的传导加热来促进 MnO_2 分解成 Mn_3O_4，以提高反应速率和降低过程能耗。

1 实验

1.1 原料

本研究使用的 MnO_2 是化学纯（98.5%）的化学试剂。Mn_3O_4 在空气气氛及 1273K 的条件下通过分解 MnO_2 制取（分解时间为 2h）并经 X 射线衍射分析确定。MnO_2 和 Mn_3O_4 的粒度小于 0.087mm。实验前，MnO_2 和 Mn_3O_4 在 378K 干燥 12h。每次实验的样品质量为 15g。

1.2 设备及步骤

在空气气氛中，分解实验分别在 2450MHz，650W 的微波炉（NE-6790）和硅碳棒加热的管式炉中进行。实验时，将粉状样品置于石英坩埚（d5cm×10cm），并悬挂在电子天平（MPI20-1）上以测定样品的失重。微波加热分解的失重从施加微波能起就开始测定，而传统加热分解的失重则在恒温条件下测定。

---

❶ 本文发表于《中国有色金属学报》，1998，8（3）：497~501。

传统加热的温度直接用Pt（Rh）-Pt热电偶进行测定。然而，在微波辐射期间不能用热电偶来直接测定样品的温度，因为微波可能会直接加热热电偶而使测定结果偏高。因此，微波加热的温度是在微波辐射停止的瞬间，立即将带金属保护套的Ni（Cr）-Ni（Si）热电偶插入样品进行测定。用此方法测定的结果比样品的实际温度稍低，但测定误差还是可以接受的，如我们的前期工作所示[2]。

2 结果与讨论

2.1 样品的微波加热特性

MnO_2和Mn_3O_4在空气气氛中分别用微波进行辐射加热，它们所达到的温度为时间的函数，见表1。可见，MnO_2的升温速率很快，而Mn_3O_4则几乎不能被加热。因此微波能可以用来有效地加热MnO_2而不对Mn_3O_4起作用，从而降低过程的能耗。微波对MnO_2和Mn_3O_4的选择性加热特性对于MnO_2的分解是十分有利的。

表1 MnO_2和Mn_3O_4的微波加热升温速率

t/min	T/K		$\frac{\Delta T}{\Delta t}$/K·min^{-1}	
	MnO_2	Mn_3O_4	MnO_2	Mn_3O_4
0	298	298	—	—
1	920	305	220	7
2	1050	312	112	7
3	1000	320	76	8
5	1123	335	22	7.5
7	1250	348	0	6.5
11	1170	372	−30	6
15	1050	380	−34	2

由表1可见，在加热初期，MnO_2的升温速率（$\Delta T/\Delta t$）随时间的增加而迅速减小，当加热时间到达7min时，升温速率趋于零；此后，升温速率变成负值，即样品开始降温。这预示着在微波辐射过程中发生的MnO_2向Mn_3O_4的转变会影响升温的速率。

如果考虑热的辐射损失及反应的热效应，则样品在微波场中的升温速率公式为[3~5]：

$$\frac{dT}{dt} = \frac{1}{\rho c_p}\left(2\pi\varepsilon_0\varepsilon''fE^2 - \frac{eaA}{V}T^4 - \sum_{i=j}^{m} n_i\Delta H_{T,t}^0 \frac{dF_i}{dt}\right) \quad (1)$$

式中　T——温度；

　　　t——时间；

　　　ρ——密度；

　　　c_p——比热容；

　　　ε_0——真空中的介电场数；

　　　ε''——介电损耗因子；

　　　f——微波频率；

E——电场强度；

e——样品的热辐射系数；

a——Stefan-Bohzman 常数；

A——样品表面积；

V——样品体积；

n_i——单位体积样品中组元 i 的物质的量；

$\Delta H^0_{T,t}$——反应 i 的热效应；

F_i——反应 i 的转化率。

因此，当输入的微波功率为常数时，总的升温速率主要决定于 ε''，e，$\Delta H^0_{T,t}$，dF_i/dt。已经证明 MnO_2 具有较快的升温速率，即具有较大的 ε''；而 Mn_3O_4 对微波则几乎是透明的，即具有较小的 ε''。因此，由 MnO_2 向 Mn_3O_4 转化将使样品的 ε'' 减小。此外，MnO_2 分解成 Mn_3O_4 是一个强烈的吸热反应（$\Delta H^0_{298} = +174.3 \text{kJ/mol}$[6]），分解过程将消耗大量的微波能，这也会使升温速率降低。显然，反应速率 dF_i/dt 越快，则样品的 ε'' 越小，$\Delta H^0_{T,t}$，dF_i/dt 越大。在反应初期，反应速率 dF_i/dt 非常快，因而升温速率将随着反应的进行而显著降低。当反应进行到 7min 时，MnO_2 已经几乎完全转化成了 Mn_3O_4，反应速率已趋于零。此时，公式（1）右边的第一项和最后一项可以忽略不计。此后，样品的温度将由于热辐射损失而开始下降。

2.2 MnO_2 分解的速率公式

为了显示微波加热对反应速率的影响，在 873～1273K 的温度范围内研究了传统加热条件下 MnO_2 的分解动力学。实验结果用质量损失百分数（Δm）来表示：

$$\Delta m = \frac{m_0 - m_t}{m_0} \times 100 \quad (2)$$

式中　m_t——样品在时刻 t 时的质量；

m_0——样品的初始质量。

结果如图 1 所示，反应速率随温度的升高而增加，微波加热可以显著提高反应速率。

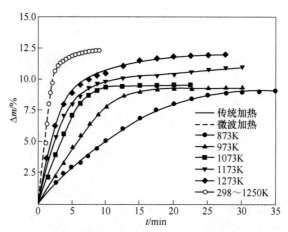

图 1　质量损失百分数与时间的关系

由于锰是多价元素且 MnO_2 的分解压力大于 Mn_2O_3[7]，故 MnO_2 分解成 Mn_3O_4 是分步进行的：

$$2MnO_2 \longrightarrow Mn_2O_3 + 0.5O_2 \qquad \Delta H_{298}^0 = 82.43 \text{kJ/mol} \qquad (3)$$

$$3Mn_2O_3 \longrightarrow 2Mn_3O_4 + 0.5O_2 \qquad \Delta H_{298}^0 = 33.75 \text{kJ/mol} \qquad (4)$$

反应（3）为强烈的吸热反应，因而当用传统方式加热时总的反应速率很可能受通过产物层的传热控制。在此情况下，可以假定在反应界面处的温度为常数。根据 Fourier 定律，通过产物层传递的热量 Q_1 可以表示成：

$$Q_1 = 4\pi r^2 \lambda_e dT/dr \qquad (5)$$

相应的边界条件为：

$$\begin{cases} 当 r = r_0 时, T = T_s \\ 当 r = r_c 时, T = T_d \end{cases}$$

式中　λ_e——有效导热系数；

r_0——颗粒的初始半径；

r_c——未反应核的半径；

T_s——颗粒表面的温度；

T_d——MnO_2 的分解温度。

MnO_2 分解所消耗的热量 Q_2 可以表示为：

$$Q_2 = -4\pi r_c^2 \rho \frac{\Delta H}{M} \frac{dr_c}{dt} \qquad (6)$$

式中　ρ——MnO_2 的表观密度；

ΔH——MnO_2 分解的焓变；

M——MnO_2 的相对分子质量。

根据热平衡原理，通过产物层传递的热量应该等于 MnO_2 分解所消耗的热量，即 $Q_1 = Q_2$，因而将式（5）代入式（6）积分并整理得：

$$3 - 2F_1 - 3(1 - F_1)^{2/3} = k_1 t \qquad (7)$$

式中

$$k_1 = \frac{6\lambda_e M(T_s - T_d)}{\rho \Delta H r_0^2} \qquad (8)$$

反应（4）吸收的热量较小，过程可能不受传热控制。如果反应速率受化学反应控制，则相应的速率方程为[8]：

$$1 - (1 - F_2)^{1/3} = k_2 t \qquad (9)$$

式（7）和式（9）中的转化率可用式（10）计算：

$$\begin{cases} F_1 = \dfrac{m_0 - m_t}{9.1 m_0} \times 100 \\ F_2 = \dfrac{m_1 - m_t}{3.02 m_0} \times 100 \end{cases} \qquad (10)$$

式中　9.1，3.02——按计量化学反应（3）和（4）完全分解时的质量损失百分数；

m_1——MnO_2 完全分解成 Mn_2O_3 时样品的质量。

如图 2 和图 3 所示，当 $\Delta m<9.1\%$ 时，实验数据符合式 (7)；当 $\Delta m>9.1\%$ 时，则符合式 (9)。由此表明，反应 (3) 的速率很可能受传热控制，而反应 (4) 则受化学动力学控制。

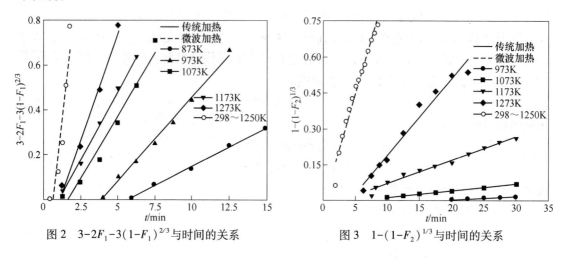

图 2　$3-2F_1-3(1-F_1)^{2/3}$ 与时间的关系

图 3　$1-(1-F_2)^{1/3}$ 与时间的关系

2.3　温度的影响

根据图 2 和图 3 中的直线斜率，可以计算出速率常数 k_1 和 k_2 与温度的关系，如图 4 所示。可以看出，反应 (3) 的速率常数 k_1 与温度成正比，而反应 (4) 的速率常数 k_2 则符合 Arrhenius 公式。经回归分析，k_1 和 k_2 可以分别表示为：

$$k_1 = 3.6 \times 10^{-4}(T - 777.8) \tag{11}$$

$$k_2 = 1438\exp[-115.071/(RT)] \tag{12}$$

式中　R——气体常数。

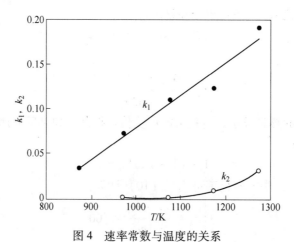

图 4　速率常数与温度的关系

式 (11) 与理论公式 (8) 十分吻合，这进一步证明 MnO_2 分解成 Mn_2O_3 的反应动力学受通过产物层的传热控制。比较式 (11) 和式 (8) 可以看出，T_d 等于 777.8K，与用热力学数据[6]估算的 MnO_2 的分解温度 779.4 K 和文献 [9] 报道的 753K 十分接近。

根据式（12），反应（4）的表观活化能为115kJ/mol。较大的活化能与Mn_2O_3分解成Mn_3O_4的反应速率受化学反应控制的结论是一致的。

2.4 微波加热的影响

微波加热对MnO_2分解成Mn_3O_4的动力学的影响分别示于图2和图3，在298~1250K的平均速率常数分别为：$k_{m1}=0.6074$，$k_{m2}=0.0926$。利用k_1、k_2、k_{m1}和k_{m2}，可以得出微波分解时的速率增加因子：$R_1=k_{m1}/k_1$，$R_2=k_{m2}/k_2$。计算结果列于表2。可以看出，反应（3）的微波加热分解速率比传统加热提高了2.18~16.71倍，这是由于微波可通过选择性地加热MnO_2来直接提供分解过程所需的热量，比传统加热的效率高得多；微波加热对反应（4）的影响更明显，分解速率比传统加热提高了1.85~78.86倍，这可能与微波加热对化学反应的非热效应有关。非热效应使原子、分子、离子等微观粒子得到活化[10]，使反应的活化能降低[5,11]，从而使反应的速率增加。

表2 微波加热分解的速率增加因子

T/K	k_1	k_2	R_1	R_2
897	0.0343	—	17.71	—
973	0.0749	0.0012	8.12	79.86
1073	0.1117	0.0027	5.43	33.80
1173	0.1222	0.0099	4.97	9.34
1273	0.1909	0.0325	3.18	2.85

3 结论

（1）微波可以在短时间内将MnO_2，而不能将Mn_3O_4，加热到高温。MnO_2的升温速率随其向Mn_3O_4的转变而降低。

（2）MnO_2转变成Mn_3O_4的过程由两步组成：$MnO_2 \xrightarrow{k_1} Mn_2O_3 \xrightarrow{k_2} Mn_3O_4$，在传统加热方式下，第一步很可能由通过产物层的传热控制，第二步由化学动力学控制。

（3）通过快速和选择性加热，微波能够显著地提高MnO_2分解成Mn_3O_4的反应速率。因此当用微波加热代替传统方式加热时，过程的能耗将会降低。用微波加热从MnO_2制备Mn_3O_4是一种新颖而有效的方法。

参 考 文 献

[1] Ding K R, Yu X X. Mining and Processing Technologies of Manganese Ore. Changsha：Hunan Science and Technology Press，1992.
[2] Hua Y X, Liu C P. Trans Nonferrous Met. Soc. China, 1996, 6（1）：35.
[3] Alherty K A. Physical Chemistry. 7th ed. New York：Wiley, 1987：326.
[4] Mingos D M P, Baghuest D R. Chem. Soc. Rev., 1991, 20：1.
[5] Hua Y X, Liu C P. Acta Metallurgica sinica, 1996, 9（3）：164.
[6] Lin C X, Bai Z H, Zhang Z R. Thermodynamic Data Handbook of Minerals and Related Compounds.

Beijing: Science Press, 1985.
[7] Zhou J H. Ferroalloy Smelting Technologies. Beijing: Science Press, 1991.
[8] Mo D C. Metallurgical Kinetics. Changsha: Central South University of Technology Press, 1987.
[9] Less M A (Pbtcc M A) ed. Zhou J H, Yu Z trans. Metallurgy of Ferroalloys. Beijing: Metallurgical Industry Press, 1981.
[10] Liu B H, Ouyang S X, Zhang Y. Acta Metallurgica Sinica, 1996, 32 (9): 921.
[11] Standishi N, Worner H. J Microwave Powet and ElectrOmagnetic Energy, 1990, 25: 177.

微波加热下硫酸浸溶黄铜矿动力学
Kinetics of Sulfuric Acid Leaching Chalcopyrite by Microwave Heating

苏永庆　　　　刘纯鹏

（云南师范大学化学系）（昆明理工大学冶金系）

摘　要：研究了微波场中硫酸浸溶黄铜矿的动力学，结果表明微波加热提高了铜浸溶速率和浸出率。其浸出率和浸溶速率受氧化剂 MnO_2 的含量和黄铜矿粉末的粒度影响，并可分别用数学式 $\alpha = \dfrac{t}{at+b}$ 和 $\dfrac{d\alpha}{dt} = \dfrac{1}{b}(1-a\alpha)^2$ 来表达，a 是与 MnO_2 含量有关的参数，MnO_2 的含量越高，a 越小，浸出率和浸出速率越大；b 是与黄铜矿的粉末粒度有关的参数，粉末粒度越细，b 越小，同样，浸出率和浸出速率也就越大。

Abstract: The kinetics of sulfuric acid leaching chalcopyrite in the microwave field was studied. The results indicated that microwave heating could increase leaching rate and leaching efficiency. The kinetics equation was given by calculation.

关键词：微波；黄铜矿；硫酸；浸溶
Keywords: microwave heating; chalcopyrite; sulfuric acid; leaching

1 Introduction

It was very difficult for chalcopyrite to be leached in acid solution. Usually it was necessary to use strong oxidant $FeCl_3$ and hydrochloric acid in leaching solution and lots of iron ions get into the solution. It was difficult to eliminate iron ions.

Microwave is an ultrahigh frequency electromagnetic wave. Its frequency is from 300MHz to 300GMz, and the wavelength is from 1m to 1mm. Microwave has been widely used in food processing, because it has characteristics of strong piercing ability, small thermal inertia and selective heating[1,2]. Recently, it has been gradually used in chemical industry and metallurgical industry because of its chemical effect, polarization effect, and magnetic effect[3].

In this research, microwave heating was adopted in sulfuric acid leaching chalcopyrite, and MnO_2 was added as oxidant in the leaching solution.

2 Experimental device and ore composition

Experimental device was as shown in Fig. 1. The microwave furnace had power of 750W, and its

---

❶ 本文发表于《有色金属》，2000, 52 (1)：62~65。

frequency was 2450MHz. The composition of chalcopyrite was $CuFeS_2$ with a little of Cu_5FeS_4, $Cu_{1.6}S$ and FeS by X-ray diffracted analysis and electron spectrum. The content of Cu was 18.59%(wt), or $CuFeS_2$ was 53.45%(wt).

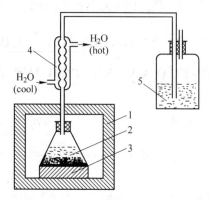

Fig. 1 Experimental device

1—microwave furnace; 2—ore and leaching solution; 3—support; 4—cooling tube; 5—alkali solution

This experiment was based on the quantitative chemical reaction, as following:

$$CuFeS_2 + 2MnO_2 + 4H_2SO_4 = CuSO_4 + FeSO_4 + 2MnSO_4 + 2S + 4H_2O$$

The stoichiometric ratio of chalcopyrite ore, MnO_2 and H_2SO_4 was 1 : 0.95 : 2.02(wt). Because the content of chalcopyrite was only 53.45%, it needed to add 53.6g H_2SO_4(98%) and 25.4g MnO_2 while 50g ore was put in the solution. The experimental result was depicted with copper leaching efficiency $\alpha\%$.

3 Experimental results and discussion

3.1 Affection of microwave heating on leaching process

The 500mL solution contained 50g chalcopyrite of −120+160 mesh, 45g MnO_2 and 106g H_2SO_4, was heated by microwave and electric furnace respectively. The cures of copper leaching efficiency to time were given in Fig. 2, and the regression equations were given in Table 1.

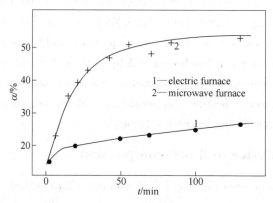

Fig. 2 The cures of copper leaching efficiency vs. time
(MnO_2 45g; H_2SO_4 106g; 500mL solution)

Table 1 Regression equation of copper leaching efficiency by electric furnace heating and microwave furnace heating

Heating methods	Regression equation, α: Cu%; t/min
Electric furnace	$\alpha = 18.315 + 0.055t$
Microwave furnace	$\alpha = \dfrac{t}{0.0195 + 0.017t}$

In Fig. 2 and Table 1, copper leaching efficiency and leaching rate by microwave heating was very larger than that by electric furnace heating.

3.2 Affection of powder size of chalcopyrite on leaching process

50g of Chalcopyrite in different powder size was placed in 500mL solution containing 55.6g H_2SO_4 and 25.6g MnO_2. Then the solution was heated by microwave. The result was given in Fig. 3 and Table 2.

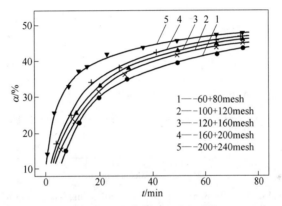

Fig. 3 Leaching efficiency of chalcopyrite in different powder size

Table 2 Regression equations of copper leaching efficiency of chalcopyrite in different powder size

No.	Powder size/mesh	Regression equation, α: Cu%; t/min
1	−60+80	$\alpha = \dfrac{t}{0.244 + 0.021t}$
2	−100+120	$\alpha = \dfrac{t}{0.210 + 0.021t}$
3	−120+160	$\alpha = \dfrac{t}{0.150 + 0.021t}$
4	−160+200	$\alpha = \dfrac{t}{0.133 + 0.021t}$
5	−200+240	$\alpha = \dfrac{t}{0.076 + 0.021t}$

In Fig. 3, copper leaching efficiency increased as powder size decreased. When time increased, the cures had tendency to meet.

In Table 2, the regression reactions can be expressed by following equations,

$$\alpha = \frac{t}{at + b} \tag{1a}$$

or

$$\frac{1}{\alpha} = a + \frac{b}{t} \tag{1b}$$

in which α ——copper leaching efficiency, %;

   t ——time, min;

   a, b ——experimental coefficient.

In Table 2, a was a constant 0.02 without relation to powder size, but b decreased as powder decreased. Use mean value of the powder size to make figure to powder size, see Fig. 4, and the regression equation was given by the line equation (2) which regression coefficient was 0.986, as follows:

$$b = m + n\beta \tag{2}$$

in which β ——powder size, mesh;

   m, n ——experimental coefficient.

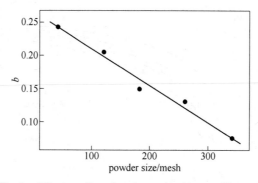

Fig. 4   Affection of powder size on leaching coefficient b

In equation (1b), when $t \to \infty$, $\frac{1}{\alpha} = a$ or $\alpha_{max} = \frac{1}{a} = \frac{1}{0.02} = 50$, i.e., the leaching reaction would get to equilibrium as leaching continued for a long time, and the maximum copper leaching efficiency was

$$\alpha_{max} = \frac{1}{a} \tag{3}$$

If H_2SO_4 and MnO_2 were put in solution in stoichiometry reaction, the maximum copper leaching efficiency only reached 50%.

The equation of copper leaching rate could be obtained by differentiating equation (1b), as follow,

$$\frac{d\alpha}{dt} = \frac{b}{t^2}\alpha^2 \tag{4}$$

from equation (1b), got

$$t = \frac{b\alpha}{1 - a\alpha} \tag{5}$$

which was placed into equation (4), then

$$\frac{d\alpha}{dt} = \frac{1}{b}(1 - a\alpha)^2 \quad (6)$$

Because $(1 - a\alpha)$ was a value without relation to the powder size, the leaching rate would increase as the powder size decreased or b decreased. As this reason, it benefits to decreased leaching time by decreasing the powder size.

Besides, when leaching just began, $a\alpha \ll 1$, here

$$\frac{d\alpha}{dt} = \frac{1}{b} \quad (7a)$$

or
$$\frac{d\alpha}{dt} = k_0 \quad (7b)$$

in which, $k_0 = \frac{1}{b}$.

When the leaching just began, the reaction was of zero order reaction, and the reaction velocity was the largest. When the leaching continued for some time, the reaction got on in complicated way of equation (6). Opened the equation (6), got

$$\frac{d\alpha}{dt} = \frac{1}{b} + \frac{2a}{b}\alpha + \frac{a^2}{b}\alpha^2 \quad (8a)$$

or
$$\frac{d\alpha}{dt} = k_0 + k_1\alpha + k_2\alpha^2 \quad (8b)$$

in which, $k_0 = \frac{1}{b}$, $k_1 = \frac{2a}{b}$, $k_2 = \frac{a^2}{b}$.

Obviously the leaching reaction consisted of the three complicated reactions of zero order, one order, and two order.

3.3 Affection of MnO_2 on leaching process

The relationship between the copper leaching efficiency and time by microwave heating was given in Fig. 5, in which containing the −200+240 mesh chalcopyrite of 50g, and MnO_2 of 0g, 25.4g, 45g respectively. The regression equations of copper leaching efficiency to time were given in Table 3.

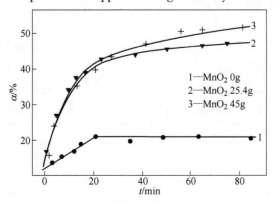

Fig. 5 Affection of MnO_2 on copper leaching efficiency

Table 3 Regression equations of leaching efficiency in different content of MnO_2

Contents (500mL solution)			Regression equation, α: Cu%; t/min
Ore/g	H_2SO_4/g	MnO_2/g	
50	55.6	0	$\alpha = 12.725 + 0.401t$ $\quad 0 < t < 18$ $\alpha = 20$ $\quad\quad\quad\quad\quad\quad t > 18$
50	55.6	25.4	$\alpha = \dfrac{t}{0.076 + 0.021t}$
50	106	45	$\alpha = \dfrac{t}{0.076 + 0.017t}$

The copper leaching efficiency was low without MnO_2. The content of MnO_2 more than stoichiometry had advantage on increasing leaching efficiency, i.e. the largest leaching efficiency was only 50% as content of MnO_2 in stoichiometry, then the largest leaching efficiency could get 59% as content of MnO_2 was 77% more than stoichiometry. It indicated that a was a coefficient in relation to MnO_2 content. On economically, it was not desirable to increase the leaching efficiency by increasing the MnO_2 content, it should adopt the second stage leaching.

3.4 Second stage leaching process

The relationship between the copper leaching efficiency and time was given in Fig. 6, The leaching solution contained the leaching chalcopyrite residue of 50g (3.52g Cu), H_2SO_4 of 22g and MnO_2 9.55g in stoichiometry, or MnO_2 of 25.4g in over-stoichiometry respectively. The regression equations were given in Table 4.

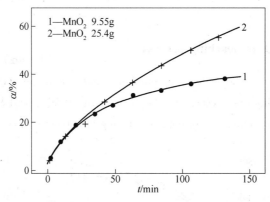

Fig. 6 The curve of copper leaching efficiency vs. time

Table 4 The regression equation of copper leaching efficiency to time

Contents				Regression equation, α: Cu%; t/min
Ore residue/g	H_2SO_4/g	MnO_2/g	Volume of solution/mL	
50	22	9.55	200	$\alpha = \dfrac{t}{0.773 + 0.021t}$
50	55.6	25.4	500	$\alpha = \dfrac{t}{0.773 + 0.014t}$

Obviously, according to the equation (1a), a was 0.02 in stoichiometric ratio or 0.014 in over-stoichiometric ratio respectively. This was as same as the conclusion in 3.2.

Therefore, we can make the chalcopyrite be leached many times by changing leaching solution to get the maximum copper leaching efficiency. When MnO_2 and H_2SO_4 in some ratio are put in the solution containing chalcopyrite to leach the chalcopyrite many times, the total leaching efficiency α_n can be obtained as follows

$$\alpha_n = w \cdot y\% \cdot \alpha \sum_{n=1}^{n} (1 - \alpha\%)^{n-1} \tag{9}$$

in which w ——weight of chalcopyrite;

y ——percentage of copper content in chalcopyrite;

α ——maximum percentage of copper leaching efficiency in one time;

n ——times of stage leaching.

If H_2SO_4 and MnO_2 are put in stoichiometric ratio every time, the total leaching efficiency α_n was

$$\begin{aligned}\alpha_n &= w \cdot y\% \cdot \alpha \sum_{n=1}^{n} (1 - \alpha\%)^{n-1} \\ &= w \cdot y\% \cdot 50 \times \frac{0.5^n - 1}{0.5 - 1} \\ &= w \cdot y(1 - 0.5^n) \end{aligned} \tag{10}$$

i.e., we can get 99% extraction rate of copper from ore by seven leaches, or 94% by fore leaches.

4 Conclusions

(1) Microwave heating has advantage of improving copper leaching rate in H_2SO_4 leaching chalcopyrite. The leaching rate can be described by equation $\frac{d\alpha}{dt} = \frac{1}{b}(1 - a\alpha)^2$, and the leaching efficiency can be described by equation $\alpha = \frac{t}{at + b}$, in which a was a coefficient in relation to the content of the oxidizing agent MnO_2, b was a coefficient in relation to the powder size of chalcopyrite.

(2) The leaching process of chalcopyrite was a complicated reaction consisted of zero order, one order, and two orders.

(3) Total copper leaching efficiency α_n of chalcopyrite can be described by the equation:

$$\alpha_n = w \cdot y\% \cdot \alpha \sum_{n=1}^{n} (1 - \alpha\%)^{n-1}$$

References

[1] Lin W, Sawyer C. Journal of Microwave Power and Electromagnetic Energy, 1988, 23(3): 182.
[2] Suzuki J, et al. Journal of Microwave Power and Electromagnetic Energy, 1990, 25(3): 168.
[3] Wu R L. Gold (in Chinese), 1990(4): 62.

In Situ Measurements of Solution Conductivity in Microwave Field[o]

Su Yongqing   Liu Chunpeng

(Yunnan Normal University)   (Kunming University of Science and Technology)

Abstract: The curves of the conductivity as a function of temperature for 24 kinds of solutions have been *in situ* measured both in the microwave field and in absence of microwave field. The results indicated that relationship of the conductivity in microwave field ($\bar{L}_w$) and temperature (T) can be expressed by equation $\bar{L}_w = a' + b'T + c'T^2$, similar to the one that is valid in absence of the microwave field $\bar{L}_n = a + bT + cT^2$. Conductivity in the absence and presence of microwave field can be linked by the equation $\ln\bar{L}_w = A + B\bar{L}_n + C\bar{L}_n^2$.

Keywords: microwave; solution; conductivity

1 Introduction

The dynamic properties of the water solution consist of mobility, conductance, migration, diffusion and viscosity, etc. There are internal relations among them. One property can be deduced from another[1]. Solution conductivity is physical quantity that expresses conductive capability of solution. It depends on the temperature, concentration, electrode area, and electrode distance. According to Debye-Hüekel-Onsager conductance theory, the conductivity is related to the electric field force and electrophoretic force in microcosm or to the dielectric constant, medium viscosity, temperature, and concentration of the solution in macrocosm. Microwave, which is an electromagnetic wave of high frequency, has effect on the properties above. To better study the electric-chemical properties of the solution under microwave field, the *in situ* conductivity of solution under microwave irradiation was measured, and the theoretic model has been proposed in this paper.

2 Experimental devices and process

Microwave irradiation causes solution temperature increase. The conductivity of solution under microwave irradiation ($\bar{L}_w$) was *in situ* measured successively at different temperature and the conductivity of the solution heated ($\bar{L}_n$) in the same way by electric furnace was also measured. The influence of the microwave irradiation can be assessed by comparison of the two.

---

[o] 本文发表于《电化学》, 2003, 9(1): 41~46。

The devices used in the present experiment are schematically shown on Fig. 1. In Fig. 1 microwave furnace (1) has power of 750W, frequency of 2450MHz. The support (3) can rotate to make the concentration and the temperature of solution well distributed. In case of conventional heating, the stirrer (9) plays the same role. Thermocouple (5) and conductance electrode (6) were placed in the solution in same position to reduce the error from the possible difference of temperature and concentration. Conductance electrode must be not affected by microwave, and should have good chemical stability. With experiments before, platinum conductance electrode sparks, and silver has not good chemical stability. Copper can reflects microwave, so copper conductance electrode is not affected by microwave irradiation, and has better chemical stability. Copper conductance electrode consisted of a couple of copper wires (12), Al_2O_3 ceramic tube (11) and copper coil (10). Epoxide resin has been used to seal the tube, see Fig. 1 (c). The copper coil (10) was used to shield off microwave. The copper conductance electrode was been inserted for 5 minutes to the boiling solution, which conductivity would be measured, to make its surface stable. Then the electrode constant was standardized with 0.1m standard KCl solution. This conductance electrode has been used to measure the solution conductivity $\bar{L}_n$ and microwave conductivity $\bar{L}_w$.

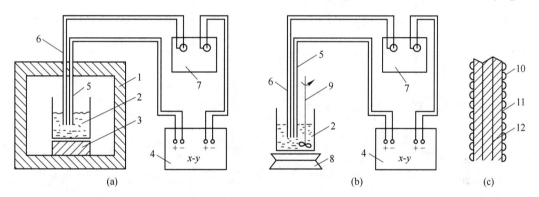

Fig. 1 Experimental device

1—microwave furnace; 2—solution; 3—suport; 4—$x-y$ functional recorder; 5—conductance electrode; 6—thermocouple; 7—conductivity apparatus; 8—electric furnace; 9—stirrer; 10—copper coil; 11—Al_2O_3 ceramic tube; 12—copper wire

In measuring process, the copper conductance electrode was directly linked with the conductivity apparatus (DDS-11A). The conductivity of the solution was changed into electric potential difference by the conductivity apparatus, and was transmitted to y-axis of $x-y$ functional recorder (XWTD-264). The electric potential difference of the thermocouple was transmitted directly to x-axis. The cure of conductance (S) — electric potential difference (mV) was been drawn in $x-y$ functional recorder. Electric potential difference of the thermocouple was translated into the temperature (℃), and the conductivity $\bar{L}_n$ or microwave conductivity $\bar{L}_w$ was also gotten by calculation. The conductivity (S/m) —temperature (℃) curve could be drawn.

3 Results and discussion

The some cures of the normal conductivity $\bar{L}_n - T$ and the microwave conductivity $\bar{L}_w - T$ of 24 kinds of solution are presented in Fig. 2 to Fig. 7. It could be divided into three types, *i.e.*, parallel, cross and separation. The parallel types were divided into slope-increasing and slope-decreasing. KCl solution was a typical slope-decreasing, see Fig. 2. $CuCl_2$ was a typical slope-increasing, see Fig. 3. The trends of the cures of the conductivity $\bar{L}_n - T$ and the microwave conductivity $\bar{L}_w - T$ of parallel type were alike, but the $\bar{L}_w$ value was always higher than $\bar{L}_n$. Similar phenomena have been observed for the solutions of HCl, $NiCl_2$, $ZnCl_2$, $FeCl_3$, $MgSO_4$, Na_2CO_3, K_2CO_3.

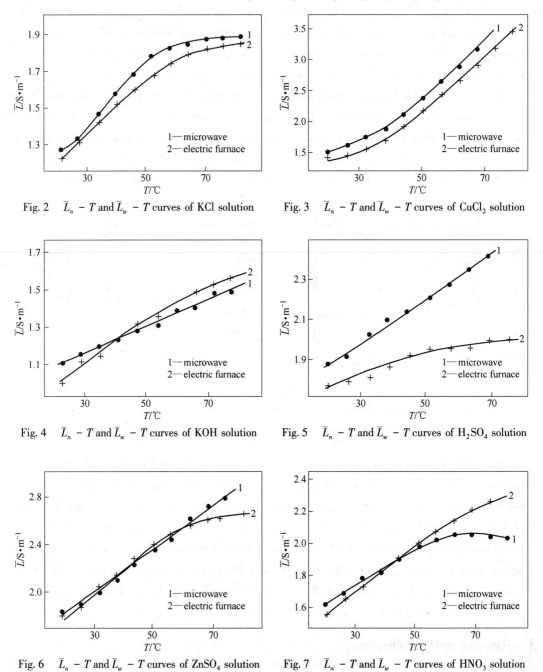

Fig. 2 $\bar{L}_n - T$ and $\bar{L}_w - T$ curves of KCl solution

Fig. 3 $\bar{L}_n - T$ and $\bar{L}_w - T$ curves of $CuCl_2$ solution

Fig. 4 $\bar{L}_n - T$ and $\bar{L}_w - T$ curves of KOH solution

Fig. 5 $\bar{L}_n - T$ and $\bar{L}_w - T$ curves of H_2SO_4 solution

Fig. 6 $\bar{L}_n - T$ and $\bar{L}_w - T$ curves of $ZnSO_4$ solution

Fig. 7 $\bar{L}_n - T$ and $\bar{L}_w - T$ curves of HNO_3 solution

In the cross type, the cures of $\bar{L}_w - T$ and $\bar{L}_n - T$ intersect each other such as in the case of NaOH solution, see Fig. 4. At low temperature, $\bar{L}_w$ value was higher than the $\bar{L}_n$. Similar phenomena have been observed for the solutions of NH_4Cl, $CrCl_3$, KNO_3, $FeSO_4$, $Fe_2(SO_4)_3$, $CoSO_4$, $MnSO_4$, $ZnSO_4$, Na_2SO_3.

In the separation type, the distance between $\bar{L}_w - T$ and $\bar{L}_n - T$ curves increased with the temperature increase, and $\bar{L}_w$ values ware always higher than $\bar{L}_n$, as in case of H_2SO_4 solution shown in Fig. 5. These types of curves were also observed in the solutions of NaBr, $NiSO_4$ and $FeSO_4 \cdot (NH_4)_2SO_4$.

Other types of curves were nothing but composition of parallel, cross or separate cures, such as $ZnSO_4$ solution of double cross type, see Fig. 6, the slope – decreasing cross type of HNO_3, see Fig. 7.

Despite fact that the curves were parallel, cross or separate, they all could be fitted well by quadratic equation regress. They were similar to the normal experimental formula[2], as follows:

$$\bar{L}_n = a + bT + cT^2 \tag{1}$$

and

$$\bar{L}_w = a' + b'T + c'T^2 \tag{2}$$

where, $\bar{L}_n$, Normal conductivity, S/m; $\bar{L}_w$, microwave conductivity, S/m; T, temperature, ℃; a, b, c, coefficient of temperature influence on normal conductivity; a', b', c', coefficient of temperature influence on microwave conductivity.

At room temperature the microwave conductivity $\bar{L}_w$ of water solution in microwave field was usually higher than normal conductivity $\bar{L}_n$. When the temperature increased, both $\bar{L}_w$ and $\bar{L}_n$ increased, but in some solutions the increase rate of $\bar{L}_w$ was smaller than that of $\bar{L}_n$, the curves of $\bar{L}_w - T$ and $\bar{L}_n - T$ crossed and the $\bar{L}_w$ value was lower than the $\bar{L}_n$ at high temperature. These phenomena mainly existed in solutions of nitrates, sulfates and sometimes of chlorides as NH_4Cl, and $CrCl_3$.

The $\bar{L}_w$ and $\bar{L}_n$ were regressed according to $\bar{L}_w = f(\bar{L}_n)$ at different temperature, the equations were gotten as follow:

$$\bar{L}_w = \exp(A + B\bar{L}_n + C\bar{L}_n^2) \tag{3}$$

or

$$\ln \bar{L}_w = A + B\bar{L}_n + C\bar{L}_n^2 \tag{4}$$

where, A, B, C were coefficients.

The regression coefficient r^2 of equation (4) for each of tested solutions was over 0.99. It indicates that equation (4) could be used to relate the $\bar{L}_w$ and $\bar{L}_n$ well.

4 Explanation of microwave conductivity

The solution can conduct electricity, because it contains the ions. The ions can transmit electric current by directional movement under electric field. The movement speed of ions has great effect on intensity of conductivity of solution. The higher the speed, the larger the conductivity. Microwave is electromagnetic wave with high frequency, and can make polar molecular move, vibrate, or rotate at high speed. The conductivity of solution increases if the ions move in direction of external electromagnetic field. On the other hand, the conductivity decreases if the ions vibrate or rotate at high speed and not move or move slowly at the direction of external electromagnetic field. Further researches indicate that in microwave field, the mean energy barrier, which ions must surmount as they transit, is the function of temperature (will be published in other journal).

5 Conclusions

(1) Microwave conductivity, like normal conductivity, increases as temperature increases. It can be shown with quadratic equation, i. e.
$$L_w = a + bt + ct^2$$
(2) Microwave conductivity can be connected with normal conductivity by following formula:
$$\ln\bar{L}_w = A + B\bar{L}_n + C\bar{L}_n^2$$

References

[1] Fu X C, Chen R H. Physical Chemistry (second volume). Beijing: Higher Education Publishing House, 1980.
[2] Jiang H Y. Metallurgical Electrochemistry. Beijing: Higher Education Publishing House, 1983.

热等离子加热技术在提取冶金中的应用[❶]

朱祖泽　刘纯鹏

摘　要：本文介绍了近几年来日益受到关注的热等离子加热技术在提取冶金中应用的概况；分析和探讨了在镍冶炼中应用的途径，对已经取得了一定结果的等离子直接冶炼高冰镍新工艺做了简要介绍。

1　热等离子加热技术在冶金中的应用现状

近些年来，热等离子技术在提取冶金中的应用越来越受到关注。许多热等离子冶炼工艺不断出现，已经生产了多年的工厂在这个新领域中积累起了丰富的经验。对等离子冶金的兴趣的增长可能会延续到下个十年[1]，这是因为热等离子加热技术提供了一种使电能转变为高热焓气体热能的更有效方式，等离子电弧能提供比常规熔炼方式高的温度，干净集中的热量。在集中的高强度热源条件下，冶金过程大大加快，反应进行更彻底。等离子冶炼过程容易控制，操作稳定，简单，电源设备不复杂，废气量少。在当前环境保护要求日益严格，能源缺乏的条件下，热等离子将是降低生产成本的一种有前途的方法。从世界及我国的能源构成来看，石油储量快速减少，核电的发展会更快更多，但煤仍然是主要的能源构成，对煤的最合理的利用方式是转变为电能。尤其在我国西部地区，水电资源相当丰富，直接利用电能于冶金是最好的方式。图1指出了高温热过程的能量利用率[2]。在一般冶金炉中，要想提高熔体的过热温度比较困难。将熔体加热到1600℃时，熔炼空间大约需要达到1800℃左右。从图1看出用常规火焰加热时，效率在20%以下，而用弧焰加热，效率能达85%。在氧气燃料燃烧火焰中，热流强度仅为$0.3kW/cm^2$，而直流转移等离子弧可达$16kW/cm^2$。

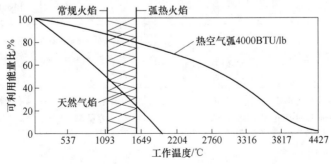

图1　常规燃料与等离子弧的热效率对比

[❶] 本文发表于《有色金属（冶炼部分）》，1990（3）：41~43。

近十多年来，由于大功率等离子喷枪的研制成功，使这项新的冶金技术走出了实验室进入了工业应用。在等离子冶金的开发方面，瑞典、美国等走在前面。美国矿务局想求助于这类高技术手段来解决日益难以对付的环境污染问题[3]。在"2000年国际冶金讨论会"上，冶金专家提出了旋涡等离子冶炼的设想。表1列出了一些主要国家的等离子冶金的生产和研究情况。

表1 国内外热等离子技术用于提取冶金研究的生产和研究情况

国名	等离子提取冶金的应用			喷枪功率及形式
	公司	工艺	规模	
美国	矿务局双城研究中心明尼苏达大学矿物研究中心西屋电气公司 Lanarc Smelter 公司 明尼苏达大学矿物研究中心	从明尼苏达铁精矿中用低质煤生产铁或半钢 锆英石高温分解制取 ZrO_2 [7,11] 黄铜矿加石灰直接提取金属铜。金属转化率仅50%	1987～1988年10万吨铁半工业试验，1988～1989年设计更大的工业实验厂 1973年年产450t 实验室实验	单枪8000kW连续多段微晶铜水冷弧管 炉子功率1000kW
瑞典	SKF公司 SKF公司 SKF公司	直接还原炼铁[13] 等离子高炉炼铁 铬铁合金生产，竖炉型	7万吨/年 6万～7万吨/年铁水 6万吨/年	6000kW气体重新装置 7个6000kW弧喷嘴 4个6000kW
南非	USCO公司 ASEA Cockerill Belgium Richard,s Bny矿 Samancor	直接还原炼铁[13] 生铁生产 直接还原炼铁 TiO渣生产 钟铁生产	32万吨/年 25万吨/年 50万吨/年 3万吨/年	3个8000kW 40000kW SKF转移弧喷枪 3500kW西屋公司型 6个10000kW 石墨电极交流转移 10800kW转移弧
加拿大	诺兰达公司	硫化钼精矿直接分解元素硫和钼[14]	实验室规模，据称具有非常好的工业前景	转移弧反应器
联邦德国	ASEA/克虏伯 Veb Edelstahlwerke	炼钢[13] 炼钢	炉子容量15t 炉子容量55t	石墨极转移弧18000kW 3个3000kW石墨转移弧
民主德国	Freital Voest Alpine Linz Freital Veb Edelstaulwerke	炼钢[13] 炼钢	炉子容量30t 炉子容量10t	3枪转移弧4个7000kW 3枪转移弧4个3000kW

续表1

国名	等离子提取冶金的应用			喷枪功率及形式
	公司	工艺	规模	
澳大利亚 南非	Middleburg St. &Al	炼钢，铬铁生产[13]	炉子容量45t 5万吨/年	三枪转移弧中空石墨阴极 20000kW
瑞典		从炼钢烟尘中回收Zn，Pb，Sn等金属[10]	年处理量7万吨，回收金属3.6万吨	3个6000kW非转移弧发生器
	Mannesmann	炼铁[13]	60万吨/年	石墨阴极转移弧6000kW
中国	中科院化工冶金所 北京有色研究总院 遵义钛厂 昆明工学院	钛铁矿的等离子熔态还原 镍转炉渣贫化[3] 从焙砂直接冶炼高冰镍	实验室 实验室	

2 重有色冶炼应用热等离子加热技术的选择与可能性

等离子加热技术有许多如前所述的优点，这些优点是传统方法所不及的。但也有一些缺点。在现有的等离子冶金工艺中，某些工艺的总的经济效果是满意的，但电能耗还是较大。因之，它的适用范围首先取决于当地的电能供应状况。在那些矿石品位较富，电能供应充足便宜的地区，它的优点就能完全地发挥。

毕竟，等离子加热技术是一项较贵（电源设备和喷枪价值）的高技术。将这种在国外钢铁冶炼中正在发展日益完善的技术移植到有色冶金中来，希要做具体的分析。N. A. Barcza等在这方面已经做了许多论证。他们将工艺规模与被提取金属的价值联系起来考虑，得出了如图2的关系。

按照图2所示，对价值低的金属，设备的功率就应该大才合适。

受传统方法的影响，有些看法认为等离子冶金在有色金属提取过程中难以开拓。因为有色金属硫化矿冶炼过程多为可以实现自热的氧化过程。N. A. Barcza不主张对低熔炼温度和非还原性过程，如铅、锌和铜镍生产使用等离子。但他也不排除对那些需要挥发和低氧势过程使用的可能性。在仔细地研

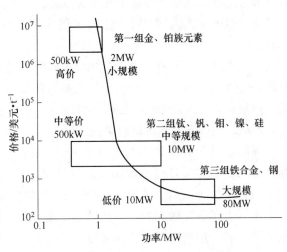

图2 被处理材料的价格和功率间的关系

究金属提取的每一工序时,尤其当希望减少这些工序直接获得最后产品,或者说在寻求连续熔炼工艺时,热等离子正好是解决现有难题的一个强有力的工具。

刘纯鹏和徐有生等人提出了用等离子加热技术直接冶炼高冰镍的专利。这是等离子冶金在有色金属提取中运用的开端,他们的这种选择是具体分析了传统过程中各工序的特点后提出的。这种新工艺的依据是:

(1) 镍钴是价格较贵的战略金属之一。我国镍钴资源在世界上名列前茅,但生产量较低。加快开发镍钴资源是我国材料工业发展的迫切需要。

(2) 无论是闪速熔炼、氧气熔炼和连续熔炼等强化过程,不可能一步在得到高冰镍的同时获得达到弃渣水平的废渣。这是因为欲得高品位冰镍,势必造成炉中高氧势,氧势的提高导致难熔的磁性氧化铁生成增多,容易析出,二氧化硅也容易析出,造成炉况恶化,渣含金属升高。解决这一矛盾可通过两条途径:1) 将熔炼过程分开在高低不同的氧势区内进行。如当用一个炉子时,在一部分熔池中埋电极加些还原剂,或者喷入燃料,卡尔古利闪速炉就属前者。也可以在两个或单一的炉子中进行,如闪速炉加转炉加贫化炉。或者像三菱法,将三台炉子串接起来。2) 提高熔炼温度。使用等离子弧加热就是提高温度的最佳办法,陆跃华对这个温度条件做了详细的分析,当熔渣温度高于1450℃,Fe_3O_4 和 SiO_2 析出的可能性不大。如图1所指示,当用等离子弧加热时,熔渣温度提高到1600℃时,热效率比燃气加热提高了65%。

(3) 一般硫化镍铜矿都含较高的 MgO,这给氧气自热熔炼带来了一定的限度。矿热电炉虽然能适应较高的 MgO 矿,但效率低。在等离子加热条件下,炉渣可以获得较高的过热温度,对炉料的难熔性要求较宽。

(4) 矿热电炉冶炼时,硫的利用分散,不便回收,环境污染问题不容易彻底解决。闪速炉处理生精矿,在硫的利用上要比电炉进了一大步,但仍有一部分硫需要在吹炼中处理。用等离子直接冶炼高冰镍时,硫一次全部进入焙烧气体,熔炼炉不再脱硫,因而污染问题较易解决。

(5) 等离子弧焰流对熔池中熔体进行喷吹时,在高热焓焰的冲击下,渣中的传质传热过程异常迅速。又由于等离子气体为氮气,当有极少量的焦屑加入时,很少量的铁呈金属铁状态。这就大大强化了对炉渣的贫化作用,废渣中镍尤其是钴,含量较低,金属直收率高。

(6) 当希望炉渣有较高的过热温度时,熔炼空间的温度必须增加。在闪速炉条件下,反应塔温度达到1650℃以上时,耐火材料的腐蚀问题变得严重,若采取强化炉壁冷却的措施,热损失会加大,能耗会提高。但在等离子炉中,弧焰高温区比较集中,用适当的加料方式能减轻熔炼室的耐火材料腐蚀。

等离子直接冶炼高冰镍初步试验结果是令人鼓舞的。表2和表3列出了所取得指标,并与其他方法进行了对比。强调指出,这里的指标仅仅是在10kg的小炉子上得到的,当炉子放大以后,能耗还能下降。就初步试验的能耗而论,虽比闪速炉高3.5%,但由于省去了贫化炉和转炉,所节约下的投资、生产费用大大超过了增加出3.5%的能耗价值。表2还列出了单位热强度下的处理量,可看出,等离子熔炼确实是一种高强化熔炼手段。

表 2　等离子熔炼与其他熔炼方法的能耗对比[15~17]

工序能耗	烧结—鼓风炉—转炉 (×10⁶kcal)	沸腾焙烧—电炉—吹炼—贫化电炉 (×10⁶kcal)		干燥—闪速炉—吹炼—贫化炉 (×10⁶kcal)	死烧—电炉—黑铜 (×10⁶kcal)	焙烧—等离子炉 (×10⁶kcal)
		金川电炉改造前	金川电炉改造后			
干燥焙烧（烧结）	0.804	19.81		0.39	3.09（包括前床耗油，未计90kg焦粉/吨炉料）	0.0058
熔炼	17.26	44.22		15.11（包括贫化）		16.633
吹炼	0.754	2.38		0.57		
总计	18.82	66.41	35.38	16.07	3.09	16.64

表 3　等离子熔炼与其他方法的技术经济指标对比[15~19]

流程	对精矿成分要求/%	高冰镍品位/%	高冰镍产率/kg·(t焙砂)⁻¹	炉渣含Ni/%	炉渣产率/kg·(t焙砂)⁻¹	熔炼回收率/%	石英熔剂消耗/kg·(t焙砂)⁻¹
干燥—闪速炉—吹文—贫化	MgO<7	31	221	0.2	881	96	243
焙烧—电炉—转炉—贫化	适应性强 MgO<23	17	低冰镍330	0.18	950~1000	91	电炉130~转炉2100
死烧—电炉—黑铜						98	
焙烧—等离子炉	矿品位>6	>48	150	<0.3	750~800	96	110

流程	烟尘率/%	冰镍与渣分配系数①	钴冶炼回收率/%	钴冰镍或合金品位/%	熔炼空间（或反应塔）单位体积热强度/(×10³kcal/(t·m³·h))	单位体积热强度的处理量②/t·Mkcal⁻¹	备注
干燥—闪速炉—吹火—贫化	16	155	55	3.5	0.25	0.958	
焙烧—电炉—转炉—贫化	<4	94.4	70	1.04			
死烧—电炉—黑铜							
焙烧—等离子炉	>4	160	97	1.17	2.39	175	1989年10月按实验数据计算

注：等离子法也能处理低品位矿，处理高品位更经济。

① 冰镍与渣分配系数为冰镍品位与渣品位比。

② 单位体积中处理量与单位体积热强度比。

对镍钴冶炼的另一个等离子加热技术应用的途径是炉渣贫化过程。在常规的矿热贫化炉中，还原剂与液态渣混合不良，渣层内搅拌作用弱，仅靠炉渣电阻产生的热使渣温不易提高。这些都为电极浸没渣中的形式所决定。当改用等离子喷吹时，情况就大大不同。氮气等离子弧加热（还可配入一定的还原气体），首先创造了一个贫化过程需要降低氧势的条件。同时，由于不受炉渣电阻的影响，高热焓弧焰的喷吹能将渣过热到1600℃以上。整个贫化过程的热力学和动力学条件大大改观，其效果非常显著。

下面列出了在埋弧式矿热炉和等离子喷吹炉中进行贫化试验的对比：

试验炉型	埋弧矿热炉[8]	等离子炉[9]
炉渣种类	铜砖炉渣	镍砖炉渣
功率	50kW	14kW
保温贫化时间	1.5~2h	18min
加入料量	15~20kg	10kg
熔化期电单耗	3000kW·h·t^{-1}	720kW·h·t^{-1}
贫化后渣/%Ni	—	<0.1
Cu	0.22	0.195
Co	0.085	<0.06
钴冰铜品位/%Ni		14
Cu	4.0	5.07
Co	1.6	2.04
直收率/%Ni		99
Cu	>87	98
Co	>84	96

镍冶炼中第三个可以利用热等离子加热技术的工序是对矿热电炉烟尘的处理。等离子弧焰温度高且集中，这一点在熔化难熔粉料上是最适合的，能造成瞬间熔化。矿热电炉烟尘富集了铟、铊、锗和镉[8]，现行工艺是将它返回熔炼，烟尘粒度细，流动性好，返回处理中飞扬损失大，污染环境。制粒时，黏结成球性差，需加较多的皂土等黏结剂。曾试验[8]过制粒后单独挥发熔炼，于制粒困难，一些金属挥发率低（锗为67.5%，铟为74.6%）等问题而不令人满意。若将此种烟尘集中于等离子熔炼处理，将有下列优点：无需制粒；等离子冶炼温度高和可用还原气体，金属的挥发率会大大提高，在挥发烟气中的浓度也大大增加；过程中出现的二次烟尘大大减少，利于后来的湿法处理。在等离子冶炼烟尘方面，瑞典人已经有了较成熟的经验[10]。

第四条利用等离子炼镍的途径是代替卡尔多转炉从硫化镍制取金属镍。卡尔多过程设备较复杂，镍直收率不高（约91%），每吨原料耗油约1.1t，还消耗430m^{3}氧气[8]。这些缺点，在等离子熔炼条件下会得到克服。

此外，用等离子熔炼还可处理镍生产中的一些中间产品，如电解净化过程中的铁渣。现行工艺是返回熔炼，金属损失大。用等离子炉可以直接单独处理成价值高的镍铁合金和镍钢。如今等离子加热技术已经进入了工业生产，抓住它的特点，具体分析在有色冶金中的应用途径，是开拓这一高技术的工业应用的重要前提。例如，烟化过程，硫化物直接分解，氯化挥发过程的加热，细粒粉料的喷雾熔炼等，是否可以借助热等离子这一技术，应是提取冶金工作者感兴趣的问题。

参考文献（略）